炼油装置操作指南丛书

催化裂化装置操作指南

（第二版）

张　韩　刘英聚　编著

中国石化出版社

内 容 提 要

本书对催化裂化基础知识和各工艺过程作了比较全面的介绍,着重介绍了催化裂化装置的生产操作方法,包括工艺流程、主要设备、参数调节、开停工操作、事故处理等。全书内容分为:原料、产品、催化剂及助剂;反应再生过程;主风机与烟气能量回收;分馏过程;吸收稳定过程;富气压缩机;余热回收与烟气脱硫脱硝;专用设备操作;仪表与自动控制系统;装置操作优化等章节。

本书对催化裂化装置操作维护与事故处理有一定指导作用,可供从事催化裂化装置的设计人员、管理人员、技术人员、操作人员学习参考,也可供相关工程技术人员阅读参考。

图书在版编目(CIP)数据

催化裂化装置操作指南 / 张韩, 刘英聚编著. -2 版.
—北京:中国石化出版社,2017.5
(炼油装置操作指南丛书)
ISBN 978-7-5114-4434-9

Ⅰ.①催… Ⅱ.①张… ②刘… Ⅲ.①催化裂化-裂化装置-指南 Ⅳ.①TE966-62

中国版本图书馆 CIP 数据核字(2017)第 083217 号

中国石化出版社出版发行
地址:北京市朝阳区吉市口路 9 号
邮编:100020 电话:(010)59964500
发行部电话:(010)59964526
http://www.sinopec-press.com
E-mail:press@sinopec.com
北京富泰印刷有限责任公司印刷
全国各地新华书店经销
*
787×1092 毫米 16 开本 26.25 印张 646 千字
2017 年 6 月第 2 版 2017 年 6 月第 1 次印刷
定价:78.00 元

前　言

　　《催化裂化装置操作指南》第一版出版已过去十几年了。截至 2014 年年底，我国已建成投产的催化裂化装置有 200 余套，总加工能力超过 224Mt/a，稳居世界第二位。十几年来，催化裂化工艺技术、催化剂性能、装备制造、生产管理等方面又上了一个新台阶。为了满足环保标准的要求，催化裂化装置普遍应用了烟气脱硫脱硝技术；在炼油工业的"微利"时代，应用操作优化技术提高装置产出效益已变得非常迫切。

　　本书第二版在第一版的基础上，反映了以上这些变化，在第八章增加了第五节"烟气脱硝除尘脱硫系统"；第十章改为"仪表与自动控制系统"，其中的内容由两节扩充为五节，增加了常用仪表的测量原理介绍、仪表常见故障的原因分析和处理方法；增加了第十一章"装置操作优化"。其余各章节框架不变，内容做了与时俱进的修改和补充。

　　本书的编写分工：第一章"绪论"由张韩、刘英聚编写；第二章"原料、产品、催化剂及助剂"前四节由张韩编写，第五节由甘俊编写；第三章"反应再生过程"由刘英聚、张韩编写；第四章"主风机与烟气能量回收系统"和第七章"富气压缩机"由徐平义编写；第五章"分馏过程"和第六章"吸收稳定过程"由张韩、刘英聚编写；第八章"烟气余热回收与脱硫脱硝"前四节由敖建军编写，第五节由胡敏、陈昕、全明编写；第九章"专用设备操作法"由刘英聚编写；第十章"仪表与自动控制系统"由张剑编写；第十一章"装置操作优化"由焦伟州编写；附录由张韩、刘英聚编写。本书最后由主编张韩、刘英聚进行统编和整理。

　　本书在编辑过程中，文本格式整理和书中插图的修改由上海河图工程股份有限公司张勇、秦士江、吴萍完成，在此表示感谢。

　　由于作者水平有限，书中难免有误，敬请读者批评指正。

目　录

第一章 绪 论

第一节 概 述

自1965年我国第一套流化催化裂化装置在抚顺石油二厂建成投产以来，经过50年的发展，催化裂化及相关的工艺技术、催化剂制造、设备制造、生产管理等各个方面均取得了长足的进步。目前，我国已建成投产的催化裂化装置共有200余套，总加工能力超过170Mt/a。催化裂化装置所加工的原料范围很宽，从馏分油、常压渣油到掺炼减压渣油以及多种二次加工油等。

催化裂化是最复杂的炼油工艺过程之一。催化裂化装置的构成一般包括：反应-再生部分、主风机部分、分馏部分、气压机部分、吸收稳定部分、余热锅炉部分（含烟气脱硫脱硝）和低温热利用部分。有的装置还包括气体脱硫脱硫醇。

反应-再生部分是装置的核心。原料油的裂化和催化剂的再生均在此部分完成。各产品的产率和催化剂的再生效果均由反应再生部分所决定。反应再生部分包括反应沉降器、提升管反应器、再生器、内外取热器、催化剂罐、助燃剂和钝化剂加入设施和反应再生系统特殊阀门等。反应再生系统有各种不同的组合形式。到目前为止，我国已有三种床型（鼓泡床、湍动床、快速床）、两种方式（完全和不完全燃烧）以及单段和两段（单器两段和两器两段）等各种组合形式的反应再生系统。

主风机部分负责为再生器提供烧焦用空气，是装置的核心部分，以完成主风供应任务为中心，主风机组的配置方式有多种。对于小型催化裂化装置，由于不设烟气能量回收系统，因此主风机组的构成很简单，主风机采用电机驱动。常采用数台往复式主风机并联操作。对于大型催化裂化装置，设置烟气能量回收系统可以大幅度降低能量消耗和操作费用，因此机组配置比较复杂。一般来说，主风机部分包括主风机-烟气轮机机组、备用主风机机组、增压机机组、三级旋风分离器、催化剂储罐、四旋和临界流速喷嘴、水封罐和空气-烟气系统的控制阀门等。

分馏和吸收稳定部分的任务是分离和回收反应所产生的各种产品。产品收率的高低由该部分决定。

分馏系统的产品是轻柴油、重柴油和油浆。分馏部分由分馏塔、轻柴油汽提塔、重柴油汽提塔、油浆汽提塔、原料油罐和回炼油罐、换热系统设备、加热炉、油气分离器、工艺机泵以及控制系统等组成。分馏系统的工艺流程比较复杂，各装置之间的主要区别一般体现在换热流程的不同上。

气压机系统连接分馏和吸收稳定两大部分。该部分由气压机组和入口分液罐以及控制系统组成。小装置一般采用往复式气压机，由电机驱动；大装置则采用离心式压缩机，由汽轮机驱动。由于采用汽轮机驱动的气压机组可以变转速运转，因而可以最大限度地调节气压机的负荷，操作费用较低。

吸收稳定系统的产品是干气、液化石油气和稳定汽油。吸收稳定部分包括吸收塔、解吸塔、再吸收塔、稳定塔、冷换设备和工艺机泵等。吸收稳定部分的设备操作压力较高。

余热锅炉是回收再生烟气余热的专用设备。该部分包括余热锅炉或CO锅炉、CO焚烧炉本体、水封罐、烟道阀门。烟气脱硫脱硝设施位于余热锅炉与烟囱之间，用以脱除烟气中的 SO_x、NO_x 和粉尘，为重要的环保设施。

产品精制部分一般包括干气脱硫和液化石油气脱硫脱硫醇。生产国 IV 及以上标准汽油的装置，由于工厂须配置汽油选择性加氢精制装置，汽油脱硫醇一般已停开。

第二节　反应再生类型

一、反应系统类型

反应系统类型有沉降器+内提升管反应器、沉降器+外提升管反应器两种基本型式。一般并列式装置采用内提升管反应器，同轴式装置采用外提升管反应器(有个别小型并列式装置也采用外提升管反应器)。

提升管出口快速分离器与沉降器顶旋风分离器的结合方式，有一般型联接和紧密型联接两种。紧密型联接又分硬联接和软联接，一般装置采用软联接方式较多。

二、再生系统类型

我国发展了多种催化剂再生技术。以流化床类型分为密相流化床再生(俗称床层再生)、快速床再生(俗称烧焦罐再生)和输送床再生(也称管式烧焦)三种形式。工业再生器可以采用一个密相流化床(鼓泡床或湍流床)，也可采用两个密相流化床组合，或快速床+密相流化床组合，或输送床+密相流化床组合。

三、反应再生系统

反应再生不同类型及布置方式构成了不同类型的反应再生系统，形成了典型的催化裂化装置。总结分类叙述如下：

1. 单器再生装置

传统的催化裂化装置设单一再生器，有高低并列式和同轴式。该类型装置在1975～1985年作为反应再生的主要类型，在我国得到了广泛应用。1997年开发的同轴式单段逆流再生，对单段再生器进行了改进。在保持了单器再生简单可靠等优点的基础上，大幅度提高了再生器烧焦效率，进一步拓宽了对催化剂和原料油的适应性，当前及将来都有较好的应用前景。

2. 烧焦罐高效再生装置

我国烧焦罐高效再生装置于1970年后期工业化，并在1980～1990年得到了广泛应用，当时多用于加工蜡油。烧焦罐突破了气泡床烧焦乳化相传质阻力大和烧焦速率低的限制；采用快速床消除了乳化相，使氧传质速率大幅度提高，从而使烧焦速率大幅度增加。分为一般型烧焦罐(前置烧焦罐)、带预混合管烧焦罐、串流烧焦罐三种形式。烧焦罐不宜采用常规再生，除串流烧焦罐外的其余两种烧焦罐再生，适用于加工蜡油或掺炼少量重油的装置。

3. 两段逆流再生装置

我国两段逆流再生装置于1995年工业化，两段逆流再生的烧焦动力学速率最高。第一再生器(一再)、第二再生器(二再)重叠布置，一再采用贫氧再生烧焦 60%～70%。二再采用高过剩氧完全再生，烧焦 30%～40%。二再高含氧烟气再进入一再密相床继续利用。只有一路再生烟气，在较低再生温度、较缓和再生条件下，可将再生催化剂含炭降到 0.1% 以下，适用于加工劣质尤其是含钒较高的渣油。我国两段逆流再生装置有重叠式和三器连体式

(称为 ROCC-V)两种形式。

4. 两器再生装置

两器再生装置是指 2 个床层再生器组成的两段再生装置。有两再生器重叠、并列布置等形式。重叠型装置，一再在下方，二再在上方，重叠布置在同一轴线上。并列式装置三器(两个再生器和沉降器)并列布置。一再采用湍流床贫氧再生烧焦 80%，二再为空筒结构可以承受 750℃的高温，采用气泡床富氧再生烧焦 20%。再生催化剂含炭可降到 0.1%以下，适用于加工劣质渣油。一再烟气采用烟机-CO 焚烧炉-余热锅炉回收烟气余热；二再烟气直接去 CO 焚烧炉。也有的装置采用一再、二再烟气混合-高温取热炉-三旋-烟机-余热锅炉的烟气流程。

5. 组合式再生装置

组合式再生器是由两种类型再生器组合成一种新的再生器。典型组合是密相流化床再生+串流烧焦罐再生。装置结构为沉降器与一再(床层再生)同轴式布置，再与二再(串流烧焦罐)并列布置，这种结构的装置称为 ROCC-IV 型。一再采用贫氧再生烧焦 80%(一再设有外取热器)，二再采用富氧再生烧焦 20%。再生催化剂含炭可降到 0.1%以下。一再烟气采用烟机-CO 焚烧炉-余热锅炉回收烟气余热，二再烟气直接去 CO 焚烧炉或设烟机回收压力能后再去 CO 焚烧炉。

反应再生类型汇总见表 1-1。

表 1-1　反应再生类型汇总

序号	大　类	小　类
1	单器再生	并列式单器再生
		同轴单段逆流再生
2	烧焦罐再生	一般型烧焦罐
		带预混合管烧焦罐
		串流烧焦罐
3	两段逆流再生	重叠式两段逆流再生
		三器连体两段逆流再生
4	两器再生	重叠式两器再生
		并列式两器再生
		沉降器、一再同轴与二再并列
5	组合式再生	沉降器、一再同轴布置与串流烧焦罐并列

第三节　催化裂化家族工艺

我国重油催化裂化技术在 20 世纪 80 年代得到了迅速发展。20 世纪 90 年代我国相继开发了一系列多产低碳烯烃的工艺技术，使催化裂化产品方案选择余地进一步扩大。21 世纪初又开发了一系列新工艺、新技术。目前已形成多产丙烯、多产乙烯、加工劣质原料油、提高轻质油收率、汽油降烯烃、多产轻柴油等多种工艺技术，称为催化裂化家族工艺，见表1-2。

表 1-2　FCC 家族工艺汇总

序号	简　称	说　明	专利商
1	MGG ARGG	以蜡油或掺炼渣油为原料，最大量生产汽油和液化气的催化裂化工艺 以常压渣油为原料，最大量生产汽油和液化气的催化裂化工艺	RIPP
2	DCC-I DCC-II	催化裂解，最大量生产轻烯烃的催化裂化工艺 缓和催化裂解，多产轻烯烃催化裂化工艺	RIPP
3	MIO	最大量生产异构烯烃的催化裂化工艺	RIPP
4	MGD	多产液化石油气和轻柴油的催化裂化工艺	RIPP
5	MIP	多产异构烷烃/降汽油烯烃的催化裂化工艺	RIPP
6	CPP	热裂解制乙烯工艺	RIPP
7	DNCC	吸附转化加工焦化蜡油的催化裂化工艺	RIPP
8	DOCR、DOCP	提高石蜡基原料汽油辛烷值的催化裂化工艺	RIPP
9	FDFCC	灵活多效催化裂化，多产轻烯烃/降汽油烯烃的催化裂化工艺	LPEC
10	HCC	重油接触制乙烯工艺	LPEC
11	TSRFCC	两段提升管催化裂化工艺，提高轻质油收率	石油大学
12	辅助提升管	辅助提升管催化裂化工艺，汽油改质降烯烃	石油大学
13	TMP	双提升管汽油回炼多产丙烯的工艺	石油大学

1. MGG 和 ARGG

　　MGG 和 ARGG 是采用专用催化剂和相应的工艺操作条件，通过提升管反应器最大量生产低碳烯烃(主要是丙烯)和高辛烷值汽油的催化裂化工艺。典型工艺条件：MGG 反应温度 530℃、剂油比 7.8、回炼比 0.15；ARGG 反应温度 530℃、剂油比 8、反应时间 3~4s、回炼比 0.1~0.3。工艺特点：(1)油气兼顾。既大量生产液化石油气又大量生产高辛烷值汽油。以石蜡基原油的 VGO 为原料，MGG 工艺液化石油气产率(LPG)34%，汽油产率 46%，汽油辛烷值(RON)92~94，诱导期 500~1000min。ARGG 的 LPG 产率达 25%~30%(其中丙烯含量为 40%)，汽油产率 41%。(2)原料广泛。可以加工多种原料油，如蜡油、掺渣油、常压渣油或原油等重质原料油。(3)采用活性高、选择性好、抗金属污染能力强、具有特殊反应性能的 RMG、RAG 系列催化剂。(4)适宜的工艺操作条件与专用催化剂配合实现了正常裂化和过裂化的有效控制，在转化率远高于一般催化裂化条件下，汽油安定性好，焦炭和干气无明显增加。(5)操作灵活。可根据市场变化的需要，通过改变工艺条件来调节汽油、轻柴油和液化石油气的产品分布。

2. DCC-I 及 DCC-II

　　DCC-I 工艺是以蜡油为原料，在 CRP-1 专用催化剂及相应操作条件下，用提升管加床层反应器最大量生产丙烯的催化裂化工艺。在采用较低操作压力、适量注汽、适当空速及 540~560℃操作条件下，丙烯产率可达 13%~23%，丁烯产率 10%~17%，乙烯产率 3.5%~6%。

　　DCC-II 工艺是以重质油为原料，在 CIP-1 专用催化剂及较缓和操作条件下，用提升管反应器多产丙烯和异构烯烃，同时兼顾生产汽油的催化裂化工艺。最大异构烯烃兼顾汽油方案，在原料油特性因数为 12.6、反应温度 505℃情况下，丙烯产率 12.52%，异丁烯产率

11.23%、异戊烯产率 8.67%、汽油产率 40.98%、汽油辛烷值（RON）95.8。

3. MIO

MIO 是最大量生产异构烯烃的催化裂化工艺。该工艺以掺部分渣油的重质馏分油为原料，使用 RFG 专用催化剂，在提升管反应器较缓和操作条件下，最大量生产异丁烯、异戊烯和高辛烷值汽油。RFG 催化剂选用新型催化材料和专利分子筛，具有良好的异构烯烃选择性和抑制氢转移反应能力，增加一次反应能力，抑制二次裂化深度。在原料油残炭为 3%、反应温度 530℃ 条件下，异丁烯+异戊烯产率 10.18%，丙烯+异构烯烃产率 40.74%。液化石油气中异丁烯含量为 13.9%，丙烯含量为 39.2%。汽油中异戊烯含量达 12.7%，汽油 RON 94.6。

4. MGD

MGD 是增产液化石油气和轻柴油，并有一定幅度降低汽油烯烃作用的催化裂化工艺技术。将原料油中的轻、重组分（蜡油和常渣）分层进料，进行选择性裂化反应。重质原料油要求在较高苛刻度下反应，在提升管下部喷嘴进入。轻质原料油在提升管上部喷嘴进入，在低苛刻度下进行反应，同时增加下部重质油的裂化深度并协调轻柴油馏分的生成和保留率。在提升管底部回炼粗汽油，一方面降低汽油烯烃含量，另一方面改善重油反应环境。MGD 专用催化剂 RGD-1 具有大、中孔结构的担体和具有二次孔分布的超稳 Y 型分子筛，是提高重油转化能力及提高轻柴油和液化石油气产率的基本材料，通过调节超稳 Y 型分子筛的酸强度以控制轻柴油馏分的再裂化，有利于汽油组分的再裂化。采用择型分子筛能够进一步促进汽油馏分的链烯烃和烷烃的再裂化，保证提高轻柴油和液化石油气产率及降低汽油烯烃含量的综合效果。

技术特点：（1）采用粗汽油控制裂化工艺技术，通过粗汽油回炼一方面使汽油中的低碳烯烃裂化及部分烯烃芳构化，达到降烯烃和提高辛烷值的双重目的；另一方面改善重油反应环境，提高轻柴油生成量和保留度。（2）重质原料油在提升管下部喷嘴进入，轻质原料油在提升管上部喷嘴进入，提高提升管下部的苛刻度。（3）常规催化裂化只需要少量改造，便可灵活地增产轻柴油和液化石油气，同时汽油烯烃含量可降低 4~6 个百分点。（4）总液体（轻柴油+汽油+液化石油气）收率与常规催化裂化相当。（5）RGD-1 专用催化剂具有优良的重油转化能力和抗金属污染能力，产品的选择性好，干气和焦炭选择性好。（6）具有操作灵活性和产品灵活性。可以进行汽油方案、轻柴油方案、液化石油气及液化石油气+轻柴油等方案操作。（7）汽油降烯烃的同时，汽油中芳烃和异构烷烃增加使 RON 和 MON 不降低，甚至提高。典型操作条件：反应温度 500~505℃、总进料剂油比 6.4、下层进料剂油比 9.6、粗汽油剂油比 56。

5. MIP

MIP 是一种多产异构烷烃，降低汽油烯烃含量的催化裂化工艺。该工艺保留了提升管反应器高反应强度，又能够促进某些二次反应多产异构烷烃和芳烃。MIP 反应器特点：将反应器分为两个反应区。第一反应区类似于常规的提升管，油气和催化剂接触后，在较短反应时间、较高的反应温度和较高的剂油比条件下发生一次裂化反应，达到预期的转化率。随后注入急冷油降低温度进入第二反应区。扩大第二反应区设备直径，降低油气流速、增加催化剂密度、延长油气停留时间，增加异构化和氢转移反应。从而使汽油中异构烷烃和芳烃含量增加，烯烃含量降低。采用 MIP 技术后汽油烯烃含量可降低 10~20 个百分点，辛烷值基本不降低。

6. CPP

CPP 工艺是以重油为原料，采用 CEP 催化剂直接制取乙烯和丙烯的催化热裂解工艺技术。裂解产品乙烯产率 21%~25%，丙烯 15%~16%，丁烯 6%~8%。希望多产乙烯时采用纯提升管反应器，希望多产丙烯时采用提升管+流化床反应器。典型操作条件：反应温度 620~680℃、反应压力 0.07~0.1MPa、剂油比 20~35、水油比 0.4~0.6、停留时间 2.1s。

7. DNCC

DNCC 是吸附转化加工焦化蜡油的催化裂化工艺。焦化蜡油氮含量较高，进入提升管后，70%以上的氮沉积在催化剂上随焦炭一起去再生器烧掉。碱性氮比烃化物更容易吸附在催化剂上，从而使催化剂暂时性碱氮中毒，影响催化剂的活性和选择性，使产品分布变差。DNCC 工艺将原料油在提升管下部进入先和再生剂接触，减弱碱氮对最初催化剂活性的毒害，将焦化蜡油在提升管上部或中部进入，利用催化剂进行吸附脱氮。沉积在催化剂上的氮在烧焦再生过程脱除，恢复催化剂活性循环使用。脱氮后的焦化蜡油和回炼油一起再返回提升管下部。焦化蜡油中硫可脱除 25%左右，氮可脱除 50%左右。典型操作条件：反应温度 500~510℃、回炼比 0.3~0.4、平衡催化剂活性 60。

8. DOCR、DOCP 及工艺技术

大庆常压渣油(常渣)与胜利、辽河常渣相比密度小、氢含量高、饱和烃含量多、芳烃含量少，相应的催化汽油族组成直链烃多、支链烯烃和芳烃及异构烃少，因而汽油辛烷值低。提高汽油辛烷值需要一种优良的催化剂，既有足够的重油转化能力，焦炭、干气选择性好，抑制氢转移反应，增加异构化能力。相关的工程技术是尽量降低再生催化剂含炭和提供大剂油比和高温短接触时间的反应条件。DOCR-1 是一种高效复合分子筛裂化催化剂。以高硅铝比、含少量稀土的高活性 REUSY 分子筛来保证重油的转化能力，RZ-51Y 型分子筛来抑制氢转移反应，RPSA 分子筛作为高辛烷值活性组分，通过选择性地裂化汽油组分中的直链烃来提高汽油辛烷值。以 ZRP-5 分子筛为辛烷值活性组分的 DOCP 催化剂，还具有降低氢转移活性，增加异构化能力，将烯烃双键异构和骨架异构提高汽油辛烷值。相应的工艺技术：(1)两段再生，一再在贫氧、较低温度下烧掉大部分氢和焦炭，二再在适中温度下烧去剩余的焦炭，使再生催化剂含炭降到 0.1%以下，并避免催化剂水热失活。这对高硅铝比的超稳分子筛催化剂非常重要。(2)要有高温短接触反应时间的环境，反应后快速分离的条件。(3)要有足够的苛刻度，包括较高的反应温度、催化剂活性，大剂油比等。DOCR、DOCP 属于高硅铝比的超稳分子筛，虽然酸性中心很强，但酸性密度小，只有大剂油比才能发挥其重油转化能力强、焦炭选择性好的优越性。采用该工艺技术后，大庆类原油的重油催化裂化汽油辛烷值可达到 90 号车用汽油标准。操作条件：反应温度 500~510℃、剂油比 6~6.5、反应时间 3~3.5s。

9. FDFCC

催化裂化装置增设一个单独的汽油改质提升管反应器，对汽油组分进行改质处理。灵活多效催化裂化工艺特点：(1)原料适应性强。两根提升管均可按各自的最优化反应条件加工原料油和劣质汽油，或回炼汽油。重油提升管的原料油可以是馏分油、常压渣油或掺炼部分减压渣油。第二提升管的原料可以是 FCC 汽油，也可是焦化汽油、热裂化汽油、直馏汽油和油田凝析油等劣质汽油。(2)产品方案灵活，装置操作弹性大。由于汽油改质提升管操作条件相对独立，可通过改变反应温度灵活调节产品结构(提高反应温度可提高 LPG 产率，并

可大幅度降低汽油烯烃含量)。(3)催化剂适应能力强。该工艺对催化剂没有特殊要求,使用常规催化剂就可以多产液化石油气(LPG)和汽油降烯烃。典型汽油提升管操作条件:反应温度550~630℃、剂油比25~30、反应时间2~3s。重油提升管操作条件:反应温度500~530℃、剂油比4~5、反应时间~3s。由于汽油改质过程需要汽油的二次汽化和冷凝,能耗较高。

10. HCC

HCC工艺借鉴了FCC工艺技术,采用提升管反应器使原料油直接与具有一定催化活性的固体颗粒接触剂快速接触,促进自由基反应,裂解后的产物与接触剂快速分离并急冷。含炭待生剂送到再生器再生。LCM接触剂具有优良的抗热崩性能、裂解活性和水热稳定性。HCC工艺在用BMCI值大于20的重质原料油时,乙烯产率19%~27%,丙烯13%。典型操作条件:反应温度740~750℃,反应压力0.17MPa,剂油比15~20,再生温度840~860℃,原料油为常压渣油、减压馏分油、焦化馏分油。该工艺尚未工业化。

11. TSRFCC

一般提升管中,油气反应1s后催化剂活性降低50%左右,提升管出口催化剂活性只有30%左右。提升管后2/3长度内的反应是在催化剂活性低、选择性较差的环境中进行,显然对转化率和产品分布的影响是不利的。两段提升管工艺是在催化剂活性下降到一定程度后,及时将催化剂和反应油气分离开,需要继续进行反应的中间物料(回炼油、油浆)在第二段提升管与新的再生催化剂接触,继续反应,从而提高整个反应过程的催化剂活性和选择性,提高转化率和改善产品分布。工艺特点:大幅度提高单程转化率,高转化率下仍能够获得好的产品分布,干气和焦炭产率降低,轻油收率和总液体收率提高。

12. 辅助提升管改质降烯烃工艺

催化裂化装置增设一个单独的汽油改质提升管反应器,对FCC汽油进行改质,促进异构化、氢转移、环化、芳构化等反应,抑制初始裂化和缩合反应,从而达到降烯烃、维持或提高汽油辛烷值的目的。工艺特点:(1)烯烃转化率可达60%,RON不损失或略有提高。(2)改质汽油的收率为85%~95%,总液体(LPG+汽油+轻柴油)收率达98.5%,加工损失小。(3)辅助提升管反应器可有机地结合在工业FCC装置中。(4)改质提升管反应器可采用单独优化的工艺条件。(5)虽然对FCC过程的氢进行了重新分配,但过程不耗氢,没有额外的催化剂损耗。典型汽油提升管操作条件:反应温度380~450℃、剂油比2.7~3、提升管长度约31m。由于汽油改质过程需要汽油的二次汽化和冷凝,装置能耗上升。

13. TMP

两段提升管多产丙烯工艺技术,一段提升管进新鲜原料,二段进回炼油、重油裂解产生的混合碳四和轻汽油,两个提升管共用一个再生器,采用专用催化剂,充分利用高活性催化剂,提高两段各自的剂油比,实现不同原料在不同反应条件下的分段反应,多产丙烯。

第四节　催化裂化装置技术经济指标

衡量催化裂化装置的设计和操作水平的综合指标是:产品分布(尤其是干气、焦炭产率和总液体收率)、能耗(或能量回收率)、催化剂损耗、连续运行周期等。装置之间也往往按综合指标进行相互对比。表1-3、表1-4列出了我国及国外催化裂化装置先进的技术经济指标。表中各单项分别取自某一特定装置,反映了该装置某一方面的先进性。表1-5列出了

GB 30251—2013《炼油单位产品能源消耗限额》中催化裂化装置的指标。

表1-3　我国催化裂化装置主要技术经济指标

项　目	国内先进水平	
	蜡油进料	重油进料
装置规模/(Mt/a)	3.00	3.50
能耗/(MJ/t)	2147	2424
催化剂消耗/(kg/t)	0.22	0.47
装置运行周期/a		4
干气产率/%(质量)	2.2	2.57
总液体收率/%(质量)	89.26	86.39

表1-4　国外催化裂化装置主要技术经济指标

项　目	国外先进水平	
	蜡油进料	重油进料
装置规模/(Mt/a)	6	4.25
装置运行周期/a	7	4~7

表1-5　催化裂化装置能耗限额

项　目	能耗限额值/(kgoe/t)	项　目	能耗限额值/(kgoe/t)
蜡油催化裂化	48	深度催化裂解	80
重油催化裂化	55	MIP-CGP	55
常渣催化裂化	75	双提升管催化裂化	59

第二章 原料、产品、催化剂及助剂

第一节 原料来源

催化裂化原料来源很广。从流化催化裂化发展之初的全蜡油进料，已拓展到掺炼部分渣油或全常压渣油进料。催化裂化的原料，有的来自蒸馏装置，有的则来自二次加工装置。

一、直馏馏分油和渣油

蒸馏装置可以从原油中分离出裂化原料及渣油等。沸程为 350~535℃ 的石油馏分，是使用最广泛的催化裂化典型原料。

我国作催化裂化原料用的减压馏分油终馏点为 510~530℃，国外约 565℃，表 2-1 给出了几种原油的减压蒸馏馏出油的性质。

表 2-1 几种原油的减压蒸馏馏出油的性质

项 目		大庆	胜利	任丘	中原	辽河	孤岛	鲁宁管输	轻阿拉伯	重阿拉伯
相对密度(d_4^{20})		0.8564	0.8876	0.8690	0.8560	0.9083	0.9353	0.8676	0.9141	0.9170
馏程/℃		350~500	350~500	350~500	350~500	350~500	370~500	350~520	370~520	350~500
凝点/℃		42	39	46	43	34	21	44	34	30
康氏残炭/%(质量)		<0.1	<0.1	<0.1	0.04	0.038	0.18	0.07	0.12	0.15
含硫量/%(质量)		0.045	0.47	0.27	0.35	0.15	1.23	0.42	2.61	2.90
含氮量/%(质量)		0.068	<0.1	0.1	0.042	0.20	0.20	0.083	0.078	0.07
含氢量/%(质量)		13.80	13.50	13.90		13.40		13.26	11.69	
运动黏度/	50℃		25.26	17.94	14.18					
(mm²/s)	100℃	4.60	5.94	5.30	4.44	6.88	11.36	4.75	6.93	6.87
相对分子质量		398	382	369	400	366		360	378	383
特性因数		12.5	12.3	12.4	12.5	11.8	11.5		11.85	
重金属	Ni	<0.1	<0.1	0.03	0.2	0.06	1.33	0.3		0.52
含量/(μg/g)	V	0.01	<0.1	0.08	0.01		0.22	0.02		0.07
族组成/%	饱和烃	86.6	71.8	80.9	80.2	71.48		74.5	65.8	
(质量)	芳烃	13.4	23.3	16.5	17.1	24.42		22.9	31.6	
	胶质	0.0	4.9	2.6	2.7	4.0		2.6	2.6	
占原油/%(质量)		26~30	27	34.9	23.2	29.7	22.2		24.3	23.3

有些原油的常压渣油可以直接用作催化裂化原料。表 2-2 给出了几种原油的常压渣油的性质。

表 2-2 几种原油的常压渣油的性质

项 目	大庆	胜利	任丘	中原	辽河	孤岛	鲁宁管输	轻阿拉伯	重阿拉伯
相对密度(d_4^{20})	0.8959	0.9460	0.9162	0.9062	0.9436	0.9876	0.9282	0.9514	0.9848
馏程/℃	>350	>400	>350	>350	>350	>350		>350	>350

项　　目		大庆	胜利	任丘	中原	辽河	孤岛	鲁宁管输	轻阿拉伯	重阿拉伯
康氏残炭/%(质量)		4.3	9.6	8.9	7.5	8.0	10.0	9.37	9.36	14.05
元素分析/ %(质量)	C	86.32	86.36	—	85.37	87.39	84.99		85.15	
	H	13.27	11.77		12.02	11.94	11.69		11.20	10.49
	S	0.15	1.2	0.40	0.88	0.23	2.38	0.82	3.29	4.29
	N	0.2	0.6	0.49	0.31	0.44	0.70		0.16	0.45
运动黏度(100℃)/(mm²/s)		28.9	139.7	43.3	31.28	51.1	471.9		32.83	15.29
相对分子质量		563	593				651		500	
重金属含量/ (μg/g)	V	<0.1	1.5	1.1	4.5		2.4	2	27.2	
	Ni	4.3	36	23	6.0	47	26.4	21	6.5	
族组成/ %(质量)	饱和烃	61.4	40.0	46.7		49.4			49.3	
	芳烃	22.1	34.3	22.1		30.7			34.0	
	胶质	16.45	24.9	31.2		19.9				
	沥青质 (C₇不溶物)	0.05	0.8	<0.1		<0.1				
占原油/%(质量)		71.5	68.0	73.6	55.5	68.9	78.2		50.39	57.1

　　有些减压渣油可以一定比例与馏分油混兑作催化裂化原料。表2-3给出了几种原油的减压渣油的性质。由于原油中的大部分金属污染物、沥青质和胶质，以及硫、氮等杂原子化合物在渣油中富集，所以重油催化裂化装置的操作与蜡油进料时差别较大。

　　表2-4给出了我国部分催化裂化装置达到的渣油掺炼水平。

　　评价催化裂化原料性质一般可采用下列七项指标：相对密度、残炭、重金属含量、含氢量、含硫量、馏程和正庚烷不溶物，更进一步的评价还可以包括族组成分析。在上述评价指标中，影响最大的是残炭、重金属含量、含氢量和含硫量。

　　国外一些公司对催化裂化的适用原料提出了判定标准。大体上把残炭<(8~10)%，(Ni+V)<(25~30)μg/g，氢含量大于11.8%，作为现阶段催化裂化可以直接进料的限制条件。

表2-3　几种原油的减压渣油的性质

项　　目		大庆	胜利	任丘	中原	辽河	孤岛	鲁宁管输	轻阿拉伯	重阿拉伯
运动黏度(100℃)/(mm²/s)		104.5	861.7	958.6	256.6	549.9	1120	—	1035	4060
相对分子质量		1120	1080	1140	1100	992	1030	929	845	893
重金属含量/ (μg/g)	V	0.1	2.2	1.2	7.0	1.5	4.4	3.5	74.3	140
	Ni	7.2	46	42	10.3	83	42.2	34.3	17.3	68
占原油/%(质量)		42.9	47.1	38.7	32.3	39.3	51.0		22.4	33.8
元素分析/ %(质量)	C	87	84.4	86.2	85.6	86.11	86.5	85.62	85.40	
	H	12.7	11.6	11.6	11.6	10.73	10.8	11.17	10.0	
	S	0.41	1.95	0.76	1.18	0.365	2.96	1.2	4.31	
	N	0.53	0.92	1.08	0.60	0.83	1.18	0.77	0.28	

续表

项　目		大庆	胜利	任丘	中原	辽河	孤岛	鲁宁管输	轻阿拉伯	重阿拉伯
族组成/%（质量）	饱和烃	40.0	19.5	19.5	23.6	29.2	15.7	21.1	21.1	
	芳烃	32.8	33	29.6	26.4	36.4	35.1	35.1	58	
	胶质	26	33.8	40.7	34.5	34.4	37.9	29.8	14	
	戊烷沥青质	0.4	13.7	10.1	15.5	<0.1	11.3			
	庚烷沥青质	<0.1	0.2	0.2	0.2		2.8	0.8	6.9	

表 2-4　我国部分催化裂化装置达到的渣油掺炼水平

炼油厂简称	前郭	石家庄	洛炼	九江	武汉	济南	燕山
原油	吉林	大庆、华北	中原	管输	管输	临商管输	大庆
常渣掺炼比/%		100	100				
减渣掺炼比/%	100			32.4	40.9	36.3	85.1
原料残炭/%	8.95	7.24	6.5	6.24	5.87	6.12	7.19
（Ni+V)/（μg/g）	7	25	5.4	14	13	10.1	
生产年份				1985～1995			2002

二、焦化馏分油

焦化馏分油的密度、干点和残炭与直馏馏分油相比相差不大，但是含氮量，特别是碱性含氮量很高。同时含有较多不饱和烃，所以焦化馏分油不能单独作催化原料，可以一定比例与直馏馏分油掺合作为催化裂化进料。

三、脱沥青油

溶剂脱沥青是渣油深度加工的一种预处理手段，也是从减压渣油中获取催化裂化原料的重要途径之一。它的产品是脱沥青油和沥青。脱沥青油可与直馏馏分油掺合用作催化裂化原料。溶剂脱沥青装置获得的脱沥青油的质量随其收率的增加而下降。

四、加氢处理油

先经过加氢处理再用作催化裂化原料的油有多种。例如，直馏馏分油、常压渣油、减压渣油、溶剂脱沥青油、焦化馏分油等都可以先进行加氢处理或加氢脱硫，然后再进催化裂化装置。催化裂化的回炼油含有较多的二环以上的芳烃，也可以通过加氢处理使芳烃饱和，提高其裂化性能。对于含硫量较高的原料，通过加氢处理，还可使产品中的含硫量降低，可大大减少催化裂化各产品的硫含量和再生烟气中含硫氧化物的浓度。加氢处理还可以去除原料油中的部分重金属，从而减轻催化裂化催化剂的重金属污染。

五、回炼油经芳烃抽提后的抽余油

催化裂化回炼油中含有大量的重质芳烃，经溶剂抽提后抽余油可作为催化裂化原料，轻油收率和产品质量将有所改善，抽出的芳烃还可综合利用。

六、其他油料

能够作为催化裂化原料的还有减黏裂化重油等。我国自行开发的渣油流化脱碳预处理技术，用一种活性很低的热载体在提升管中与渣油接触，渣油中含氢较多的组分在与热载体接触后迅速蒸发，高沸点组分发生裂化生成焦炭沉积在热载体上，金属污染物和一部分硫、氮也沉积在热载体上，热载体与一部分脱碳、脱金属油气分离，汽提后至再生器烧焦，并继续使用。将脱硫、脱金属油气中的气体、汽油和柴油分出后，沸点高于柴油的馏分油即可作为重油催化裂化的原料。

催化裂化原料来源如此之广，但对于具体装置而言，所加工的原料由全厂总流程和原料油种类决定，装置之间原料构成往往差别较大。

第二节　催化裂化原料对产品的影响

一、减压馏分油(VGO)原料

催化裂化装置最常用的原料是常减压装置的减压馏分油，几种原油的减压馏分油进料对应的产品分布见表2-5、表2-6。

表2-5　几种减压馏分油的工业催化裂化数据

项　　　目	大庆原油	大港、冀东原油	胜利油	管输原油	辽河原油	新疆油
	VGO	VGO	VGO : CGO=92 : 8	VGO	VGO	VGO
相对密度(d_4^{20})	0.8596	0.8856	0.9071	0.8732	0.9092	0.8712
残炭/%	0.1	0.16	0.1	0.126		0.24
元素分析/%						
C	85.73		86.43			
H	13.53		12.48			
S	0.086	0.04	0.78	0.43		0.10
N	571(μg/g)		0.13	0.13	0.195	0.08
重金属/(μg/g)						
Ni			3.06		0.496	0.42
V			<0.1		0.071	0.02
产品收率/%(质量)						
干气+损失	3.36	4.1	4.18	8.82	4.411	5.88
液化气	9.62	8.9	10.07	9.85	7.680	8.52
汽油	52.10	53.1	45.27	46.4	48.25	53.29
轻柴油	30.65	27.7	30.57	28.26	31.00	27.82
油浆	—	1.5	4.74	—	2.10	
焦炭	4.27	4.7	5.17	6.67	6.559	4.49
H_2/CH_4	16.3/15.32	17.51/25.81	0.11/1.07	9/22	27.4/16.2	0.14/1.6
MONC	78	79	80.6	78.8	79.1	77
反应温度/℃	471	483	500	480	511	491
剂油比	4.2	3.5	4.58	4.8	4.67	3.99
催化剂	Y-9	共 Y-15	RHZ-200	3A	偏 Y-15	LB-1、Y-15 混合

由表2-5可以看出，大庆、新疆VGO是理想的催化裂化原料，生焦少，轻油收率高。胜利、辽河、管输原油VGO裂化性能较差，生焦倾向高，轻油收率低。

表2-6　国外蜡油(360~538℃馏分)性质对产品收率和性质的影响

项　　　目	米纳斯	美国中部大陆	委内瑞拉混合	ANS
API 度	31.7	25	22.5	19.8
胺点/℃	122.5	92.8	87.2	80
元素分析/%(质量)				
H	14.2	12.9	12.55	12

续表

项　目	米纳斯	美国中部大陆	委内瑞拉混合	ANS
S	0.09	0.59	0.9	1.2
N	0.06	0.1	0.12	0.17
K	12.54	12.05	11.86	11.67
反应温度/℃	527	527	527	527
进料温度/℃	260	260	260	260
再生温度/℃	719	722	733	748
剂油比	6.1	6.0	5.6	5.2
产品收率/%				
干气	2.8	3.0	3.1	3.3
汽油	65.4	61.7	59.7	55.4
焦炭	4.7	4.7	4.8	4.8
转化率/%	85.6	78.2	75.5	70
轻柴油 API	22.8	17	15.5	14.7
油浆 API	9.4	2.2	0.2	-1.2
汽油 RON	88.5	90	90.4	90.8
汽油 MON	78.6	79.6	79.7	80

二、VGO 掺炼渣油的原料

目前 VGO 掺渣油作为催化裂化进料的装置很多，表 2-7 给出了几种掺渣原料的催化裂化装置运行数据。由表 2-7 可知，掺炼渣油后焦炭产率上升，轻油收率下降，汽油辛烷值略有提高。

表 2-7　掺渣原料的催化裂化运行数据

项　目	管输油 VGO 掺减渣油	大庆油 VGO 掺常渣油	大港油 VGO 掺常渣油	胜利 VGO 掺惠州常渣及大庆减渣
相对密度(d_4^{20})	0.9093	0.8697	0.9121	0.8896
馏程/℃				
初馏点	211	259	283	
10%	326	354	395	350
30%	406	412	457	426
70%	500	523	555	549
90%	582			718
残炭/%	4.36	2.15	5.26	2.80
黏度/(mm²/s)				
80℃	25.42	15.44	37	
100℃	11.42	9.83	21.1	
元素分析/%				
C	85.5			85.93
H	12.1			12.95
S	0.75	0.82	0.195	0.3560
N	0.30			0.2075
饱和烃/%(质量)	65.34			59.1
芳烃/%	17.26			28.1
胶质/%	16.81			12.8

项　目	管输油 VGO 掺减渣油	大庆油 VGO 掺常渣油	大港油 VGO 掺常渣油	胜利 VGO 掺惠州常渣及大庆减渣
nC_7不溶物/%	0.54			0.6
金属/($\mu g/g$)				
Fe	3.2	0.76	14	2.10
Ni	9.0	1.74	21.2	4.86
V	0.8	1.076	0.16	0.08
Na	1.0	1.92		
产品收率/%(质量)				
干气+损失	6.03	3.78+0.3	1.919+0.341	
液化气	13.08	9.72	9.851	
汽油	48.70	50.42	47.389	
柴油	14.39	28.77	22.645	
油浆	10.82	2.98	5.88	
焦炭	7.48	5.58	11.975	
产品综合数据				
H_2/CH_4	37.2/23.32	39.11/13.64	51.47/10.11	33.06/21.95
MON	80.3	88.5(RON)	79.8	79.7
CN	25	41.62	27.8	33.1
油浆相对密度	1.0183	0.9020	1.0297	0.999
反应温度/℃	521	500	495	
剂油比	6.1	4.1	6.25	
掺渣比/%	35	57.9	63.75	13.4+31.1
催化剂	octacat	CRC：共 Y15(1∶1)	共 Y15	超稳

三、渣油原料

随着重油催化裂化技术的不断发展，我国开发了全常压渣油(ATB)和100%减压渣油催化裂化技术，其范围仅限于重金属含量低的优质石蜡基原油的减压渣油。表2-8列出了几种渣油的分析数据及对应的 FCC 产品分布。

表2-8　几种渣油原料的分析数据及对应的 FCC 品分布

项　目	大庆 ATB	任丘 ATB	吉林 ATB	中原 ATB	大庆 VTB
相对密度(d_4^{20})	0.89	0.868	0.8949	0.8873	0.914
残炭/%	4.4	7.3	4.62	6.36	7.19
Ni/($\mu g/g$)	6.3	19.7	3.3	4.1	
V/($\mu g/g$)	0.1	0.78	0.3	2.0	
反应温度/℃	491	475	506	509	505
催化剂	共 Y-15	共 Y-15/CRC-1	CRC-1/Y-15	58%CC-15	DVR-1
剂油比	6.2	6.1	5.81	7.84	7.18
产品收率/%(质量)					
干气+损失	13.8(裂化气)	12.9(裂化气)	6.24+0.51	3.53	4.9
液化气			9.39	11.16	9.39
汽油	50.1	43.6	50.21	52.38	41.1
轻柴油	26.2	22.7	19.82	21.49	28.74
油浆	—	9.4	4.90	1.85	5.05

续表

项 目	大庆 ATB	任丘 ATB	吉林 ATB	中原 ATB	大庆 VTB
焦炭	9.9	11.4	8.76	9.59	10.82
轻油收率/%(质量)	76.3	66.3	70.03	73.54	69.84
转化率/%(质量)	73.8	67.9	75.29	76.66	66.21
H_2/CH_4			11.2/26.0	0.15/0.98	
RON				89.5	90.7
CN			34	40	34.5

四、VGO 掺其他油料

直馏馏分油除掺炼渣油外,还可以掺炼其他品质的油料。在直馏馏分油掺炼焦化馏分油过程中,不同的掺炼比,其产品分布也不同。随着掺炼比的增加,液化气和汽油产率降低,轻柴油产率有所增加,焦炭产率明显增加。

第三节 催化裂化原料特性

一、原料的特性

原料油的馏程、密度、苯胺点和残炭等,烃类族组成、结构参数、元素分析以及微量金属(Ni、V 等),可以全面反映原料的特性。

(一)馏程、密度和特性因数

馏程是指油品的初馏点到干点之间的温度范围。原料的沸点范围对裂化性能有重要影响。一般来说,沸点高的原料由于其相对分子质量大,容易被催化剂表面吸附,因而裂化反应速度较快。但沸点高到一定程度后,就会因扩散慢、或催化剂表面积炭快、或汽化不好等原因而出现相反的情况。单纯靠馏程来预测原料裂化性能是不够的,在同一段沸点范围内,不同原料的化学组成可以相差很大。

密度是石油馏分最基本性质之一。在同一沸点范围内,密度越大反映了其组成中烷烃越少,在裂化性能上越趋向于具有环烷烃或芳烃的性质。

特性因数 K 常用以划分石油馏分的化学组成,被普遍用于评价催化裂化原料的质量。K 值高,原料的石蜡烃含量高;K 值低,原料的石蜡烃含量低。但它在芳香烃和环烷烃之间则不能区分开。K 值分 UOP K 值和 Watson K 值两种。

$$\text{UOP } K \text{ 值} = (1.8T_c)^{1/3}/d$$

式中 T_c——立方平均沸点,K;

     d——相对密度(15.6℃/15.6℃)。

$$\text{Watson } K \text{ 值} = (1.8T_{Me})^{1/3}/d \qquad T_{Me} = (T_M + T_c)/2$$

式中 T_M——分子平均沸点,K;

     T_c——立方平均沸点,K;

     T_{Me}——中平均沸点,K。

K 的平均值,烷烃约为 13,环烷烃约为 11.5,芳烃约为 10.5。大多数催化裂化原料的 K 值约在 11.5~12.5。我国催化裂化原料 K 值大多在 12.0 以上。

原料特性因数 K 值的高低,反映了该原料的生焦倾向和裂化性能。原料的 K 值越高,它就越易于进行裂化反应,而且生焦倾向也越小;反之,原料的 K 值越低,它就难以进行裂化反应,而且生焦倾向也越大。

(二) 族组成

族组成是决定催化裂化原料性质的一项最本质最基础的数据,有四组分(饱和烃、芳香烃、胶质、沥青质)分析和质谱分析两种分析方法。

(三) 结构参数

结构族组成把整个石油馏分看作是一个大的"平均分子",这一"平均分子"是由某些结构单元(例如芳香环、环烷环、烷基侧链等)所组成。一般可用"平均分子"上的芳香环和环烷环以及总环数,或者某类型的碳(芳香碳、环烷碳、链烷碳)原子占平均分子总碳的百分数来表示。常用符号及其意义列于表 2-9。

表 2-9　结构族组成表示符号及其意义

符　号	意　义
R_A	平均分子中的芳香环数
R_N	平均分子中的环烷环数
R_T	平均分子中的总环数,$R_T = R_A + R_N$
$C_A\%$	平均分子中芳香环上的碳原子数占总碳原子数的百分数
$C_N\%$	平均分子中环烷环上的碳原子数占总碳原子数的百分数
$C_R\%$	平均分子中总环上的碳原子数占总碳原子数的百分数
$C_P\%$	平均分子中烷基侧链上的碳原子数占总碳原子数的百分数

表 2-10 ~ 表 2-12 分别列出了 VGO、ATB 和 VTB 的结构参数。

表 2-10　VGO 的结构参数

减压馏分油	结构族组成/%(质量)			C_N/C_P	特性因数
	C_P	C_N	C_A		K
大庆	74.7	8.8	16.5	0.22	12.5
中原	74.5	15.9	9.6	0.21	12.5
胜利	61.9	23.9	14.2	0.38	12.1
大港	64.5	17.6	17.9	0.27	11.9
辽河	62.5	23.5	14.0	0.38	12.2
任丘	66.5	22.3	11.2	0.34	12.4
鲁宁管输	68	14.7	17.3	0.95	
南阳	71.5	17.4	11.1	0.24	12.6
江汉	70.6	17.7	11.7	0.25	12.6
苏北	81.6	9.40	9.0	0.12	12.8
青海	69.8	23.7	6.5	0.34	12.6
延长	66.3	22.6	11.1	0.34	12.3
二连	61.6	26.9	11.5	0.44	12.3
轻阿拉伯	51.2	25.7	32.1	0.50	
新疆	64.0	29.4	6.60	0.46	12.3

表 2-11　中国石油重油（>350℃）的基础物性和结构族组成

项　目	d_4^{20}	基础物性			结构族组成/%（质量）		
		100℃运动黏度	元素分析		C_A/%	C_P/%	C_N/%
		mm²/s	C/%	H/%			
大庆 AR	0.8986	31.95	85.44	12.64	13.98	65.16	20.86
辽河 VGO 掺 15%VR	0.9049	6.22	85.09	12.04	19.67	54.41	25.92
辽河 VGO 掺 25%VR	0.9138	9.97	85.88	11.80	21.91	50.72	20.37
辽河 VGO 掺 35%VR	0.9238	15.60	85.90	11.63	23.46	50.96	25.59
辽河 VGO 掺 45%VR	0.9340	24.94	85.96	11.61	23.90	52.93	23.17
胜利 VGO 掺 15%VR	0.9011	8.56	85.70	12.92	13.96	68.39	17.65
胜利 VGO 掺 25%VR	0.9038	12.01	85.69	12.42	17.36	61.43	21.21
胜利 VGO 掺 35%VR	0.9138	17.25	85.69	12.33	17.97	60.83	21.20
胜利 VGO 掺 45%VR	0.9410	61.51	85.70	11.95	20.83	59.40	17.76
中原 VGO 掺 15%VR	0.8672	5.69	85.45	13.49	9.90	77.58	12.52
中原 VGO 掺 25%VR	0.8784	7.98	85.69	13.31	12.30	76.73	10.99
中原 VGO 掺 35%VR	0.8814	10.21	85.69	13.17	14.10	76.81	9.07
中原 VGO 掺 45%VR	0.8965	17.80	85.88	12.93	16.60	75.11	8.30

表 2-12　中国石油重油（>500℃）的基础物性和结构族组成

项　目	基　础　物　性				结　构　族　组　成		
	残炭/%	碳/%	氢/%	相对密度	C_A/%	C_P/%	C_N/%
锦州 VR	9.00	86.11	11.23		24.79	58.32	16.89
曙光 VR	22.30	86.05	10.26	0.8912	34.06	40.32	25.62
兴隆台 VR	17.01	86.11	11.55	0.8720	25.29	55.73	18.98
欢喜岭 VR	22.75	86.43	10.35	0.9350	34.16	43.74	22.10
辽河 VR	18.21	86.11	10.73	0.8741	30.37	40.50	21.13
胜利 VR	14.50	85.85	11.34	0.8510	26.43	58.56	15.01
中原 VR	16.10	86.01	11.33	0.8491	26.78	54.35	18.87
大庆 VR	8.05	85.63	12.87	0.8129	12.61	74.91	12.40

（四）含氢量

原料的含氢量反映其轻重程度和烃族组成，也是衡量油品性质的一个重要指标。一般来说，轻质油品的含氢量高于重质油品。在同一种油品中，石蜡基油品的含氢量高于中间基或环烷基油品。

（五）残炭

残炭是用来衡量催化裂化原料的非催化焦生成倾向的一个特性指标，得到非常普遍的使用。馏分油的残炭值很低，一般不超过 0.2%（质量），其胶质、沥青质含量也很少。渣油的残炭值较高，含量在 5%~27%（质量），胶质、沥青质含量也很高。

残炭一般由多环芳烃缩合而成，而渣油中不仅含有大量芳烃，而且含有大量的胶质和沥青质，胶质和沥青质也含有大量多环芳烃和杂环芳烃。实验室分析出来的残炭，是生焦的前身物质。

（六）非烃化合物

1. 硫

除单质硫和硫化氢之外，油品中的硫均以有机硫化物存在。目前已经确认的有机硫化物主要有以下几类：硫醇类、硫醚类、环状硫醚类、二硫化物、噻吩及其同系物、苯并噻吩和二苯并噻吩类等。

2. 氮

油品中的氮化物有碱性氮化物和非碱性氮化物两种。碱性氮化物的基本化合物是吡啶和喹啉等。

当相对分子质量增加时，则成为苯并吡啶（喹啉）、二苯并吡啶（10-氮杂蒽）等多环氮化物；非碱性氮化物基本单元是吡咯，当相对分子质量增加时，则成为苯并吡咯（吲哚）、二苯并吡咯（咔唑）等。

3. 镍、钒

镍和钒通常以卟啉和非卟啉两类化合物存在。

金属卟啉在石油中的含量一般在 $1 \sim 100 \mu g/g$，沸点在 $565 \sim 650℃$，相对分子质量约为 $500 \sim 800$，是一种结晶状固体，极易溶解于烃类中。它主要富集在渣油中，尤其是沥青中含量最多。

4. 钠

石油中的钠不仅能使催化剂中毒，当与钒、硫共存时还对设备造成腐蚀。有人认为钠对裂化催化剂的危害有时更甚于钒和镍。

二、原料性质对催化裂化反应的影响

原料性质对催化裂化的转化率、产品产率和产品性质都有重要影响。但原料性质之间是互相联系的。因此，改变某一性质，将对其他性质产生影响。下面讨论某一性质的变化对催化裂化的影响，严格来说，也是各种性质变化的综合影响。

（一）特性因数

原料特性因数的高低能说明该原料的裂化性能和生焦倾向。一般来说，K 值每上升0.1，转化率上升 $1\% \sim 1.5\%$（质量）。对于任何原料，K 值降低时，焦炭产率增加。但 K 值反映原料油的裂化能力并不全面，由于组成的差别，即使两种 K 值基本相同的原料油，其裂化能力也会有较大的差别。

（二）相对分子质量、平均沸点和馏程

原料的相对分子质量、平均沸点和馏程是决定裂化产率和产品质量的重要指标。一般对于直馏原料，相对分子质量（平均沸点）增加，可裂化性增加，焦炭和汽油产率上升。但是只用相对分子质量或平均沸点而不考虑烃族组成来预测原料的裂化性能是不全面的。

表 2-13 给出了原料沸程对产品分布和产品质量的影响。由表 2-13 可知，当转化率相近时，相对分子质量大的原料油其焦炭和汽油产率高，但气体产率低。若以单位焦炭的汽油产率衡量，则中等沸程的原料最好。

表 2-13　原料沸程对产品分布和产品质量的影响(硅铝催化剂)

项　目	原料沸程		
	低	中	高
得克萨斯原油的馏分油	轻馏分油	重馏分油	减压馏分油
相对密度(d_4^{20})	0.8581	0.9076	0.9304
实沸点/℃			
20%	256	365	378
50%	280	416	482
80%	314	491	649
康氏残炭/%	0.06	0.28	2.6
反应温度/℃	524	524	527
转化率/%(体积)	60.5	63.2	60.0
产品分布			
≤C_3/%(质量)	13.4	10.3	8.8
C_4^0/%(体积)	9.3	4.6	2.6
$C_4^=$/%(体积)	7.5	11.3	8.2
汽油/%(体积)	37.2	47.2	49.2
轻柴油/%(体积)	37.5	18.0	17.5
重循环油/%(体积)	2.0	18.8	22.5
焦炭/%(质量)	3.5	3.9	5.2
汽油辛烷值			
RONC	99.8	97.8	94.6
MONC	85.8	84.0	80.7

(三) 族组成

催化裂化进料的质量可以用转化率前身物的量、轻柴油前身物的量、焦炭和澄清油前身物的量来评价。转化率前身物包括了饱和烃和单环芳烃,它们最终可以裂化为汽油、裂化气和少量焦炭。催化轻柴油含有相当量的双环芳烃,它们是原料中的双环芳烃脱烷基的产物,双环芳烃视为轻柴油前身物。三环以上的芳烃,包括噻吩类物质、极性物、正庚烷不溶物在内,在催化裂化中脱烷基形成澄清油或缩合为焦炭,视为焦炭和澄清油前身物。在相同的裂化强度下,转化率前身物高的转化率高。

(四) 含硫量

1. 对环境的影响

原料硫含量对环境的影响是多方面的。进入焦炭中的硫在再生器内被氧化生成二氧化硫和三氧化硫,随烟气排放出来污染大气。在反应器内随裂化反应一起发生的脱硫反应,产生大量硫化氢,其余的硫则分配到各种产品中,H_2S 占总硫相当大的部分,因此对催化裂化装置的气体净化系统有很大影响。

2. 对产品产率的影响

原料含硫量增加,产物中的硫化氢增加,原料硫进入硫化氢中的比例也随之增加。原料硫转化到硫化氢中去的数量,不仅随原料含硫量增加而增加,而且随转化率增加而增加。

硫对产品选择性有不利影响,随着原料中含硫量的增加,干气产率增加,汽油产率下降。

含硫量是催化裂化原料的一个特性指标,也是催化裂化产品的一个重要质量规格指标,出厂产品中的含硫量必须符合产品规格标准，否则需要进行精制处理。

此外，原料中的硫还会硫化污染催化剂上的重金属，增大金属的毒害作用。

（五）含氮量

石油馏分中的氮化合物主要有以下两类：一类为中性氮化合物，如吲哚和咔唑；另一类为碱性化合物，如吡啶、喹啉、吖啶、菲啶以及羟基吡啶和羟基喹啉。碱性氮化合物在裂化过程中与催化剂的酸中心相互作用，使催化剂丧失活性，从而降低裂化反应的转化率，并使产品分布变差。在一般情况下，随着原料碱性氮化合物含量的增加，汽油产率减少，汽油的辛烷值下降，柴油和油浆产率相应增加，干气和焦炭产率也增加。同时，随着原料含氮量的增加，汽油和柴油中含氮量也增加，而且大部分含氮化合物都集中在柴油馏分。

（六）镍、钒含量

原料油所含的重金属，以镍、钒、铁、铜为代表。铁含量虽多，但毒性很小；铜含量很少，不构成主要危害。一般把镍、钒作为重点，镍和钒对催化剂和裂化反应的影响有所不同，镍加速与裂解反应相竞争的脱氢反应，钒却破坏分子筛的晶格结构。这两种金属以络合物的形式与吡咯的氮原子络合构成卟啉类化合物，存在于减压渣油的胶质和沥青质组分中。我国的原油镍含量高于钒含量几倍，国外的多数原油钒含量高于镍含量。

（七）钠含量

原料油带入的钠由两部分构成，一部分是原油中含有的钠，另一部分是原油注碱带入的钠。钠不但能中和催化剂的酸性中心，而且与钒在催化剂表面易生成低熔点的氧化共熔物。这些共熔物积累的结果，不仅覆盖催化剂表面，使活性中心减少，而且影响催化剂的担体结构，使催化剂的热稳定性下降。所以在限制钒的同时，也限制进料中钠离子含量，一般要求小于 $2\mu g/g$。

三、掺炼渣油采取的措施

掺炼渣油后，原料油中的重金属、残炭、沥青质、硫化合物和氮化合物等杂质的含量急剧增加。表2-14 是在 VGO 中分别掺入 10%、20% 的减压渣油，在相同反应条件下对产品带来的影响。由表2-14 可看出：①转化率降低（裂解能力下降）；②干气收率增加；③焦炭产率增加；④汽油收率减少；汽油中的含硫量增加，在汽油组成中，饱和烃减少，烯烃增加；⑤焦炭中的含硫量增加，烟气中 SO_x 浓度上升。

由于渣油中芳香烃、胶质和沥青质含量很高，杂质硫、氮和重金属含量以及残炭值远高于馏分油，而含氢量则明显降低，因而除低硫、氮、重金属和残炭值的渣油（ATB 甚至 VTB）可以直接作为催化裂化原料油外，全世界大多数原油的渣油不能直接用作催化裂化原料。

表 2-14　掺炼渣油后催化裂化产品的变化

进料		馏分油	+10%减压渣油	+20%减压渣油
进料性质	密度	0.882	0.892	0.908
	康氏残炭/%	0.26	1.81	3.65
	(S/N)/%（质量）	0.70/0.076	1.01/0.11	1.32/0.14
	(Ni/V)/(μg/g)	0.3/0.5	2.0/4.3	4.1/8.7

续表

进料		馏分油	+10%减压渣油	+20%减压渣油
产　率	转化率/%（体积）	80.2	77.5	75.8
	H_2/%（体积）	0.05	0.05	0.05
	≤C_2/%（体积）	2.6	3.0	3.2
	（C_3+C_4）/%（体积）	29.9	27.2	25.2
	汽油/%（体积）	62.3	60.2	58.6
	轻柴油/%（体积）	14.8	15.8	16.2
	油浆/%（体积）	5.0	6.7	8.1
	焦炭/%（质量）	3.7	5.0	6.1
汽油性质	密度/（g/cm^3）	0.746	0.745	0.750
	S/%（质量）	0.090	0.092	0.096
	RON/MON	90.8/78.3	91.4/78.3	91.6/78.8
	烷/烯/芳/%（质量）	40/33/27	36/35/29	30/43/27
硫占进料硫/%	H_2S	40.7	38.2	39.1
	汽油	7.5	5.8	5.5
	轻柴油	28.8	21.6	18.6
	油浆	19.5	20.6	18.2
	焦炭	3.5	13.8	18.6
	烟道气中SO_x/（μg/g）	260	1080	2100

第四节　产　　品

催化裂化装置的主导产品有液化气、汽油、轻柴油，有的还生产重柴油，副产品有干气、油浆和焦炭。其中焦炭在催化剂再生过程中被烧掉。

一、气体

催化裂化装置干气和液化气的产率分别为3%～5%和8%～40%。因此催化裂化装置不仅是生产汽油、柴油的重要二次加工装置，而且也生产大量可供石油化工综合利用的气体产物。

干气中除富含乙烷、乙烯、甲烷及氢气外，还含有在生产过程中带入的氮气和二氧化碳等。干气中还有一定量的丙烷、丙烯和少量较重的烃类。

馏分油催化裂化装置，干气中含氢量一般小于0.1%（对原料质量）；以渣油作原料时，含氢量成倍增长，但一般也不超过0.5%（对原料质量）。

渣油的重金属含量在催化裂化时会污染催化剂表面，导致氢气产率升高和H_2/CH_4摩尔比增加。以大庆馏分油为原料时，该比值为0.3；以大庆常压渣油为原料时，该比值超过2；而以任丘直馏馏分油掺80%常压渣油为原料时，该比值高达5.4以上。使用金属钝化剂可以降低Ni、V等金属的脱氢活性，相对提高催化剂平衡活性，从而降低干气中的H_2含量和H_2/CH_4，液化气产率有所提高。

随着进料中掺渣油比例的增加，i-C_4^0/$\sum C_4$比下降，而$C_4^=$/$\sum C_4$比上升。

液化气的主要组分是 C_3 和 C_4，还含有少量的 C_2 以下组分和 C_5 以上组分，其中 C_3 约占 30% ~ 40%（质量），C_4 约占 55% ~ 65%（质量）。在 C_3 中，丙烯约占 60% ~ 80%（质量）。在 C_4 中，总丁烯约占 50% ~ 65%（质量），异丁烷约占 30% ~ 40%（质量）。液化气中烯烃与烷烃之比与氢转移反应有关，而氢转移反应又与沸石晶胞大小有关，随着沸石晶胞尺寸降低，烯烃/烷烃增加。

二、汽油

催化裂化汽油是车用汽油的主要组分，我国催化裂化汽油约占车用汽油的 70% ~ 80%。车用汽油最重要的质量指标是辛烷值，用研究法辛烷值（RON）、马达法辛烷值（MON）或抗爆指数 [（RON+MON）/2] 来表示。

（一）汽油的辛烷值

1. 单体烃的辛烷值

烃类的 RON 一般按下列顺序增加，即：饱和烃<异构饱和烃<正构烯烃<异构烯烃<芳烃。

芳烃的 MON 最高，其次是支链烯烃和支链烷烃。直链烷烃只有 ≤C_4 的烃才有较高的 MON，从 C_5 开始，当碳的数目增加时，MON 急剧降低。

2. 单体烃的调和辛烷值

任何一个汽油组分对汽油辛烷值的贡献，与单一组分的实测辛烷值是有区别的。这和基础油对辛烷值的敏感度有关。正构烷烃和烯烃的调和辛烷值随碳数增加而急剧下降，支链有助于提高辛烷值，支链烯烃和芳烃有高的调和辛烷值。

提高汽油辛烷值的传统办法是减少氢转移反应。随着汽油中烯烃含量的增加，RON 提高很快，而 MON 略有增加，但在高烯烃含量时，RON 的提高速率下降，MON 的增加更少。异构化（支链）和芳构化对提高汽油辛烷值也很重要。

3. 辛烷值的敏感性

催化裂化汽油敏感性是指 RONC 与 MONC 之差，其范围是 8.4 ~ 17.1（平均为 11.7）。

催化裂化汽油是由 400 种以上化合物构成的复杂混合物。烷烃具有好的敏感性，但大部分烷烃的绝对辛烷值相当低。烯烃和芳烃具有高的 RON，因此，它们是高辛烷值汽油的重要组分。烯烃具有较高的敏感性，要改进催化裂化汽油的敏感度又保持高的辛烷值水平，就要求除去低辛烷值组分和烯烃，有选择地增加一些异构烷烃和高度取代的芳烃。出于环保的要求，汽油中芳烃含量也有限制。

（二）汽油的族组成

表 2-15 列出了某些催化裂化汽油的族组成和辛烷值。由表 2-15 可知，若以 MON=60 为界，则辛烷值低于 60 的组分有正构烷烃（C_6 ~ C_{12}），含量为 5% 左右；直链烯烃含量小于 2%；单取代基烷烃（>C_6）含量为 6% ~ 13%。高辛烷值组分有支链烯烃，含量为 30% 左右，大部分的辛烷值大于 80。芳烃含量为 1% ~ 25%，辛烷值大于 90。环烷烃为 10% 左右，支链烷烃为 18% ~ 25%，其辛烷值均大于 70。

（三）汽油蒸气压及丁烷含量的影响

汽油中丁烷含量直接影响汽油的蒸气压。汽油的 MON 及 RON 均随着蒸气压的升高而增加，其中 RON 增加的幅度更为显著。丁烷不仅本身具有高的 RON 及 MON，而且有高的调和辛烷值。过去商品汽油的蒸气压都接近规格指标的最高值，这样既能提高辛烷值又能增加汽油产率。然而蒸气压却是影响挥发性有机物(VOC)的最主要参数,而VOC则是汽油发动机排气中的主要污染物之一,故国外新配方汽油已对此加以限制。

表2-15　我国催化裂化汽油族组成[%(质量)]及辛烷值

项　目		大庆催化裂化汽油	胜利催化裂化汽油	辽河催化裂化汽油
MON<60	直链烷烃($C_6 \sim C_{12}$)	3.69	5.30	2.47
	单取代基烷烃($>C_6$)	12.97	8.34	6.21
	直链烯烃($C_6 \sim C_{12}$)	1.10	1.01	0.94
	总计	12.76	14.65	9.62
MON>70	环烷烃	11.01	9.16	9.95
	支链烷烃	18.90	20.38	12.39
	总计	29.91	29.54	22.34
MON>80	支链烯烃	28.86	31.94	36.5
	芳烃	14.53	15.14	20.5
	$i-C_4^0 + n-C_4^0 + C_5^0$	8.94	8.73	11.04
	总计	52.33	55.81	58.04
MON		78.20	78.80	79.5
RON		88.0	89.0	90.2

(四)原料性质对汽油辛烷值的影响

随原料密度的增加,汽油RON增加。

原料中的单环芳烃含量,对产品汽油的辛烷值有重要影响。

转化率影响汽油的组成,因而也影响汽油的RON和MON。

三、轻柴油

催化裂化轻循环油(LCO),一般与直馏柴油混合使用,我国习惯上称为轻柴油。

表2-16列出了我国催化裂化轻柴油的主要分析数据。催化裂化原料掺入渣油后,使得轻柴油中硫、氮含量增加,柴油质量及安定性变差。油品颜色随催化进料中渣油量增加而变深,胶质增加,十六烷值下降。

表2-16　我国催化裂化轻柴油烃族组成及主要性质

项　目	大庆催化轻柴油	胜利催化轻柴油	大港催化轻柴油	辽河催化轻柴油
烃族组成/%(质量)				
烷+烯	45.04	44.85	58	35.1
总芳	54.97	55.15	42	64.9
单芳	26.2	14.04	12.6	
双芳	22.73	28.16	21.0	
多芳	6.04	12.95	8.4	
十六烷值	42	36	31	25

项　　目	大庆催化轻柴油	胜利催化轻柴油	大港催化轻柴油	辽河催化轻柴油
苯胺点/℃	55.7	53.4	41.6	
凝点/℃	−2	−3	−12	−13
馏程/℃				
90%馏出/℃	331	331	320	327

催化裂化轻柴油的十六烷值随着芳烃含量的上升而下降，随着 C/H 比的上升而下降。

催化裂化轻柴油组分十六烷值很低，安定性差，靠催化裂化本身无法解决，需与直馏柴油调和或精制。

随着催化裂化原料的变重和操作条件越来越苛刻，催化柴油中不安定性因素也随之增加，质量变差，胶质、沉渣增多，颜色变深。为改善柴油的质量，必须除去其中不安定组分。一般的精制方法有加氢精制、深度加氢饱和。

四、油浆

分馏塔底抽出物称油浆。在装置操作中，一部分油浆可以打回提升管反应器回炼，另一部分作为外甩油浆经换热冷却后送出装置，油浆也可以全外甩不回炼。因油浆中含有催化剂细粉，需在油浆澄清器中进行沉降分离，从澄清器上部分离出的清净油品称为澄清油，可以作为重质燃料油的调和组分，或者作为生产重质芳烃的原料。表 2-17 列出了几种油浆的元素、相对分子质量、金属和族组成等分析数据。

表 2-17　几种油浆的分析数据

分析项目	南京炼油厂管输油催化油浆	独山子炼厂催化油浆	锦西炼厂辽河油催化油浆
相对密度(d_4^{20})	0.9953	1.0139	1.02
黏度/(mm²/s)			
80℃	16.3	157(50℃)	164(50℃)
100℃	8.83	13.35	12.68
残炭/%	5.89	6.74	5.42
相对分子质量	302		335
凝点/℃	33		32
闪点/℃	214		173
固含量/(g/L)	0.5		
元素分析/%(质量)			
C	87.99		
H	9.41		
S	0.53	0.2	
N/(μg/g)	1420	108	
重金属分析/(μg/g)			
V	1.12		
Ni	4.52		
Fe	20.8		
Na	7.32		
组成分析/%(质量)			

续表

分析项目	南京炼油厂管输油催化油浆	独山子炼厂催化油浆	锦西炼厂辽河油催化油浆
饱和烃	37.8(包括烯烃)	41.72	
芳烃	55.3	51.75	
胶质+沥青质	6.9	6.53	
馏程/℃			
初馏点		216	
5%	370	350	
10%	378	388	386
30%	396	425	423
50%	414	446	441
70%	443	470	462
90%			490

第五节　催化剂与助剂

催化裂化催化剂的发展始终与催化裂化工艺的发展紧密联系在一起，两者相辅相成，相互促进。与工艺技术相应的 FCC 催化剂技术经历了天然白土催化剂向无定形硅铝催化剂、再向分子筛催化剂发展几个里程碑。由于 Y 型分子筛独特的八面沸石结构和在催化裂化(FCC)反再系统高温水蒸气条件下良好的热和水热稳定性，使得其从 20 世纪 60 年代被用作 FCC 催化剂活性组分以来，至今以及在今后相当长的时间内还没有其他更好的活性组分能够替代。现代 FCC 催化剂的发展主要围绕 Y 型分子筛的改性和载体改性两大方面进行。

从 20 世纪 60 年代到 70 年代，含 Y 沸石 FCC 催化剂的改进主要围绕提高轻质油收率，尤其以多产汽油为主而进行，REY 分子筛催化剂占主导地位。80 年代，汽油无铅化的要求促进了 Y 型分子筛超稳化技术的进步，另外，原油的劣质化和价格的不断上升，也使得重油 FCC 技术和相应的催化剂发展十分迅速，发展了各种 USY 分子筛催化剂技术。重油 FCC 要求催化剂具有高的热和水热稳定性、抗金属污染能力、低焦炭产率、塔底油裂解能力强等特点。使用单一活性组分的催化剂不能满足所有要求，必须根据 FCC 进料、装置特性、市场需求设计催化剂，使得各种含 REY、REHY、REUSY 以及 USY 的复合分子筛 FCC 催化剂相继出现。90 年代新配方汽油及对环保要求的日趋严格，催化剂随市场对油品需求的变化更加专一化。催化剂技术向所谓的"一厂一剂、量体裁衣"方向发展。

针对 FCC 各种技术的发展，以及催化进料重质化和产品需求多样化等要求，在开发含 Y 型沸石主催化剂的同时，还开发了满足各种不同特性需求的催化裂化助剂。如改善再生性能的 CO 助燃剂，改善装置流态化性能的流化助剂，增加塔底油裂化能力的重油裂解助剂，加工劣质催化进料的抗重金属污染助剂，为下游工艺提供化工原料的增加轻烯烃产率的丙烯助剂，增加催化汽油辛烷值的辛烷值助剂，以及满足日益严格的环保要求的降低 NO_x 和降低 SO_x 排放的助剂等。

本节将对 FCC 催化剂的组成、特性和设计原则做系统介绍，使装置操作人员能够合理评价及正确选用催化剂。

一、催化剂组成

现代 FCC 催化剂主要由活性组分分子筛和基质两大部分组成。基质又包括填料(一般用高岭土)和黏结剂两部分。有些催化剂也含有一种或几种添加剂作为第三组分,如添加 ZSM-5 增加丙烯收率或提高汽油辛烷值等。

FCC 催化剂的制备,就是将活性组分、填料和黏结剂一起打浆,经喷雾干燥成型,得到粒径 $0\sim150\mu m$,平均粒径 $65\sim85\mu m$ 的微球催化剂。此外,Engelhard 公司(现并入 BASF 公司)开发了高岭土原位晶化 FCC 催化剂制备技术。该技术以天然高岭土为初始原料,先采用一步法在高岭土本体上制备出活性组分和基质材料,再通过改性处理制备出高岭土型 FCC 催化剂。

(一) 活性组分

众所周知,催化裂化反应是酸催化反应。从 20 世纪 60 年代分子筛 FCC 催化剂出现至今,活性组分的技术进步主要围绕如何改善 Y 沸石酸性,包括酸强度、酸密度和酸分布而展开。

Y 型沸石的合成与其他沸石的合成都是在碱性条件下完成,合成用苛性碱 NaOH,由此得到的是阳离子为 Na^+ 的 NaY 型分子筛。由于 Na^+ 是酸催化反应的毒物,因此,需要用其他阳离子如 NH_4^+,H^+,RE^{3+} 等交换替代 Na^+,由此可得到 NH4Y、HY、REY、REHY 等具有酸性的活性组分。

1. Y 沸石的结构特点

催化反应的活性、稳定性和选择性主要由活性组分 Y 沸石决定。图 2-1 是 FCC 催化剂活性组分 Y 型八面沸石的骨架结构图。

如图 2-1 所示,Y 沸石是由带一个负电荷的 SiO_4 和 AlO_4 四面体三维骨架结构相互连接组成的一个截角八面体排列构成,这些截角八面体(β 笼或方钠石笼)由六角棱柱笼通过八面体晶面连接形成四面体堆积,这种堆积形成一个直径约 1.3nm 的大笼(α 笼或超笼)。超笼可以经任意的四个四面体分布的窗口(12 元环开孔)进入,每一个开孔直径为 7.4Å。超笼通过 12 元环相连形成沸石的大孔结构。该结构同时含有由方钠石笼和六角柱笼组成的小孔系统,该六

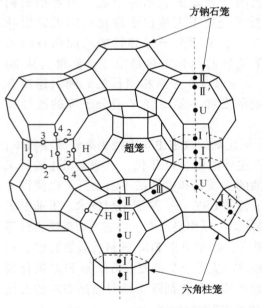

图 2-1　八面沸石骨架结构
○—氧桥;●—阳离子活性位

元环开孔直径约 2.4Å。NaY 沸石典型的晶胞组成为 $Na_{56}[(AlO_2)_{56}(SiO_2)_{136}]\cdot 250H_2O$。

骨架中每一个四配位的铝原子带有一个单位的负电荷,这些负电荷通过位于特定的非骨架位置上的阳离子补偿。在脱水状态下,进行电荷平衡的质子在沸石上占据某些特定的位置,形成两种酸性羟基:α 笼羟基,具有很强的酸性并且可与吸附质直接接近;β 笼羟基,酸性较弱,但足可迁移与 α 笼限制的吸附质进行反应。在水合状态下,超笼中的离子和水分子自由移动性较强,可进行离子交换,也可进行可逆的脱水和吸附。

从 Y 沸石的结构特性可见，影响 FCC 催化剂性能的主要因素有：

（1）结晶度；

（2）硅铝比；

（3）酸强度；

（4）酸密度；

（5）酸分布；

（6）阳离子种类和位置；

（7）阳离子交换度；

（8）非骨架铝；

（9）杂质（Na^+）含量。

2. Y 沸石活性中心及其特性

质子与骨架上的 O^{2-} 键合形成—OH 基团，从而 HY 沸石具有将质子转移给吸附的烃类分子，使之成为正碳离子的能力，这一活性中心被称为 Brönsted 酸（简称 B 酸）中心。

除了直接质子交换和铵交换 Y 型沸石的焙烧外，B 酸也可由离子交换的多价阳离子如稀土离子的水解然后部分脱水产生。相对于质子而言，稀土羟基离子占据 Y 沸石骨架阳离子位，使热和水热稳定性显著增加。

B 酸中心在温度高于 399℃ 时，能进一步脱羟基形成 Lewis 酸（简称 L 酸）中心，L 酸中心从被吸附的烃分子接受一个电子对，形成正碳离子。如果焙烧温度保持低于 593℃，大多数 L 酸中心能水合还原成 B 酸中心。

沸石的酸性与其催化性能通过三个重要因素相关联：总酸中心数、B 酸中心与 L 酸中心的比率以及每种酸强度（和密度）分布。

正碳离子稳定性按如下顺序增加：伯<仲<叔。

催化裂化具有高的支链度产物正是由叔正碳离子的稳定性决定的。而自由基机理的热裂化反应，则趋向于生成非支链的产物和干气（C_2^-）。由此，可以用 C_2^-/iC_4 的比率来衡量催化反应的"质量"。

正碳离子一旦经链引发反应生成后，能继续进行一系列的不同反应，这些反应由酸中心性质和酸强度所决定（详见第三章第一节）。

3. Y 沸石的改性

分子筛的改性，亦可称为分子筛的二次合成，还是围绕分子筛的活性、稳定性、选择性而进行。对 Y 沸石而言，这些特性直接与沸石的酸性、热和水热稳定性、孔结构等相关联。Y 沸石改性的两个最主要方面是：①沸石分子筛阳离子交换改性；②沸石分子筛骨架脱铝改性。

（1）Y 型分子筛的阳离子交换。

相对于其他阳离子，稀土离子具有更好的稳定 Y 沸石骨架铝的作用，使得 Y 沸石具有最好的裂解活性，因此用稀土离子替代钠离子是 Y 沸石改性的最主要步骤。

稀土是指钪、钇和 15 种镧系元素（镧、铈、镨、钕、钷、钐、铕、钆、铽、镝、钬、铒、铥、镱、镥），共 17 种元素。15 种镧系元素随着原子序数的增加，离子半径相应减小，称为镧系收缩。离子半径越大，其稳定沸石骨架铝的效果越好。稀土元素中镧离子半径最大，其次是铈离子，是稳定 Y 沸石最好的稀土元素。因此，Y 沸石改性所用稀土为镧、铈稀土或镧铈混合稀土，其在稀土中价格也最为经济。

分子筛离子交换方式主要有液相交换、固相交换、水热交换。

液相交换是传统的稀土离子交换方式，阳离子从溶液中迁移到分子筛的笼中，而原来位于分子筛笼中的 Na^+ 则迁移到水溶液中。由离子交换等温线可知，液相交换稀土离子最大交换度为 69%。位于 Y 沸石超笼中的 Na^+ 较容易地被交换掉，而位于方钠石笼中 S I′或六角棱柱笼中 S I 位置的 Na^+ 则比较稳定，很难被交换掉。NaY 分子筛中 Na_2O 含量在 14% 左右，这些没有被交换掉的 30% 左右的钠（Na_2O 约 4%~5%）远远满足不了 FCC 催化剂对 Na_2O 杂质含量的要求（一般要求催化剂中 Na_2O 低于 0.40%）。因此，为了达到 Y 沸石稀土高交换度，需要通过高温焙烧的方式，促使位于方钠石笼和六角柱笼中比较稳定的 Na^+ 离子往超笼中迁移，而位于超笼中的稀土离子往小笼中迁移，再通过反复离子交换除去 Na^+。交换和焙烧次数越多，稀土交换度越高，杂质钠的含量越低，催化剂活性稳定性越好，当然成本或价格越高。

稀土水热交换方法，需要使用耐压釜，但经一次高温高压稀土交换，其交换度就可接近 100%。但水热法对设备有较高要求，且工业化大规模连续生产困难，一直没有得到工业应用。

通过固相离子交换反应制备稀土改性 Y 型分子筛已实现了工业化。中国石化石油化工科学研究院（RIPP）通过水热处理 $Re(OH)_3$-SiO_2-NH_4Y 体系，开发成功的 SRNY 分子筛就是一个很好的实例。氢氧化稀土在水热处理过程中，与分子筛发生固相离子交换，并迁移到 Y 型分子筛方钠石笼中，减缓了分子筛脱铝，使稳定性提高。工业应用结果表明，该分子筛制成渣油裂化催化剂表现出优异的水热和活性稳定性，焦炭选择性好，重油转化能力和抗重金属污染能力强。

RIPP 还开发了一种液固结合的稀土与 NaY 交换制备 REHY 和 REY 的方法。采用一次液相交换，然后将液相中富余的稀土离子沉淀，使之在随后的焙烧过程中固相迁移到分子筛的方钠石笼和六角柱笼中。采用这种新方法所得 Y 沸石（称之为 CDY）具有高的结晶度、大的微孔比表面，优异的活性和水热稳定性。用该沸石制备的 CDC 催化剂广泛用于各炼油厂。

（2）Y 型分子筛的脱铝改性。

REY 分子筛具有高的酸密度，使用 REY 分子筛催化剂具有高的轻油收率和高的汽油收率。但由于其硅铝比较低，加工重油能力欠缺，同时由于其高的氢转移反应，汽油辛烷值较低。高硅铝比的 Y 沸石弥补了这方面的不足。由于 Si—O 键长[1.66Å（$1Å = 10^{-10}$ m）]比 Al—O 键长（1.75Å）短，结果造成脱铝补硅后的晶体收缩与结构的稳定化，因此，高硅 Y 沸石又被称为超稳 Y（USY—Ultra-Stable Y）沸石。虽然 USY 稳定性增加，并具有优异的焦炭选择性和高辛烷值特性等，但分子筛中骨架铝是活性中心，随着骨架铝的减少，活性中心数相应减少，如果脱铝程度太高，将导致供 FCC 反应的活性中心不够，转化率下降，液收等随之下降。现代工业催化装置一般极少使用单一的 USY 分子筛催化剂和单一的 REY 分子筛催化剂，而广泛使用 REY 或 REUSY 与 USY 复合型催化剂。

（二）基质

基质主要影响催化剂的物化性能，对反应性能也有一定的影响。其对物化性能的影响有如下几个方面：

（1）决定催化剂的形状和粒度分布，保证催化剂的流态化性能；

（2）决定催化剂的强度，避免跑损；

（3）为反应物和产物分子提供好的扩散介质；

（4）反应再生系统热的传递作用，防止分子筛结构破坏；

（5）钠离子和其他污染物的沉积作用。

许多基质具有一定的催化活性，基质的催化作用表现为：

（1）重油大分子的预裂化，生成较小的可以进入分子筛孔道进行反应的小分子；

（2）通过对塔底油馏分大分子的裂解进行塔底油改质；

（3）通过增加饱和烃含量改善 LCO 质量；

（4）相对于裂化反应而言，较低的氢转移活性改善汽油辛烷值；

（5）捕集重金属，增加抗金属污染能力；

（6）抗碱氮等。

活性基质也增加了选择性低的裂化反应，使焦炭、干气增加。

几种 FCC 催化剂黏结剂对比见表 2-18。

表 2-18　几种黏结剂性能比较

黏结剂类型	比表面积/(m^2/g)	活性
硅溶胶	20	十分低
铝溶胶（羟基氯化铝）	60~80	中等
胶溶拟薄水铝石	300	高
自黏结剂（原位技术）		高

硅溶胶黏结剂的特点是低的活性，易于制备和好的分散性，加工蜡油进料具有好的产品分布和低的焦炭产率。铝溶胶（羟基氯化铝）黏结剂的颗粒尺寸小于硅溶胶，因而其黏结性更优异。此外，由于在后续催化剂的焙烧过程中羟基氯化铝脱羟基产生铝碎片，因而该黏结剂具有一定的比表面积和裂化活性。胶溶拟薄水铝石，具有 $300m^2/g$ 以上的比表面积，在 FCC 再生温度条件下产生相变，生成活性 γ-氧化铝，该黏结剂载体裂解重油的活性最高。现代 FCC 催化剂绝大部分都采用含铝的黏结剂载体，以适应加工重质油品的需要。原位晶化型 FCC 催化剂在制备过程中，大量的氧化硅从微球颗粒中脱除，产生大孔并在其中生长出分子筛，在 30~100Å（$1Å = 10^{-10}m$）范围形成显著的孔隙率。由于高岭土中硅的脱除使得载体中氧化铝含量较起始高岭土高得多，因而具有显著的酸性。酸性和高的比表面使载体对重油裂解具有很好的活性。

黏土被用来作为 FCC 催化剂填料，改善催化剂表观堆比等物性。

二、催化剂的特性

FCC 催化剂每一组分的品质和用量对催化剂的物理和反应性能都至关重要。

工业上对催化剂特性的描述包括物化性能和催化反应性能两大方面。FCC 催化剂的物化性能涉及从宏观（主体）层面至微观（分子）水平，主要的物理特性包括元素分析、抗磨性能、孔径分布、孔容、比表面积、粒度分布、密度分析等。催化剂的反应性能评价，使用相当复杂的、特定设计的装置，在实验室规模来模拟工业 FCC 过程，包括活性、选择性和稳定性的测试。

（一）物化性能

1. 抗磨性能

催化剂的抗磨性能工业上用磨损指数表示，其重要性体现在：①新鲜催化剂的补充速率从而影响装置的效益。②抗磨性差的催化剂易于破损，并排入大气中造成对环境的影响。③抗磨性能将通过影响粒度分布从而影响装置流化。

磨损指数的测试设备有很多，一般各催化剂供应商均有自己特有的测定方法，其原理是采用高速气流在特定设备中对催化剂颗粒进行一定周期的吹扫，计算在这一周期中细粉（0～15μm，也有用 0～20μm）产生的百分比。一般用单位%/h 表示。磨损指数越小，则表示该催化剂的抗磨性能好。我国均采用中国石化石油化工科学研究院（RIPP）的测试方法，对 FCC催化剂的要求一般磨损指数不大于 3.0。需要注意的是，并非磨损指数越小越好。磨损指数的降低往往以牺牲其他催化剂物化性能为代价，如催化剂的比表面积、孔体积和堆比，此外还会造成对内件的过度磨蚀。

2. 孔容和孔分布

孔容（孔体积）是多孔性催化剂颗粒内微孔体积的总和，单位是 mg/g。孔体积是描述催化剂孔结构的一个物理量。孔结构不仅影响催化剂的活性、选择性，而且还影响催化剂的机械强度、寿命及耐热性能。

一般根据孔的平均尺寸将孔分布分为三类：微孔（$\phi<2nm$），中孔或介孔（$\phi\approx2～20nm$），和大孔（$\phi>20nm$）。根据该分类法，Y 沸石只有微孔（$\phi\approx0.74nm$），而 USY 则兼有微孔和中孔。大多数工业 FCC 催化剂基质都含有这三类孔，并在很大程度上决定着催化剂的孔容和孔分布。催化剂基质的孔分布对催化性能影响十分显著。小孔（$\phi<10nm$）占主导地位，将会由于焦炭堵塞孔道，并导致扩散困难以及基质孔结构的水热不稳定性。大孔（$\phi>20nm$）占主导地位，通常又与低的比表面积相关联，其载体的催化性能降低。作为催化剂基质，其大孔和小孔需要一个适宜的平衡，才能对塔底油裂解具有更好的选择性。早在 20 世纪 70 年代末和 80 年代初，W. P. Hettinger 等便提出了活性中心可接近性的概念，孔结构与活性中心的可接近性同样受到各催化剂制造商的重视。

3. 比表面积

单位质量的催化剂具有的表面积叫比表面积。催化剂的比表面积是分子筛和载体两者内外表面积的总和。内表面积是指催化剂微孔内部的表面积；外表面积是指催化剂微孔外部的表面积（颗粒的外表面积）。通常内表面积远大于外表面积。

新鲜 Y 沸石具有高的比表面积（一般 Y 沸石可达到 800m²/g 以上，USY 沸石可达600m²/g 以上），载体的比表面积则变化较大，从黏土的每克几十平方米到半合成载体的每克几百平方米。

前已述及，在催化剂制备过程中，为了使稀土和钠离子能够相互迁移，或为了制备高硅Y 沸石，均需要对分子筛进行水热焙烧，每经过一次焙烧处理都会导致分子筛结晶度和比表面积降低，此外由于催化剂强度的限制，常规半合成催化剂分子筛含量一般在 30%～40%，新鲜催化剂的比表面积一般小于 300m²/g，典型值在 220～280m²/g。原位晶化的催化剂，由于分子筛含量可达 50%以上，且没有黏结剂带来的对比表面积的损失，其新鲜剂比表面积可达 400m²/g 以上。

结晶度损失带来的比表面积的损失将改变载体的孔容和孔结构。水蒸气使小孔坍塌，大孔增加也会导致比表面积损失。因而平衡催化剂较对应的新鲜催化剂比表面积低。工业 FCC装置一般控制平衡剂比表面积在 100～120m²/g，能维持催化剂有较好的活性和好的产品分布。当比表面低于 100m²/g，需要考虑增加催化剂使用量，或采取其他措施来提高催化剂比表面积，从而保持催化剂的活性和反应深度。

4. 筛分组成

催化剂由大小不同的颗粒所构成。不同粒径范围所占的百分比称为粒度组成或粒度分布，也称筛分组成。FCC 催化剂是粒径范围 0~150μm，平均粒径 60~80μm 的微球颗粒。其粒度分布由催化剂制备过程中喷雾干燥条件所决定，按正态曲线分布。小于 40μm 的叫细粉，大于 80μm 的叫粗粒。粗粒与细粉含量的比值叫做粗度系数。粗度系数大时，流化质量差，因此此值通常不大于 3。再生系统中平衡催化剂的细粉含量在 15%~20% 时，流化性能好，在输送管中的流动性也好，能增大输送能力，并能改善再生性能，气流夹带损失也不大。但小于 20μm 的细粉过多时，会增加损失。粗粒多时，流化性能差，对设备磨损程度大。

催化裂化催化剂应具有良好的颗粒分布，以保证良好的流化状态。一般要求催化剂颗粒 <40μm 的不大于 25%，40~80μm 的不小于 50%，>80μm 的不大于 30%。

平衡催化剂的粒度组成决定于三个因素：

（1）补充的新鲜催化剂的粒度组成；

（2）催化剂在设备中的操作状况（如流化）和它的耐磨性；

（3）催化剂回收系统的工作效率。

一般工业装置平衡催化剂所含细粉不多（约为 5%~10%），原因是床层流速较高，旋风分离器回收效率差等。

5. 堆积密度

单位体积催化剂的质量，称为催化剂的密度。

催化剂密度的大小，对流化性能、流化床的测量、设备的大小和催化剂的计量都有影响。通常催化剂的密度用表观松密度（堆比）来表示。

由于裂化催化剂是微孔状多孔物质，故其密度有几种不同的表示方法。除了表观松密度以外，还有骨架密度、颗粒密度、压紧密度等多种表示方法。

骨架密度是催化剂颗粒骨架本身所具有的密度，即颗粒的质量与骨架实体所占体积之比，又称真密度。

颗粒密度是指把催化剂微孔体积计算在内的催化剂密度。

压紧密度是密实堆积的单位体积催化剂颗粒所具有的质量。对于同一种催化剂，它的上述各种密度间的关系是：

骨架密度>颗粒密度>压紧密度>表观松密度。

一般流化催化裂化装置使用的催化剂表观松密度在 0.70~0.80g/mL。

堆比与催化剂组成和制备方法紧密相关。如硅溶胶和铝溶胶黏结剂的催化剂比无定形 Al_2O_3-SiO_2 黏结剂催化剂的堆比高。早期原位晶化催化剂的堆比，比用黏结剂技术制备的半合成催化剂的堆比高。随着原位晶化催化剂中分子筛含量的提高（无定形转化成 Y 型沸石的转化率提高），堆比已与常规催化剂相一致了。

高的堆比往往表示催化剂在装置的保留率较高，同时催化剂孔容和孔隙率较低。

6. X 射线结晶度

FCC 催化剂的结晶度实际上测的是催化剂中分子筛的结晶度，因此所测催化剂结晶度的值与催化剂中分子筛含量相关，其结果直接与催化剂的性能相关。结晶度高说明催化剂活性、稳定性好。

可以通过对新鲜和平衡催化剂结晶度的测量大致确定催化剂的品质。新鲜剂结晶度高、平衡结晶度保留率高的催化剂，其活性和活性稳定性要好，一般选择性也较好。实际测量的结晶度为相对结晶度，即选定一个已知 NaY 分子筛，定义其结晶度为 100，测量其他试样的特征峰与该 NaY 分子筛相比较，国内所用 NaY 分子筛标样由 RIPP 提供。大多数工业 FCC 催化剂的相对结晶度在 20～22，性能优异的催化剂则高于 24，甚至达到 30 以上，如 FCC 重油裂解活性助剂就具有较高的结晶度。

7. X 射线晶胞参数

沸石的催化性能与沸石骨架硅铝比有极大的关系，因为骨架硅铝比在很大程度上决定酸中心的浓度、强度和分布。骨架硅铝比和沸石晶胞常数 UCS（unit cell size）相关，由于晶胞常数容易测量，通常用它来预测分子筛裂化活性和选择性。质量好的 NaY 分子筛的晶胞常数为 $2.465nm\pm0.02nm$。新鲜 REHY 分子筛晶胞常数在 $2.461～2.465nm$，新鲜超稳 Y 分子筛晶胞常数约 $2.450nm$。在水蒸气作用下，由于骨架铝的进一步脱除，晶胞常数收缩。平衡晶胞取决于水蒸气的苛刻度以及分子筛中阳离子的类型和数量。高的水蒸气苛刻度导致低的平衡晶胞和低的活性，稀土含量的增加使平衡晶胞和活性增加。稀土超稳 Y 分子筛中稀土含量（RE_2O_3）一般低于 6m%，该稀土含量水平能增加分子筛催化活性，而不会显著增加氢转移反应。稀土超稳 Y 分子筛平衡晶胞约 $2.430～2.435nm$，不含稀土的超稳 Y 分子筛平衡晶胞约 $2.425nm\pm0.02nm$。FCC 催化剂的平衡晶胞则通常在 $2.422～2.432nm$。

8. 催化剂化学组成

催化裂化催化剂需要测量的主要组分为：Al_2O_3、SiO_2、RE_2O_3、Na_2O、Fe、SO_4^{2-}、P、Cl 等。通过对比 Al_2O_3、SiO_2 含量，可以大致知道催化剂使用的是何种类型的黏结剂或载体，铝载体一般较硅载体活性稳定性好，重油裂解能力强，但生焦稍高；而稀土和钠含量影响催化剂的活性和稳定性，同类催化剂活性随稀土含量增加而升高；新鲜催化剂中 Fe_2O_3 含量控制在小于 0.3% 的较低水平，不会由于过高的 Fe 含量而导致催化剂表面 Fe 的聚集，使催化剂失活；影响废气排放的酸根一般都控制在非常低的水平，不会导致排放污染。

（二）反应性能

1. 活性

FCC 催化剂的活性是反映其催化裂化反应速率的性能，用微反活性（微活指数）表示。

RIPP 参照 ASTM D3907—80 标准，制定了微反评价标准，以馏分范围为 $235～337℃$ 的直馏轻柴油作为标准原料油，评价前新鲜催化剂需经过水蒸气老化处理，条件为 800℃/常压/100%水蒸气/4h。

由于评价装置进油量和催化剂装填量都很小，故称之为微反，又由于进料为轻柴油，也称之为轻油微反，实际上是测轻柴油的转化率。目前一般分子筛 FCC 催化剂的微反活性在 75～80。原位晶化催化剂由于具有很高的分子筛含量，可达到 85 的水平。

微反装置同样可以用来测试平衡剂的微活指数，测量平衡剂微反活性时，催化剂不需再通过水蒸气失活老化处理了。根据微活指数的监测来判断装置进料变化、操作条件以及催化剂的变化等对产品分布等的影响，优化工业生产。

2. 稳定性

催化剂在使用条件下保持其活性的能力定义为稳定性。催化剂在反应和再生过程中由于高温和水蒸气的反复作用，表面结构的某些部分遭到破坏，物理性质发生变化，活性下降的现象称为老化。催化剂的稳定性就是指耐高温和水蒸气老化联合作用的能力，也叫水热稳定性。对催化剂的评选需要在实验室进行水热老化稳定性测试。将催化剂在高温、水蒸气条件下老化处理，然后再测量某些特定的物化性质（如 X 射线结晶度、比表面积）以及催化性能测试。也可进行镍、钒重金属浸渍处理，评价考察催化剂的抗污染性能。

模拟工业水热失活的方法有很多，目前最常使用的方法：①高温（800~820℃）水蒸气短时间（2~6h）处理；②低温（730~770℃）长时间（长至 24h）处理。

最常用的测量催化剂水热稳定性的方法也是用测量微反活性的微反装置，稳定性测试的反应条件与微活指数测试条件完全相同，不同之处在于催化剂的预处理。国内采用的预处理条件为 100%水蒸气老化处理 17 个 h，即检验催化剂长周期处于高温水蒸气苛刻条件下的稳定性能。目前一般分子筛 FCC 催化剂的稳定性微活指数在 55~65，原位晶化催化剂可达到 70 以上。

3. 选择性

选择性表示催化剂能增加所需目的产品（轻质油品）和减少副产品（焦炭、干气等）反应的选择能力。因此，针对不同目的产物需求和针对装置操作瓶颈的限制，需要的催化剂的选择性不同。一般用相同转化率或相同焦炭产率条件下目的产物的收率来表示选择性，如用汽油产率/焦炭产率或汽油产率/转化率的比值来表示对汽油选择性，亦可用目的产物相对于催化进料的收率来表示选择性。

UOP 公司和 Katalistiks 公司分别提出了动态活性和比焦炭的概念，通过 MAT 数据来比较两种催化剂的焦炭选择性。

UOP 动态活性 DA 定义为二次转化率与焦炭产率之比，即：

$$DA = \frac{\text{二次转化率}[\%(\text{质量})]}{\text{焦炭产率}[\%(\text{质量})]}$$

$$\text{二次转化率} = \frac{MA}{100 - MA}$$

式中　　MA——被测催化剂的微反活性指数。

Katalistiks 公司比焦炭：将 MAT 试验的焦炭产率对二次转化率作图之直线的斜率。

UOP 动态活性将催化剂的 MAT 性能与在 FCC 装置中热平衡的动态进行关联，它代表的是催化剂在装置中的真实性能。但是，在实验室中用其评价催化剂时却有其局限性。而 Katalistiks 公司的"比焦炭"则是将 MAT 试验的焦炭产率与转化率关联，这对在实验室中评价 FCC 催化剂，预测在 FCC 工业装置中的使用性能，确为一简便而有效的方法。

4. 抗重金属污染性能

催化进料中的重金属镍（Ni）、钒（V）、铁（Fe）、铜（Cu）、钙（Ca）等沉积吸附在催化剂上，导致催化剂失活，使产品分布变坏，轻质油收率下降，干气和焦炭产率升高。其中钒和镍为两种影响最大的污染物，两者都具有脱氢作用，而钒由于加速分子筛结构的破坏，毒害性更强。有些催化进料含有较高的钙，将与催化剂中的微量 SO_4^- 反应积累生成硫酸钙，严重时将导致流化困难，甚至出现装置架桥现象。而如果催化进料中铁含量较高时，会在催化剂表面聚集，减少催化剂比表面积，使产品分布变差。相对于钒和镍的污染而言，钙和铁的污染情况较少。

5. 催化性能评价装置

实验室评价 FCC 催化剂反应性能除了上述微活指数评价以外，还有固定流化床、提升管和 ACE 评价几种方法。微反装置最小，催化剂装填量仅几克，进料在 1g 左右，而提升管评价装置则最大，进料量达数十公斤，相当于一小型的 FCC 装置。

相对于微反装置而言，固定流化床装剂量和进油量明显大，尤其是可以用掺炼一定比例减渣原料作进料，因而可以用不同工业装置的进料和催化剂进行评价对比，考察各种因素对产品分布的影响。

微反和固定流化床装置均为固定床反应器，催化剂装填量少，反应时间长，均不能很好地与工业规模短停留时间提升管 FCC 装置吻合，带有提升管反应器的中型试验装置，能更好地评估催化剂和反应条件等对 FCC 的影响，尤其是焦炭产率更接近工业装置，对工业运转尤为重要。

ACE 催化裂化评价装置（简称 ACE 装置），是美国 Kayser 技术公司设计制造的小型全自动化固定流化床催化裂化装置。该装置在装剂量和进油量方面与微反装置都为微型反应，测试时方便、快捷；流态化形式上兼有提升管反应器的特征；另一最大特点或优势是可同时评价 6 个样品，消除了评价带来的系统误差；虽然装置进油量只有 1.2g/min，装剂量只有 9g，但可评价蜡油或掺炼减渣的各种催化进料，同时可以进行各种催化剂和工艺研究。自从 1997 年该装置开发以来，已基本成为 FCC 催化剂评价的标准装置。炼油厂、催化剂供应商、催化剂设计或研究实验室等，都选择 ACE 装置作为评价手段。

三、催化裂化助剂

催化裂化助催化剂简称助剂或添加剂。目的是补充、改善催化剂的某些性能或改善产品分布。由于其用量少、见效快、易于调整，较容易解决市场需求或原料变化等带来的装置调整，因而被广泛使用。助剂中除钝化剂、阻垢剂和部分 CO 助燃剂为液体，预提升气为气体之外，都是固体，其筛分组成、堆比和磨损指数等物理性能与主催化剂基本一致，可以与催化剂任意比例混合而不影响流化性能。

1. 催化裂化重油助剂

尽管 FCC 催化剂尤其是重油催化剂发展极其迅速，但由于原油越来越重，FCC 掺渣量越来越高，一些装置受到生焦或处理量的限制，重油裂解能力强、焦炭选择性优异以及操作更灵活的重油催化裂化助剂（或称塔底油催化助剂/强化助剂）得到了发展。重油 FCC 催化剂和助剂对重油裂解的原理相同，着重点均在对油浆大分子的裂解，以提高轻质油品的收率同时尽量降低焦炭产率。其途径一是对传统的黏结剂类型的催化剂载体进行改性，改变酸性，改善孔分布，使助剂具有高的 B 酸/L 酸之比，即增加正碳离子反应/自由基反应的比例，改善反应选择性；同时增加中孔和大孔比例，降低助剂强酸中心，增加弱酸中心，降低焦炭和干气产率。途径二是研发不同于常规制备方法的新的催化剂制备技术。随着 FCC 进料的越来越重质化，助剂的加入量也由 5% 左右最高提升到了 30% 左右，重油助剂与主剂的界限也越来越模糊。但毕竟两者的侧重点不一样，助剂的添加更加灵活。

以载体改性为特点的产品，如早期 Intercat 公司的 BCA-105（1993 年工业化），由于侧重于载体改性，助剂活性低，*MAT* 在 40 左右，需要主剂有较高的活性，加入量也受到限制。而以 Engelhard 开发的原位晶化工艺为基础的助剂（如 Converter），除了具有极优异的孔结构、高的比表面外，活性也非常高，以该类技术为基础开发的重油助剂目前在市场上占主导地位。

2. 金属钝化剂

渣油中的重金属通常以卟啉化合物和有机酸盐的形式存在，在裂化反应条件下，沉积在催化剂上的镍、钒重金属催化不需要的脱氢反应，而高的钠含量则使催化剂中毒，在FCCU再生器中钒和钠破坏分子筛结构。活性金属使汽油产率降低，氢和焦炭产率增加。减少金属失活的方法有很多，如催化进料加氢处理脱金属，改变操作条件改变金属的氧化态，以及金属钝化剂等。金属钝化是降低污染金属毒害，增加催化剂活性和选择性以获得更多目的产品的简易方法。通过钝化钒，可以延长催化剂平均寿命，钝化镍，则可降低其脱氢活性。

钒的脱氢活性通常认为只有镍的1/4到1/5。通常重金属的相对脱氢活性是作为金属含量的单一参数来表示，即用4倍镍含量加钒含量（4Ni+V）来表示。而污染金属使催化剂比表面积损失的相对活性顺序为：Ni<Fe<Na≪V。

目前使用的金属钝化剂，按所含金属主要分为锑型、铋型和锡型三种。其中锑型、铋型主要钝化镍，锡型主要钝化钒。也有在镍钝化剂中加入氧化稀土钝化钒的复合型钝化剂。我国原油镍高钒低，加工我国原油时主要使用锑型金属钝化剂。对于加工进口原油的装置，钒含量往往高于镍含量，因此应使用锡型钝化剂。

按化学组成可分为有机和无机两大类。水溶性金属钝化剂属于无机型，这类钝化剂的有效成分是三氧化锑和五氧化锑，用一种分散剂使其与水形成一种胶状悬浮液，使固体粉末状锑氧化物均匀地分散在水溶剂中，而不产生沉淀。

催化裂化装置原料油进提升管反应器的温度一般在200~350℃。在此温度下，金属钝化剂的分解速度较快。为防止金属钝化剂在加注喷嘴里分解，堵塞喷嘴，必须控制钝化剂在喷嘴里的停留时间小于游离出金属锑的时间，因此加注喷嘴要选取最小直径。因金属钝化剂加入量很小，所以还要加稀释剂，加入量要视金属钝化剂在加注喷嘴里不被分解和游离出锑而定。稀释剂一般选择催化轻柴油，在200℃时，轻柴油能溶解大部分金属钝化剂。加稀释剂还可以降低金属钝化剂的温度、减缓分解速度，保证喷嘴管内流体的流速，一旦金属钝化剂部分分解也不至于堵塞喷嘴。稀释比按反应操作参数来选定。

钝化剂需要与催化剂密切接触，并沉积在催化剂上，使锑化合物与镍、钒结合，方可达到钝化的目的。

钝化剂加入的方法有以下几种：

（1）金属钝化剂进入提升管反应器之前，应与原料油充分混合，一般要求加注点选择在原料油进提升管反应器之前，并有足够长的混合管。

（2）加注点应在所有加热器之后，防止金属钝化剂分解。

（3）原料油管线里的流动状态为湍流，以保证均匀混合。

（4）在有效的混合管段里，应防止出现死角或死区。

由于锑钝化剂的热稳定性比较差，受热时间过长或高于其热分解温度时，会形成树脂状物沉积于器壁和管线上，因此，使用钝化剂时，一般要求最高进料温度控制在250℃左右，钝化剂注入点以后的管线应尽量短。

锑钝化剂的用量范围很大，取决于进料中污染金属的含量、催化剂被重金属污染的程度以及催化剂置换速度。

通常钝化催化剂已有的中毒效应约需2~7d，此后为维持阶段，需要的锑量用以钝化原料中的镍和维持催化剂上的锑浓度。从加入钝化剂开始，观察气体中氢气和甲烷的比值，以比值恒定为宜。由于氢气与甲烷的比值几乎不随转化率而变，主要随氢气量而变，可以用此控制钝化剂的加入量。钝化剂加入过量不但无益，反而有害。

原油中一般只有少量以卟啉形式存在的铁、钠则通过电脱盐除去，因此镍和钒则为FCC进料中典型的污染金属。

除了在催化进料中加入金属钝化剂对重金属进行钝化外，还可以在催化剂中使用对重金属进行选择性吸附的金属陷阱/捕集剂。金属陷阱可以单独制备，与催化剂混合后一起加入系统中，也可以作为催化剂的一个组分在催化剂制备过程中加入。钒的捕集通过选择性吸附，并固定钒污染物，镍陷阱则是使镍聚集。

铝使镍聚集成低比表面积的镍晶粒，镍被铝捕集形成低活性的镍-铝四面体尖晶石结构。

天然矿物质海泡石是一种有效的捕钒陷阱，它是一种具层链状结构的含水富镁硅酸盐黏土矿物。钒与纯的海泡石生成 MgV_2O_6 物质，而与不纯的海泡石（含 $CaCO_3$ 和 $MgCO_3$）形成 $Mg_3V_2O_8$。海泡石同时还是有效的碱氮捕集陷阱。其他的含镁化合物如凹凸棒石，锂蒙脱石等都是有效的捕钒剂。然而，在二氧化硫存在的情况下，会形成十分稳定的硫酸盐，因此，加工高硫进料时，这类捕钒剂不太适用。

3. 轻烯烃和辛烷值助剂

在FCC装置上通过使用增产轻烯烃助剂多产轻烯烃，实现炼油企业经济效益最大化，迅速改善国内市场对轻烯烃等石化工业原料的需求。

就活性组分而言，适于多产烯烃的择形分子筛主要有MFI型沸石如ZSM-5，MEL型沸石如ZSM-11，MTW型沸石如ZSM-12，MWW型沸石如MCM-22、MCM-36、MCM-49、MCM-56及β沸石等。这些沸石不具备Y型沸石在FCC反应再生条件下高水热稳定性的特性，极易失活，因而大多没有实现工业化。仅仅ZSM-5和β沸石被应用于工业FCC工艺中。而β沸石又由于制造成本太高而没有在FCC工艺中得到广泛应用。因而，多产低碳烯烃活性组分的选择都围绕ZSM-5的改性而进行。

ZSM-5分子筛是一种具有独特孔结构的MFI型择形沸石，它具有三维孔道结构，a轴向孔道为Z字形的孔道，直径为0.53~0.56nm；b轴向孔道为直筒形的孔道，直径为0.51~0.55nm。两种孔道相互交叉，而且均由十元环构成。孔径与单环芳烃接近，孔结构对单环芳烃具有明显的选择性。在催化裂化反应过程中，多侧链烃和环状烃等大分子无法进入孔道参与反应，汽油馏分中辛烷值较低的正构烃类，或带一个甲基侧链的烷烃和烯烃可以进入孔道并参与反应，裂化生产辛烷值较高的 C_3~C_5 烯烃，由于孔结构中没有笼或空腔，不易发生环化和缩合反应，反应生焦不明显，汽油中一部分烃类裂解成了 C_3~C_4 小分子，汽油中芳烃、异构烃、烯烃浓度增加，导致汽油辛烷值增加。因此ZSM-5分子筛被用来作为提高FCC轻烯烃产率，或增加汽油辛烷值助剂的活性组分。

但在提高轻烯烃产率或增加催化汽油辛烷值方面，ZSM-5分子筛的改性途径和助剂的制备工艺不同。

4. 烟气脱除助剂

（1）烟气脱硫。FCC装置污染物排放主要是硫、碳和氮的氧化物。烟气湿法脱硫和进料脱硫是有效控制 SO_x 的手段，代价较高。费用最低又最简便的方法就是使用降低 SO_x 排放的催化助剂。硫转移添加剂也称脱 SO_x 剂或 SO_x 脱除剂，因为反应过程是把 SO_x 还原成 H_2S，从而把本属于再生器排烟中的 SO_x 转移到反应器中，以 H_2S 形态随产物排出，再进一步回收硫黄。从硫转移剂的形态分类，可以分为固体硫转移剂和液体硫转移剂两大类。固体添加剂型硫转移剂以其使用灵活、方便的特性而得到广泛应用。

硫转移剂与 CO 助燃剂共同使用时，如为完全再生方式，脱硫效果好，如不用助燃剂，则脱硫效果差。如为部分燃烧方式，则由于氧分压低以及 CO 的还原作用，脱硫效果大为降低。工业上应用硫转移剂一般能使烟气脱硫率达到 60% 以上，个别达 85% 左右，具体随装置的操作条件、原始 SO_x 浓度及硫转移剂的性能而异。硫转移剂在系统催化剂全部藏量中所占的份额是一项重要指标，这部分助剂对裂化反应不起作用，实际上存在着稀释作用，故要求不超过 5%，有的为 3%，个别短期使用时只有 0.35% 即可满足要求。

（2）烟气脱硝。

在催化剂上用 NH_3 还原 NO_x 的工艺被称之为选择性催化还原 SCR-Selective Catalytic Reduction。

以 CO、H_2、CH_4 或它们的混合物作还原剂还原 NO_x 的工艺，被称之为非选择性催化还原 NSCR-Non-Selective Catalytic Reduction。催化剂同 SCR 工艺，反应温度一般为 300~600℃，取决于活性催化剂的类型和所使用的还原剂。文献也报道了几种其他的方法，如液膜技术、电子束工艺，以及光化学歧化等。

（3）CO 助燃剂。在催化裂化装置中，CO 助燃剂是各种添加剂中使用最早的一种。使用 CO 助燃剂具有回收系统能量、减少环境污染、改善产品分布、增加液体产率和提高操作平稳程度等优点，因而很快得到广泛应用。

CO 助燃剂的主要活性组分是铂（或钯）。当催化剂再生时，含有数十 μg/g 铂的助燃剂便迅速促进 CO 燃烧生成 CO_2，同时放出大量的热，降低再生烟气中 CO 含量，避免 CO 对大气的污染。更重要的是 CO 燃烧放出大量热，提高了再生器温度，从而加速烧焦，使再生剂含炭量降至 0.1% 左右，充分发挥沸石催化剂选择性好、活性高的性能，进而提高转化率和汽油产率，减少干气和焦炭产率。

助燃剂的加入方式之一是将 1~3μg/g 的铂直接加到 FCC 催化剂载体中，再将新鲜 FCC 催化剂加到再生器中。也开发了含氯铂酸溶液的液体助燃剂，加入方式是将液体喷到循环流化的催化剂上。由于设备腐蚀问题一般还是加入粉体助剂，通过小型加料系统加入固体助剂至装置中是另一种方式。典型的助剂制备方法是将 500~1000μg/g 的 Pt 或 Pt、Pd 负载在 γ 氧化铝或 γ 氧化铝前驱体上，氧化铝比表面积通常在 150~200m^2/g，平均粒径与 FCC 催化剂相近。国内外对非贵金属型助燃剂也进行了研究开发，但由于使用效果、制备手段等方面的限制，工业化的产品比较少。

除了上述催化助剂以外，降低汽油硫含量的助剂近几年发展也十分迅速，RIPP 及 FCC 催化剂的主要供应商都纷纷推出了工业化的产品。

四、催化剂设计原则

国内外 FCC 催化剂的品种达几百甚至上千种，催化剂已向精细化即所谓"一厂一剂，量体裁衣"方向发展，某一个具体牌号的催化剂并没有太多的指导意义。用户应该从催化剂的设计原则来考虑选用合适的催化剂。催化剂的设计、制备基于以下几个因素：①目的产物，如多产汽油、多产低碳烯烃、多产柴油、增加辛烷值、降低汽油烯烃含量等；②进料特性，如蜡油进料、渣油或掺渣进料等；③装置或操作条件限制，如主风（烧焦）限制、气压机限制等。综合以上因素，可以归纳出几类主要催化剂的设计原则。

1. 多产汽油催化剂

FCC 装置最大的特点就是汽油产率高。近几年对汽油需求量的显著增加要求 FCC 装置更进一步增产催化汽油。20 世纪 80 年代前广泛使用的 REY、REHY 型分子筛催化剂特点就是多产汽油。因为 REY、REHY 分子筛具有最大的活性中心数，其新鲜剂晶胞常数为 2.469nm，分子筛中稀土（RE_2O_3）控制水平为 10%~13%甚至更高，催化剂中分子筛含量控制在 30%~40%，催化剂中的稀土含量一般高于 4%。用铝溶胶或铝溶胶+拟薄水铝石的双铝基活性载体做黏结剂的半合成催化剂，由于 REY 型催化剂氢转移活性太高，使用部分 USY 分子筛作复合组分降低生焦率。为了得到较高的催化剂平衡活性（MAT60-70），催化剂平衡晶胞也控制在 2.440~2.450nm 的较高水平。

多产汽油催化剂由于具有最高的氢转移反应，实际上也是一种有效的降低催化汽油烯烃含量的催化剂。降烯烃催化剂中稀土含量甚至更高，RE_2O_3 达到 5%以上。

2. 辛烷值催化剂

辛烷值催化剂，或称辛烷值-桶催化剂，即在最高的汽油产率下获得高的辛烷值。毫无疑问应选用硅铝比高、氢转移活性低因而辛烷值高的 USY 分子筛，或低稀土含量的 RE-USY 作活性组分。其新鲜剂晶胞常数控制在 2.440~2.455nm。晶胞常数减少时辛烷值高，但损失汽油产率，反之可以得到好的辛烷值-桶。RE-USY 分子筛平衡晶胞 2.430~2.435nm，不含稀土的 USY 分子筛平衡晶胞 2.425nm±0.02nm。

硅铝比和晶胞常数的关系见图 2-2。当晶胞常数低于 2.448nm，Y 沸石主要含 0-NNN 和 1-NNN 骨架铝原子。最大数量的 0-NNN 铝原子对应的晶胞常数为 2.430nm，处于催化活性和氢转移反应的平衡点，低于该晶胞常数，由于活性中心浓度的降低，分子筛活性十分低，而高于该晶胞常数，随着 1-NNN 铝原子数的迅速增加，氢转移反应将显著增加。因此，辛烷值催化剂的平衡晶胞通常控制在 2.422~2.432nm。

获得高辛烷值的更重要的途径是使用能显著增加辛烷值的择型沸石，如 ZSM-5、ZSM-11、SAPO-11 等作第二活性组分。ZSM-11 和 SAPO 分子筛由于在催化反应再生条件下的水热不稳定性和高的价格，尚未工业化。

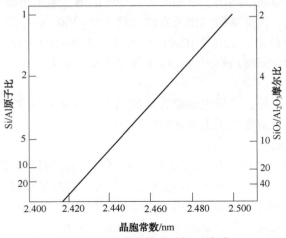

图 2-2　晶胞常数和硅铝比关系

载体除了含填料黏土外，通常使用具有催化活性的无定形 Al_2O_3 或 $SiO_2-Al_2O_3$。

从辛烷值催化剂的特点可见，超稳 Y 分子筛的选用，在降低氢转移反应增加辛烷值的同时也降低了焦炭产率，即辛烷值剂也是降低焦炭产率的催化剂。

3. 重油催化剂

目前国内 FCC 装置基本加工重油进料，纯粹以蜡油为催化进料的装置很少。重油 FCC 催化剂的发展极其迅速，自从 20 世纪 80 年代中国石化引进 Stone & Webster 公司重油催化工艺，并由 RIPP 开发了第一代重油 FCC 催化剂以来，重油催化剂已取代了蜡油催化裂化催化剂，具有优异的性能和国际竞争能力。

重油加工面临如下问题：热负荷增加，具有更高的进料热不稳定性，重金属增加，氢含量减少等。要求催化剂具有：高的热和水热稳定性；好的抗金属污染能力；高的重油裂解能力和高的汽油选择性；最少的焦炭产率。重油剂使用的活性组分与辛烷值剂类似，为稀土交换的高硅 Y 和稀土氢 Y 分子筛，但分子筛中稀土含量较高。催化剂采用大孔、活性载体，好的大、中孔孔径分布以有利于活性中心的可接近性。活性载体为无定形 Al_2O_3 或 $SiO_2-Al_2O_3$，有的也含有改性的黏土。此外，此类催化剂有时也含有金属钝化或金属捕集组分。

4. 多产柴油催化剂

FCC 催化剂是具有大、中、小孔（微孔）孔分布的物质，分子筛主要提供微孔以及在分子筛制备过程中由于水热处理产生的少量中孔，而载体提供中孔和大孔。正是这种合理的孔分布，提供了不同相对分子质量的烃类分子裂解所需要的活性。分子筛提供的孔径最小，但裂解活性最高，而载体提供的孔径大，但裂解活性低。对烃类分子的裂解而言，越大的烃分子裂解所需的活化能（活性）越低，裂解后的烃分子进一步裂解成更小的分子所需的活性更高。因此，多产柴油催化剂需要适当降低催化剂的裂解活性，即降低分子筛的裂解活性，增加载体的裂解活性。分子筛活性的降低一方面是对 Y 沸石进行改性，降低强酸中心，另一方面减少催化剂中分子筛用量。可见，多产柴油催化剂对反应的转化率是有影响的。

此外还有多产低碳烯烃的催化剂，是在以上各类型催化剂的基础上添加了多产低碳烯烃的 MFI 型沸石，如 ZSM-5 或改性的 ZSM-5 等。

第三章 反应再生过程

第一节 催化裂化反应过程的化学反应

催化裂化原料中主要的烃类有烷烃、环烷烃及带取代基的芳烃。在二次加工的原料中还有烯烃，除此之外还有杂原子化合物。

一、催化裂化的化学反应

在催化裂化条件下，烃类可以发生催化反应和非催化反应，非催化反应与催化反应相比是较少的。

(一)裂化

裂化反应主要是 C—C 键的断裂。在碳原子数相同时，反应能力按烯烃>烷基芳烃(烷基取代基为 C_3 或更高时)>环烷烃>烷烃>芳烃，芳烃很难裂化，芳核尤其稳定。

(1)烷烃(正构烷及异构烷)裂化生成烯烃及较小分子的烷烃。

$$C_n H_{2n+2} \longrightarrow \underset{烯烃}{C_m H_{2m}} + \underset{烷烃}{C_p H_{2p+2}}$$

式中，$n = m + p$。

(2)烯烃(正构烯及异构烯)裂化生成两个较小分子的烯烃。

$$C_n H_{2n} \longrightarrow \underset{烯烃}{C_m H_{2m}} + \underset{烯烃}{C_p H_{2p}}$$

式中，$n = m + p$。

(3)烷基芳烃脱烷基。

$$ArC_n H_{2n+1} \longrightarrow \underset{芳烃}{ArH} + \underset{烯烃}{C_n H_{2n}}$$

(4)烷基芳烃的烷基侧链断裂。

$$ArC_n H_{2n+1} \longrightarrow \underset{带烯烃侧链的芳烃}{ArC_m H_{2m-1}} + \underset{烷烃}{C_p H_{2p+2}}$$

式中，$n = m + p$。

(5)环烷烃裂化生成烯烃。

$$C_n H_{2n} \longrightarrow \underset{烯烃}{C_m H_{2m}} + \underset{烯烃}{C_p H_{2p}}$$

式中，$n = m + p$。

(6)环烷–芳烃裂化时，可以环烷环开环断裂，或环烷环与芳烃连接处断裂。

(7)不带取代基的芳烃由于芳环稳定，在典型的催化裂化条件下裂化反应很缓慢。

(二)异构化

(1)烷烃及环烷烃在裂化催化剂上有少量异构化反应。

(2)烯烃异构化有双键转移及链异构化。

(3)芳烃异构化。

（三）烷基转移

烷基转移主要指一个芳环上的烷基取代基转移到另一个芳烃分子上去。

（四）歧化

歧化反应与烷基转移密切相关，在有些情况下歧化反应为烷基转移的逆反应。低分子烯烃也可进行歧化反应。

（五）氢转移

氢转移主要发生在有烯烃参与的反应中，氢转移的结果生成富氢的饱和烃及缺氢的产物。烯烃作为反应物的典型氢转移反应，有烯烃与环烷、烯烃之间、环烯之间及烯烃与焦炭前身物的反应。

（六）环化

烯烃通过连续的脱氢反应，环化生成芳烃。

（七）缩合

缩合是有新的 C—C 键生成的相对分子质量增加的反应，主要在烯烃与烯烃、烯烃与芳烃及芳烃与芳烃之间进行。

由于多环芳烃正碳离子很稳定，在终止反应前会在催化剂表面上继续增大，最终生成焦炭。

（八）叠合

烯烃叠合是缩合反应的一种特殊情况。

（九）烷基化

烷基化与叠合反应一样，都是裂化反应的逆反应。烷基化是烷烃与烯烃之间的反应，芳烃与烯烃之间也可以发生：

$$烷烃+烯烃\longrightarrow烷烃$$
$$烯烃+芳烃\longrightarrow烷基芳烃$$

二、催化裂化的反应机理

正碳离子学说被公认为解释催化裂化反应机理比较好的一种学说。

所谓正碳离子，是指缺少一对价电子的碳所形成的烃离子，如：

$$\overset{\displaystyle H}{R:\overset{\displaystyle ..}{C}:H}$$

正碳离子的基本来源是由一个烯烃分子获得一个质子 H^+ 而生成，例如：

$$C_nH_{2n} + H^+ \longrightarrow C_nH_{2n+1}^+$$

三、热裂化反应及其影响

（一）热裂化过程的化学反应

石油馏分的热裂化反应很复杂。热裂化反应可以归纳为两个类型，即裂解与缩合（包括叠合）。裂解反应产生较小的分子，直至成为气体，即大分子转化为小分子的链断裂吸热反应，而缩合则朝着分子变大的方向进行，高度缩合的结果，便是生成稠环芳烃，以至生成碳氢比很高的焦炭，该过程为放热过程。

热裂化机理一般用自由基理论解释。自由基学说认为，烃类的分子在热转化时首先分裂成带有活化能的自由基。其中较小的自由基如 H·、CH₃·、C₂H₅·，能在短时间内独立存在；而较大的自由基与别的分子碰撞时又生成新的自由基，这样就形成了一种连锁反应，反应后的生成物在离开反应系统终止反应时，自由基与自由基互相结合成为烷烃，故断裂反应的最终结果为生成比反应原料分子小的烯烃和烷烃，其中也包括气体烃类。

热裂化产物特点是高乙烯含量、含有部分甲烷及 α 烯烃、没有异构烃类及高的烯烃/烷烃比。

在催化裂化操作条件下，可以发生两大类反应，即催化裂化反应和热裂化反应，当热裂化反应过于强烈时，装置产品分布表现为气体和焦炭产率上升，液体产品产率下降，汽油、柴油的安定性变差，柴油的十六烷值下降。以下几种指标可以用来衡量热裂化的程度：

1. $(C_1+C_2)/i\text{-}C_4$ 比

采用 $(C_1+C_2)/i\text{-}C_4$ 比值可以较好地区分催化裂化和热裂化反应。

C_1 和 C_2 是热裂化反应的特征产物，而异丁烷（$i\text{-}C_4$）则是催化裂化的特征反应——氢转移反应的产物。一般催化裂化过程中，这个比值为 0.6~1.2。对于活性较高的稀土 Y 型催化剂，这个比值小一些，而对于超稳 Y 型沸石催化剂，这个比值较大。该比值<0.6 时以催化裂化反应为主；当该比值>1.2 时，则说明热裂化反应过于强烈。

2. 丁二烯含量

丁二烯含量是衡量热裂化程度的另一个指标，丁二烯含量上升，则热裂化反应加剧。它与（$\leqslant C_2/i\text{-}C_4$）比值有很好的对应性。随着提升管顶部温度的提高，$C_4$ 馏分中丁二烯含量将急剧上升，当该温度由 520℃ 提高到 540℃ 时（对常规的旋分器），丁二烯的含量可由 4000μL/L 左右上升到 10000μL/L 左右。

3. $C_4/(C_3+C_4)$ 比

用液化气中 $C_4/(C_3+C_4)$ 的比值来判断热裂化反应程度，当该比值为 0.65~0.7 时，以催化裂化为主，而该值低于 0.5 时，则表示有较强的热裂化反应。

（二）热裂化的影响因素

在反应系统的不同部位，影响热裂化反应的主要因素有所不同，现分述如下：

1. 提升管反应器

在提升管反应器中存在的热裂化反应，会导致焦炭和干气产率增加，并降低液体产品的产率和质量。热裂化程度的主要影响因素：

（1）反应温度；

（2）油气停留时间；

（3）原料油性质：包括 K 值、沸程、结构族组成、金属和硫、氮含量；

（4）催化剂类型和剂油比等。

提升管反应器中热裂化现象是普遍存在的。

入口区——高的再生催化剂温度是不利的，如果油气不能迅速与再生催化剂混合均匀，则会加剧热裂化程度。

但对于重油催化裂化，由于较大的油气分子较难进入沸石中进行催化裂化，而通过热裂化的作用可将其打成碎片（或自由基），并进入沸石再催化裂化。在这点意义上，热裂化反应是有一定好处的。

提升区——油气的轴向返混和催化剂的径向不均匀分布都会加剧热裂化程度。采用高的剂油比和适宜的线速度可减少热裂化程度。此外，提高平衡催化剂的活性水平可以提高催化裂化/热裂化的比值。但以间断方式大量加入新鲜剂会造成高的 (C_1+C_2) 产率，这是由于新鲜催化剂活性过高。而用好的平衡剂则无此现象，因此新鲜剂应均匀连续地加入。

2. 提升管出口区

提升管出口区仍有 500℃ 左右较高的温度，而油气进入分馏塔时温度仍可达 460℃ 以上。特别是油气在 460~500℃ 下要经过 10~20s 较长的停留时间，由于无催化剂的存在，因此其热裂化倾向相对要严重些。停工检修时常发现大油气管线内有结焦，重油催化裂化结焦更多，就说明了这个问题。影响出口区热裂化程度的最主要因素是温度和停留时间。

3. 反应器和油气管线结焦

热裂化反应的另一不良后果是反应设备和管线内的结焦。早在采用无定形催化剂裂化 VGO 时，即发现反应油气在稀相区停留时间如果过长（>10s），就容易在某些低温部位或死区部位结焦，甚至形成很大的焦块，为此设计了防焦板，并采用通入防焦蒸汽等措施。当采用沸石催化剂和快速分离设施以及外集气室后，若以 VGO 为原料，设备结焦问题不明显，但是掺炼渣油后，结焦成为一个突出的问题。

综合分析引起设备内部结焦的主要因素，有以下几点：

（1）原料的性质。原料油变重，高沸点组分增加时，一小部分高沸点液滴未能充分气化成为液雾，被带至提升管反应器，在其下游部位沉积而结焦，已发现油浆中 C_7 不溶物与结焦趋势有关，5% 的沥青质含量被认为是进料的上限。

（2）原料油的雾化。原料油喷嘴的结构对于保证良好的雾化至关重要。雾化良好的原料油，即使其沸点很高，也易于在短时间内汽化和裂化，不让有未汽化的液滴带出提升管。此外提升管下端的预提升对于原料油的雾化也有直接关系。

（3）催化剂的类型。催化剂的氢转移活性对于产生高沸点的不饱和烃与芳烃有直接关系，这些产物能够聚合生成结焦前身物。稀土含量是氢转移活性的标志，低稀土超稳沸石无疑比 REY 沸石在减轻结焦方面好。而基质的活性对于渣油组分的裂化也十分重要，低活性基质催化剂处理渣油原料使结焦倾向增加。

（4）反应条件和反应深度。高反应温度和长反应时间会使结焦速度加快，低反应深度会使反应油气中高沸点组分增加，露点上升，也增加了结焦倾向。

（5）设备条件。设备的低温部位（保温不好或散热多的部位）和死区（油气和析出的液滴停留时间过长的部位）均容易结焦。

（三）减少热裂化反应的措施

1. 治本措施

（1）在提升管内改善原料油和催化剂的接触。这在加工重质原料时尤为重要，因原料雾化不好会导致反应器入口处油气与催化剂混合不均匀。此时应改进进料段的设计，使用高效喷嘴，使油气充分雾化分散，油剂均匀接触，减少返混，提升管的平均线速应在 10~15m/s。

（2）原料油和回炼油浆的质量要控制。劣质原料应先经预处理后再作催化裂化进料；油浆密度大于 1g/cm³ 时不宜回炼。

（3）选取合适的操作条件。高反应温度和低剂油比会使热裂化反应加剧。在有取热条件下，应尽量在保证再生效果的同时，降低再生温度，提高剂油比。

（4）合理选用催化剂。催化剂活性低导致热裂化反应上升，活性低的原因有催化剂品种的选择、催化剂置换速率、再生剂含炭量和再生温度影响，应区别对待。

重金属污染严重影响催化剂性能，从而影响热反应，此时可选择适宜的催化剂置换速率及金属钝化剂，也可以控制原料的重金属含量。

（5）减少油气在提升管出口后的二次反应。应采取有效的催化剂和油气快速分离技术，避免油气在沉降器稀相因停留时间过长而过度裂化，该稀相区催化剂浓度非常低，此时一般为热裂化反应。工业装置上采用密闭式分离系统、粗旋以及急冷等措施可以降低热裂化反应，有效改善产品分布。

2. 治标措施

（1）改善反应器和油气管线的保温，避免从法兰、阀门等处大量散热；

（2）向反应器或旋分器内通入过热蒸汽；

（3）尽量缩短油气管线长度，为冷凝下来的液体自动流入分馏塔提供坡度；

（4）反应油气管道采用较高的油气流速（35~45m/s）；

（5）在反应器出口处使用大曲率半径弯头，在分馏塔入口处用小曲率半径弯头，并使弯头与分馏塔入口间距离最短。

（6）防止循环油浆与分馏塔入口油气，大管线中的油气在管线出口端直接接触，造成油气急冷管壁结焦。

第二节　催化裂化再生过程的化学反应

一、焦炭的组成

催化剂上的焦炭来源于四个方面：

（1）在酸性中心上由催化裂化反应生成的焦炭；

（2）由原料中高沸点、高碱性化合物在催化剂表面吸附，经过缩合反应生成的焦炭；

（3）因汽提段汽提不完全而残留在催化剂上的重质烃类，是一种富氢焦炭；

（4）由于镍、钒等重金属沉积在催化剂表面上造成催化剂中毒，促使脱氢和缩合反应的加剧，而产生的次生焦炭；或者是由于催化剂的活性中心被堵塞和中和，所导致的过度热裂化反应所生成的焦炭。

上述四种来源的焦炭通常被分别称为催化焦、附加焦（也称为原料焦）、剂油比焦（也称为可汽提焦）和污染焦。实际上这四种来源的焦炭在催化剂上是无法辩认的。

二、焦炭燃烧的化学反应

焦炭的主要元素是碳和氢。在燃烧过程中氢被氧化成水，碳则被氧化为 CO 和 CO_2。

焦炭燃烧反应可表示为：

$$焦炭 + O_2 \longrightarrow \begin{matrix} CO \\ CO_2 \\ H_2O \end{matrix} \qquad\qquad (3-1)$$

其中 $CO \longrightarrow CO_2$ 在 560℃以下反应速度很慢。

另外还有：

$$CO_2 + C \rightleftharpoons 2CO \qquad\qquad (3-2)$$

$$C + H_2O \rightleftharpoons CO + H_2 \qquad\qquad (3-3)$$

以上两个反应速度在正常再生温度下都很慢。

除此以外，还有焦炭中少量杂原子（硫、氮）的燃烧。

第三节 反应系统流程、控制方案及参数调节

一、反应系统工艺流程

1. 提升管反应器进料

反应器进料包括新鲜原料、回炼油及油浆。新鲜原料有减压蜡油、常压渣油、减压渣油、焦化蜡油、脱沥青油等。此外还有粗汽油回炼及外来直馏汽油、焦化汽油回炼改质等。根据原料油性质及所采用的工艺，新鲜原料和回炼油可以混合进料，也可以分开进料。

早期的催化裂化装置以蜡油为原料，催化剂活性较低，原料油预热温度高，回炼比大，剂油比小。因回炼油芳烃含量较高，芳烃难以裂化，但对催化剂酸性中心的吸附能力强，若回炼油从下喷嘴进入提升管，回炼油中的芳烃率先占领活性中心，对新鲜原料油裂化不利。回炼油从上喷嘴进入，提升管内温度较低不利于回炼油的汽化和裂化。所以早期的催化裂化装置，多采用回炼油与新鲜原料油混合方式进入提升管反应器。

现代的催化裂化装置多加工重油，反应条件和提升管内的环境发生了很大变化。催化剂活性和选择性有了大幅度提高。再生器温度高，原料油预热温度较低、回炼比小、剂油比大。重油需要高催化剂温度、大剂油比等苛刻条件，将其大分子汽化、打碎、再裂化，因此可采用分层进料，新鲜原料油在下喷嘴进料，回炼油在上喷嘴进料。

不同的工艺技术对原料油的进料方式也有特殊的要求。多产液化石油气和轻柴油的MGD工艺，重质原料油在下喷嘴进料，轻质原料油在中喷嘴进料，回炼油和油浆在上喷嘴进料，汽油回炼喷嘴安排在预提升段。吸附转化加工焦化蜡油的DNCC工艺，焦化蜡油在上喷嘴进料，原料油在下喷嘴进料，利用待生催化剂对焦化蜡油中的硫、氮等进行吸附。改质焦化蜡油和回炼油一起再从提升管下部喷嘴进料，从而避免氮化物对催化剂毒害，焦化蜡油还起到急冷油作用，增加了新鲜原料油剂油比。提升管喷嘴位置见图3-1，原料油进料系统由原料油进入、事故旁通、开工预热及雾化蒸汽等组成，见图3-2。

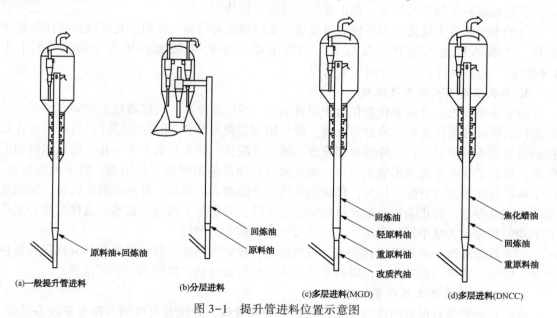

(a)一般提升管进料　　原料油+回炼油

(b)分层进料　　回炼油　原料油

(c)多层进料(MGD)　　回炼油　轻原料油　重原料油　改质汽油

(d)多层进料(DNCC)　　焦化蜡油　回炼油　重原料油

图3-1　提升管进料位置示意图

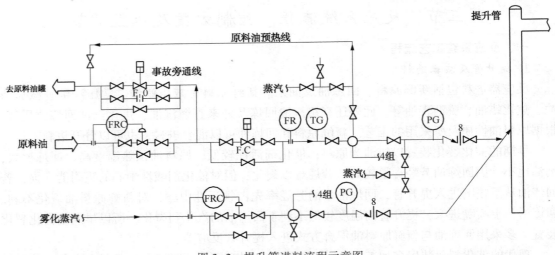

图 3-2　提升管进料流程示意图

2. 原料油预热流程

蜡油 FCC 装置多采用冷进料流程。90℃原料油进装置后首先进入原料油缓冲罐，经原料油泵升压后依次与顶循环油、轻柴油、中段油、重柴油、循环油浆换热到 200~250℃，再由加热炉加热到 300~350℃，经原料油喷嘴进入提升管反应器。

目前多数催化裂化装置加工重油或掺炼重油，再生器热量过剩，为维持两器热平衡，需大幅度降低原料油进料温度。根据原料油黏度和目前喷嘴的技术水平，一般进料温度为 180~250℃。为此原料油经换热即可达到该预热温度，装置设计时不再设置原料油加热炉。在开工期间，用开工蒸汽加热器或用油浆蒸汽发生器倒加热原料，实现热油循环升温脱水和热紧的目的。为合理利用能量，有的装置采用热进料，原料油进装置温度 150~200℃，原料油只与循环油浆换一次热，控制进料温度稳定进入提升管反应器。

已配置原料加热炉的装置，在正常生产时停开加热炉。

有的小型装置为简化流程不设原料油罐、原料油泵等设施。原料油自罐区直接用泵送进装置，经换热后进入提升管反应器。但要求罐区原料油泵出口压力足够高（不小于 1.6MPa），还需设计一套相应的开工流程。

3. 与反应器有关的蒸汽流程

（1）防焦蒸汽。重油催化裂化由于原料油重、反应温度高，沉降器结焦的倾向增加，防焦蒸汽的设计和操作也较以前更为重视。即采用高过热度蒸汽（400℃以上），利用限流孔板控制流量进入沉降器。在沉降器顶部设置一环形分配管，朝上开数十个小孔，防焦蒸汽朝上喷出，然后反弹向下流动形成蒸汽垫，防止油气在顶部停留时间过长结焦。对于大型装置，由于单环分配管蒸汽分配不均匀，将防焦蒸汽分 4 路进入沉降器，每路设限流孔板，控制流量或设流量指示，防焦蒸汽分配环也相应改为 4 段，分别与 4 路蒸汽相连，这样可使分配环管不均匀程度大为减小。另外防焦蒸汽用量也较以前大为增加。

（2）汽提蒸汽。采用两段汽提或三段汽提时，设置两路或三路汽提蒸汽，分别设置流量控制。同轴式装置汽提蒸汽自沉降器下部引入，然后延伸到汽提段中、下部位置。

4. 事故旁通与开工原料管线预热流程

在原料油管道自保阀前设去原料油罐的分支管线，并设有自保阀，称为事故旁通线。

当提升管因故自保切断进料，同时自动打开事故旁通线自保阀，原料油通过事故旁通线返回原料油罐。原料油喷嘴前(一般在集合管处)还有一分支管去原料油罐(或去事故旁通线)称为原料预热线，用于开工时预热喷嘴前这段原料油管道，见图3-2。

二、反应部分操作参数与调节方法

1. 反应压力

反应压力是指沉降器顶压力，是生产中主要控制参数。对装置产品分布、平稳操作、安全运行有直接影响。降低反应压力，可降低生焦率，增加汽油产率，汽油和气体中烯烃含量增加，汽油辛烷值提高。反应、分馏、吸收稳定是一个相互关联的大系统，反应压力变化影响分馏、吸收稳定系统操作。反应压力还直接影响反应再生系统压力平衡，大幅度波动会引起装置操作紊乱，并可能会引起催化剂倒流等事故。所以根据装置进料负荷选择适宜的反应压力进行固定控制，一般不作为频繁调节变量。工业装置反应压力通常为 0.1~0.25MPa(表)。

重油催化裂化装置一般将压力控制的检测点设在分馏塔顶，正常操作反应压力仅作为指示。反应压力控制手段有分馏塔顶油气管道蝶阀、富气压缩机转数、反飞动阀、压缩机入口放火炬阀等，根据装置的不同阶段加以选择控制，见图3-3。

开工拆油气管道大盲板前，两器烘干、升温及装催化剂期间，用沉降器顶放空调节阀控制反应器压力。拆除大盲板、沉降器和分馏塔连通之后，提升管进油之前，用分馏塔顶油气管道蝶阀控制反应压力。提升管进油后，开富气压缩机前，用压缩机入口放火炬阀控制反应器压力。正常操作分馏塔顶油气管道蝶阀处于全开状态，放火炬阀处于全关状态。对于变速运行的离心式富气压缩机，用压缩机转数控制反应压力(或吸入压力)，当富气量减小到压缩机喘振线以下时，自动打开反喘振阀。当富气量增加到压缩机最大能力，压缩机转数达到最高允许转数时，自动打开放火炬阀，见图3-3(a)。对于恒速运行的离心式富气压缩机，用调节压缩富气循环量或吸入节流来控制反应压力。富气量增加循环量减少，当循环阀全关闭时，自动打开放火炬阀排放一部分富气，使富气压缩机正常运行，并具有一定的调节能力，见图3-3(b)。对于使用往复活塞式富气压缩机的小型催化裂化装置，反应系统压力控制采用富气压缩机的循环量和入口放火炬相结合的分程控制方案，见图3-3(c)。

压缩机能力有限度，富气量不能超过压缩机的能力，才具有对反应系统的压力调节作用。富气量除取决于反应气体产率，还与分馏塔顶冷凝器的冷却效果有关，冷却效果较差时部分轻油组分进入富气中增加压缩机负荷。生产中增加劣质渣油掺炼量时，重金属污染严重，会使气体中氢含量增加，从而导致富气量增大。一般设置的控制方案中，当富气量大于压缩机的能力时，通过放火炬排放一部分富气，使压缩机正常运行，也可以适当降低吸收解吸系统压力。

2. 反应温度

提升管装置反应温度指提升管出口温度。反应温度是催化裂化过程一个至关重要的独立变量，是生产中主要控制参数，对反应速度、产品产率及产品质量影响很大。一般来说，反应温度每升高10℃，反应速度提高30%。反应温度升高(等转化率下)，焦炭产率下降，C_1 +C_2产率增加，总C_3产率增加。提高反应温度，可大幅度提高液化石油气中烯烃($C_3^=$、$C_4^=$)产率和汽油辛烷值。

提升管催化裂化装置反应温度主要影响因素有原料油流量、预热温度、催化剂循环量、

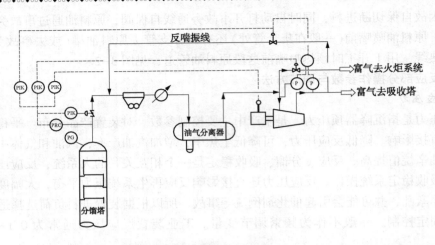

(a)反应系统压力控制示意图(变转速富气压缩机)

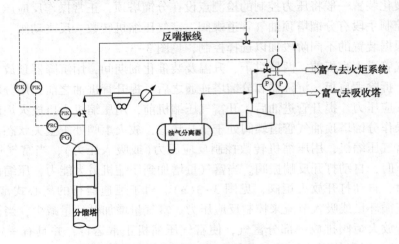

(b)反应系统压力控制示意图(恒转速富气压缩机)

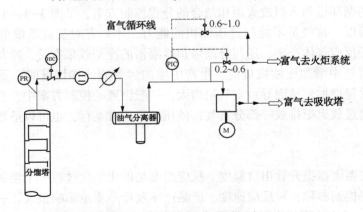

(c)往复式富气压缩机反应系统压力分程控制示意图

图3-3　反应系统压力控制示意图

再生剂温度等。原料油流量采用定值控制；原料油预热温度选定一合理值，也采用定值控制；再生器温度基本也恒温控制。反应温度通过改变再生单动滑阀(或再生塞阀)开度，调节再生催化剂的循环量来控制。电动液压执行机构灵敏度高，可将提升管出口温度变化幅度控制在±1℃。

反应温度控制回路有再生阀压降低限和反应温度低限两个约束条件。当再生阀压降低到0.015MPa时发出报警，自动暂时性放弃反应温度定值控制，而保持再生阀差压，维持催化剂循环，同时采取其他措施提高反应器温度。当滑阀差压低到0.01MPa时，为防止催化剂倒流，将自动切断再生阀。当再生阀差压恢复正常后，才能恢复反应温度控制回路。此外还设有反应温度下限报警，当反应温度急速下降到440℃时，应果断切断反应进料自保系统，防止原料油难以气化，引起反应系统结焦。

3. 反应器藏量

提升管装置反应器藏量主要是指沉降器和汽提段藏量。一般沉降器零料位操作，藏量主要在汽提段中。汽提段藏量影响催化剂汽提效果、两器压力平衡，同时催化剂料封可防止催化剂倒流。

通过改变待生滑阀(或待生塞阀)开度，调节待生催化剂的循环量，来控制反应器藏量。高低并列式装置为防止催化剂倒流和建立必要的催化剂料封，当待生阀差压降低到0.015MPa时发出报警，当低到0.01MPa时将自动切断待生阀。同轴式装置汽提段及待生立管的蓄压较大，发生倒流的可能性较小，一般只设待生塞阀差压低限报警(有的装置从安全角度考虑也设置了自保)。

4. 原料油预热温度

原料油预热温度是指原料油进提升管反应器前的温度，是调节两器热平衡和剂油比的一个手段。原料油预热既可用加热炉，也可与装置内热物流换热，或者两者共用。目前多数装置加工原料油较重，再生器热量过剩，大幅度降低了原料油预热温度，不设或停用了加热炉。高剂油比操作也需要较低预热温度。从降低再生器过剩热和提高剂油比角度，似乎进料温度越低越好。但预热温度过低原料油黏度增加，带来雾化效果变差，生焦率增加，装置结焦倾向增加等诸多的负面影响。目前的原料油雾化喷嘴技术在黏度小于$5mm^2/s$时，可得到较好的雾化效果。所以应根据原料油黏温性确定原料油的预热温度。一般在180~250℃。

原料油预热温度控制。对于有原料油加热炉的装置，采用原料油预热温度定值控制燃料油量方案(一般不采用与反应温度串级控制)，加热炉各支路应有流量指示。对于没有加热炉或不开加热炉的装置，原料油预热温度控制换热器三通阀或旁路阀。见图3-4。

5. 原料油及雾化蒸汽进料控制

一般原料油分2~8路进入提升管。总管设置流量调节阀，原料油总流量定值控制，每支路进料管道对称布置并设流量指示。中型装置在采用两路进料时，可在每支路设置流量控制调节阀，并采用1：1比例控制。

雾化蒸汽总管设流量控制调节阀，总流量定值控制，每支路管道对称布置并设流量指示。某些种类的喷嘴要求恒定雾化蒸汽量操作，有的装置雾化蒸汽总管只设流量指示，每支路设限流孔板限定雾化蒸汽流量，这种做法要求蒸汽压力较高(1.2~1.5MPa)，一般炼油厂低压蒸汽达不到要求，或需要设计专用蒸汽系统。另外蒸汽压力变化会影响雾化蒸汽流量，故不推荐这种做法。

6. 反应时间

反应时间指反应油气在提升管中的平均停留时间。反应时间(s)=提升管长度(m)/油气

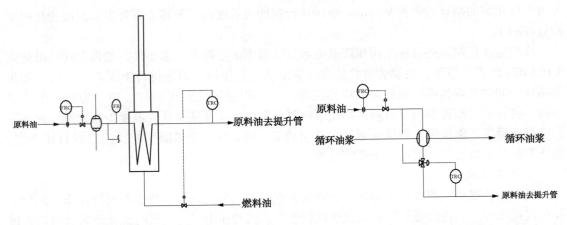

(a)有加热炉原料油预热温度控制示意图　　　　(b)无加热炉原料油预热温度控制示意图

图 3-4　原料油预热温度控制示意图

平均流速(m/s)。提升管长度指从原料油喷嘴到提升管出口的距离。油气平均流速指提升管进出口流速的对数平均值。

反应时间延长，转化率上升，焦炭产率、干气产率上升，汽油产率先上升，随后下降，有一峰值；产品中烯烃含量下降，汽油辛烷值降低。反应时间太短单程转化率低，太长则出现过度裂化。每个装置应根据加工原料油性质、催化剂(活性、污染情况)及工艺(剂油比等)，选择适宜的反应时间，使装置达到较理想的产品产率和产品质量。

反应时间是反应过程的重要指标，但不能直接控制，可通过调节其他参数间接地改变，但范围有限。提升管容积确定后虽然通过调节预提升蒸汽、终止剂以及进料位置等可以改变反应时间，但往往受旋风分离器、分馏塔、压缩机能力以及压力平衡等多方面制约，调节范围不大。所以提升管设计是非常重要的。

关于短反应时间操作模式。短反应时间操作需要高催化剂活性和大剂油比等条件配合，可降低干气产率、提高轻质油产率、提高汽油辛烷值(提高汽油烯烃含量)等。研究表明还原态重金属镍表现出脱氢活性，从再生器来的镍呈氧化态，进入反应器后变成还原态需要一定时间。反应时间短到一定程度，镍污染受到抑制，使干气、氢气产率下降。氢转移反应是二次反应，需等反应进行到一定程度时才逐步发生(比裂化速度慢)。操作要点：一短三高，即短反应时间、高反应温度、高催化剂活性、高剂油比。但面临的主要问题之一是降低汽油烯烃含量，所以对短反应时间操作应有一个辩证的看法。

7. 剂油比

剂油比是指催化剂循环量与进料量的比值。提高剂油比相对增加了单位原料接触的催化剂活性中心数，从而可提高反应速度和转化率。提高剂油比和提高反应温度不同，前者使催化剂炭差降低，增加了提升管反应器中催化剂的动态活性，使反应过程催化裂化成分增加，有利于改善产品分布。而提高反应温度，在裂化速度提高的同时，热裂化等反应也相应提高，显然对改善产品分布不利。所以对重油催化裂化，提高剂油比有着非常重要的意义。

一般蜡油 FCC 装置，生焦率为 5% 左右，剂油比为 4～5，可以满足生产要求。提高剂油比转化率增加，焦炭产率增加。加工高残炭原料油时，生焦率高达 8%～10%，剂油比若仍维持 4～5，催化剂炭差很高，提升管中催化剂活性中心将被焦炭全部覆盖，反应过程催化剂活性过低，产品分布和产品质量自然都变差。这种情况下提高剂油比、降低催化剂炭差，等于提高反应过程催化剂活性，可降低焦炭产率。因此重油催化裂化装置必需提高剂油比，使催化剂在提升管催化裂化过程中保有一定活性。由于超稳分子筛催化剂活性稍低，高剂油比显得更加重要。一般重油催化裂化装置剂油比6~8，当然剂油比过高焦炭产率仍然会增加。

可采取以下操作提高剂油比：（1）在满足烧焦要求的前提下尽量降低再生器温度，在满足原料油雾化效果的前提下尽量降低原料油预热温度。这两项措施对反应器、旋风分离器、分馏塔系统气体负荷没有影响，没有低温热等能量损耗，是装置操作首先考虑的措施。对降低再生器温度，两器（或两段）再生装置有较大余地，工业生产中可选择。对于单器再生，可用再生催化剂冷却措施降低再生温度，提高剂油比。对回炼比大的装置，如两段提升管等装置，可考虑设置回炼油蒸汽发生器，将回炼油温度降低到200~220℃，再进入提升管反应器，会明显提高剂油比。（2）提升管注终止剂。受反应器、分馏塔系统气体负荷限制及有低温热能量损耗，注终止剂量不宜过大，一般为原料油的5%~10%。（3）分层进料。轻质油在上喷嘴进料，重质油在下喷嘴进料，也相当于增加了下喷嘴原料的剂油比。（4）设再生催化剂预冷器。即在再生立管或预提升段设催化剂取热器，降低再生催化剂与原料接触之前的温度，可以在不影响再生效果的前提下提高剂油比10%~20%。

8. 平衡催化剂反应活性

平衡催化剂活性越高，转化率越高。一般分子筛平衡催化剂活性为60~70。影响因素有催化剂种类、再生催化剂含炭、水热失活及重金属污染情况等。选用活性较低的催化剂时必需采用较大的剂油比。再生催化剂含炭：分子筛催化剂要求再生催化剂含炭小于0.15%，最好小于0.1%。有研究表明在再生催化剂含炭量0.16%时，催化剂活性可恢复97%。拟制水热失活及重金属污染失活，一方面要合理选择FCC原料油，控制其杂质含量。如钠、钙含量过高，加强脱盐脱钙；镍、钒含量过高应适当减少渣油掺炼量，采用钝化剂等。另一方面可选择较缓和的再生条件，如降低再生温度，采用贫氧再生等。

9. 转化率与回炼比

转化率是衡量反应深度的综合指标，定义为：

$$转化率 = (气体+汽油+焦炭)/进料量×100\%$$

以新鲜原料油为基准计算时为总转化率，以总进料量（原料油+回炼油+油浆）为基准计算时为单程转化率。回炼比是回炼油（含油浆）与新鲜原料油量之比。回炼油是裂化产物，馏程与原料油相近，芳烃含量高较难裂化。单程转化率提高，焦炭、气体产率增加；单程转化率降低，回炼油量增加，回炼比增大，大量回炼油在反应器和分馏塔之间循环，设备利用率降低，能量消耗增加。目前一般分子筛提升管装置回炼比为0.1~0.3；两段提升管装置回炼比约为0.5；柴油方案时回炼比稍高，液化石油气和汽油方案时回炼比稍低。影响转化率的主要因素有反应温度、反应时间、剂油比、催化剂平衡活性等。

实际生产中应根据产品方案、原料油性质、催化剂种类等条件，确定合适的回炼比范围，操作中在该范围内调节。单程转化率和回炼比的变化可通过观察回炼油罐液位的变化来判断。回炼油罐液位上升说明回炼油量增加，单程转化率较低，应采取提高反应温度、剂油比、催化剂活性等措施提高单程转化率，一般不用改变回炼油进料量来调节液位。当液位较高且用一般方法难于控制时可通过外甩排出装置。

回炼比能够控制在预定的范围内，说明解决好了单程转化率与回炼比之间的平衡问题。

10. 关于油浆回炼与外甩

油浆单独裂化时，依据原料油性质不同其生焦率为 30% ~ 50%。油浆回炼与外甩主要考虑以下三方面：一是经济效益；二是再生器烧焦能力；三是提升管反应器油浆裂化能力。综合考虑上述三方面因素，确定装置油浆外甩量。国内多数装置要求较高的液态产品产率，故考虑上述三方面因素尽量减少油浆外甩量。

第四节　再生系统流程、控制方法及参数调节

一、再生部分操作参数与调节方法

再生部分的操作目标是最大限度地恢复催化剂活性，并向反应提供具有适宜温度和剂油比的催化剂。最大限度恢复催化剂活性，一方面要尽量降低再生催化剂含炭，另一方面尽量减少催化剂失活。降低再生催化剂含炭需要高再生温度、高过剩氧含量、大藏量、长烧焦时间及高再生效率。减少催化剂失活需要低再生温度、低过剩氧（贫氧操作）、藏量少、催化剂停留时间短、低重金属含量、低水蒸气分压及高再生效率。安全平稳运行要做好物料平衡、压力平衡、热平衡三大平衡。再生器操作就是根据装置实际情况（两器型式、催化剂、原料油、产品方案等），解决好上述操作条件的不同要求。

1. 再生温度

再生温度是影响烧焦速率的重要因素。提高再生温度可大幅度提高烧焦速率，是降低再生催化剂含炭的重要手段。再生温度也是影响催化剂失活和剂油比的主要因素，再生温度过高，催化剂失活加快，剂油比减小，反应条件难于优化。工业实践表明，再生温度在 700 ~ 710℃，一般不会导致催化剂严重水热失活，只有在温度超过 720℃时，水热失活问题才会变得突出。当温度低于 650℃时，即使 100% 水汽分压，失活也很缓慢。单段再生器应在催化剂不严重失活的条件下采用较高的再生温度，降低再生催化剂含炭。一般单器再生温度以 680 ~ 710℃为宜。两器再生装置，再生催化剂含炭容易满足要求，宜采用稍低的再生温度，有利于减轻催化剂失活和提高剂油比。一般两器再生温度控制在 650 ~ 680℃为宜。再生温度还是两器热平衡的体现，正常运行的装置热量不足时再生温度降低，热量过剩则再生温度升高。

再生温度控制：没有外取热器的单再生器装置，再生温度是两器热平衡的"晴雨表"。提升管出口温度按要求定值控制，装置热量不足时再生温度降低，热量过剩则再生温度升高。再生温度控制通过调整两器热平衡来实现，即调节原料油预热温度，油浆外甩量及掺渣油量。实际操作中选择合适的油浆外甩量及掺渣油量，给原料油预热温度留一定的调节余地，用于日常调节再生器温度（当超出其调节范围时，再调整油浆外甩量及掺渣油量）。

有外取热器的单再生器装置，可用改变外取热器取热负荷直接控制再生温度。

有一台外取热器的两段再生装置，一个再生器温度用外取热器控制，另一个再生器温度用烧焦比例调节。当外取热器设在一再时，一再温度用外取热器控制，二再温度用烧焦比例控制。当外取热器设在二再时，二再温度用外取热器控制，一再温度用烧焦比例控制。

没有外取热器的两段再生装置，再生器温度由烧焦比例和热平衡控制。通过调节一再烧焦比例控制一再温度，二再温度的高低通过移入、移出热量来控制。如二再温度高说明热量过剩，可增大油浆外甩量，降低焦炭产率，从而减少再生器烧焦热量，也可用原料油预热温度配合调节。

　　两段再生装置的烧焦条件较好，再生剂含炭降到 0.1% 以下较容易，应充分利用该有利条件控制稍低的再生温度，以减轻催化剂失活和提高剂油比，这对加工劣质渣油的装置非常重要。

2. 再生压力

　　烧焦速率与再生烟气氧分压成正比，氧分压是再生压力与再生烟气氧体积浓度的乘积，所以提高再生压力可提高烧焦速率。有烟气轮机的装置，为获得较高的烟气能量回收率，大都采用较高的再生压力。一般主风机出口压力为 0.25~0.32MPa，再生器压力一般为 0.2~0.26MPa。不设烟气轮机的装置一般采用较低的再生压力，一般主风机出口压力为 0.15~0.22MPa，对应的再生器压力一般为 0.1~0.17MPa。

　　再生器与反应器是一个相互关联的系统，再生压力还是影响两器压力平衡的重要参数。再生器压力大幅度波动直接影响再生效果及催化剂跑损，也将影响到装置的安全运行。

　　再生器压力控制：无烟气轮机的装置通常用双动滑阀直接控制再生器压力。有烟气轮机的装置，烟机入口蝶阀的压降一般为烟气系统总压降的 5%~10%，压力调节范围有限，故采用双动滑阀和烟机入口蝶阀分程控制方案控制再生器压力。用烟机入口蝶阀小幅度调节再生器压力，再生器压力大幅度升高，烟机入口蝶阀全开后，自动切换为用双动滑阀控制。

3. 烟气过剩氧

　　要烧掉催化剂上的焦炭，就要为再生器提供足够的空气（氧气）。烟气过剩氧是衡量供氧是否恰当的标志。

　　一般贫氧再生烟气过剩氧控制在 0.5%~1%（体积）。过高会发生二次燃烧，过低可能发生炭堆积。单器再生装置通过稀密相温差调节主风微调放空量，控制过剩氧含量。两器再生装置一再采用贫氧再生，由于一再不存在炭堆积问题，控制要求不严格，可直接根据要求定量控制主风量。

　　完全再生装置烟气过剩氧控制在 2%~5%（体积）。过高浪费能量，过低可能有 CO 产生，甚至因供氧不足而发生炭堆积。用主风流量来控制过剩氧含量，操作中能平稳控制再生烟气过剩氧，说明解决好了烧焦需氧与供氧两者之间的平衡。

　　主风流量控制：

　　（1）恒速运行的离心式主风机的流量控制。当只需要控制主风总流量时，简单、节能的控制方案是用入口蝶阀控制主风机负荷。小型风机也可采用出口蝶阀控制主风机负荷。

　　当风机出口各分支主风量需要分别控制时，在各分支设控制阀控制流量。此时入口控制蝶阀就无必要设置了，但为了离心式主风机低负荷启动，每台风机入口仍需设置一台具有最小开度机械限位的手动蝶阀，见图 3-5(a)。

　　两台并联运行的风机或有备用风机时，进再生器的主风流量控制回路的输入信号宜设计成既可取自风机出口总管上，又可切换到取自风机入口，这样有利于风机的并机或换机时的平稳运行。

　　（2）变速运行的离心式主风机的流量控制。汽轮机驱动的主风机可以采用变速运行方式控制主风机的负荷，以降低机组能耗。工业装置中汽轮机驱动主风机的配置方式较少采用。

　　（3）轴流式主风机流量控制。大多数恒速运行的轴流式主风机负荷都采用可调静叶转角开度控制。流量测量信号取自风机出口（入口流量信号作为反喘振控制及反阻塞控制的测量信号），见图 3-5(b)。

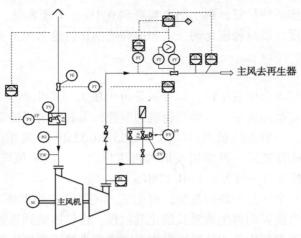

(a)离心式主风机流量控制方案示意图

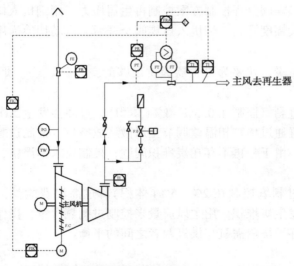

(b)轴流式主风机流量控制方案示意图

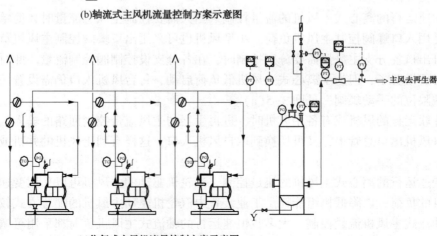

(c)往复式主风机流量控制方案示意图

图 3-5　主风机流量控制方案示意图

变速运行的轴流式主风机在催化裂化装置中较少见，可采用转速或可调静叶转角两种方式控制机组的负荷。

（4）往复式主风机流量控制。工艺用风流量单参数控制，往复式主风机出口总管压力控制放空阀，见图3-5（c）。

4. 再生器藏量

再生器藏量决定了催化剂在再生器中的停留时间。提高藏量可延长烧焦时间，增加烧焦能力，降低再生催化剂含炭。因此在其他参数恒定的情况下，再生器藏量也是烧焦能力的一种体现。但在高温下催化剂停留时间过长会导致催化剂失活，因此对每一种型式的再生器有一个合适的再生器藏量值。再生器还是反应再生系统操作的催化剂缓冲容器，操作过程中反应器、汽提段、外取热器的藏量调节变化，都由再生器藏量的变化来吸收。因此再生器藏量也不宜过低，否则除烧焦能力下降外，装置操作弹性会变小。

操作中催化剂在反应器、再生器间循环，不断老化、磨损、污染中毒等，需要置换催化剂。再生烟气总是要带走一部分催化剂，也需要用小型加料补充，保持再生器藏量稳定。催化剂活性、粒度、金属毒物含量达到一平衡值，该催化剂称为平衡催化剂。当平衡催化剂重金属含量很高或活性损失较多或粒度不当，说明正常催化剂跑损不能满足运行要求，应卸出部分平衡催化剂，再加入等量的新鲜催化剂。能保持再生催化剂性能和再生器藏量稳定，说明解决好了催化剂损失与补充之间的平衡。

再生器藏量控制：再生器藏量一般不直接控制，根据再生条件确定合理的再生器藏量值，通过小型加料补充维持平衡。烧焦罐装置及两段再生装置藏量控制有特殊要求，见典型再生工艺控制方法。

5. 炭堆积

炭堆积是因生焦和烧焦不平衡而引起的再生催化剂含炭量大幅度增加的一种现象。炭堆积的原因有三种情况：一是生焦量突然大幅度增加（该种情况较多）；二是主风量不足；三是再生器烧焦能力不足。

生焦率突然大幅度增加、主风供给不足导致的炭堆积：再生器中焦炭量相对过剩，主风量相对不足，使烟气中氧含量下降回零，烟气中CO含量上升，稀密相负温差，烟气体积流量增加，导致旋风分离器压降增加。再生催化剂颜色变黑，严重时再生器藏量增加。

富氧再生装置烧焦能力不足（如再生器体积小藏量不足等），引起炭堆积则是危险的，高炭浓度催化剂再生过程会产生大量CO，而主风又是充足的，故烟气中过剩氧含量也较高，容易发生二次燃烧。现代催化裂化装置再生温度较高，再生器体积一般设计较大，故这种炭堆积较少发生，但在装置扩能改造时应特别注意。

炭堆积时对反应、分馏系统的影响：再生剂活性下降，反应转化率降低，回炼油罐液位上升，富气、汽油产量下降。

发生炭堆积后应迅速减少生焦量，停止油浆回炼，降低进料量和回炼油量，必要时切断进料流化烧焦。烧焦过程中要避免超温，用外取热器及在提升管中喷入降温汽油取热。当仍不能控制时，减少主风量降低烧焦速度。

6. 稀密相温差与二次燃烧

烧焦生成的CO如果不能在密相床燃烧成CO_2，在稀相遇到O_2即发生剧烈燃烧，由于稀相催化剂浓度低、热容量小，稀相温度会迅速升高。因此稀密相温差是CO在密相、稀相燃烧程度的一个反映。运转良好的再生器 CO 应该在密相床燃烧成 CO_2，再生器稀密温差很小（3~5℃）。影响 CO 在密相燃烧的因素除了烟气过剩氧外，还有再生温度、催化剂中 Pt 助燃剂含量、床层高度以及待生催化剂进入位置和主风分布情况等。如稀密相温差过大，应分析其具体原因，并采取相应措施，如适当提高再生温度、增加助燃剂量、提高藏量增加床层料位高度，将待生催化剂入口埋入床层中，改进主风分布等。

常规再生时稀相一般为负温差。当主风分布不均，催化剂提升风、外取热器流化风等用量过大或在床层分布不均时，会有部分 O_2 到稀相与 CO 反应，使稀相温度升高，应尽量使各路空气在密相床层分布均匀。

再生器稀密相温差控制：

（1）常规再生器中有一小部分 CO 在稀相烧成 CO_2，此时稀密相温差与烟气过剩氧含量成正比关系，采用稀密相温差控制主风微调放空是有效的。

主风微调放空系统：温差热电偶量程 0~50℃，精度要求不高（2%~3%）。上测温点在旋风分离器入口处或再生烟气出口，下测温点在密相上部或中部。主风微调放空阀安装在主风总流量控制的下游，微调放空能力为总主风量的 10%~15%。

两段再生装置的一再采用贫氧操作，由于炭浓度较高，一般烟气过剩氧不会明显升高发生尾燃，故可用主风流量直接控制。

（2）在采用 CO 助燃剂的再生过程中，CO 基本在密相床烧尽。CO 的燃烧程度不仅与过剩氧含量有关，还与助燃剂持有量及其活性、再生温度、床层高度等因素有关。这种再生过程一般过剩氧含量较高，且操作范围较宽，故不用微调放空控制，而是采用直接调节主风总流量方式控制。但稀密相温差记录仍是一个迅速判断烟气过剩氧含量和助燃剂持有量及其活性变化趋势有价值的参考变量。

7. 两器压力平衡

两器压力平衡的内容包括：设定合理的两器压力及合理调整催化剂输送系统。压力平衡解决不好，两器系统就无法正常操作；催化剂从一器向另一器倒流，破坏料封，空气、油气倒串造成事故，所以压力平衡又是装置安全运行的关键。

首先要合理确定两器压力。再生器密相床流化要正常，催化剂引出口的位置应在密相床流化稳定区域，溢流口要有足够大的面积接收催化剂，并能够恰到好处地脱气。催化剂在输送管中的流速要合理，具有足够大的流通能力、较大密度和蓄压。催化剂管道要合理松动充气，尤其是拐弯和变径处。单动、双动滑阀或塞阀动作准确、灵敏稳定，要有合理的压降（一般为 0.03~0.04MPa）。另外还要有一个合理的预提升段，使催化剂能够顺利转移到提升管反应器，两器压力平衡状况很大成分是装置设计决定的。已有装置所能做的工作是平稳操作，调整好催化剂管道各松动点，使催化剂密度适宜，流动通畅。调整两器压力，使各滑阀或塞阀压力降均衡；将单动、双动滑阀或塞阀投入自动控制，联锁保护系统投入自动。

8. 两器烧焦比例控制

烧焦比例是两段再生装置重要的控制内容，也是两段再生操作的基础。烧焦比例控制不好，两器主风量大幅度偏离设计值，会造成床层流化质量变差，旋风分离器偏离设计负荷，再生温度过高或过低，再生效果明显变差，催化剂跑损增加。两段再生烧焦比例的控制实际上就是有效地控制一再烧焦量（一般二再采用富氧再生，烧焦能力相对较大）。影响一再烧焦量的因素有两方面：一方面是要提供足够量的烧焦用风；另一方面是一再应具有相应的烧焦能力。影响烧焦能力的因素有：再生温度、藏量、再生器效率（流化质量、逆流程度、待生催化剂分布等）及再生压力等，主要调节参数是藏量。一般再生器烧焦能力按最大工况设计，操作中应保持足够的藏量并稳定操作，使其不成为烧焦限制因素。通常一再采用贫氧再生，使得用一再主风量控制一再烧焦量（即控制烧焦比例）成为可能。

关于取热器的配置，工业装置有两种典型配置方案。为了使装置不过分复杂，一般装置设有一台外取热器，或设在一再，或设在二再。一种配置方案是外取热器设在一再，假设一再温度为680℃，二再温度为700~710℃。二再烧焦放出热量使二再和一再间有20~30℃温升，二再烧焦比例占18%~25%，剩余的75%~82%焦炭在一再烧掉，一再多余热量由外取热器取走。

另一种配置方案是外取热器设在二再，一再烧焦放出热量使待生剂升温到预定温度（如660~670℃），典型数据是一再烧焦比例占60%~65%。剩余的35%~40%焦炭在二再烧掉，控制在预定温度（如680℃），二再多余热量用外取热器取走。

二、典型再生工艺流程及控制方法

再生系统流程主要包括主风系统和再生烟气系统流程，与再生工艺方案密切相关。一般考虑原则是：主风管道布置应直而短，尽量减小系统压降，避免无故节流浪费能量，主风流量调节要灵敏。压力相同或相近的几路主风可用一台风机供风。两路工艺用风压力相差较大时，用压头不同的两台风机分别供风。当工艺用风流量较小（50~200Nm³/min）且压头要求较高时，宜设增压机供风（如外取热器用风等）。当用风量很小（<5~10Nm³/min）压力要求较高时，可用压缩空气。再生烟气系统流程由再生工艺决定，有烟气轮机+余热锅炉+烟气脱硫脱硝、烟气轮机+CO锅炉及烟气轮机+CO焚烧炉+余热锅炉+烟气脱硫脱硝等几种典型流程。以下对各种再生工艺、流程及控制方法进行叙述。

1. 同轴式单段逆流再生

沉降器与再生器同轴布置。再生器采用湍流床单段逆流再生技术，通过设置待生催化剂分配器，实现逆流烧焦提高再生器效率，以及采用较苛刻操作条件（如较高的再生压力、再生温度、过剩氧含量、密相床料位及较长烧焦时间等）提高烧焦能力。主要操作条件：再生压力0.1~0.25MPa，再生温度680~720℃，烟气过剩氧含量2%~5%，密相气体线速0.8~1.5m/s，密相催化剂料位5~8m，催化剂烧焦停留时间6~10min。烧焦强度可达100~150kg/(t·h)，再生催化剂含炭可降到0.1%以下。该技术适用于原料油不是很重，重金属含量不是很高的装置，尤其适合于中小型FCC装置。

工艺流程特点：一路工艺主风，一路再生烟气，一路增压风。待生催化剂经待生立管、待生塞阀至再生器密相床底部，待生套筒底部通入增压风，将催化剂提升到密相床上部，由分配器均匀分布。主风从再生器底部进入向上流动，催化剂靠重力向下流动，在680~700℃及在CO助燃条件下进行富氧逆流再生。恢复活性的催化剂进入淹流斗，经再生斜管、单动滑阀输送到提升管反应器循环使用。再生烟气经再生器两级旋风分离器、三级旋风分离器，进一步分离催化剂微粒后进入烟气轮机，回收再生烟气压力能，然后进入余热锅炉，进一步回收烟气余热，再生烟气温度降到180~200℃，最后进入烟气脱硫设施，脱硫除尘后排入大气。未设烟气轮机的小型FCC装置再生烟气，直接经双动滑阀、孔板降压器、余热锅炉、烟气脱硫设施后由烟囱排入大气，见图3-6。

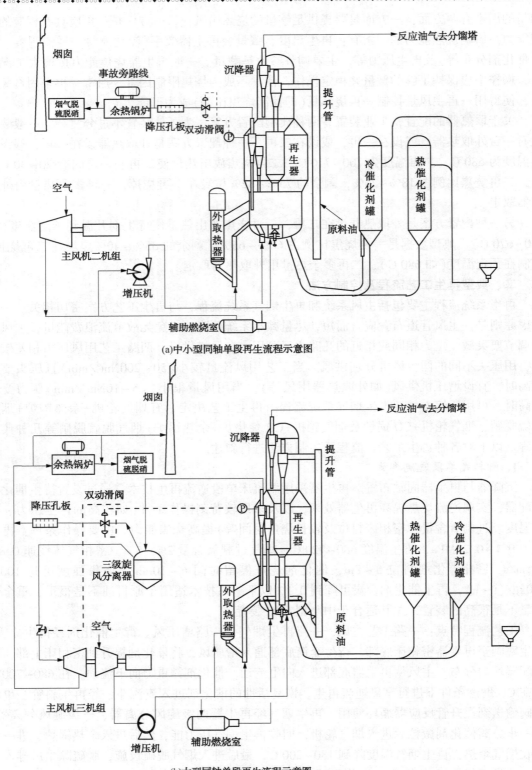

(a)中小型同轴单段再生流程示意图

(b)大型同轴单段再生流程示意图

图 3-6　同轴式单段再生流程示意图

再生过程过剩热量由取热器取走。单段逆流再生器可以采用上流式、下流式、气控式、返混式等各种型式的外取热器。

烧焦用空气由主风机提供。主风机将空气压缩后经辅助燃烧室、主风分布管进入再生器底部。一般中型装置采用离心式主风机，大型工业装置采用轴流式主风机，小型装置采用往复式主风机。待生套筒流化提升，外取热器流化及提升需要压头较高的增压风。增压风一般自主风机出口引入，增压0.06~0.09MPa后供给各用风点使用。当增压风量较大且主风机能力不足时，增压机也可自大气取空气，压缩后供给各增压风用户。此种配置的增压机相当于空气压缩机。

同轴式单段逆流再生装置控制方案比较简单。再生器压力由烟机入口蝶阀和双动滑阀分程控制。再生温度用外取热器直接控制，没有外取热器的装置用原料油、回炼油预热温度及油浆外甩量、掺渣量控制。再生器藏量不直接自动控制，用小型加料维持系统藏量平衡。

再生催化剂含炭控制方法：再生器多采用加CO助燃剂富氧完全再生。控制主风总流量，使烟气过剩氧含量控制在2%~5%。在催化剂不明显失活情况下采用较高的再生温度，用外取热器将再生温度控制在680~710℃。控制适宜再生器藏量，密相床催化剂停留时间可控制在6~10min。实际操作中一般选择一定的烟气过剩氧含量和再生温度，再保持足够的催化剂藏量，可将再生催化剂含炭降到0.05%~0.1%。

2. 烧焦罐高效再生

高效再生烧焦罐有：一般型烧焦罐、带预混合管烧焦罐和串流烧焦罐三种型式。

烧焦罐采用快速床操作(气体流速较高，烧焦罐内部没有旋风分离器)，由于消除了乳化相，氧气传质阻力大幅度降低，烧焦速率及烧焦强度大幅度提高。烧焦罐烧焦强度高达500~700 kg/(t·h)，再生器总烧焦强度达250~300 kg/(t·h)。烧焦罐再生特点：①烧焦速度对再生温度更加敏感，只有采用较高的再生温度才能发挥烧焦罐快速烧焦的作用。②烧焦能力与烧焦罐藏量(或密度)有直接关系。适当提高烧焦罐密度或藏量可提高烧焦罐的烧焦能力。故须设置循环管，调节烧焦罐底部温度和藏量。③由于烧焦罐中催化剂停留时间相对较短，催化剂与烟气同向流动，在催化剂不明显失活的温度下，再生催化剂含炭一般为0.1%~0.2%。④再生系统总藏量相对较低，在相同新鲜催化剂补充速率和再生催化剂含炭条件下，平衡催化剂活性相对较高。

为了使待生催化剂和循环管来的热催化剂充分混合及预烧焦中氢，有的装置在烧焦罐下部安装一根预混合管，称为带预混合管的烧焦罐高效再生。有的装置为改进二密相的流化状况，取消了烧焦罐上方的稀相管、粗旋风分离器及二密相流化风分布管。烧焦罐与二密相间安装大孔分布板，形成串流烧焦罐。

烧焦罐再生技术适用于原料油不是很重，重金属含量不是很高的FCC装置。

(1) 一般型烧焦罐再生

一般型烧焦罐再生器由烧焦罐、二密相及稀相段构成。流程特点：一路工艺主风、一路再生烟气，两路增压风。二密相为环形空间，线速低、密度大，属于鼓泡床操作，用增压风流化。

待生催化剂经待生斜管、待生滑阀至烧焦罐底部，与循环管返回的热催化剂混合达到较高温度(600~660℃)。在烧焦罐底部通入主风，催化剂与主风以快速床型式向上流动，在较高再生温度(680~720℃)、富氧及CO助燃条件下，进行烧焦再生(烧焦90%~100%)，恢复催化剂活性。催化剂和烟气经稀相管、粗旋风分离器(或 T 形快分)将催化剂与烟气分离，催化剂落入二密相床。在二密相底部送入增压风，使催化剂处于流化状态并进一步烧焦。二密相段设三个催化剂出口，分别与再生催化剂管、循环管、外取热器连接，然后经各自的单动滑阀分别去提升管反应器、烧焦罐下部及外取热器(下流式或上流式)。

再生烟气经两级旋风分离器、三级旋风分离器，分离催化剂微粒后进入烟气轮机，回收再生烟气压力能，再进入余热锅炉回收烟气余热，温度降到 180~200℃ 后进入烟气脱硫设施，最后由烟囱排入大气。未设烟气轮机的小型 FCC 装置，经双动滑阀、孔板降压器、余热锅炉、和烟气脱硫设施后由烟囱排入大气。

再生过程的过剩热量由外取热器取走。宜采用上流式、下流式、气控外循环式外取热器。

烧焦空气由主风机提供，经辅助燃烧室、主风分布管进入烧焦罐底部。二密相流化、外取热器流化及提升需要增压风由增压机提供，见图 3-7(a)。

(2) 带预混合管的烧焦罐再生

流程特点：两路工艺主风，一路再生烟气，两路增压风。烧焦用主风分别进入预混合管和烧焦罐，采用加 CO 助燃剂完全再生。二密相流化、外取热器流化需要增压风。由于预混合管阻力较大，进入烧焦罐的主风有节流现象，浪费了部分能量，见图 3-7(b)。

待生催化剂经待生斜管、待生滑阀至预混合管底部，与循环管返回的热催化剂及下流式外取热器排出的冷催化剂混合。在预混合管底部送入部分主风，催化剂以输送床向上流动，在高温及富氧条件下烧焦再生(预混合管烧焦 20%~50%)，催化剂和烟气一起从预混合管顶部的分布器流出，进入烧焦罐下部。在烧焦罐底部再通入主风，催化剂以快速床向上流动，在 680~720℃ 及 CO 助燃剂存在条件下进行烧焦再生(烧焦 50%~80%)，催化剂和烟气一起经稀相管进入粗旋风分离器，分离催化剂与烟气。催化剂落入二密相床，在二密相床底部通入增压风，使催化剂处于流化状态并进一步烧焦。二密相有三个催化剂出口，分别去再生催化剂管、循环管和外取热器。

再生过程过剩热量由外取热器取走。现有的带预混合管烧焦罐再生器都采用下流式外取热器。

(3) 串流烧焦罐再生

流程特点：一路工艺主风，一路再生烟气，一路增压风。烧焦用风全部从烧焦罐底部进入，外取热系统用增压风，见图 3-7(c)。

待生催化剂经待生斜管、待生滑阀至烧焦罐底部，与循环管返回的热催化剂混合达到较高的温度(600~660℃)。从烧焦罐底部送入主风，催化剂以快速床向上流动，在较高的再生温度(680~720℃)及 CO 助燃剂存在条件下，进行富氧再生(烧焦 75%~100%)。烧焦罐顶部设有大孔分布板，烟气和催化剂通过大孔分布板进入二密相流化床继续烧焦。大孔分布板起到分布催化剂和烟气、防止催化剂下漏、使二密相流化稳定等作用。二密相在较高流速下操作，流化质量和烧焦状况明显改善，再生催化剂含炭可降到 0.1% 以下。二密相有三个催化剂出口，分别与再生催化剂管、循环管、外取热器相接。

再生过程过剩热量由外取热器取走。串流烧焦罐再生适宜采用上流式、下流式、气控外循环式、返混式等外取热器。

(4) 烧焦罐再生系统控制

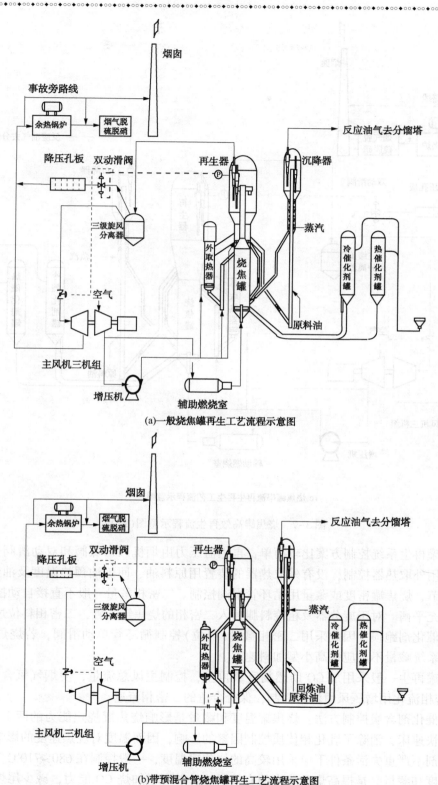

(a)一般烧焦罐再生工艺流程示意图

(b)带预混合管烧焦罐再生工艺流程示意图

图 3-7　烧焦罐高效再生流程示意图

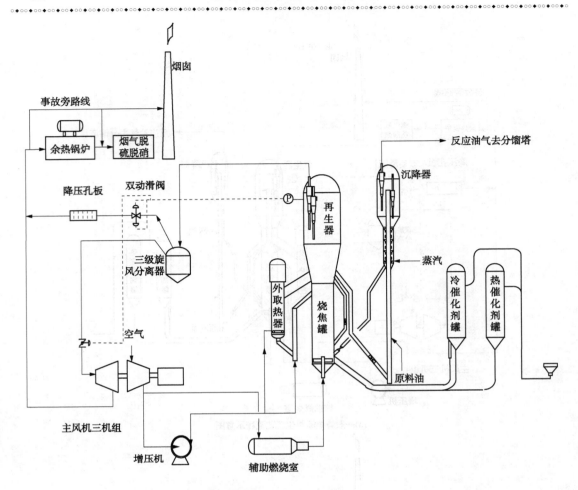

(c)烧焦罐串流再生再生工艺流程示意图

图 3-7　烧焦罐高效再生流程示意图(续)

　　烧焦罐再生系统控制方案比较简单,再生器压力由烟机入口蝶阀和双动滑阀分程控制。再生温度用外取热器控制,没有外取热器的装置用原料油、回炼油预热温度及油浆外甩量、掺渣量调节,烧焦罐密度或藏量用循环管滑阀控制。二密相藏量一般不直接自动控制,用小型加料补充平衡。对于旋分器及粗旋料腿插入二密相的烧焦罐装置,二密相料位过高或过低都会影响催化剂跑损,因此采用二密相藏量(料位)控制循环管单动滑阀,若烧焦罐密度降低,说明系统藏量不足应提高小型加料速度。

　　烧焦罐再生一般采用加 CO 助燃剂富氧再生,控制主风总流量,使烟气氧含量在 2% ~ 5%。二密相流化用增压风恒流量控制,保持合适的二密相流速。

　　再生催化剂含炭控制方法:烧焦罐温度和藏量是影响烧焦罐烧焦能力的两个主要因素。烧焦罐为快速床,消除了乳化相传质控制因素的影响,因而温度对烧焦速度的影响更大。所以在催化剂不严重失活条件下应采用较高的烧焦罐温度,一般控制在 680 ~ 710℃。适当提高烧焦罐密度和藏量,是提高烧焦能力的有效措施,并可增加烧 CO 能力,减少尾燃发生。早期烧焦罐循环比为 1 左右,烧焦罐底部温度为 600℃左右,烧焦罐上部催化剂密度为 50 ~

$60kg/m^3$，再生催化剂含炭为 0.15%~0.25%。近年改进了操作方法，循环比提高到 1.5~2，烧焦罐底部温度 650℃以上，烧焦罐密度控制在 90~220 kg/m^3，再生催化剂含炭可降到0.1%~0.15%。

对于串流烧焦罐再生器，为避免大孔分布板漏催化剂，再生器主风量调节范围有限，可采用恒流量控制（应始终控制烟气过剩氧含量大于 2%），同时可使烟气轮机始终处于满负荷运行，使两器控制方案更为简化。该型装置二密相中再生催化剂料斗位置较高，要求具有较高的床层料位，故也可采用二密相藏量（料位）控制循环管滑阀。串流烧焦罐再生由于二密相流化状态得到改善，补充烧焦的作用明显增强，只要控制合适的催化剂藏量，再生催化剂含炭可降到 0.1%以下。

3. 两段逆流再生

两段逆流再生装置有重叠式和三器连体式两种典型再生型式。

重叠式是一再、二再重叠布置，一再在上，二再在下，一再与二再间设有外取热器。待生催化剂先进入一段再生器，采用湍流床、适中温度、贫氧再生，烧焦 55%~70%。二段再生器采用湍流床、适中温度、富氧完全再生，烧焦 30%~45%。二再高含氧烟气进入一再密相床继续利用，只有一路再生烟气（含有 CO）。

三器连体式指沉降器与一再同轴式布置，与常规同轴式装置相似，二再位于一再下方，并用烟气管道连接。一再设有待生催化剂分布器及外取热器，采用贫氧逆流再生，烧焦大约80%。二再采用富氧再生，烧焦约 20%，二再高含氧烟气通过分布器分布于一再床层适当位置继续利用。

两段逆流再生器一再利用较高的炭浓度及适宜停留时间提高烧焦能力，二再利用高氧浓度及相对较长的停留时间将再生催化剂含炭降到很低程度（约 0.05%）。

两段逆流再生装置，两个再生器均在较缓和条件（适中或较低再生温度）下操作，有利于减轻催化剂失活和提高剂油比，适用于加工劣质原料油（尤其是重金属含量高的原料油）。

（1）重叠式两段逆流再生

流程特点：两路工艺主风、一路再生烟气，一路增压风。用一台主风机分别给一再和二再供风。一再采用贫氧再生，全部烟气从一再引出，外取热器流化需要增压风。由于二再比一再压力高 0.03MPa，进入一再的主风有节流现象，浪费了部分能量，见图 3-8。

待生催化剂经待生斜管、待生滑阀至第一再生器上部。一再为湍流床，在底部送入一段主风，在 640~670℃下进行贫氧烧焦再生。再生烟气经两级旋风分离器、三级旋风分离器后进入烟气轮机，回收再生烟气压力能。然后进入 CO 锅炉进一步回收烟气热能，将烟气温度降到 180~200℃，最后进入烟气脱硫设施后经烟囱排入大气。

半再生催化剂从第一再生器下部引出，经半再生催化剂管、单动滑阀进入第二再生器。二再为湍流床（流速为 0.6~1m/s），从底部通入二段主风，在 650~690℃下进行富氧再生，烧去剩余的焦炭。第二再生器烟气经过顶部大孔分布板进入第一再生器，利用烟气中的过剩氧继续烧焦。再生催化剂经再生斜管、再生滑阀去提升管反应器循环使用。

再生过程过剩热量由外取热器取走，重叠式两段逆流再生器适宜采用下流式外取热器，热催化剂自一再引出，冷催化剂去二再（主要从二再取热）。

再生器压力由烟机入口蝶阀和双动滑阀分程控制。一再温度用烧焦比例控制，一再烧焦比例高，则一再温度高。二再温度由外取热器控制，二再藏量由半再生单动滑阀控制。一再藏量不直接自动控制，用小型加料补充平衡。一再主风量根据一再温度控制，二再主风量根据二再烟气过剩氧含量控制，为避免二再顶部大孔分布板漏催化剂，二再主风量调节范围有限，可采用恒流量控制。一再条件（藏量、温度、主风量）对烧焦量影响较大。再生剂含炭主要由二再藏量及二再温度、二再过剩氧控制。

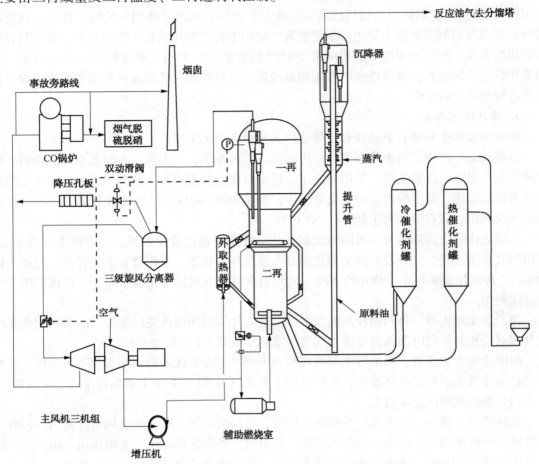

图 3-8　重叠式两段逆流再生流程示意图

（2）三器连体型两段逆流再生（ROCC-V）

流程特点：两路工艺主风、一路再生烟气、三路增压风，用一台主风机分别给一再和二再供风。一再采用贫氧再生，全部烟气从一再引出。外取热器流化、待生套筒流化及半再生套筒流化需要三路增压风。由于二再比一再压力高 0.03MPa，进入一再的主风有节流现象，浪费了部分能量，见图 3-9。

待生催化剂经待生立管、待生塞阀至一再底部，待生套筒底部通入增压风将待生催化剂提升到密相床上部，由分布器均匀分布。一再为湍流床，底部进入主风，空气向上流动，催化剂靠重力向下流动，在 660~700℃、贫氧条件下逆流烧焦再生（烧焦约 80%）。再生烟气经两级旋风分离器、三级旋风分离器后进入烟气轮机，回收再生烟气压力能，然后再进入CO 焚烧炉和余热锅炉，进一步回收烟气热能，最后经烟气脱硫设施排入大气。

半再生催化剂从第一再生器下部引出，经半再生立管、塞阀进入第二再生器底部。半再生套筒底部进入增压风,将催化剂提升到二再密相床。二再底部通入主风,在 680~700℃ 及富氧条件下烧焦再生(烧焦约 20%)。二再烟气从顶部引出经管道送入第一再生器,经专门设计的分布器将烟气分布于一再密相床,烟气中的过剩氧继续烧焦利用。再生催化剂经再生斜管、再生滑阀去提升管反应器循环使用。

再生过程的过剩热量由外取热器取走。外取热器设在一再,适宜采用气控式、返混式外取热器。

三器连体式两段逆流再生装置,一再压力由烟机入口蝶阀和双动滑阀分程控制,一再温度由外取热器控制,二再温度用烧焦比例控制。一再温度确定后,二再烧焦比例增加温度升高,即一再主风量减少二再温度升高,二再藏量由半再生阀控制。一再藏量不直接自动控制,用小型加料补充平衡,一再主风量根据二再温度控制。二再主风量根据二再烟气过剩氧含量控制,为简化操作也可按恒流量控制。一再条件(藏量、温度、主风量)对烧焦量影响较大。再生剂含炭量主要由二再藏量及二再温度、二再过剩氧控制。

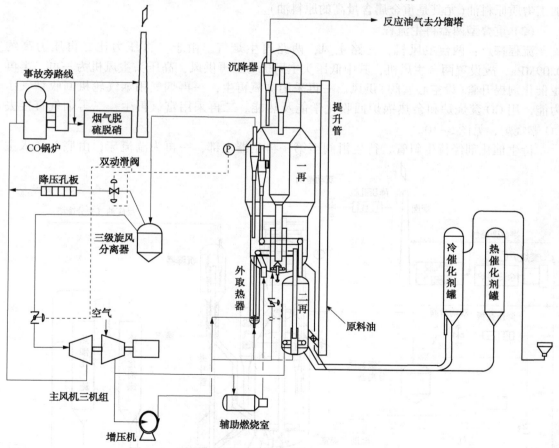

图 3-9 三器连体型两段逆流再生(ROCC-V)流程示意图

4. 两器再生

(1)两器再生工艺

两器再生装置有两再生器重叠式、并列式、一再和沉降器同轴与二再并列三种形式。

我国引进的 5 套装置中有 2 套是两再生器重叠型装置。其一再在下方,二再在上方,重叠布置在同一轴线上。一再采用较高压力、较低温度、贫氧再生，烧焦 60%~70%。二再采用较低压力、较高温度、富氧再生，烧焦 30%~40%，再生催化剂含炭可降到 0.1% 以下。

并列式两器再生装置，通过立管、U 形提升管用增压风将半再生催化剂从一再输送到二再底部，用滑阀控制催化剂流量。一再与常规再生器类似，采用较高压力、较低温度、贫氧再生，烧焦约 60%。第二再生器采用较低压力、较高温度、富氧再生，烧焦约 40%，再生催化剂含炭可降到 0.1% 以下。

同轴并列组合式装置，沉降器和一再同轴布置，再与二再并列布置。通过立管及半 U 形提升管用增压风将半再生催化剂输送到二再底部，用滑阀控制再生剂流量。一再设有外取热器，一再烧焦约 80%，二再烧焦约 20%。再生催化剂含炭可降到 0.1% 以下。

两器再生装置一再利用较高的炭浓度及适宜停留时间提高烧焦能力，二再利用高氧浓度、较高再生温度及相对较长的停留时间将再生催化剂含炭降到很低程度。两个再生器均在较缓和条件(适中或较低再生温度)下操作，有利于减轻催化剂失活和提高剂油比，适用于加工劣质原料油(尤其是重金属含量高的原料油)。

(2) 重叠型两器再生流程

流程特点：两台主风机，三路主风，两路再生烟气。由于一再压力比二再压力高约 0.09MPa，故设置两台主风机，其中低压头主风机为二再供风，高压头主风机为一再、半再生催化剂提升管(设空心塞阀)供风。一再采用贫氧再生，一再烟气用烟气轮机回收烟气压力能，用 CO 焚烧炉和余热锅炉回收化学能及热能。二再采用富氧再生，二再烟气直接去 CO 燃烧炉，见图 3-10。

待生催化剂经待生斜管、待生滑阀至第一再生器上部，一再为湍流床，由底部送入主

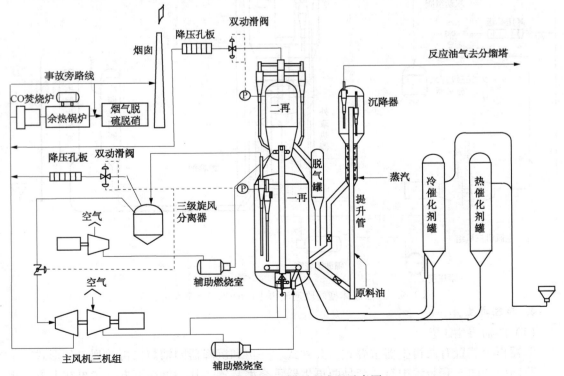

图 3-10　重叠型两器再生流程示意图

风，在 650~670℃、贫氧条件下烧焦再生，再生烟气经两级旋风分离器和三级旋风分离器后进入烟气轮机，回收再生烟气压力能，再进入 CO 焚烧炉，补入少量空气。在 900~1000℃下将 CO 燃烧为 CO_2，然后再进入余热锅炉回收烟气热能，最后将烟气温度降到 180~200℃，经脱硫后排入大气。

从空心塞阀送入提升风将半再生催化剂提升到第二再生器。二再为鼓泡床，在底部进入主风，在 700~740℃、富氧条件下烧去剩余焦炭，再生烟气经外置单级旋风分离器、双动滑阀、孔板降压器后直接去 CO 燃烧炉，可利用烟气中的过剩氧。再生催化剂经脱气罐、再生斜管、再生滑阀去提升管反应器循环使用。

（3）并列型两器再生流程

流程特点：两路主风、一路增压风、两路再生烟气。一再和二再压力相近，用一台主风机为两个再生器供主风。一再贫氧再生，采用烟气轮机及 CO 焚烧炉、余热锅炉（或 CO 锅炉）回收烟气能量。二再采用富氧再生，烟气直接去 CO 燃烧炉（或 CO 锅炉），半再生催化剂提升用增压风，见图 3-11。

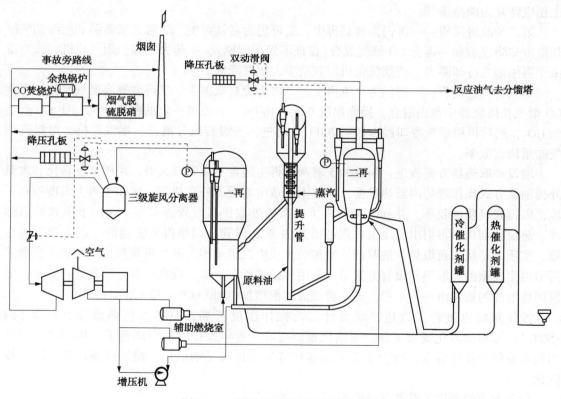

图 3-11 并列型两器再生流程示意图

待生催化剂经待生斜管、待生滑阀至第一再生器上部，一再为湍流床，由底部送入主风，在 650~670℃、贫氧条件下烧焦再生，再生烟气经两级旋风分离器、三级旋风分离器后进入烟气轮机，回收再生烟气压力能，再进入 CO 焚烧炉，补入少量空气，在 900~1000℃将 CO 燃烧为 CO_2，然后再进入余热锅炉回收烟气热能（或直接用 CO 锅炉回收热能），最后经烟气脱硫设施脱硫除尘后排入大气。

半再生催化剂从一再下部引出，经立管、滑阀进入半再生催化剂提升管，从提升管底部进入增压风，将半再生催化剂提升到第二再生器。二再为鼓泡床，在底部进入主风，在700~740℃、富氧条件下烧去剩余焦炭。再生烟气经外置单级旋风分离器、双动滑阀、孔板降压器后直接去 CO 燃烧炉，以利用烟气中的过剩氧。再生催化剂经脱气罐、再生斜管、再生滑阀去提升管反应器循环使用。

经过了数年的工业实践后，我国对该引进工艺主要进行了三方面改进：一是烟气流程；二是增设外取热器，改单程转化为回炼操作；三是设备方面的改进。

烟气流程改进：上述的两路烟气流程中二再烟气直接去 CO 燃烧炉，没有进烟气轮机回收烟气压力能，使装置能耗升高，为此对上述流程进行了改进。

第一种改进流程：一再和二再均采用富氧再生，一再烟气经双动滑阀（控制一再压力）后与二再烟气合并，去三级旋风分离器、烟气轮机、余热锅炉和烟气脱硫设施。用一台主风机为一再和二再供风。工业实践表明，一再富氧再生时烧焦比例难以控制、容易发生二次燃烧，使装置操作非常困难。在以后扩能改造中，又将一再富氧再生改为贫氧再生，烟气流程也相应恢复为两路烟气。

第二种改进流程：一再仍为贫氧再生，二再仍为富氧再生。二再含氧高温烟气经烟气冷却器冷却降温后和一再含 CO 烟气混合（保证不发生尾燃），一起去三旋、烟气轮机。该方案由于再生烟气冷却降温，使烟气轮机回收功率大幅度降低。

第三种改进流程：一再仍为贫氧再生，二再仍为富氧再生。二再含氧高温烟气和一再含 CO 烟气在燃烧器中预先混合，操作温度 900~1100℃，并提供一定的停留时间，让 CO 燃烧为 CO_2，然后再用烟气冷却器冷却到 700℃，再进入三级旋风分离器、烟气轮机，可提高烟气能量回收效率。

增设外取热器方面改进：引进的 5 套两器再生装置不设外取热器，采用单程转化、大量外排油浆方式操作维持两器热平衡。在技术改造中增设了外取热器，增加了再生温度控制手段，以提高轻质油收率。并列式两器再生典型的外取热器设置方案是：采用下流式外取热器，热催化剂从一再引出，冷催化剂经滑阀去半 U 形管，同半再生催化剂一起去第二再生器，实质上是从二再取热。油浆回炼增加的焦炭由二再承担，即二再烧焦比例增加。重叠式两器再生典型的外取热器设置方案是：采用气控式外取热器，设在一再，即取一再热量。油浆回炼增加的焦炭由一再承担，即一再烧焦比例增加（由原 60%~70% 增加到 80%）。

操作方面也进行了改进，原设计二再操作温度很高，原料油预热温度比较低（约150℃），原料油雾化效果欠佳，剂油比难以提高。近年操作中适当降低了二再温度，并适当提高原料油预热温度，改善了原料油雾化效果并提高了剂油比，使反应条件得到进一步优化。

设备方面的改进见设备部分说明。

（4）两器再生控制

再生器压力控制：一再压力由一再烟机入口蝶阀和双动滑阀分程控制。二再压力由二再双动滑阀控制，二再与沉降器差压超出安全设定值时，自动投入两器差压自保。

再生温度：未设外取热器时，再生器温度用热平衡和烧焦比例控制。即调节原料油预热温度、油浆外甩量及掺渣油量，控制再生温度在合适范围内。一般控制稳一再温度，用上述手段调整二再温度。外取热器设在一再时，由外取热器直接控制一再温度。二再温度用烧焦比例控制（即用一再主风量控制，如降低一再主风量，二再温度升高）。外取热器设在二再时，一再温度用烧焦比例控制（即用一再主风量控制，一再主风量增加、烧焦量增加、一再温度升高），二再温度用外取热器直接控制。

再生器藏量控制：一再藏量由半再生单动滑阀（或塞阀）控制；二再藏量不直接自动控制，用小型加料或小型自动加料器补充平衡。

一再主风量根据烧焦比例（或再生温度）控制，二再主风量根据二再烟气过剩氧含量控制。

一再条件（藏量、温度、主风量）对烧焦量影响较大，再生剂含炭主要由二再藏量及再生温度、二再过剩氧控制。

5. 组合式再生

典型的组合式再生工艺装置是沉降器与一再同轴式布置，与串流烧焦罐二再组合（称为 ROCC-IV）。

第一再生器采用湍流床，并设有外取热器。在较高压力、较低温度下贫氧再生，烧掉约80%焦炭。第二再生器采用串流烧焦罐，采用快速床加湍流床，在较高的线速、较高温度下富氧再生，烧焦约20%。再生催化剂含炭可降到0.1%以下。一再利用较高的炭浓度及适宜停留时间提高烧焦能力。二再利用高氧浓度、较高再生温度及快速床加湍流床较好的流化状态提高烧焦能力，将再生催化剂含炭降到很低程度。该型装置两个再生器在较缓和条件下操作，有利于减轻催化剂失活和提高剂油比，适用于加工劣质原料油。

流程特点：两路工艺主风，两路增压风，两路再生烟气。用两台主风机分别给一再和二再供风，外取热器和待生套筒流化需要增压风。一再采用贫氧再生，二再采用富氧再生。有的大型装置二再烟气系统也单独配置了烟气轮机，见图3-12。

待生催化剂经待生立管、待生塞阀至一再底部。一再为湍流床，底部进入主风，在660~680℃进行贫氧再生。一再烟气经两级旋风分离器、三级旋风分离器进入烟气轮机，回收一再烟气压力能，再进入CO焚烧炉，补入少量空气，在900~1000℃将CO燃烧为CO_2，然后再进入余热锅炉回收烟气热能，最后经烟气脱硫设施排入大气。

半再生催化剂从第一再生器下部引出，经斜管、滑阀进入二再烧焦罐底部。从烧焦罐底部通入主风，催化剂以快速床向上流动，在680~720℃再生温度及富氧条件下进行烧焦再生。烧焦罐顶部设有大孔分布板，烟气和催化剂通过大孔分布板进入二密相流化床继续烧焦。恢复活性的再生催化剂从二密相引出，经立管、滑阀去提升管反应器。

再生过程过剩热量由外取热器取走。外取热器设在一再，适宜采用上流式、气控外循环式、返混式。

组合式再生控制：

再生器压力控制方案：一再压力用烟机入口蝶阀和双动滑阀分程控制；二再压力用二再双动滑阀控制。二再与沉降器差压<5kPa时，自动投入两器差压自保。

再生温度控制方案：一再温度用外取热器直接控制。二再温度用烧焦比例和一再温度联合控制。一再温度确定后二再烧焦比例增加温度升高，即一再风量降低二再温度升高。

二再藏量控制方案：二再二密相藏量为主控回路，二再一密（烧焦罐）藏量为副控回路，对半再生滑阀进行串级控制。一再藏量不采用自动控制，用小型加料补充平衡。

主风量控制方案：一再主风量根据烧焦比例控制（根据二再温度控制），二再主风量根据

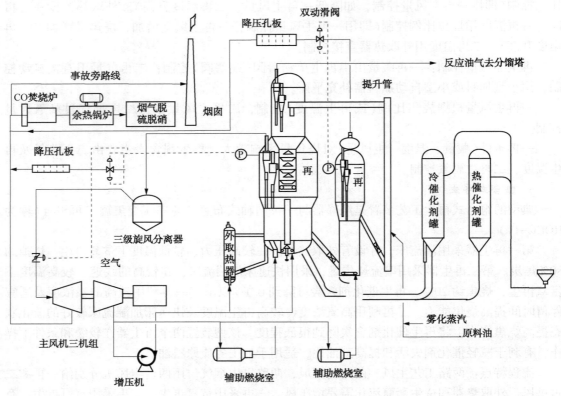

图 3-12　组合式再生流程示意图

二再烟气过剩氧含量控制。为避免二再大孔分布板漏催化剂，二再主风量调节范围较小，一般采用恒量控制。

一再条件(藏量、温度、主风量)对烧焦量影响较大。再生剂含炭主要由二再藏量、二再温度、二再过剩氧控制。

第五节　反应再生系统辅助流程

一、催化剂装卸流程

装置内设有冷、热催化剂罐各一台，配置烟机或原料油重金属含量高的装置还要设一台废催化剂罐。设单独的加料、卸料系统。新鲜催化剂储存于冷催化剂罐中，用于补充日常催化剂损耗。热催化剂罐用于储存停工时卸出来的热催化剂。废催化剂罐则用于储存正常生产期间卸出来的平衡催化剂(也称废催化剂)或三旋回收的催化剂细粉。

1. 装催化剂流程

(1) 向冷催化剂罐装新鲜催化剂：新鲜催化剂一般由袋装进装置，人工倒入加料斗中，为避免杂物进入，加料斗上设有过滤网。启动冷催化剂罐顶抽空器把催化剂罐抽成负压，催化剂随同空气沿催化剂管道被吸入到催化剂罐中。入口在催化剂罐的上部，从切线方向进入，有利于气固分离。为减小过程中催化剂跑损，催化剂罐顶气体进抽空器前，先经过一台专门设置的小型旋风分离器，回收的催化剂再从料腿返回催化剂罐中。为了减少催化剂粉尘对环境的影响，有的装置在催化剂罐顶装设陶瓷或金属烧结过滤器替代旋分。有的大型FCC

装置用气动散装槽车直接与催化剂管道相接，槽车松动冲压、催化剂罐顶抽空，直接将催化剂装入罐中，见图3-13。

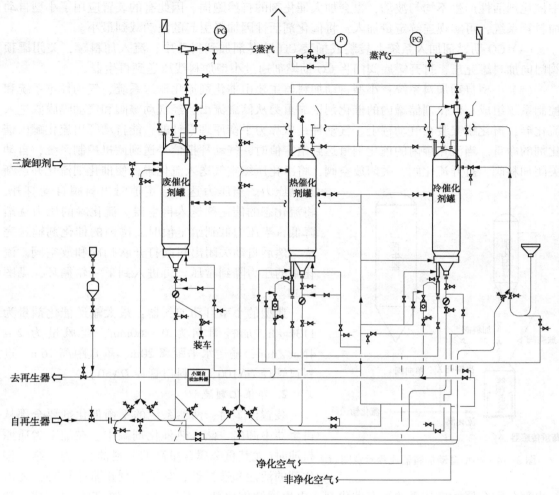

图3-13 催化剂系统流程示意图

（2）开工向再生器装催化剂：大型加料系统用于开工时快速向再生器装催化剂。向热催化剂罐送入压缩空气，使罐内压力升高到0.4~0.5MPa，催化剂靠重力流入催化剂罐底部的立管中，通入松动风，使催化剂处于流化状态进入大型加料线，再通入输送风将催化剂沿大型加料线送入再生器中。用立管上阀门开度调节加料速度，加入的部位由再生器结构型式确定。单段再生器加入到主风分布管下方，烧焦罐型再生器加入到烧焦罐中，然后再转移到二密相。两段再生装置一般加到一再或位置较低的再生器，然后再转移到二再或位置较高的再生器。有的装置为了排除加料输送风对流化床的影响，还设置了简易分布器。

（3）日常向再生器加催化剂：小型加料线是专门为日常向再生器补充催化剂而设置。向冷催化剂罐通入压缩空气，使罐内压力升高到0.4~0.5MPa，催化剂靠重力流入催化剂罐底部的立管中，底部通入净化压缩空气，使催化剂处于流化状态，沿着小型加料线经视镜加入再生器。一般单个再生器加到密相床的下部，两段再生加到第二段，烧焦罐装置加到烧焦罐中。小型加料速度可用输送风量来调节，催化剂罐内的压力也会影响加料速度。视装置大小及补充量，有的装置采用连续加入，而有的装置采用间断方式加剂。间断加料往往使再生器中催化剂活性产生不均匀波动，也会加大催化剂的自然跑损。因此有的装置应用了小型自动加料器系统，可实现连续定量加入，将催化剂活性因加料引起的波动减到最小。

（4）CO 助燃剂加入系统：袋装或桶装 CO 助燃剂加到料斗中，流入加料罐，关闭罐顶阀门向加料罐充压，打开罐底阀门将 CO 助燃剂通过小型加料线压送到再生器。

（5）小型自动加料系统：小型自动加料器主要由催化剂流化输送系统、气动秤重系统和控制系统组成。催化剂储罐内的催化剂依靠重力从储罐流出，经气动蝶阀和气动隔膜阀进入流化罐，流化罐安装在气动秤上。气动秤是依靠力平衡原理设计的，能自动秤出流化罐内催化剂的净重。当流化罐内的催化剂量达到给定值时，气动秤把信号送到微机控制系统，自动关闭加料阀，打开流化阀，关闭放空阀，将净化压缩空气送入流化罐，使催化剂流化并逐渐升高压力。当压力达到给定值时出料阀自动打开，将流化态的催化剂送入再生器。流化罐的压力逐渐降低，当压力低到给定值时，罐内的催化剂输送完毕。然后自动关闭出料阀打开吹扫阀和放空阀。流化罐的压力降到常压，再进入到下一轮循环，见图 3-14。

典型的小型自动加料器：最大输送催化剂量为 113kg/h，加料周期为 0 ~ 60min，耗风量为 2 ~ 4Nm³/min，输送水平距离 20m、垂直距离 16m，进料口管径 DN100，出料口管径 DN50。

2. 卸催化剂流程

装置停工时，两器系统的平衡催化剂要全部从再生器中卸出，储入热催化剂罐中。在加工劣质原料油时（尤其重金属含量高的原料油），为了维持催化剂的活性和选择性，除催化剂正常跑损外，还需

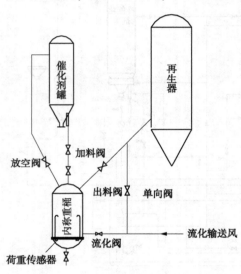

图 3-14　小型自动加料器流程示意图

卸出部分重金属污染严重的平衡催化剂。再生器卸催化剂一般通过大型加/卸料线完成，卸出口位置一般在再生器分布管下方。启动热催化剂罐顶抽空器抽成负压，卸料口送入松动风，并沿卸料线通入输送风，把催化剂卸至热催化剂罐中。卸料速度不可过快，一般控制管内温度不大于 400℃，以免温度过高损坏设备。卸料速度用卸料阀门开度、输送风大小及催化剂罐真空度来控制。

二、辅助部分工艺流程

1. 反应喷汽油及终止剂流程

在开停工、操作失常或事故状态，为了消除反应温度过高而损坏设备，提升管上设有注汽油降温设施。在提升管下部设汽油喷嘴（或接在一路进料管线上），汽油由粗汽油泵供给。由于滑阀质量及控制水平有了大幅度提高，注汽油降温的需要已不迫切。现在多数装置将该降温汽油改称提升管终止剂。

2. 再生器燃烧油流程

再生器喷燃烧油有两个目的：一是供开工催化剂升温；二是在正常生产中，当原料油较

轻，生焦率低再生器热量不足时，补充热量。目前我国 FCC 装置普遍加工的原料油较重，两器热量过剩，燃烧油喷嘴只在开工时使用。燃烧油喷嘴安装在再生器分布管上方 0.6~0.8m 处，2 支或 4 支对称布置。开工时外来轻柴油装入封油罐，由封油泵供给。当床层温度达 380℃以上时方能投用，轻柴油经蒸汽雾化后喷入再生器床层中。轻柴油和雾化蒸汽都有流量控制，寒冷地区的装置还设有喷嘴前返回封油罐的开工循环管线，见图 3-15。

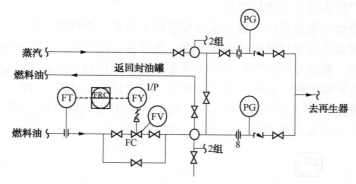

图 3-15　再生器燃烧油系统流程图

3. 辅助燃烧室流程

辅助燃烧室的作用是开工时燃烧外来燃料，为再生器升温提供热量，正常操作时只作为主风通道。辅助燃烧室的燃料可以是气体燃料也可以是液体燃料，点火时一般用汽化的液化石油气，用高压电火花塞点燃，当温度升到约 150℃后可切换液体燃料（一般为轻柴油），轻柴油雾化蒸汽量为 0.1~0.25kg/kg 油。辅助燃烧室还设有卸催化剂线，若催化剂倒流到辅助燃烧室可通过该管线卸至催化剂罐，还接有压缩空气管线，当闷床操作时可送入少量压缩空气（并补入少量燃烧油），来维持床层温度，延长闷床操作时间，见图 3-16。

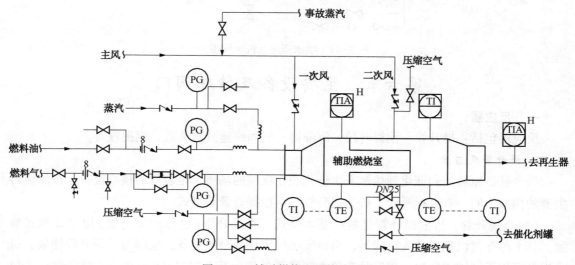

图 3-16　辅助燃烧室系统流程图

4. 事故蒸汽、喷水降温系统

提升管反应器因故自保切断进料，为防止催化剂在提升管内堆积或堵塞，早期的提升管装置设有提升管事故蒸汽，切断进料时事故蒸汽阀会自动打开维持提升管流化。近期的 FCC

装置多加工重油，雾化蒸汽量较大，提升管因故切断进料，雾化蒸汽量足以将催化剂流化，因此不必再专门设置事故蒸汽(蜡油 FCC 装置雾化蒸汽量<4%时，仍需单独设置事故蒸汽，只需补充一部分蒸汽)。雾化蒸汽流量单参数控制，不参与自保联锁(因故自保切断进料后雾化蒸汽照常进入)。

主风系统因故自保切断向再生器供风，为防止催化剂在再生器中堆死，事故蒸汽自保阀会自动打开，蒸汽进入再生器维持流化。

为防止二次燃烧或尾燃损坏设备，早期装置再生器稀相设有喷水降温设施。近期装置的再生器操作温度较高，喷水后易导致再生器内高温设备、构件变形，甚至开裂损坏，使催化剂热崩大量跑损等，故近年设计的装置已将喷水降温措施移到再生器出口烟气管道上，主要用来保护烟气能量回收系统。有的装置已经取消了喷水设施，见图3-17。

喷水降温系统设有程序控制器。启用该系统时，先开蒸汽调节阀，后开除氧水调节阀。关闭该系统时，先关除氧水调节阀，后关蒸汽调节阀。

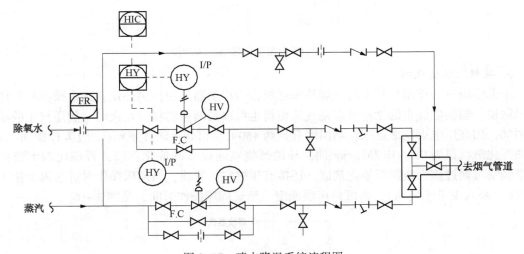

图 3-17　喷水降温系统流程图

第六节　主要设备及特殊阀门

一、反应器

反应器包括：提升管、预提升段、沉降器、气固快速分离装置、汽提段等。

1. 提升管反应器

提升管是原料油和催化剂接触发生催化裂化反应的场所，是装置的核心设备。按反应再生器的构型不同，有直提升管、折叠提升管、两段提升管等型式。

(1)直提升管、折叠提升管是两种基本型式。直提升管(也称内提升管)用于并列式装置，其上部穿过汽提段伸入沉降器，出口安装气固快速分离设备，底部与预提升段连接。折叠提升管用于同轴式装置，提升管布置在沉降器外侧，其上端以90°折叠进入沉降器，出口安装气固快速分离设备，底部与预提升段连接。折叠提升管弯头处容易磨损，采用偏心截锥弯头形成气垫，使弯头免受高速油气和催化剂的冲蚀，可连续操作数年。

提升管反应器是一根长 30~40m 的管道，介质是油气和催化剂，操作温度为 500~

550℃。提升管下端油气速度一般为 6~10m/s，出口油气速度为 16~30m/s，油气停留时间为 2~4s。为避免设备内壁受高流速催化剂冲蚀和减少热量损失，管内设有 100~125mm 厚隔热耐磨衬里，伸到汽提段、沉降器内的部分只设耐磨衬里。

近年对提升管反应器的改进主要是优化反应条件和反应环境。一是寻找适宜反应温度、反应时间、剂油比等条件，提高产品产率并避免设备结焦。二是通过对催化反应过程的研究，将原料分若干层注入提升管，使提升管形成若干反应区，对原料各馏分进行选择性裂化，达到预期的目的。一般回炼油在上层进入，轻原料油在中间层进入，重原料油在下层进入，改质汽油在提升管最下部进入，见图 3-1。

（2）两段提升管（TSRFCC）是近年开发的新技术。两段提升管实际是由原料油提升管和回炼油提升管两根较短的提升管所组成。两根提升管都注入再生催化剂，提高了整个反应过程催化剂的平均活性，有利于提高转化率和轻质油产率，尤其是加工难裂化的原料时效果显著。工艺要求反应时间短，故提升管也较短，因此采用两根折叠提升管布置在沉降器的外侧，分别进入沉降器、出口安装气固快速分离设备，底部分别与预提升段连接。两段提升管工程技术关键：一是再生器如何与两根提升管配合，顺利将再生催化剂输送入两根提升管，并能够灵活调节催化剂循环量；二是如何满足两段提升管工艺的停留时间、反应温度、剂油比等操作条件，见图 3-18 和图 3-19。

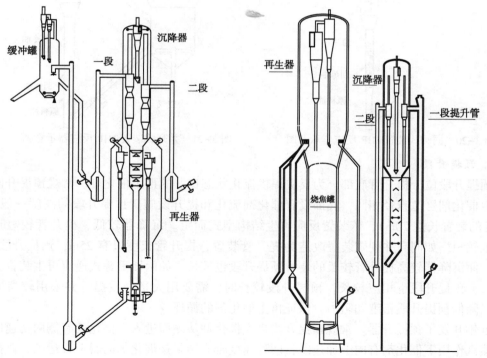

图 3-18　同轴式装置应用两段提升管示意图　　图 3-19　串流烧焦罐装置应用两段提升管示意图

（3）MIP 反应器。MIP 是多产异构烷烃和芳烃、汽油降烯烃的工艺。MIP 反应器将整个反应过程分为两个串联的反应区，第一反应区在下方，采用高反应温度、大剂油比、短停留时间条件发生裂化反应；第二反应区在上方，采用较低反应温度、较低空速进行氢转移、异构化和芳构化等反应，从而降低汽油烯烃。

第一反应区类似于现有的提升管反应器，工艺要求油气反应时间较短，长度也较短，对预提升、喷嘴、剂油比等要求更高。第一反应区的上端设有急冷油注入设施。

第二反应区通过扩大反应器直径形成快速床，为稳定操作在第二反应区下部设有稳定装置。第二反应区上端缩径与出口管相连，出口管上端成 90°折叠进入沉降器，出口安装气固快速分离设备。同轴式 FCC 装置较容易布置 MIP 反应器，并列式内提升管装置布置难度较大。在空间允许的情况下，可将第二反应区布置在汽提段下方，出口管仍用原上段提升管，空间不够时只能采用折叠式提升管反应器布置在沉降器外侧，见图 3-20 和图 3-21。

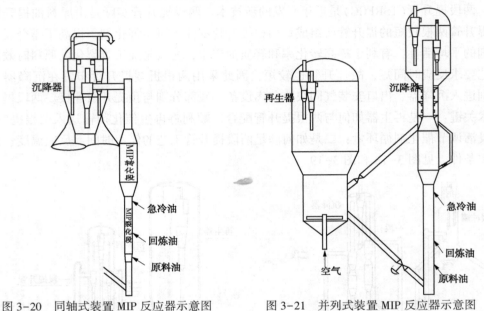

图 3-20　同轴式装置 MIP 反应器示意图　　　　图 3-21　并列式装置 MIP 反应器示意图

2. 预提升段

预提升段位于提升管底部，为反应提供流化状态良好的再生催化剂。常规预提升段直径与再生催化剂管道直径相同，底部设有催化剂流化和提升设施。预提升段的高度一般为 3~8m(有的装置长达 20m)，依装置反应再生结构型式而定。沉降器较低、提升管较短时预提升段也较短，如同高并列式装置改造为提升管装置，提升管长度只有 25m，预提升段 2.5m 左右。而沉降器较高提升管较长的装置预提升段也较长，如两器重叠式逆流再生装置，提升管很长，预提升段也相应较长。预提升段较长时，需要用大量介质提升并采用较高流速操作，以降低预提升段密度和阻力，保证再生催化剂的循环。

近年开发了预提升器。常规预提升段再生催化剂从侧面进入，催化剂有侧向初速度，在提升蒸汽作用下催化剂有向上加速度，两种速度合成结果是催化剂向斜上方运动，碰撞提升管内壁，又反弹到另一侧，呈 S 形轨迹运动，偏流使轴向密度不均匀。此外常规预提升段有截面中心催化剂密度小，边壁密度大的特性。预提升器是一种新的结构型式，预提升段下部设有扩大段，内部设有催化剂输送管，有催化剂流化和提升设施。其优点是：扩大段有较大的催化剂缓冲空间，可消除 S 形流动。提升蒸汽供给内输送管道，避免对再生催化剂进口的冲击。中心管供催化剂，环隙补气，使截面催化剂更加均匀。

流化提升介质可用蒸汽、干气或压缩富气及汽油等，一般采用蒸汽，富气压缩机有余量时，可用干气或压缩富气，干气作提升介质时对重金属有钝化作用，蒸汽和干气也可混合使用。对有劣质汽油改质、降烯烃要求的装置，还可进入部分需改质汽油。

预提升段的长度和流速应根据装置的具体情况确定，首先应满足压力平衡的要求，再进一步优化。预提升段长度为6m左右，流速为1.5~3m/s时对再生催化剂的整流效果好。当某些条件限制只能配置短预提升段时，可采用预提升器技术改善流化质量。当预提升段很长时，必须采用较大量提升介质和较高流速。

3. 进料喷嘴

进料喷嘴是FCC装置的关键设备。原料油雾化效果直接影响装置转化率、产品产率、装置结焦状况及长周期运转。目前除靶型喷嘴应用较少外，其余类型的喷嘴均有较多应用，见图3-22。

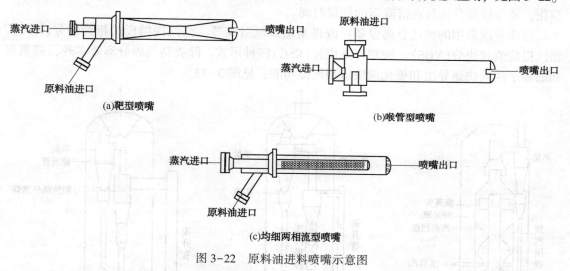

图3-22 原料油进料喷嘴示意图

（1）靶式系列喷嘴：原料油高速撞击金属靶破碎成液滴，在靶柱上形成液膜，再用高流速蒸汽掠过靶面，经锐边鸭嘴出口破坏液膜雾化。该型喷嘴压降较大，要求原料油喷嘴前具有较高压力（1~1.4MPa），现在该型喷嘴已较少采用。

（2）喉管系列喷嘴：利用收敛扩张喉道提高流速，流体克服表面张力和黏度的约束，气液相速度差形成液膜，经锐边鸭嘴出口撕裂液膜而雾化。该型喷嘴是利用较高的气体速度将原料油拉成膜并雾化，因此对某一只喷嘴不管原料油负荷高低，要求雾化蒸汽量恒定（或只能在小范围内调节），否则雾化效果变差。该型喷嘴特点：压降较小，雾化效果较好，结构简单不易堵塞。现在工业装置应用较多，如LPC、CS、CCK、KH系列喷嘴等。

（3）均细两相流喷嘴：该喷嘴由内、外腔组成，内腔壁开有很多小孔。原料油进入喷嘴外腔，雾化蒸汽进入喷嘴内腔。蒸汽经内腔壁小孔喷向外腔，在外腔油相中形成多个细小气泡，以均细两相流形式流过外腔，由多孔出口喷出，小汽泡膨胀爆破将原料油雾化。该型喷嘴具有压降较小，雾化效果好等特点，但要求蒸汽和原料油较清洁，开停工要严格保护，否则容易堵塞，如UOP Optimax喷嘴和DM喷嘴等。

（4）离心式喷嘴：原料油和雾化蒸汽在喷嘴混合腔内混合，在压力的作用下进入涡流器的螺旋通道，液体被碾成薄膜，冲击雾化。该型喷嘴具有压降较小，雾化效果较好，雾化蒸汽用量少等特点，如BWJ系列喷嘴。

喷嘴数量：根据装置规模大小，选偶数（如2、4、6、8），单台喷嘴处理能力为2.5~45t/h，一般小型装置2只，大中型装置4只，大型、特大型装置6~8只，或分2层设置。

喷嘴布置：进料喷嘴在提升管侧面对称布置，与提升管中心线成30°~45°夹角，数个喷嘴喷出的流体交汇在同一平面。某些装置为保证进料段设备制造质量，将进料段作为特殊设备单独制造。

4. 提升管出口快速分离装置

提升管出口快速分离装置的任务：完成油气与催化剂快速分离，催化剂快速预汽提，油气快速离开沉降器，即所谓"三快"。油气与催化剂高效分离可降低单级旋风分离器负荷，降低油浆固含量。油气快速导出可降低油气在沉降器停留时间，减少热裂化反应，降低干气产率、减轻结焦倾向。催化剂快速预汽提，可预先汽提出催化剂颗粒间的油气，避免被过度裂化，减少该部分油气在沉降器的停留时间。

目前我国常用的快速分离设备：改进型粗旋风分离器、预汽提挡板式粗旋快分（FSC）、预汽提旋流式快分（VQS）、密相环流快分（CSC）四种形式。除提高气固分离效率外，都重视和加强了油气快速导出和催化剂快速预汽提功能，见图3-23。

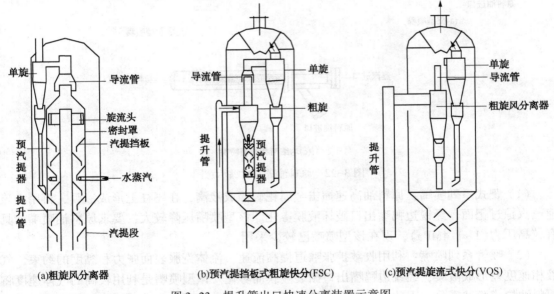

(a)粗旋风分离器　　(b)预汽提挡板式粗旋快分(FSC)　　(c)预汽提旋流式快分(VQS)

图3-23　提升管出口快速分离装置示意图

（1）粗旋风分离器（简称粗旋）。这是一种传统的提升管出口快速分离设备，气固分离效率高于95%，同轴式外提升管和并列式内提升管装置均可使用。近年又进行了改进，进一步优化本体设计提高效率，将粗旋升气管向上延伸到顶部单级旋风分离器入口附近，缩短了油气在沉降器内的停留时间，取得了一定效果。但由于粗旋是正压排料，粗旋内的压力比沉降器高（约0.5倍粗旋压降），料腿排料时除催化剂外，还有约5%~10%的油气向下排出。该部分油气在沉降器中的停留时间长达100s，使油气总平均停留时间变长，发生热裂化使沉降器结焦倾向增加。由于粗旋结构简单，弹性大，易于操作，目前仍被大量采用。

（2）预汽提挡板式粗旋快分（FSC）。FSC是一种特殊结构的粗旋风分离器，在灰斗内设置挡板，使其具有预汽提功能。在粗旋排料口与汽提器连接处设置中心稳涡杆和消涡板，油气排出口与单级旋风分离器入口采用"紧连"开放结构。优化设计汽提器挡板结构，在获得高效汽提，不降低气固分率效率的同时把粗旋的正压排料变为负压排料，让全部油气都从粗旋上口流出，使催化剂向下夹带的油气降到2%左右。预汽提器中线速0.1~0.2m/s，气固分离效率达99%以上，油气停留时间小于5s，是一种结构简单，效果好的快分装置。同轴式和并列式装置均可使用。

（3）预汽提旋流式快分（VQS）。VQS是专门为内提升管装置开发的一种结构紧凑、高效的快速分离装置。

在提升管上端安装数台旋流头，并在外侧设置封闭罩。封闭罩的顶端设有油气导出系统，与单级旋风分离器入口相连。封闭罩的下部设有预汽提挡板，反应油气自提升管上端旋流器喷出，沿封闭罩内壁旋转，催化剂沿器壁以螺旋线轨迹落入下部预汽提器，预汽提器下部进入蒸汽，对待生催化剂预汽提。油气在封闭罩中心区域向上流动，经油气导出系统进入单级旋风分离器。气固分离效率98.5%以上，油气在沉降器的停留时间<5s，预汽提线速0.1m/s时可达较好的汽提效率。

（4）密相环流预汽提快分（CSC）。FSC和VQS这两种快速分离器通过对待生催化剂及时预汽提，减少了进入汽提段的油气量，分离效率较高，运行可靠，可提高装置的轻质油收率。然而，这两种快速分离器预汽提器中的催化剂是以稀相洒落的形式与汽提蒸汽接触，因而汽提效率有待进一步提高。密相环流预汽提快分（CSC）通过一种独特设计，使催化剂在预汽提中形成密相床层，并在汽提器中内、外两个环形空间形成环流。待生催化剂被快速分离后落到密相中首先自行脱气，再经密相环流方式汽提，催化剂可以多次在床层底部得到新鲜蒸汽汽提。可提高汽提效率，大幅度降低待生催化剂携带的油气量。在内环线速0.1m/s时，气固分离效率达99%以上，油气在沉降器中的停留时间在5s以下，是一种结构新颖、效率高的快速分离设备，同轴式外提升管装置和并列式内提升管装置均可使用。

（5）关于防止沉降器结焦。在采用气固快速分离器与顶部单级旋风分离器紧密连接后，沉降器温度大幅度下降130℃左右，汽提油气在沉降器中停留时间不均衡会导致沉降器结焦。采用VQS（或VSS）的装置，在生产中有过沉降器结焦现象。改进措施是将汽提气移出口由沉降器中上部改到沉降器下部，汽提气直接从沉降器下部移出，防焦蒸汽从沉降器顶部流到下部并从移出口排出。大"蒸汽垫"充满沉降器，油气空间减小可避免上部区域结焦。

5. 汽提段

汽提段的作用是将待生催化剂携带的油气汽提出来，增加产品收率，减小再生器烧焦负荷。催化剂携带的油气分两部分：一部分是催化剂颗粒间的油气；另一部分是催化剂颗粒内孔道中的油气。传统的汽提段是设置环/锥挡板或人字挡板，催化剂在挡板间折流运动，通过空间的压缩与扩张，气体接触交换将油气置换出来。

近年汽提段改进有四方面内容：（1）采用两段汽提或三段汽提。待生催化剂仍有部分活性，催化剂夹带的烃在汽提段内将被裂化为气体和焦炭。催化剂颗粒间的油气汽提较容易，因此在汽提段的上部先通入一部分蒸汽，将该部分烃类尽快汽提出来，避免被裂化掉。在中部、下部再进入汽提蒸汽，将催化剂颗粒内孔道中的油气汽提出来。（2）改进挡板结构，在环形、锥形挡板上开气孔，在挡板下缘设裙板，使气体与催化剂逆流、错流接触，提高汽提效率。（3）增加汽提段长度，延长催化剂停留时间，使更多的吸附烃裂化为轻质烃和焦炭，并将轻质烃汽提出来，降低焦炭的氢含量，减轻烧焦负荷。（4）采用高温汽提，较高的温度有利于提高汽提效率。

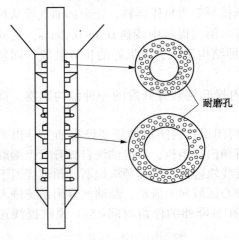

新型大孔汽提段：大孔汽提段是近年应用的一种新型汽提设备。一般汽提段环形、锥形挡板下方几乎全部为空腔，内部聚集的流化气体与催化剂几乎没有接触，汽提段内有效空间利用率较低，催化剂填充率为 55% ~ 70%，汽提效率仅85%。新型大孔汽提段采用一种特殊结构的挡板，在内外环挡板上设置耐磨大孔或短管（φ80mm ~ φ100mm），内外环挡板均设有裙边（80~250mm）。一部分催化剂通过挡板环隙向下流动，另一部分催化剂则通过大孔流入下方，与上升的气体逆流接触，进行气体交换。大孔挡板起到了均匀分配催化剂、破碎气泡的作用，流下的催化剂填充了挡板下方的区域，汽提段有效空间利用率提高，汽提效率也大幅度提高。汽提段催化剂填充率为 95% ~ 98%，汽提效率提高到 98%，见图 3-24。

图 3-24　新型汽提段示意图

6. 沉降器

　　一般催化裂化不再需要床层反应，提升管出口快速分离器气固分离效率很高，沉降器油气中催化剂浓度已经很低（2~3kg/m³），不再需要沉降器的沉降功能。沉降器的作用是提供快速分离器及单级旋风分离器系统安装空间，并有一定的油气缓冲空间增加装置操作弹性。在满足上述要求的前提下应尽量减小沉降器体积，节省投资、减少热损失、缩短油气停留时间，降低结焦倾向。国内外设计的沉降器结构见图 3-25。

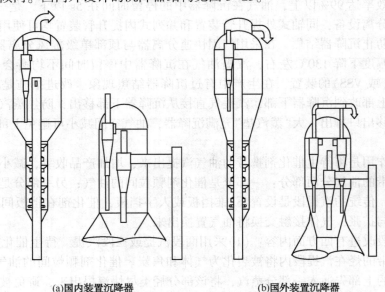

(a)国内装置沉降器　　　　　　　(b)国外装置沉降器

图 3-25　沉降器示意图

　　油气集合分为内集气室和外集气室（管）两种。早期建设的装置多采用内集气室（现在仍有采用），近期建设的装置以采用外集气室居多，原因是内集气室结构较复杂、油气停留时间长有死角，内、外集气室见图 3-26。

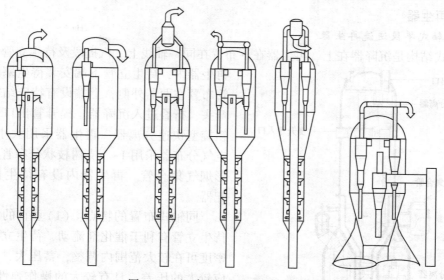

图 3-26　沉降器油气集气室示意图

　　无论是采用内集气室还是外集气室，都要在沉降器顶部设防结焦措施。早期装置在旋风分离器入口上部设有防焦板，封闭反应器顶部空间并在封闭腔通入防焦蒸汽。近期建设的装置取消了防焦板，在顶部死区位置设有防焦蒸汽分布管，直接通入防焦蒸汽在顶部形成汽垫，避免油气停留时间过长结焦。加工重油的大型装置为避免蒸汽分配环管不均匀，导致顶部结焦，将防焦蒸汽分配环分为 4 段，分别与器外 4 路蒸汽相连，每路单独控制。

　　早期建设的装置在汽提段下部设有隔焦栅，防止焦块落入堵塞待生滑阀（或塞阀）。近期建设的装置原料较重，结焦倾向增加，故将隔焦栅设在沉降器下部，可容纳更多焦块，见图 3-27。

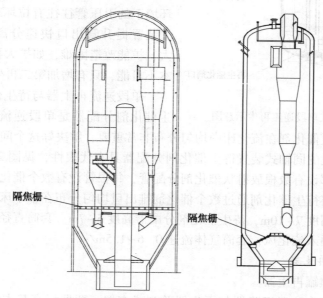

图 3-27　沉降器隔焦栅示意图

二、再生器

1. 同轴式单段逆流再生器

同轴式结构是沉降器在上、再生器在下布置在同一轴线上。汽提段及待生立管直接插入再生器内,待生立管下端安装待生塞阀。提升管布置在两器外侧,上端设有特殊结构的耐磨弯头,折叠进入沉降器。提升管出口一般安装粗旋型快速分离器,再生器采用大小筒结构,空气分布器采用1~3支树枝状分布管,采用环形烟气集合管。再生器内设有待生催化剂分配器。

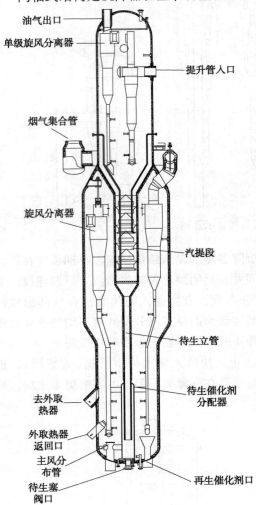

油气出口
单级旋风分离器
提升管入口
烟气集合管
旋风分离器
汽提段
待生立管
待生催化剂分配器
去外取热器
外取热器返回口
主风分布管
待生塞阀口
再生催化剂口

图 3-28　同轴式单段逆流再生示意图

同轴式布置的特点:(1)垂直的汽提段和待生立管有利于催化剂流动,待生立管催化剂密度可在较大范围内调整,蓄压大,两器可适应较大的压差,具有较大的操作弹性。(2)再生阀和待生阀位置较低,便于操作管理。(3)折叠提升管、粗旋型快速分离器与同轴式装置形成固定式匹配。(4)巧妙配置独具特色的待生催化剂分布器。(5)应用多支分布管。用塞阀控制待生催化剂循环量。(6)可用于重油催化裂化(但原料油重金属含量不宜过高)。(7)沉降器不需要单独的框架支承,节省投资和占地面积。(8)不足之处是提升管偏长,汽提段和待生立管松动,设施复杂,再生器高温环境下的引压管往往有拉坏现象。大型、特大型装置提升管出口快速分离装置设计难度较大,扩能改造困难,如扩大再生器设备直径根本不可能,只有增加第二再生器,见图3-28。

单段逆流再生器与待生催化剂分配器:待生催化剂分配器是单段逆流再生的核心设备。工业实践表明,待生催化剂在流化床中均匀分布非常重要,解决好这个问题可大幅度提高再生器效率。我国开发的同轴式装置待生催化剂分配器具有代表性,见图3-29。在待生立管外侧设一套筒,上部设有数根放射状催化剂分配管,每根管设有数个催化剂排出口。在套筒底部通入输送风,将待生催化剂通过数个催化剂排出口均匀分布在整个床层截面。

再生器密相段高度7~10m,待生催化剂分配器高度5~7m。套筒直径根据催化剂质量流速确定,套筒底部通入流化风,套筒气体流速0.6~1.5m/s。

2. 烧焦罐高效再生器

(1) 一般型烧焦罐再生器

一般型烧焦罐再生装置沉降器与再生器并列式布置,两器标高基本相同。烧焦罐在下部,其顶部连接的稀相管伸入到上部二密相和稀相段内。稀相管出口安装气固分离装置(T

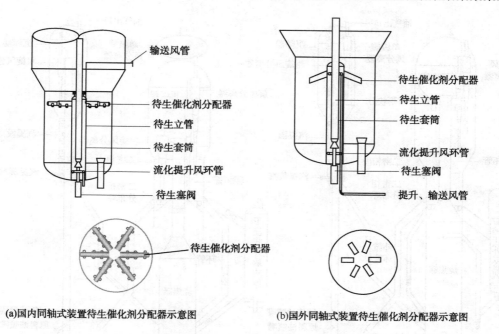

(a)国内同轴式装置待生催化剂分配器示意图　　　**(b)国外同轴式装置待生催化剂分配器示意图**

图3-29　同轴式装置待生催化剂分配器示意图

形快分或粗旋)。烧焦罐气体流速一般为1.5~1.8m/s,早期设计的烧焦罐多应用于蜡油催化裂化装置,烧焦罐长度一般为8m左右。用于重油催化裂化时烧焦量增加,烧焦罐长度增至10~12m,靠增加烧焦罐容积来提高烧焦能力。同时增加了循环管和再生斜管的推动力,增加了装置操作弹性。

稀相管烟气流速7~10m/s,稀相管高度应能够满足出口气固分离装置的安装要求,一般高度为8~15m。

由于稀相管出口有气固分离装置,再生器稀相段可采用较高的稀相流速。稀相段直径和高度应能够满足旋风分离器系统安装要求,二密相主要目的是收集催化剂并保持流化状态,一般采用较低气体流速(0.1~0.25m/s),以降低主风消耗,二密相段高度一般为4~6m。

我国烧焦罐装置有两种典型结构型式,见图3-30。图3-30(a)稀相管及稀相段均较长,稀相管出口安装T形气固分离装置,快分出口与二密相面有3~5m距离。再生器一二级旋风分离器料腿均安装翼阀,布置在二密相料面上方的稀相空间。该方案气固分离装置及旋风分离器系统操作不受二密相流化状态的影响。图3-30(b)稀相管及稀相段均较短,稀相管出口安装粗旋风分离器,再生器一级旋风分离器料腿安装防倒锥,二级料腿安装翼阀,一二级料腿均伸入到二密相床中。该方案二密相流化失常会影响粗旋及旋分器工作,从而导致催化剂跑损。

外循环管是烧焦罐再生器的独有设备,它的作用是把热催化剂从二密相返回烧焦罐,提高烧焦罐底部温度和烧焦罐密度,以提高烧焦速度并增加烧焦能力。早期的烧焦罐装置循环比为1~1.5,循环管直径与再生剂管直径相当;近年设计的烧焦罐装置循环比为1.5~2,循环管直径明显大于再生管直径。

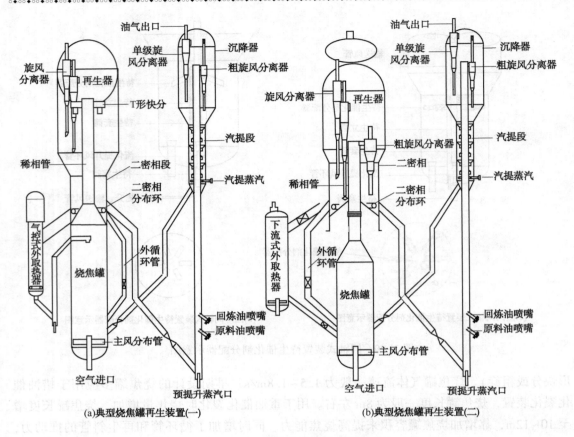

图 3-30　一般烧焦罐再生器示意图

二密相是烧焦罐型装置的操作难点之一。由于烧焦罐二密相流速低，密度大（500～600kg/m³），环形空间流化环境较差，流化风容易偏流，常出现局部死床，导致大量催化剂跑损（尤其是料腿布置在二密相内的装置）。因此除了使用压头较高的增压风作流化介质外，分布管也需要特殊设计。经验：（1）采用较高压头的增压风，适当提高喷嘴压降。（2）采用多组分布管，提高抗偏流能力。（3）催化剂引出口设稳流装置。

（2）带预混合管的烧焦罐高效再生

预混合管安装在烧焦罐底部，其下部设有待生催化剂、外取热器冷催化剂、循环管热催化剂及主风进口。顶端设有分布板（分布板上有数十个耐磨孔），并伸入烧焦罐底部。预混合管使新鲜空气及冷、热催化剂迅速混合接触，快速提高起始温度，并形成输送床，达到快速烧氢和烧焦目的。

预混合管长 8m 左右，气体流速 8～10m/s，停留时间 1s 左右。在预混合管中焦中氢几乎全部烧掉，炭烧掉 20%～50%，温升 50～100℃。设有预混合管的烧焦罐烧焦强度达 700kg/(t·h) 以上，再生器总烧焦强度达 260～320kg/(t·h)。

预混合管出口分布板过孔流速较高、磨损严重。早期过孔速度为 60m/s 左右，虽然后期的改造中大幅度降低了过孔流速，仍有磨损现象。预混合管的设置使再生器整体提高了 8m 左右，装置建设投资增加、操作管理难度增加。近年一般烧焦罐装置采用提高烧焦罐密度等改进措施后烧焦效果明显提高，所以后期设计的装置较少采用预混合管，有的装置扩能改造时将预混合管拆除，加长烧焦罐来提高烧焦能力，见图3-31。

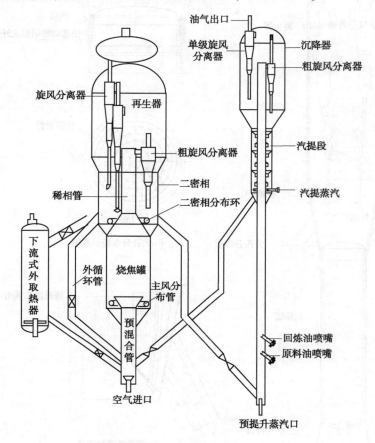

图3-31　带预混合管烧焦罐装置示意图

（3）串流烧焦罐再生器

串流烧焦罐再生器设备简图见图3-32（a）。

串流烧焦罐再生器关键内件是大孔分布板和催化剂抽出斗。大孔分布板作用是将烧焦罐的再生烟气和催化剂均匀分布于二密相流化床，并使二密相流化稳定。要点：①确定合适的过孔流速及孔径，使介质流化均匀，压降又不过大，催化剂不泄漏并具有一定的操作弹性。②防止在高温下变形、开裂，经验是根据操作温度和设备直径设计合理的大孔分布板裙腰高度。③关于大孔的设计，先期的大孔分布板是在钢板上直接开孔内衬耐磨瓷环，高温下由于热膨胀，瓷环有被挤碎现象。近年改进设计是将大孔改为短管，内衬钴基硬质合金，增强内衬材料韧性，短管也具有更高的操作弹性，见图3-32（b）。

串流烧焦罐再生器的二密相流化床具有特殊性。流速较高，催化剂密度较低，给再生催化剂的引出带来困难。需要特殊设计催化剂抽出斗，既能够充分接收催化剂又能够恰到好处地脱气。工业实践表明采用"淹流溢流"型抽出斗，多方位接受催化剂及排气，可满足操作要求，见图3-32（c）。

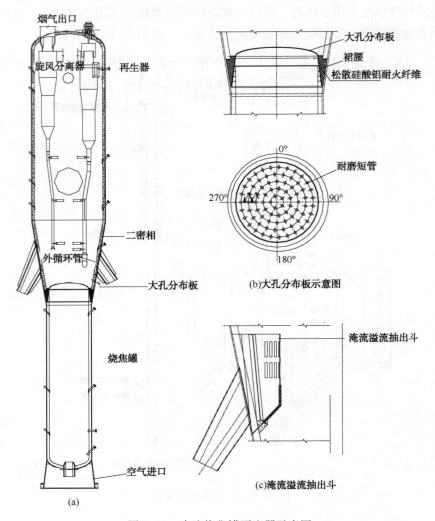

图 3-32　串流烧焦罐再生器示意图

3. 两段逆流再生器

（1）重叠式再生器

重叠式两段逆流再生装置反应沉降器与再生器并列布置。再生器为两段再生，一再在上方，二再在下方重叠布置。二再采用直筒结构（内部没有旋风分离器），底部设空气分布器，与辅助燃烧室相连。下部有再生催化剂出口和半再生催化剂进口。顶部设有大孔分布板并与第一再生器底部相连。二段再生器气体流速按 0.4~0.7m/s 设计，密相段高度一般为 4~6m，稀相有 6~8m 的催化剂沉降高度。

一再与常规再生器相似，采用大小筒结构，稀相设有旋风分离器系统，待生催化剂自密相床上部进入，半再生催化剂自下部引出。由于二再顶部自一再底部插入，一再的主风分布器采用单环或双环分布管，见图 3-33。

（2）三器连体两段逆流再生器

三器连体两段逆流再生器，见图 3-34，沉降器与一再同轴式布置。二再位于一再下方，采用偏心(不同轴)布置。二再与一再用烟气管道连接,二再采用大小筒结构(内部不设旋风分离器),密相采用较高的流速来提高流化质量和烧焦效果,稀相采用较低流速加强催化剂沉降,减少催化剂夹带量。密相床线速0.8~1.2m/s,稀相线速约0.6m/s。密相段高度一般为4~6m,稀相有6~8m的催化剂沉降高度。二再下部有主风分布管、再生催化剂出口,顶部有烟气引出口。半再生催化剂采用立管输送,用塞阀控制催化剂循环量。

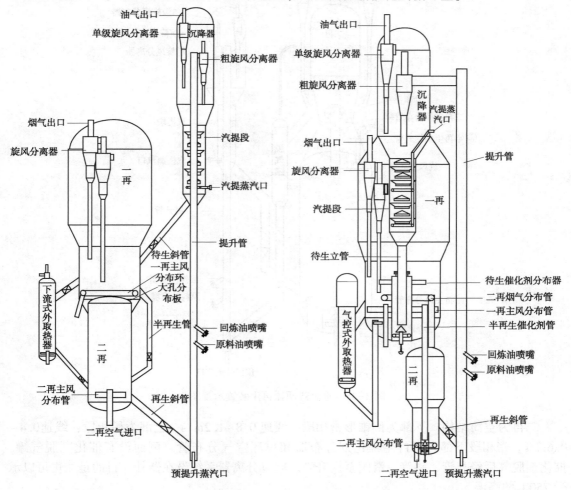

图3-33　重叠式两段逆流再生示意图　　　　　图3-34　三器连体两段逆流再生示意图

第一再生器与同轴式单段逆流再生器相似,二再高温烟气通过管道进入一再,在一再密相床中部设置特殊的环形烟气分布管进行分配。

三器连体两段逆流再生装置由于沉降器与一再直接连接,汽提段直接插入再生器中及再生斜管较短,使其总高度比国外并列式两段逆流再生装置降低了10~15m。

4. 两器再生

(1) 重叠式两器再生

两器重叠型装置见图3-35。一再为直筒结构,下部有空气分布器,中部有待生催化剂进口及船形分布器,上部有旋风分离器系统。轴向中心位置设有半再生催化剂输送管,穿过顶部封头和二再底部封头进入二再。输送管下端装有空心塞阀(可进入输送风),上端有齿形分布器。一再床层线速为 0.5～0.8m/s，密相床高度一般为 4～6m，稀相有 10m 以上的净沉降高度，催化剂输送管流速为 10～14m/s。

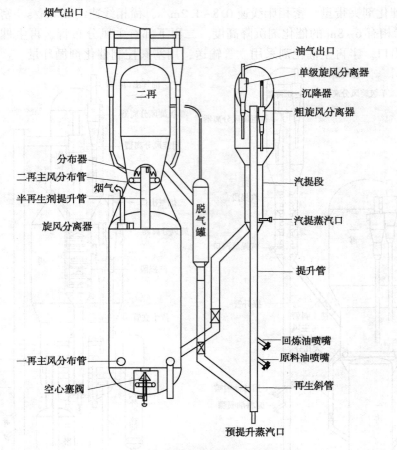

图 3-35　重叠式两器再生装置示意图

二再为空筒结构，下部为倒锥形密相段，线速 0.8～1.2m/s，上部为稀相段，线速0.4～0.6m/s。密相段下部有半再生催化剂分布器和单环空气分布管。侧面设有催化剂脱气罐，催化剂脱气后经立管、斜管、滑阀至提升管。旋风分离器系统设在器外，目的是二再可以承受 750℃ 的高温。

该型装置近年设备方面改进内容有：①汽提段增设挡板。②采用我国开发的低压降高效原料雾化喷嘴。③增设外取热器。④将船形待生催化剂分布器改为管形分布器，并布置在密相中。⑤二再单级外旋改为两级内旋。⑥一再增设格栅等。

（2）并列式两器再生

两器并列式装置见图 3-36，第一再生器与常规再生器类似，不同之处是主风分布器采用双环分布管，并设有船形待生催化剂分布器。半再生催化剂自下部引出，经半再生立管、滑阀、半 U 形输送管输送到二再。二再与重叠式两器再生装置的二再相同。

该型装置近年改进内容：①汽提段增设挡板。②采用我国开发的低压降高效原料雾化喷嘴。③增设外取热器。④改造船形待生催化剂分布器。⑤二再单级外旋改为两级内旋。⑥取消半 U 形提升管，二再下部增设串流烧焦罐（改造为组合式再生器）。

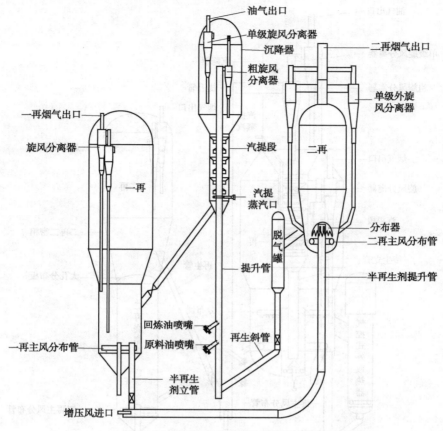

图 3-36 并列式两器再生装置示意图

5. 组合式再生器

组合式再生器是将两种再生器组合在一起，形成一种新的两段再生器形式。其中典型的是同轴式单段再生和串流烧焦罐再生组合在一起形成的两段再生器。

第一再生器是典型的同轴单段逆流再生器，半再生催化剂自一再下部引出，经斜管、滑阀至二再的烧焦罐下部。再生催化剂自二再的二密相引出经斜管、滑阀去提升管反应器。

第二再生器与一般串流烧焦罐有不同之处。由于半再生催化剂温度较高，及二再烧焦罐的催化剂循环强度较高、密度较大，故不再需要设置外循环管。烧焦罐需要采用更高的气体流速操作，一般为 1.8~2.5m/s。由于二再烧焦比例较小，二密相直径也较小，再生催化剂"淹流溢流"斗所占面积比例较大(有的装置高达 40%)，再生剂的引出和输送是该型装置需重点考虑的问题之一，见图 3-37。

三、其他设备

1. 空气分布器

空气分布器有分布管和分布板两种基本形式，作用是使空气沿整个流化床截面分配均匀，创造一个良好的初始流化环境。分布器的好坏直接影响流化床的流化质量、再生烧焦效果和催化剂损耗，甚至影响到装置的经济效益和生产周期。

分布管设备特点：设备结构简单，制造检修方便，设计合理，可获得较好的流化质量，

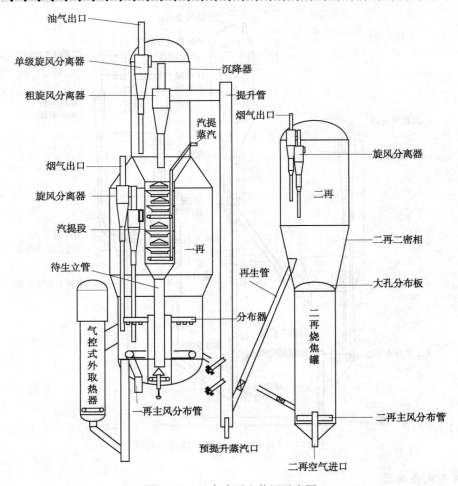

图 3-37　组合式再生装置示意图

所以分布管的应用最为广泛。

　　分布管有环状分布管和树枝状分布管两种。环状分布管又分单环、双环和多环等形式，见图 3-38。早期的旋转床再生器曾用过环形分布管，我国引进的几套催化裂化装置再生器采用单环或双环大直径环管，喷嘴多方位（水平、垂直、向外斜、向内斜等方位）布置，靠气流方向和射程达到在整个截面分布的目的。这种分布管压力降较大，在变负荷工况下（尤其在低负荷下）分布效果欠佳。另外环状分布管加工制造较困难，检修也不方便，因此近年建设的催化裂化装置很少采用。

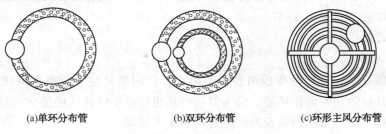

(a)单环分布管　　　　　(b)双环分布管　　　　　(c)环形主风分布管

图 3-38　环状主风分布管示意图

树枝状分布管各支管均为直管段，制造、检修方便，能自由伸缩吸收热膨胀，操作中不易变形，是目前应用最广泛的一种形式，几乎应用于各种再生器。根据同轴式、并列式再生器结构及规模不同，树枝状分布管又可设计成多种形状，见图3-39。分布管的操作应解决好以下两方面问题：一是在床层中均匀分布空气，使床层流化质量好；二是避免分布管磨损。前者要求设计适宜的喷嘴压力降、喷嘴密度（喷嘴直径、数量），防止边壁效应以及注意分布管与再生器内件间的相互关系。后者除了考虑喷嘴本身耐磨外，还要设计适宜的主管、支管、分支管流速以及科学安装喷嘴，防止催化剂被吸入分布管内。支管、分支管实际主风流速应控制在20m/s左右。喷嘴压降以5~14kPa为宜，烧焦罐主风分配器可采用中低值，密相床再生器直径较小、密相料位较低时采用中下值，密相床再生器直径大、密相料位较高时采用中上值。一般采用变径喷嘴，小端直径有φ14mm、φ16mm、φ22mm等规格，床层喷嘴密度20~30个/m²为宜，喷嘴喷出速度不宜大于30m/s。近年设计的分布管外面设有耐磨层，以增加分布管的耐磨性能。开发了衬陶瓷耐磨喷嘴，也得到了应用，但要彻底解决分布管磨蚀问题，仍应避免催化剂被吸入管内。

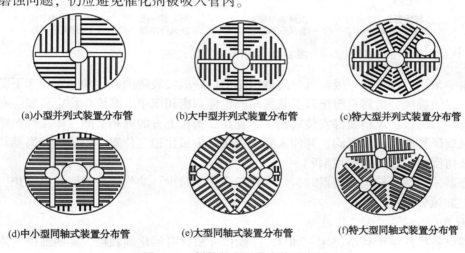

(a)小型并列式装置分布管　　(b)大中型并列式装置分布管　　(c)特大型并列式装置分布管

(d)中小型同轴式装置分布管　　(e)大型同轴式装置分布管　　(f)特大型同轴式装置分布管

图3-39　树枝状主风分布管示意图

分布板的射流作用强化了流化床传质是其优点，虽然近几分布板的设计已有改进，但是在大型流化床、高温、变工况情况下，仍存在热膨胀变型问题，为此很少采用。

2. 旋风分离器

旋风分离器的作用是回收反应油气和再生烟气携带的催化剂，避免油气把大量催化剂带到分馏塔，避免烟气把大量催化剂带出再生器，损失贵重的催化剂，增加三级旋风分离器及烟机磨损，污染大气环境。

近年应用的旋风分离器有PV型、Emtrol型、GE型等。PV型旋风分离器是我国研究开发的产品，有完整的计算、设计方法和20余年的使用经验。其结构简单，制造方便，压降适中，效率高，能够满足FCC装置的需要，被FCC装置广泛采用。PV型旋风分离器结构特点：筒体入口采用180°涡壳，入口截面呈矩形，入口内侧板有一切进角。排气管插入合适深度，高径比适中，排料口直径大于内旋流直径，选择合适的截面系数和排料管直径等。入口流速18~25m/s，压降小于10kPa，效率大于99.993%，见图3-40。

一般再生器用两级旋风分离器。20世纪80年代中引进的几套装置二再采用单级外旋风分离器，经十余年的使用表明，料腿对再生器料位波动过于敏感，效率低，抗事故能力差，

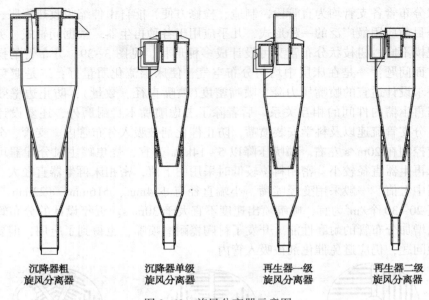

图 3-40　旋风分离器示意图

故现在很少采用。再生器一级旋风分离器料腿出口一般安装防倒锥,伸到密相床下部流化稳定位置。二级旋风分离器料腿出口安装翼阀,也伸到密相床中上部流化稳定位置。有的烧焦罐再生器一、二级旋风料腿都安装翼阀,布置在二密相上方的稀相空间。串流烧焦罐再生器一、二级旋风料腿宜采用翼阀,并伸入到二密相床中流化稳定位置。粗旋风分离器料腿出口一般安装防倒锥(或采用防冲挡板)。

沉降器采用两级旋风分离器时,二级料腿催化剂量少,油气停留时间长易结焦,故通常采用单级旋风分离器。

3. 衬里

两器设备操作温度较高(500~740℃)。操作介质含有催化剂颗粒,某些部位气体携带催化剂颗粒高速流动,对设备内壁磨损严重。为保护设备,减少热损失,在两器设备内壁须设隔热耐磨衬里。

衬里是一种非金属耐热材料,主要成分是各种硅酸盐颗粒和黏结剂。目前常用的衬里有三种:龟甲网双层衬里、无龟甲网双层衬里、无龟甲网单层衬里。

龟甲网双层衬里是一种传统的衬里结构,经改进后抗压强度和使用寿命大幅度提高,目前仍用于两器的某些部位。隔热层一般厚度为74~119mm,采用矾土水泥为胶结剂,陶粒和蛭石为骨料。耐磨层厚度一般为26~31mm,用纯铝酸钙水泥为黏结剂,具有导热率低、强度高耐磨性好、密度高气孔率低、有更好的耐渗透性等优点。缺点是龟甲网在成型与焊接时存在一定的缺陷和残余应力(尤其是在再生器高温、曲率变化大的部位,端板与龟甲网间的焊接应力较大),易变形、翘曲、开裂、脱落。

无龟甲网单层衬里是近年应用普遍的一种衬里。其性能介于隔热和耐磨材料之间,用锚固钉固定于器壁、钢丝纤维增强既隔热又耐磨,适用于流速较低的高温部位(如再生器等大型容器)。优点:简单、整体性好、施工周期短、使用周期长、不易鼓包。近年开发了高强度材料,也适用于斜管和提升管Y形结构。

无龟甲网双层衬里是由强度、膨胀系数均不相同的两层材料组成,耐磨层与隔热层容易脱离(尤其是施工质量不保证时),整体性差,目前较少采用。

衬里的选用:再生器(包括一再、二再)、烧焦罐、三级旋风分离器和外取热器筒体宜采用无龟甲网单层衬里。沉降器、提升管、斜管和烟道等宜采用龟甲网双层衬里。一二级旋风分离器、粗旋风分离器、稀相管、料腿、空气分布器等内件,采用龟甲网或Y形保温钉的磷酸盐为胶黏剂的高耐磨单层衬里结构。沉降器不宜采用无龟甲网单层衬里,原因是单层衬里密度低,气孔率较高,油气易渗透、渗碳结焦膨胀使衬里脱落。龟甲网双层衬里的耐磨层密度高,气孔率低,具有更好的耐渗透性,能适应540℃工作条件。

提升管Y形部位和双动滑阀、蝶阀出口部位有高速气流冲蚀容易损坏,在建设和操作中应特别注意。提升管Y形部位采用密度大的单层衬里,保温钉加密,应用振捣法立置施工。双动滑阀、蝶阀出口耐磨层采用高耐磨刚玉衬里料(AA级或AB级),并掺入不锈钢纤维,增加厚度,电热带预先烘干再投用,避免开工期间尚未达到硬度指标被高速气流冲掉。

4. 辅助燃烧室

辅助燃烧室由炉膛和混合室两部分组成。启用时一部分空气(通常称为一次风)进入炉膛,燃料在900~1200℃下燃烧完全。另一部分空气(通常称为二次风)从环形通道进入混合室,与炉膛高温烟气充分混合,将温度降到约600℃进入再生器。

辅助燃烧室有立式和卧式两种。早期设计的高低并列提升管装置采用立式辅助燃烧室,直接安装在再生器底部。由于辅助燃烧室体积较大,再生器底部空间限制、结构设计和操作不便等原因,此种形式已不再使用。卧式辅助燃烧室是一台独立的设备,为缩短至再生器的管道,一般布置在再生器下方的地面上,操作更方便,见图3-41。

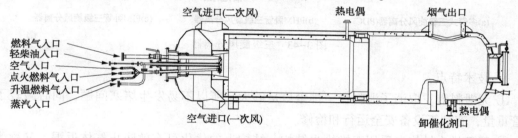

图3-41 辅助燃烧室示意图

5. 降压孔板

从再生器出口到余热锅炉入口的烟气压降较大。为减少双动滑阀的磨蚀需要设置降压孔板(也称孔板降压器),分担一部分烟气系统压力降。根据工艺条件降压孔板内一般设3~6块多孔板。支承板采用椭圆封头结构,每块降压孔板按压力降要求安装几根至十几根耐磨短管。由于气体压力降低流速增加,为避免冲坏衬里,降压孔板设备直径要大于烟气管道直径。此外为便于检查和维修,降压孔板前后安装有人孔和压力表,见图3-42。

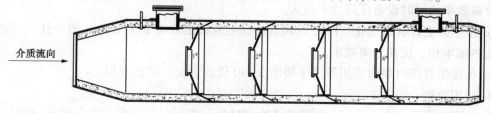

图3-42 降压孔板示意图

6. 三级旋风分离器

（1）PDC 旋风管型三级旋风分离器

PDC 旋风管是石油大学开发的新型分离设备，见图 3-43（a）。

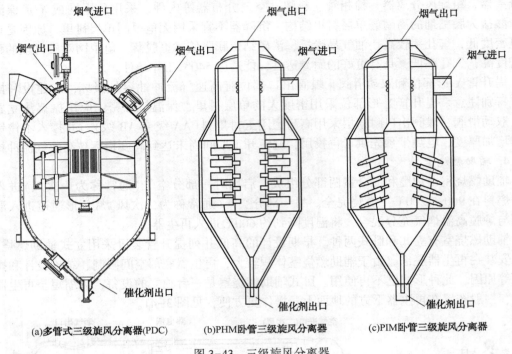

(a)多管式三级旋风分离器(PDC)　　(b)PHM卧管三级旋风分离器　　(c)PIM卧管三级旋风分离器

图 3-43　三级旋风分离器

A. 技术特点：

① 无泄料盘。取消了泄料盘，排尘口足够大，所以不易发生堵塞问题，同时减轻了旋风管重量，有利于设备安全运行和检修。

② 新型排尘结构。采用双锥排尘结构，结构上的优化可有效防止气体返混，又称为防返混锥。

③ 新的排气结构。在排气管下口安装特殊的导流锥，并开有与气流方向相反的疏流缝，使气流通过狭缝进入排气管时有一个较大的方向转变。在此过程中微粒再一次得到惯性分离，同时也削弱了排气管末端的径向气流，提高分离效率。

④ 前向型叶片。导向器是旋风管的关键部件之一，它的形状和参数的优化直接影响分离效率和压降。PDC 旋风管采用出口角度 25°~30°前向型叶片，同时优化了各部尺寸，在获得高分离效率的同时设备压降也不过大。

⑤ 排尘锥上开有透气孔。PDC 旋风管的排尘双锥上开有 8 个 $\phi6mm$ 的小孔，可防止催化剂在内部堆积，提高分离效率。

⑥ 在排尘双锥内表面采用等离子喷涂 X-40 硬质合金，防止磨损。

B. 使用效果：

① 分离效率高。在入口催化剂浓度 500~2000mg/Nm³ 时，分离效率为 85%~95%，出口烟气中催化剂浓度为 40~150mg/Nm³。>7.2μm 可除去，>4.6μm 只有 2.8%。

② 抗冲击能力强。入口浓度在 2000mg/Nm³ 时，出口烟气中催化剂浓度在 120mg/Nm³ 以下。>9.6μm 为<1%，>7.2μm<4%。

③ 操作弹性大。进气量增加 30%，总效率和出口烟气中催化剂浓度无明显变化。

④ 压力降低。压力降由原型号的 0.13MPa 降到 0.09MPa，降低了 30%。

⑤ 解决了泄料盘堵塞问题。

（2）PHM 卧管三级旋风分离器

A. PHM 卧管三级旋风分离器结构：

由外壳、中间壳体、烟气出口集合管和旋风管等主要部件组成。前三个部件构成三个空间，并由旋风管将三个空间相互连通。旋风管沿周向和轴向均匀地固定在中间壳体和烟气出口集合管上。含尘烟气从中层空间上部进入并充满整个空间，进入各卧管旋风管入口。烟气在卧管旋风管内旋转，靠离心作用与粉尘分离，粉尘从出口排出，汇集到外层空间，靠重力从底部排出。净化烟气从气体出口排出，汇集到内层空间(烟气出口集合管)，从上部引出。

旋风管用 6mm 厚的钢板卷焊而成，内部带有整体浇注的耐磨衬里的特殊结构。内表面光洁圆滑，具有高的分离效率和长的使用寿命，见图 3-43(b)。

B. PHM 卧管三旋的特点：

① 效率高、弹性大。入口速度在较大范围内变化，分离效率基本无变化。正常情况下出口粉尘浓度在 100mg/Nm³ 以下，8~10μm 颗粒可全部除掉。

② 大颗粒靠重力沉降作用在中层空间直接分离，防止对旋风管的磨损。

③ 中间壳体和烟气出口集合管垂直布置在外壳内，自由膨胀，可抗较高的烟气温度。

④ 催化剂突然大量进入，中层空间有缓冲作用，负荷可缓解。

⑤ 适用于大型装置，可采用大长径比的圆筒结构。同样处理能力的多管式三级旋风分离器直径 7.5m，采用卧管三旋设备直径仅为 4.5m。

四、特殊阀门

特殊阀门是催化裂化装置中的重要设备，在反应再生、主风及烟气能量回收等系统中起着调节、切断作用。

1. 冷壁电液双动滑阀

双动滑阀安装在三旋出口烟气管道上，正常操作时与烟机入口高温蝶阀一起分程控制再生器压力，当装置开、停工或烟气轮机停机时，单独控制再生器压力。该阀具有结构先进、控制精度高、响应速度快、灵敏度高、输出推力大等特点，其主要结构特点如下：

（1）本体部分

阀体部分主要由阀体、阀盖、节流锥、阀座圈、阀板、导轨、阀杆等组成。

① 阀体。阀体为 20g 钢板焊接的异径四通结构，内衬无龟甲网隔热耐磨双层衬里，耐磨衬里采用钢纤维增强的以电熔刚玉为骨料的 JA-95 高强度耐火浇注料，衬里厚度 40mm。隔热衬里采用以大颗粒膨胀珍珠岩为骨料的 HWL-1 浇注料，衬里厚度 110mm。双层衬里采用 S 形保温钉锚固连接，使耐磨、隔热衬里成为完整的整体，表面平整光滑，克服了龟甲网衬里易于鼓包、剥落等缺点。阀体操作温度在 750℃ 时，其外壁温度不超过 200℃。

阀体与设备管线采用等直径同种钢直接焊接，现场焊接方便，质量易于保证。

② 阀盖。阀盖采用焊接结构，材质为低碳钢。阀盖法兰采用标准圆形法兰并配用标准缠绕式垫片，密封可靠。阀盖法兰衬有 150mm 厚无龟甲网钢纤维增强 HWL-1 单层衬里。法兰上正对导轨处设有两个导轨吹扫口，以防阀板卡阻。

阀盖上的填料函采用串联填料密封结构，即在一个填料函内串联装入两种不同规格的填料，外侧是工作填料，当工作填料失效或更换时，可通过注入液体填料，在正常操作状态下，可更换工作填料，以保证阀门的长周期操作。液体填料可采用二硫化钼锂基脂掺少量石墨粉。填料函上还设有阀杆吹扫口，以防止催化剂进入函体内卡阻阀杆。

③ 节流锥。节流锥为 1Cr18Ni9Ti 铸造结构，节流锥上端法兰坐落在阀体的环形座圈上，并用螺栓固定。节流锥下端直接与阀座圈连接，节流锥采用吊挂式结构，温度变化时可自由膨胀收缩。

④ 阀座圈、阀板与导轨。阀座圈、阀板与导轨均为高温合金钢铸造结构，导轨为 L 形截面，表面喷焊硬质合金。阀座圈的阀口四周和阀板表面及头部均衬制钢纤维增强的 JA-95 耐磨衬里。在有相对滑动的衬里表面，均进行磨削加工，表面平整光滑，滑动均匀，可防止阀板卡阻并有利于提高其耐磨性能。为避免催化剂的直接冲刷，导轨远离阀口布置。

⑤ 阀杆。阀杆为高温合金钢锻制而成，阀杆表面喷焊硬质合金，经磨削加工后，表面光滑。阀杆头部采用 T 形接头，并设有台阶式后密封，阀杆与阀板采用滑动配合，以适应节流锥等部件热胀冷缩时引起的上下位移。

(2) 电液执行机构

电液执行机构具有控制灵敏、精度高、输出推力大、行程速度快、自保动作迅速、响应速度快、无滞后、动作平稳、无振荡、无噪声等特点。

① 电液执行机构的主要技术性能：

线性度不低于　　　　　1/600

重复性不低于　　　　　1/600

灵敏度不低于　　　　　1/600

分辨率不低于　　　　　1/600

② 电液执行机构的结构及技术参数：

电液执行机构主要由液压系统(包括伺服油缸)、电气控制系统和手动机构三大部分组成。电气控制系统与液压系统(伺服油缸除外)组成一个单独的控制柜，可以放在阀门平台附近的适当位置，手动机构和伺服油缸(含传感器组件)直接与阀体相连接，电液控制柜与伺服油缸之间的压力油用高压软管连接。

a. 液压系统。液压系统由动力油站、蓄能器系统、集成油路系统、伺服油缸和液压管件等组成。

液压系统的基本参数如下：

系统额定油压　　　8.7MPa

系统工作油压　　　7MPa

系统最低工作油压　4MPa

系统过滤精度　　　<5μm

系统工作正常流量　　12L/min

系统工作正常油温　　20~55℃，

最高60℃，最低　　　15℃

液压油减磨液压油：液压系统的压力油由电机直接驱动的变量式叶片泵提供（并备用一台），经过滤器、各类控制阀、集成油路系统伺服油缸带动阀杆实现阀板的往复运动。蓄能器系统是液压系统的辅助压力油源，主要用于系统稳压和补充滑阀快速动作时用油，并作为备用压力油源维持系统操作。

b. 电气控制系统。电气控制系统主要由电气控制箱、传感器、油路控制箱和接线盒等组成。

电气控制箱由伺服放大器、操作按钮和铝合金箱式隔爆外壳组成，其基本参数如下：

额定供电电压　　　　220VAC±10%

额定供电频率　　　　50Hz±5%

功耗　　　　　　　　<100VA

工作电压　　　　　　±15VDC±5VDC

输入调节信号　　　　4~20mA，≮3.6mA，≯20mA

阀位输出信号　　　　4~20mA（最大负载阻抗400Ω）

最大控制电流　　　　±70mA

位移传感器采用直流差动变压器式直线位移传感器，油路控制箱由电液伺服阀、电磁阀等组成。

（3）手动机构

手动机构主要由支架、滑块、螺杆、开合螺母、蜗轮、蜗杆和手轮等组成。该手动机构为偏心式单螺杆结构，手动与液动的相互切换通过开合螺母完成。需手动时，首先将液压系统置于手动机械操作状态，压下离合手柄，转动手轮即实现手动操作。

（4）电液执行机构的工作原理、操作方式与功能

① 工作原理：电液执行机构的电气控制系统输入端接受4~20mA的输入信号，经规格化处理转换成0~10V电压信号，并同时接受位移传感器检测到的实际阀位信号经处理后也转换成0~10V电压信号，二者在伺服放大器中进行比较，其差值经放大后作为电液伺服阀的指令信号，驱动伺服阀、控制伺服油缸按指定的方向运动。油缸活塞杆的移动带动阀板移动，直到输入信号与反馈信号偏差为零，伺服阀控制信号为零，无液压油输出，使滑阀停止在与输入信号相对应的位置上，达到位移与信号平衡为止。

② 操作方式：根据工艺过程对双动滑阀控制的要求，电液执行机构操作方式如下：

a. 中央控制室操作：

自控（输入信号来自于工艺过程控制器）；

遥控（输入信号来自于手操器）；

紧急操作（输入信号来自于装置事故自保联锁信号）。

b. 就地操作（输入信号现场人工给定）。

c. 手动液压操作（现场操作换向阀）。

d. 手动机械操作(现场转动手轮)。

③ 功能:电液执行机构具有故障锁位、报警、显示、正反作用选择、零位、行程和速度调整等功能。

a. 锁位功能:当电气控制系统出现输入信号丢失、反馈信号丢失和跟踪丢失时,执行机构就地锁位。

b. 报警及就地灯光指示功能:

电气及液压系统共设有 10 项报警;

输入信号丢失(<3.6mA,>20mA);

反馈信号丢失;

跟踪丢失;

备用蓄能器压力低(最低 4.0MPa,视不同操作阻力调定);

液压系统压力低(最低 4.0MPa,视不同操作阻力调定);

油温高(>60℃时);

油温低(<15℃时);

过滤器Ⅰ、Ⅱ差压高(>0.35MPa);

油箱液位低;

自保投用:装置紧急自保。

以上报警除就地设有单项报警指示灯外,同时在主控室也设有红灯、黄灯 1、黄灯 2 组合声光报警。

c. 显示功能。偏差(输入信号与反馈信号之差)显示:显示范围-100~100%。

位置:0~100%。

反馈:0~100%。

输入:0~100%。

正电源:+14.5~+15.5V。

负电源:-14.5~-15.5V。

位置放大器平衡电压:-4.5~+4.5V。

伺服阀电压:4.0V 平衡时近于 0。

d. 调整功能:

正反作用选择;

可根据工艺操作要求,选择不同的作用方式,双动滑阀为反作用;

零位调整;

可将 4mA 输入信号对应的起点位置调整在阀全行程的任意位置,该阀的输入信号为 4mA 时对应于全开位置;

行程速度调整;

可根据需要分别调整开阀关阀速度。

e. 自保功能。

装置事故自保联锁:自保信号为主控室触点信号,其电源为 24VDC。自保动作时,接通电源，双动滑阀全开。

2. 待生塞阀

待生塞阀安装在再生器底部，阀头直接深入再生器内并与安装在再生器内待生立管上的阀座相接触，正常操作时用来控制沉降器催化剂藏量，在装置开停工或故障时兼作切断阀使用。该阀配用分离式电液执行机构，具有结构先进、控制精度高、响应速度快、灵敏度高、输出推力大等特点，还具有自动吸收立管膨胀、补偿立管收缩和推力超限报警功能，其主要结构特点如下：

（1）阀体部分

阀体部分主要由阀体、节流锥、阀座圈、阀头、阀杆和填料函等组成。

① 阀体。阀体采用垂直安装结构，安装时用螺栓与再生器的接口法兰联接，阀体联接法兰以上的阀套、阀头、上阀杆、保护套等直接深入再生器内。阀体法兰采用标准圆形法兰，并配用缠绕式垫片，受力均匀，密封可靠。

② 节流锥、阀座圈。节流锥采用铸造结构，上端直接与待生立管焊接，阀座圈采用法兰联接结构，用高温螺栓与节流锥下端法兰联接，以便对阀座圈进行检修和更换。为防止高温催化剂的强烈磨损与冲蚀，对磨损部位严重的阀座圈内圈表面衬制刚玉耐磨衬里，节流锥下端内圆表面喷焊硬质合金或衬制刚玉耐磨衬里。

③ 阀头、阀杆。阀头为铸造空心结构，与上阀杆采用台阶止口配合螺栓联接，拆装更换方便。为防止高温催化剂对阀头的严重冲刷磨损，阀头外表面中间磨损部位衬制刚玉耐磨衬里。阀杆由上阀杆、下阀杆组成，上阀杆与下阀杆用螺纹联接，并用螺母锁紧，经制造厂组装后，在使用过程中一般不应拆卸。上阀杆为空心结构，下阀杆为实心结构，通过滑块与伺服油缸的活塞杆联接。为提高上阀杆的耐磨及密封性能，其外表面采用喷焊硬质合金硬化处理，并经磨削加工。下阀杆表面采用气体渗氮工艺处理，提高表面硬度与耐磨性。

④ 阀套。阀套直接深入再生器内，为降低导向套、阀杆、联接法兰和填料函的工作温度，阀套内衬有 70~150mm 厚隔热衬里，阀套为带有一定锥度的圆筒结构，以便对阀头进行安装和检修。

为防止催化剂沿阀杆下落，积存于上阀杆与导向套、阀套之间卡阻阀杆，在阀套的法兰面和填料函上均设有压缩空气(或蒸汽)吹扫口，同时冷却上阀杆、导向套等有关部件。

⑤ 填料函。填料函采用串联填料密封结构，即在一个填料函内串联装入两种不同规格的填料，外侧是工作填料。当工作填料失效或更换时，可通过注入液体填料，在正常操作状态下，可更换工作填料，液体填料可采用二硫化钼锂基脂掺少量石墨粉。

⑥ 固定保护套和活动保护套。为防止伸入再生器内的阀杆受催化剂的直接冲刷，在阀杆外围设置有固定及活动保护套，固定保护套装在阀套上，活动保护套与阀杆上端联接，并随阀杆一起移动。活动保护套与固定保护套承插在一起，在全行程范围内阀杆始终处于保护套中。活动保护套外表面衬有龟甲网加固刚玉耐磨衬里，固定保护套外表面喷焊硬质合金。

（2）电液执行机构

采用分离式电液执行机构，与双动滑阀执行机构基本相同。

3. 电液再生单动滑阀

再生单动滑阀安装在再生立管上，正常操作时调节再生催化剂循环量，控制提升管出口温度，停工或装置故障时兼作切断阀使用。

（1）阀体部分

单动滑阀的阀体部分采用冷壁结构，阀体为 20g 钢板焊接的同径三通，阀内件除单块阀板和单根阀杆外，其余与双动滑阀基本相同。

（2）电液执行机构

采用分离式电液执行机构，其结构特点及主要性能参数与双动滑阀电液执行机构基本相同。

4. 烟机入口高温蝶阀

烟机入口高温蝶阀安装在烟机入口烟气管线上，用于调节烟机的进气量，并与双动滑阀分程控制再生器压力。该阀为台阶密封型高温蝶阀，配用分离式电液执行机构。

（1）阀体部分

该阀的阀体采用高温合金钢板焊接结构，内部无衬里，与管道用法兰联接。阀板采用 1Cr18Ni9Ti 铸造结构，阀板与阀座圈采用台阶式密封，边缘喷焊硬质合金。为防止烟气中催化剂进入轴套卡住阀杆，在阀体两端轴承处各设一个蒸汽吹扫口，以吹扫催化剂并冷却阀杆。阀杆为分轴结构，材质为锻钢 Cr18Ni12W2Mo。阀杆两端的支承轴承均采用耐高温的硅化石墨滑动轴承。阀杆的非传动端采用闷盖密封结构，传动端采用填料密封。

该阀的传动机构由偏置曲柄滑块机构、开合螺母机构及蜗轮蜗杆组成。该机构通过偏置曲柄滑块机构将油缸活塞杆的直线位移转换成角位移。手动机构为偏心式单螺杆结构，手动、液压的相互切换通过开合螺母完成。需要手动时压下离合手柄，转动手轮即可实现手动操作。

（2）电液执行机构

电液高温蝶阀采用分离式电液执行机构，其结构特点及主要性能参数与双动滑阀电液执行机构基本相同。

5. 烟机入口高温闸阀

烟机入口高温闸阀安装在烟机入口管道上，位于烟机入口高温蝶阀前，作为烟气切断阀使用。大型装置烟机入口管道直径过大，配置高温闸阀的方案难以实施，因而改用高温蝶阀替代。

该阀采用平板型阀板和柔性石墨密封圈，密封性能可靠，同时密封圈又有良好的自润滑性能，操作时阀板移动平稳，不会出现卡阻现象。阀的结构设计保证在全开和全关位置时，密封面均不直接受介质冲蚀。上阀盖处有蒸汽吹扫口至阀的底部，再从蒸汽排出口排出。

该阀采用两位式气缸驱动，阀的开关由二位四通电磁阀控制，开关时间<25s，并设有行程开关，显示阀的实际开关位置。其手动机构采用双螺杆式蜗轮传动，不仅切换方便而且使阀的高度大为减少。

6. 风动闸阀

风动闸阀安装在富气压缩机入口管道及出口管道上，用来切断富气。

风动闸阀是一种气动调节的切断型阀门，由阀体、传动机构及自动控制部分组成。阀的调节或开关由中控室的气动信号输入阀的定位器来控制。实际阀位由阀位变送器以气动信号的形式传送到中控室的阀位指示器上。

7. 富气放火炬蝶阀

富气放火炬蝶阀为调节兼切断型蝶阀，安装在气压机入口放火炬管道上，为金属密封零泄漏本质安全型蝶阀。与管道采用法兰联接，配有气动执行机构，带手动机构，采用电气阀门定位器，有 4~20mA 阀位信号输出，结构先进，密封性能可靠(多为引进设备)。

8. 防喘振放空阀

安装在主风机出口放空管道上，主要用作主风机防喘振调节，一旦发生主风低流量或其他故障时，由程控器发出指令使它快速全开，该阀为气动硬密封蝶阀。

9. 主风总管阻尼单向阀

主风总管阻尼单向阀安装在辅助燃烧室入口的主风总管上，用于主风机低流量保护，以防止催化剂倒流，保护主风机。该阀为气动快开、快关型阀门，具有结构简单、安装方便、动作可靠等特点。

该阀为双偏心蝶形止回阀，阀体为碳钢焊接结构，阀体两端与管道采用法兰联接。阀板为铸钢结构，阀板在偏心力矩作用下靠自重能产生一定的关阀力矩。阀杆为 40Cr 锻钢，采用分轴结构，便于安装、制造。阀座圈与阀板间的密封为金属对金属特殊锥形密封，能有效地防止催化剂倒流。如万一发生催化剂倒流事故，高温催化剂不会损坏阀座及阀板密封面，不致影响再次使用及密封性能。该阀配用气动执行机构，执行机构由气缸、拨叉传动机构、双电控二位四通电磁阀、二位二通电磁阀、行程开关及接线盒组成。

10. 反逆流阀

反逆流阀即主风机出口阻尼单向阀，在主风机低流量保护或停车等事故状态快速关闭，正常状态快速打开，动作迅速、准确可靠、冲击小密封性好。目前该阀有两种主要结构形式：

（1）旋启式止回阀

阀体及阀板均为铸钢结构，配用二位式气动执行机构，通过电磁阀控制，实现气动快开、快关(强制开关)。该阀用于离心式主风机保护。

（2）蝶型止回阀

该阀为双偏心蝶型止回阀结构形式，有利于自动关闭，全开时阀板处于管道中心位置，管道内流动均匀减少涡流和振动。壳体为碳钢组焊结构，和管道采用法兰连接。内件和控制系统有两种：①软密封蝶型止回阀。阀座圈为不锈钢焊在壳体上，加工成锥面，阀板为碳钢组焊结构，氟橡胶异形密封圈用压板固定在阀板上。②硬密封蝶型止回阀。阀座圈和阀板间采用金属对金属的锥形密封，表面堆焊硬质合金。随动开+气动快关型阀门，用于轴流式主风机保护。

11. 反阻塞阀

某些轴流式主风机需设置反阻塞阀，主要控制轴流式主风机的上限流量。所用阀门为调节兼切断型。壳体为碳钢组焊结构，和管道采用法兰连接。阀板为单偏心铸钢结构，氟橡胶异形密封圈靠压环压在阀体上。密封压缩量可用环上的限位螺丝钉调整，密封可靠。可在 225℃ 以下长期使用，配用拨叉式气动执行机构。

12. 烟道高温蝶阀

用于余热锅炉区的烟气管道上，与管道采用法兰连接或焊接。属于低压降大通量型，一般配用手动机构，也可配气动执行机构。采用冷壁结构，壳体为碳钢组焊结构，内衬隔热耐磨衬里，内件为 1Cr18Ni9Ti。

13. 烟机旁路蝶阀

结构与烟机入口蝶阀基本相同，该阀正常操作时关闭，在烟机切除和紧急停车事故状态迅速进入自动调节。该阀属于高压降阀，磨损严重，除阀座和阀板边缘喷硬质合金外，阀体内部还衬有钢纤维增强无龟甲网钢玉衬里。阀轴外增设防磨保护套，配有拔叉式执行机构，也可配用电液执行机构。

14. 高温三通阀

安装在余热锅炉区的烟气管道上，用作方向控制阀和切断阀。可代替两个蝶阀使用。

第七节　取　热　器

催化裂化装置加工重质原料油时两器热量过剩，需要设置取热器取出过剩热量，保持反应再生之间的热平衡使装置平稳运行。取热器有内取热器和外取热器两大种类。

一、内取热器

内取热是将取热元件直接设置在再生器内部。发生蒸汽内取热管一般设在密相床，过热蒸汽内取热器由于管内传热系数较低也可布置在稀相段。内取热的优点是不需配置催化剂循环、调节系统，也不需要增压风系统，投资省、操作简单。不足是取热负荷不能调节，停用后再启用困难。我国初期的几套重油催化装置都采用了内取热器。由于当时对取热管流速和材质考虑不当，对干烧高温氧化问题看得过重，采用不锈钢管，出现过损坏。后来对取热管设计进行了改进，采用对氯离子应力腐蚀不敏感的 Cr5Mo 或碳素钢及设计较高的流速、循环倍率后可长期操作。随着外取热技术的日益成熟，现在已不再单独使用内取热。某些大型装置为减少外取热负荷，将内取热和外取热器配合使用。

内取热应用于发生蒸汽时，传热系数为 349~523W/(m² · ℃)，循环比大于 15，取热管进口流速大于 3m/s，压降为 0.2~0.3MPa。一般采用蛇形管，水平或垂直布置于再生器密相床中。由于取热管较长、压降较大，采用热水泵强制循环方式。产生中压蒸汽内取热，热水泵扬程为 60~80m 液柱。为使进每路取热管的热水流量均匀，每路进水均设有流量指示。操作中应避免取热管干锅、干烧及停用后再启用时高温下进入冷水。热水泵是关键设备，多数装置采用进口水泵，有的装置采用三台热水泵，开 1 备 2，并设自启动。

内取热应用于过热蒸汽时，传热系数为 209~290W/(m² · ℃)，进口蒸汽流速 15~25m/s，压降为 0.2~0.4MPa。应该注意，内取热用于过热蒸汽，尤其是过热中压蒸汽时，面积富余量不宜过大，避免操作中出口温度超过出口管道材质的使用范围。

单独采用内取热器的装置，由于内取热器热负荷不能调节，再生器温度仍需用原料油预热温度、外甩油浆量调节。当上述手段不能满足要求时可停用一组或几组内取热器。

二、外取热器

外取热器是针对内取热器的不足而发展起来的取热设备，现已基本取代了内取热。外取热将热催化剂从再生器引出，取热后再将冷催化剂返回再生器，达到取出过剩热量、控制再生器温度的目的。外取热器最大的优点是取热负荷可以调节，取热器可以停用，并随时启用。外取热器有上流式、下流式、气控式(内循环、外循环)、返混式、串联式等多种形式。

1. 上流式外取热器

上流式外取热器是应用较早的一种形式，见图 3-44。由入口管、单动滑阀、外取热器本体及出口管组成。外取热器筒体内垂直安装数组取热管（单元）（材质 Cr5Mo 或碳素钢）。外取热器本体高度 6~10m，设备紧凑利用率高，采用热水泵强制循环或自然循环均可。

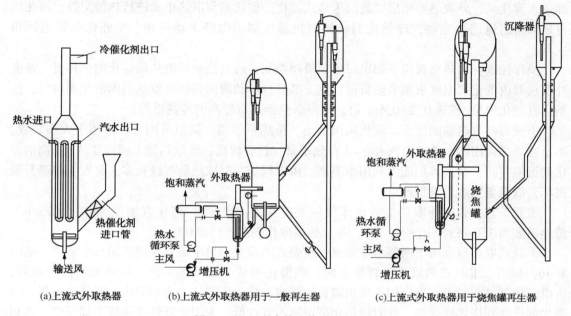

(a)上流式外取热器　　　　(b)上流式外取热器用于一般再生器　　　　(c)上流式外取热器用于烧焦罐再生器

图 3-44　上流式外取热器及配置图

热催化剂从再生器密相床引出，经进口管、单动滑阀进入外取热器下部。流化输送风从外取热器下部进入，携带着催化剂以浓相快速床形式向上流动通过外取热器，催化剂冷却后从顶部引出返回再生器。为使进入每路取热管的热水流量均匀，每路均设有流量指示。取热负荷用单动滑阀控制。增压风流量采用单参数控制，根据外取热器催化剂密度调整流化输送风量。

由于上流式外取热器气体流速较高，设备磨损程度相对较大，需要增压风量较大，对再生器流化有影响；外取热器催化剂密度较低，传热系数较低。现在已较少使用。

主要操作参数：外取热器气体流速 1~1.5m/s，催化剂密度为 70~200kg/m³，催化剂冷却后温度约 450℃；取热管热水进口流速大于 3m/s，循环比大于 10~15，取热管压降为 0.2~0.3MPa；传热系数 116~232W/(m²·℃)。上流式外取热器可应用于各种形式的再生器。

2. 下流式外取热器

下流式外取热器是 1985 年开发成功的取热设备，见图 3-45。系统由入口管及单动滑阀、外取热器本体、出口管及单动滑阀组成，外取热器筒体内垂直安装数组鼠笼并联取热管。该取热管由上下两部分组成，上部为套管型

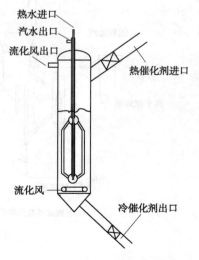

图 3-45　下流式外取热器

给水管和汽水返回管。下部分为取热管，设置多组列管增加取热面积。取热管总长度为12~16m，外取热器上部空间流通面积较大，气体流速低有利于催化剂沉降，下流式外取热器采用热水泵强制循环。

热催化剂自再生器密相床引出，经热催化剂管、单动滑阀进入外取热器。在外取热器下部送入流化风，外取热器床层以鼓泡床形式流化，催化剂与取热单元进行热量交换。流化风自顶部引出返回再生器，冷催化剂从外取热器底部引出经单动滑阀、冷催化剂管返回再生器。

操作控制：取热负荷用下部出口单动滑阀控制，通过控制外取热器催化剂循环量、改变外取热器内催化剂温度来调节热负荷。用上部进口单动滑阀控制外取热器内催化剂料位，控制适宜流化风量(流速0.2~0.5m/s)，使外取热器具有较高的传热系数。

下流式外取热器的优点：流化风用量小，传热系数高，调节范围大，可用于大型装置。不足之处是需用两台单动滑阀和2~3台热水泵，投资较高；外取热器上部需要约6m高的催化剂沉降空间，设备体积庞大利用率不高。由于鼠笼并联取热管焊缝较多，易发生焊缝开裂损坏，故设备制造要求很严格。

主要工艺参数：外取热器流化床气体流速0.2~0.5m/s，催化剂密度450~600kg/m³，传热系数为350~532W/(m²·℃)，外取热器催化剂温度约600℃。

下流式取热器宜用于两器再生装置、重叠式两段逆流再生装置及烧焦罐再生装置，见图3-46。应用于重叠式两段逆流再生器时，热催化剂从一再下部引出，经外取热器冷却后，由滑阀控制进入二再。当应用于烧焦罐再生器时，热催化剂从二密相引出，经外取热器、冷催化剂返回到烧焦罐底部，此时冷催化剂温度不宜过低，否则会降低烧焦罐下部温度，不利于烧焦。

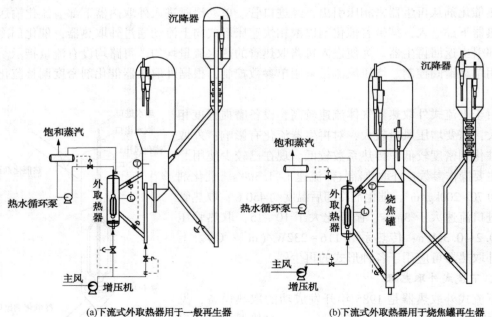

(a)下流式外取热器用于一般再生器　　　　(b)下流式外取热器用于烧焦罐再生器

图3-46　下流式外取热器配置图

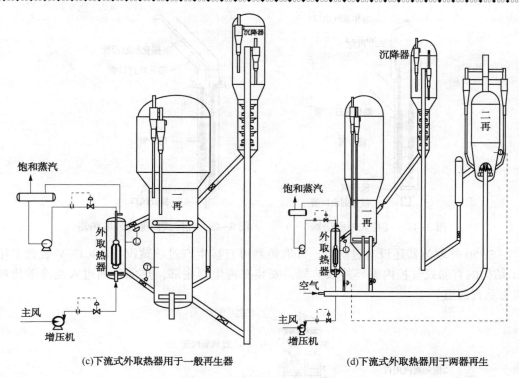

(c)下流式外取热器用于一般再生器　　　　　　　(d)下流式外取热器用于两器再生

图3-46　下流式外取热器配置图(续)

3. 气控式外取热器

气控式外取热器是 1990 年开发的一种取热设备,见图 3-47。气控式外取热器由一根直径较大的进口管、外取热器本体及返回提升管构成,不需要单动滑阀。外取热器本体内安装有数十根翅片管。外取热器内气体流速较低、催化剂密度大形成重腿;冷催化剂提升管内通入输送风,流速较高、催化剂密度小,形成轻腿,靠密度差使催化剂循环。用提升风流量调节催化剂循环量,辅之以调节外取热器流化风量,控制外取热器取热负荷。外取热器上部没有专门的催化剂沉降空间,入口管与外取热器形成一个密相流化床体系,流化风通过入口管返回再生器。

冷催化剂返回管设在外取热器内部称为气控式内循环,适用于热催化剂引出和冷催化剂返回在同一再生器场合,见图 3-48。冷催化剂返回管设在外取热器外部称为气控式外循环,催化剂的引出和返回可以在同一再生器,也可以为两个再生器。

气控式外取热器采用热水自然对流循环,外取热器与汽包的连接有分体式和连体式两种方式。分体式汽包可以是卧式也可以是立式,汽包与外取热器间用数组管道连接,当某一根取热管损坏后可用阀门切断。连体式汽包为立式,与外取热器紧密连接,节省了多组连接管道使外取热器管系大为简化。不足之处是当某一根取热管损坏后整台设备就要停用,另外对管板的焊接质量要求高。

连体式外取热器立式汽包内设有内胆集水器,一种结构为内胆蓄水给翅片管的内管供水,汽水走套间,见图 3-47。另一种结构为汽水走内胆管,套间蓄水给内管供水,见图3-49。

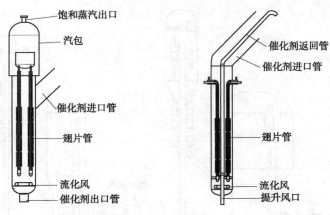

图 3-47　气控式外取热器(一)　　图 3-48　气控式内循环外取热器

图 3-50 外取热器还设有过热管,外取热器可直接生产过热蒸汽。ROCC-Ⅴ 装置采用图 3-51 结构的直通式气控内循环外取热器,安装在再生器底部,热催化剂进入及冷催化剂返回均为垂直通道。

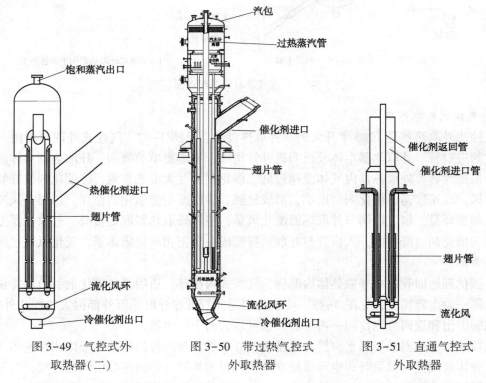

图 3-49　气控式外　　　图 3-50　带过热气控式　　　图 3-51　直通气控式
　取热器(二)　　　　　　外取热器　　　　　　　　外取热器

气控式外取热器的优点:简单可靠、投资省,设备紧凑、效率高。不足是流化风及提升风量较大时对再生器流化有影响,外取热器进口管直径较大,无法对返回再生器的流化风进行均匀分布,尤其是采用常规再生时可能会引起稀相局部二次燃烧。

气控外循环型适用于各种类型再生器,气控内循环型外取热器不宜用于一般烧焦罐再生器。

主要操作条件:外取热器流化床气体流速 0.3~0.5m/s,催化剂密度 450~600kg/m³,

传热系数为 350~465W/（m² · ℃），外取热器催化剂温度 550~600℃。返回管气体流速 2~8m/s，催化剂密度 250~400kg/m³，见图 3-52。

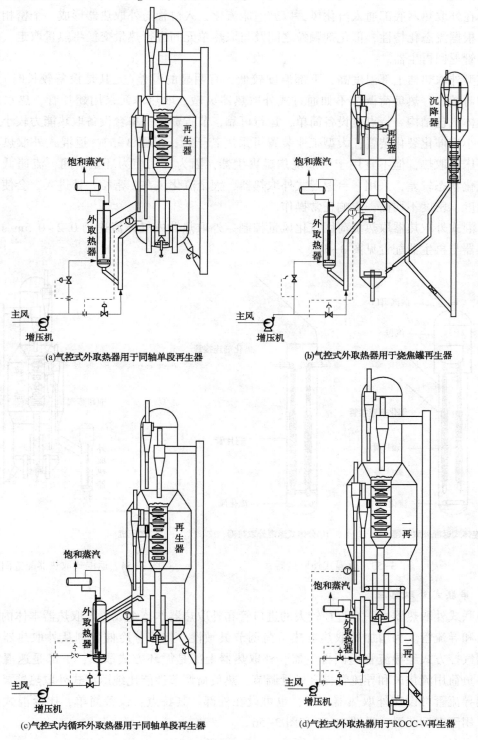

(a)气控式外取热器用于同轴单段再生器

(b)气控式外取热器用于烧焦罐再生器

(c)气控式内循环外取热器用于同轴单段再生器

(d)气控式外取热器用于ROCC-V再生器

图 3-52　气控式外取热器配置图

4. 返混式外取热器

返混式外取热器由一根直径较大的进口管和外取热器本体组成，不设冷催化剂返回管和滑阀。在外取热器底部通入流化风，以鼓泡床流化，入口管与外取热器形成一个密相流化床体系，根据流态化特性，催化剂颗粒之间及与取热单元间进行热量交换将热量取走，流化风从入口管返回再生器。

该型外取热器上部温度高，下部温度较低，有明显的温差（尤其是设备较长时），传热温差相对较小，热负荷调节不如通过式外取热器灵敏。取热单元采用翅片管、热水自然循环，连体汽包结构。特点是设备简单，运行可靠，节省资金。单台设备取热能力较小，一般用于中小型催化裂化装置，大型工业装置可采用若干台，见图3-53。返混式外取热器适用于单一床层取热，但不宜用于一般烧焦罐再生器，因为二密相为环型空间，流速低、密度大，流化状态较差，采用一台返混式外取热器，大量流化风在二密相一处进入，会使二密相截面温度、密度不均衡，影响正常操作。

返混式外取热器取热负荷用流化风量控制。外取热器内气体流速为0.2~0.5m/s，返混式取热器与再生器配置见图3-54。

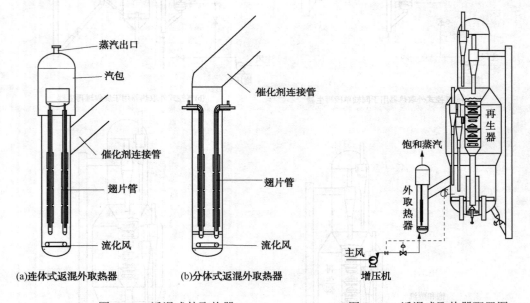

(a)连体式返混外取热器　　(b)分体式返混外取热器

图3-53　返混式外取热器　　　　　　图3-54　返混式取热器配置图

5. 串联式外取热器

串联式外取热器由一根直径较大的进口管和外取热器本体组成，外取热器本体内部有取热管束和导流管。为增加外取热器热负荷调节灵敏性，将部分冷催化剂从外取热器中部移出，用气控方式经导流管返回再生器。外取热器上部是循环方式取热，下部是返混方式取热。热负荷用流化风和导流管提升风量调节，热负荷调节性能比纯返混式外取热器灵敏。冷催化剂导流管可设在外取热器内部，也可设在外部。其特点：设备简单，比返混式调节灵敏，可用于大型装置，见图3-55和图3-56。

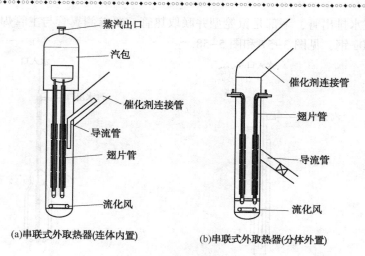

(a)串联式外取热器(连体内置)　　　　(b)串联式外取热器(分体外置)

图 3-55　串联式外取热器

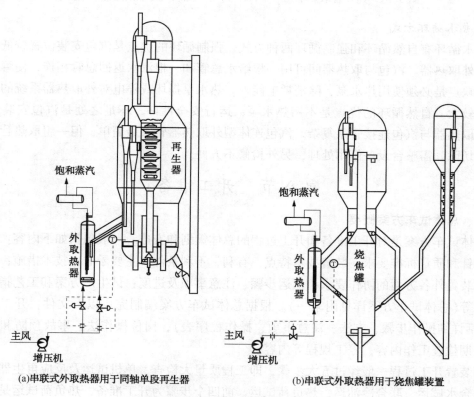

(a)串联式外取热器用于同轴单段再生器　　(b)串联式外取热器用于烧焦罐装置

图 3-56　串联式外取热器配置图

6. 取热元件

常用的取热元件有翅片管和鼠笼并联取热管两种形式。翅片管是一种特殊的套管，外管周围焊接有数十个翅片，取热管本身焊缝少，可靠性高，传热面积是光管的 3 倍以上。翅片与取热管间需要特殊方式焊接，处理不当传热效率会大幅度降低。一般翅片材质采用 15CrMo，取热管材质采用 20 或 20g 钢。鼠笼并联取热管一般用于下流式外取热器，上部是套管形给水和汽水排出管，下部是鼠笼型并联取热管，要求侧翼管与主管焊接牢固。一般取热管材质采用 20g 钢，见图 3-57 和图 5-58。

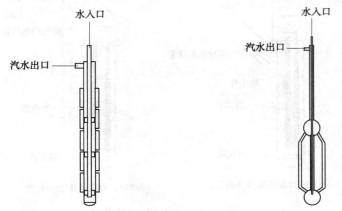

图 3-57　翅片管取热单元　　　　　　图 5-58　鼠笼并联取热管

7. 热水循环方式

热水循环有自然循环和强制循环两种方式。强制循环的优点是汽包安装位置较低，甚至可低于外取热器。汽包与取热器间可用一根给水总管和一根汽水返回总管相连，使管系相对简化。缺点是必须使用热水泵，除消耗电能外，热水泵损坏或停电对外取热器系统的安全操作影响较大。自然循环的优点是不用热水泵，运行安全性好。不足之处是汽包安装位置较高，外取热器与汽包连接管系复杂。汽包连体型外取热器管系最简单，但一组取热管损坏无法单独切除，需整台设备停用处理，另外检修不方便。

第八节　开工准备

一、总体试车方案概要

总体试车方案是对开工准备和开工过程的总体策划和安排。一般包括如下内容：试运目的；方针和质量标准要求；装置技术特点，有利、不利条件，主要矛盾，技术措施；组织安排、对装置外各方面的协作要求；试运步骤、注意事项及进度；试生产方案和工艺指标；安全措施等（总体试车方案详见附录一）。根据总体试车方案编制完成以下文件：开工操作规程（包括详细操作步骤、方法、注意事项、操作程序表），岗位操作法，事故预防和处理措施及定期检查工作内容，停工规程等内容。

新装置开工过程一般经过五大步骤，即工程质量大检查、单机试运及反应再生器衬里烘干、联合水试运、联合冷油运、热负荷试运。前四个步骤为开工准备，热负荷试运是正式开工。以典型单器再生装置为例，说明开工准备过程（其他类型装置见附录）。

二、开工前工程质量大检查

本阶段目的是对工程进行一次全面的质量检查，是保证试运成功的一个重要步骤。组织设计、制造、施工安装、监理、试运生产人员，按设计图纸、施工规范以及生产操作要求，分专业（工艺、管道、机械设备、仪表、电气、安全、消防等）对项目工程质量进行全面详细检查。检查设备外观、内部结构、隐蔽工程（施工原始记录），检查出的问题经设计、施工、生产三方共同研究解决处理。这一阶段还要全面进行管线、设备的吹扫、试压、试密。

（1）反应再生部分设备检查基本内容：

① 逐个检查两器工艺吹扫、松动等管嘴位置和数量是否与设计相符；管嘴的设备外部、内部连接是否正确。逐个检查各测压点、热电偶口安装位置、数量是否正确。

② 外购设备：旋风分离器、翼阀、外取热器、分布管等是否有合格证，主要技术指标是否满足技术要求。

③ 旋风分离器安装垂直度、料腿长度、出口位置及与周围设备的相互关系是否满足设计要求；翼阀的安装位置、角度、朝向是否正确，阀板是否灵活，并做过翼阀开度试验。

④ 分布管、分布板等内部构件的安装情况，外观形状是否达到设计要求，喷嘴或开孔数量是否与设计相符，是否有潜在的相互磨损情况。

⑤ 再生器内部构件（如旋风分离器料腿及导向架，分布管，分布板及松动，取压导管等）的焊接质量，设备内部有无妨碍热膨胀的部件存在。

⑥ 两器及管道的衬里情况。

⑦ 各催化剂管道（尤其是滑阀通道）、各松动、吹扫、反吹风、流化、测压点、大型加卸料、小型加料等管道、燃烧油喷嘴、降温喷水喷嘴、各采样口等是否畅通。

⑧ 旋风分离器及料腿、翼阀是否畅通。做试通试验。

⑨ 各滑阀或塞阀安装是否正确，吹扫等设施是否齐全，是否灵活好用。

⑩ 各膨胀节安装是否符合设计要求。

⑪ 各限流孔板、盲板是否按要求安装。

⑫ 再生器底部是否打扫干净。

⑬ 提升管各喷嘴、预提升蒸汽喷头（或管）安装位置、角度是否符合设计要求，是否畅通。

⑭ 反应器各蒸汽环管（防焦蒸汽环管、汽提蒸汽环管等）安装情况，是否畅通。

⑮ 检查内取热器、外取热器管束压力试验是否合格。

（2）同轴式装置还要进行如下检查：

① 待生立管垂直度，再生器内导向架安装情况。

② 待生塞阀导向装置与套筒的间隙。

③ 待生塞阀、再生塞阀阀头与阀座的接触情况。

④ 待生催化剂分配器及与周围设施相互关系。

⑤ 辅助燃烧室一、二次风阀是否灵活好用。看火窗、火嘴安装是否符合要求。

⑥ 各热电偶安装是否符合图纸要求。

检查系统配套工程如燃料、水、电、蒸汽、压缩空气等是否配套，并具备试运条件；消防、通信、运输、维修、化验、环保等设施是否配套，并具备试运条件；试运物资包括器材、备品备件、化学药剂、催化剂等准备的数量，质量是否满足要求。

对生产准备检查内容：每个开工步骤是否有书面方案（包括工艺装置、安全、环保）；试运方案开工进度统筹图表；各种规章制度、记录报表、工艺卡片、质量指标是否下达落实。操作人员经考试合格持有上岗证；生产指挥系统是否健全。

三、吹扫、试压、气密

1. 目的

清除管线及设备内的杂物，检查管道焊缝、法兰、阀门、压力表等静密封点的密封情况。检验并掌握各特殊阀门性能和使用情况。

开主风机前检查主风机出口阀、反喘振阀、主风入再生器阀、阻尼单向阀、各路主风流量调节阀、再生滑阀、待生滑阀、双动滑阀等是否好用。

吹扫、试压、气密步骤。先将两器系统各吹扫蒸汽切换为非净化压缩空气，向两器吹扫，启动主风机向再生器引风，进行全面吹扫，用主风给再生器升温。当温度升到 100～110℃时，提高两器压力（注意防止主风机喘振），进行两器压力试验及气密，然后再点辅助燃烧室继续进行两器升温。

2. 注意事项

（1）反应再生系统吹扫过程严禁进入蒸汽，事先将蒸汽吹扫切换为压缩空气；

（2）在主风进再生器前，先启用各滑阀或塞阀吹扫；

（3）调节双动滑阀或沉降器放空阀时要缓慢，防止主风机喘振；

（4）尽量提高再生器压力，双动滑阀投入自控。

3. 吹扫、试压

（1）打开辅助燃烧室一、二次风阀；

（2）打开各吹扫、松动、流化风；

（3）将双动滑阀开 50%，关闭再生、待生阀；

（4）将烟气去余热锅炉的蝶阀关闭，水封罐水封，吹扫空气经副线去烟囱；

（5）联系仪表工关闭仪表引压线阀门，打开各反吹风；

（6）将主风引入再生器，对再生器进行吹扫；

（7）关闭外取热器增压风，打开外取热器底部放空，用主风对外取热器进行吹扫；

（8）打开再生、待生阀，适当打开提升管底部放空阀、沉降器顶放空阀、油气管线放空阀，适当关闭双动滑阀保持再生器压力不变，对反应器吹扫。

4. 气密

（1）关闭提升管底部放空、沉降器顶放空、油气管线放空，调节双动滑阀开度，保持再生器预定压力（一般为主风机最高操作压力），进行气密；

（2）用肥皂水对所有静密封点进行检查；

（3）详细记录气密试验的情况，对泄漏部位做出明显标记，待衬里烘干完毕后进行整改。

四、衬里烘干

1. 目的

反应再生系统衬里在常温下自然干燥硬化后仍有一定量的吸附水和化合水分存在。开工前严格按照衬里烘干标准进行衬里烘干，避免高温下水分快速汽化造成衬里鼓包、破裂、脱落。经高温烘干烧结后衬里具有更高的硬度。

2. 准备工作

（1）抽出辅助燃烧室瓦斯燃烧器，试验电点火和火嘴试烧；

（2）准备一台表面测温计；

（3）检查有关管线、平台等是否有膨胀余地，并做好测量工作；

（4）对各膨胀节做好冷态标志，温度升高后测量膨胀量；

（5）加好如下盲板：再生器燃烧油喷嘴前；再生器稀相喷水喷嘴前；提升管降温汽油喷嘴前；提升管油浆、回炼油喷嘴前；提升管原料油喷嘴前；提升管钝化剂注入线；大油气管线进分馏塔前。

（6）打开沉降器顶放空阀及提升管底部排凝阀；

（7）燃料油、燃料气、蒸汽、压缩空气引到炉前，脱水排凝；

（8）改好流程：

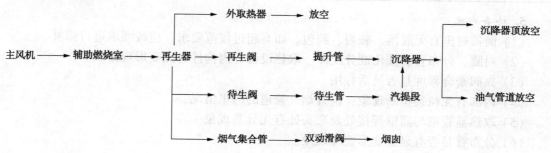

3. 干燥阶段

（1）启动主风机，先将出口放空，待运行平稳后引入再生器。控制较大主风量进行吹扫，直到放空无灰尘为止。

（2）衬里烘干阶段以再生器上部、沉降器上部、外取热器下部、油气管道、提升管下部等部位热电偶为基准。通过调整再生阀、待生阀开度及沉降器顶、油气管道、外取热器、提升管底部放空阀开度，来调节各部位衬里烘干。

（3）关闭沉降器、提升管底等放空，用主风按 5~10℃/h 升温速度，由常温升至 100℃时进行两器设备试压试密，在主风机不喘振的情况下，尽量提高两器压力。用肥皂水检查两器、提升管等所有人孔、法兰、接头是否泄漏并及时处理。气密完毕后重新打开上述放空阀，按升温曲线控制各点温度。当利用主风不能再提高两器温度时，点燃辅助燃烧室。继续以 5~10℃/h 的速度升温至 150℃，恒温 24h。

（4）按 10~15℃/h 速度升到 315℃，恒温 24h。

（5）按 20~25℃/h 速度升到 540℃，恒温 24h。当再生器温度达 450℃前给上内取热保护蒸汽，控制内取热器温度≥450℃，外取热器温度达 350℃时给上管束保护蒸汽。

4. 系统降温

（1）以 20~25℃/h 速度降温，系统各部位温度降到 200℃时辅助燃烧室熄火。

（2）各部位温度降到 140℃时系统降压，逐渐开大双动滑阀，主风切出系统，主风机停机。

（3）当辅助燃烧室炉膛温度降到 100℃时，打开反应再生系统人孔，进行自然通风。

（4）当再生器温度降到 40℃以下后再进入两器内部，进行全面检查，并做好记录。烘干升温表见表 3-1。

表 3-1 烘干升温表

温度区间/℃	升/降温速度/(℃/h)	所需时间/h
常温~150	5~10	13~26
150±5	0	24
150~315	10~15	11~17
315±5	0	24
315~540	20~25	9~12
540±5	0	24
540~常温	≤25	≥21

5. 检查内容

（1）两器衬里有无脱落、破裂、鼓包。如有超过规范要求，应按要求进行修补。

（2）料腿、分布管、催化剂分配器、取热设备等内构件有无变形现象。

（3）翼阀密合程度是否灵活好用。

（4）内部有无拉裂拉断现象，检查烟气管道的衬里情况。

（5）取热器管束与器壁焊接处及弯头处有无异常现象。

（6）分布管是否有显著变形烧坏现象。

（7）检查各种导向支架是否有变形、烧坏、卡涩现象。

（8）检查各处膨胀节、油气大管道等热膨胀后的恢复情况。

6. 烘干过程注意事项

（1）烘干过程密切关注辅助燃烧室燃烧情况，严禁超温烧坏设备。要及时对瓦斯、蒸汽、压缩空气脱水排凝，避免熄火。

（2）严格按升温曲线升温恒温，不得出现升温过快，恒温时间不够现象。

（3）辅助燃烧室炉膛温度不大于950℃，分布管下部温度不大于600℃。

（4）每隔0.5~1h活动一次单动滑阀、塞阀及双动滑阀。

（5）将各蒸汽吹扫切换为压缩空气（蒸汽及水线加盲板），各吹扫、松动、仪表反吹风全部用压缩空气吹扫，防止堵塞。

（6）经常检查两器上管线、平台、梯子的膨胀情况，以及膨胀节的热补偿情况，做好测量和调整工作。

（7）做好记录，绘制实际烘干曲线。

7. 关于外取热器衬里烘干

由于外取热器取热管材质一般为20#（或20g）钢（使用温度475℃），在再生器烘衬里期间为避免烧坏取热管，一般在取热管内充水保护（可在此期间进行煮炉操作）。因此再生器烘干期间外取热器内温度很难高于350℃。故外取热器540℃阶段衬里烘干需要在装置开工后，用热催化剂将外取热器加热接到预定温度，完成整个衬里烘干过程，然后再根据需要调节外取热器温度，避免没有完成整个衬里烘干过程就直接升温到600℃以上。

第九节　开工过程

一、概述

反应再生部分开工从两器衬里烘干完成，打开人孔检查开始，到反应器进油调整操作产品合格至。开工过程分五个步骤，即开工准备、两器升温、装催化剂及流化试运、反应喷油、调整操作。

1. 开工准备

两器衬里烘干完成后打开人孔检查，两器封人孔前最后一次详细检查与开工相关的内部构件(进料喷嘴、燃烧油嘴、大型催化剂加料口、小型催化剂加料口、旋风分离器料腿、各催化剂管道及滑阀通道、各蒸汽进口)，保证畅通。检查仪表及联锁保护系统、特殊阀门及辅助设施(辅助燃烧室、燃烧油系统、外取热器、喷水降温、水封罐等设施)是否好用；检查两器外部连接管道阀门处于完好备用状态；准备好适量的平衡催化剂。

开工用油一般用蜡油开工，必要时掺兑适量重油，使装置在开工喷油后调整操作期间反应再生系统能够热平衡，并且外取热器有适当的取热量，以灵活控制再生器温度。

开工用催化剂一般使用平衡催化剂，掺入20%左右的新鲜催化剂，新装置开工购买平衡催化剂时应做催化剂分析。催化剂种类应与设计要求相符，重金属含量不能过高，催化剂筛分应满足要求，储存时避免平衡催化剂受潮，新鲜催化剂掺入率也不能过高。

2. 两器升温

两器系统检查无问题后封人孔，启动主风机，按照升温曲线将两器温度升到预定温度。升温初期所有蒸汽吹扫切换为压缩空气，当温度升到300℃后将吹扫风切换为蒸汽，再生器有内取热管时启动保护蒸汽。此时分馏系统建立塔外三路循环。

3. 建立汽封、切换汽封与拆大盲板、赶空气

早期装置开工两器升温阶段分馏塔中有油，分馏塔需通入少量蒸汽保持微正压，避免空气进入。若两器升温以后拆盲板，拆盲板处会有蒸汽冒出，工作条件较差，影响开工进度。故早期装置采用两器升温前事先拆大盲板(称为冷拆盲板法)，两器升温过程中又担心分馏塔油气串到反应器发生危险，故采用了汽封。汽封方法是拆除大盲板后，打开反应器顶集气室(或旋风分离器出口管)的放空阀和油气出口管上最高点的放空阀，分馏塔底部给蒸汽(并关闭分馏塔顶出口阀门)。在两器升温期间反应器顶两个放空口一个见汽，一个见风。两器升温完毕再切换汽封，该方法缺点是浪费蒸汽，操作监护工作量较大。

现代装置对该过程进行了改进，更简便、更安全，现代装置中分馏塔都设有塔外循环系统。在两器升温期间，反应器与分馏塔有盲板隔离操作，简便安全，开工循环油不进入分馏塔，而是通过分馏塔外循环系统进行三路循环。两器升温结束后再拆大盲板(称为热拆盲板法)，可将分馏塔进汽停掉，因塔内无油，即使有空气进入也没有危险，拆盲板处没有(或仅微量)蒸汽冒出。拆除大盲板后反应器和分馏塔重新给汽，一同赶空气。

4. 向再生器装催化剂

当再生器温度升到预定值及其他条件具备后，准备向再生器装催化剂。装催化剂条件：湍流床再生器在催化剂封住料腿前采用较低的主风量(控制稀相线速约0.3m/s)，以减少催化剂跑损；当催化剂封住料腿后可提高主风量，使旋风分离器入口线速达15m/s以上，保持较高的旋风分离器效率，减少催化剂跑损。对于烧焦罐型再生器，开工催化剂加到烧焦罐中，采用较高的线速操作，经稀相管、粗旋风分离器将催化剂输送到二密相，二密相中气体流速很低，一般不会大量跑损催化剂。串流烧焦罐型再生器装催化剂时，主风量可采用先低后高的方法，即先采用较低的主风量将催化剂加入到烧焦罐中，储蓄到一定藏量后再提高风量，将催化剂输送到二密相，快速封住旋风分离器料腿，大风量封住料腿前这段时间催化剂跑损量较大，因此该型再生器一、二级旋风分离器料腿适宜安装翼阀。向再生器装催化剂及单器流化期间，应控制反应器压力稍高于再生器压力 0.01~0.02MPa，避免滑阀关不严催化剂窜到反应器。

5. 两器开工总体思路

新建装置(尤其是两器结构复杂的装置)第一次开工时需进行流化试运。两器开工总体思路是两器升温完成后，装催化剂进行单器、两器或三器流化试运。待流化试运完成后，将沉降器催化剂转移到再生器，关闭待生阀、再生阀。此时开工循环油不进分馏塔，通过分馏塔外循环系统进行三路循环。降低提升管预提升蒸汽及雾化蒸汽量，使反应器保持微正压，停掉分馏塔底给汽，拆除油气管道大盲板。沉降器与分馏塔连通后，放净分馏塔底凝结水，将塔外循环改为塔内循环，沉降器和分馏塔一起赶空气。用分馏塔顶蝶阀控制沉降器压力，油浆系统循环正常后，再次向反应器转剂，进行两器流化，流化正常后即可向提升管喷油。

对于简单、成熟的单器再生装置或检修后装置开工，在质量大检查确认两器设备无问题后，可适当简化开工程序。可不进行专门的流化试运，适时观察两器流化状况，流化正常后观察数小时即可喷油。这种做法可缩短开工时间，并避免流化试运期间催化剂细粉跑损过多引起流化输送失常。开工思路是两器升温完成后，关闭待生阀、再生阀(此时开工循环油不进分馏塔，通过分馏塔外循环系统进行三路循环)。降低提升管预提升蒸汽及雾化蒸汽量，使反应器保持微正压，停掉分馏塔给汽，拆除油气管道大盲板，沉降器和分馏塔连通一同赶空气。放净分馏塔底凝结水，将分馏塔外循环改为塔内循环，用分馏塔顶蝶阀控制沉降器压力稍高于再生器压力。向再生器装催化剂、进行单器流化。单器流化正常及分馏塔油浆系统循环正常后，可向反应器转剂进行两器流化。两器流化正常及分馏塔油浆系统循环正常，观察 1h 左右，即可向提升管喷油。

二、典型单器再生装置开工过程

以典型单器再生装置为例，说明反应再生部分开工过程(其他形式装置开工要点见附录)。

(一) 开工准备和两器升温

1. 检查

关闭本岗位所有工艺阀门；

专人检查各处限流孔板；

专人检查所有盲板是否拆装完毕；

检查自动联锁保护系统动作是否正确，并记录各自保阀的动作时间；

两器封人孔前最后一次检查燃烧油喷嘴、进料喷嘴、旋风分离器料腿、大型加料线、小型加料线，各催化剂管道、滑阀通道是否畅通，翼阀是否好用；

催化剂罐检尺，并记录；

2. 吹扫、气密

启用各路主风，并自动控制。投用如下仪表：各路主风和增压风流量，再生器、沉降器压力，再生阀、待生阀、外取热器阀位指示(%)。

其他操作步骤同准备阶段。

3. 辅助燃烧室点火，两器升温

操作步骤同准备阶段，达到如下状态：

（1）再生器密相温度 550℃；

（2）沉降器上部温度 350℃；

（3）外取热器温度 350℃。

4. 提升管赶空气、拆盲板

（1）缓慢关闭待生阀、再生阀，用双动滑阀控制再生器微正压。打开沉降器顶旋风分离器出口放空及油气管道盲板前放空。

（2）投用以下蒸汽：汽提蒸汽、各雾化蒸汽及预提升蒸汽（提升管底部放空稍开，排凝结水）。以下项目切换为蒸汽：汽提段锥体松动、催化剂管道松动、各放空反吹、防焦蒸汽、各流化蒸汽等。

（3）放空见蒸汽后再吹扫 1h，逐渐关闭雾化蒸汽及预提升蒸汽，保持沉降器微正压，同时停掉分馏塔蒸汽。

（4）拆除油气管道大盲板，关闭油气管道放空，重新打开雾化蒸汽及预提升蒸汽，反应器和分馏塔连通一起赶空气。用分馏塔顶油气线蝶阀控制反应器压力比再生器高 0.01～0.02MPa，准备向再生器装催化剂。

（二）装催化剂、转剂

1. 准备

（1）催化剂罐充压（0.35～0.4MPa），启用罐底松动风。

（2）打开大、小型加料线上所有松动风，保证大型加料线畅通。

（3）检查关闭提升管底部、外取热器底部、各滑阀前放空阀。

（4）外取热器给水，自动控制汽包液位 50%。

（5）检查关闭燃料油蒸汽连通阀，将燃料油引到再生器前并脱水。

（6）再生器压力 0.1MPa，沉降器压力 0.12MPa。

（7）投用所有仪表。

2. 装催化剂

（1）控制辅助燃烧室出口温度 600℃，再生器密相温度 550℃。

（2）打开再生器底部大型加料阀门，开大输送风向再生器吹扫贯通。

（3）逐渐打开平衡催化剂罐底部阀门，维持加料线（下端）压力在 0.25～0.35MPa；

（4）快速向再生器加剂。当催化剂封住料腿或再生器温度降低到 300℃以下时可放慢加料速度。当床层温度升到 380℃后，缓慢打开燃烧油阀向床层喷油。当再生器喷燃烧油成功后，可减小辅助燃烧室负荷。

（5）用仪表控制燃烧油量，床层温度升到 550℃时，再次提高加剂速度，直到预定藏量，将床层温度升到 550℃，准备转剂。

（6）催化剂罐检尺，核实加入量和跑损量。

3. 转剂

（1）调整汽提蒸汽至正常量，调整原料油雾化蒸汽、预提升蒸汽，控制沉降器压力 0.09～0.1MPa，再生器压力 0.12～0.14MPa，控制两器差压 0.02～0.04MPa。

（2）放净提升管底部存水后，关闭放空阀。

（3）降温汽油引到提升管前。

（4）稍开再生阀，使热催化剂经提升管转入沉降器，注意提升管出口温度≯520℃。

（5）汽提段藏量达 30%时，稍开待生阀，预热待生管。藏量达预定值后再开大待生阀，建立催化剂循环。当再生器藏量不足时，启动大型加料补充催化剂到预定藏量，维持再生器温度 550℃。

（6）流化过程中外取热器不投用，只给少量流化风，外取热器装水准备开工。

（7）全面调整两器参数，使各处温度、密度、藏量、压力、压降正常，催化剂循环稳定，操作灵活有弹性，催化剂跑损正常。

（三）提升管喷油、开气压机

1. 准备工作及条件

（1）检查流程，确认无误。

（2）再生器床层温度升到 650～680℃，加入适量助燃剂。

（3）反应温度控制 500～520℃。

（4）拆除原料油喷嘴前盲板，原料油经预热线返回，保持喷嘴前压力 0.4～0.6MPa。

（5）将油浆引到喷嘴前。

（6）此时，再生器压力 0.12～0.13MPa，沉降器压力 0.09～0.1MPa，主风量为正常量的 70%～80%，两器系统压力平稳，各处藏量稳定，流化正常。

2. 喷油

（1）逐渐打开油浆喷嘴（此时系原料），用仪表控制油浆流量，观察提升管出口温度、沉降器压力及再生器温度变化。

（2）用分馏塔顶蝶阀控制沉降器压力。

（3）调节燃烧油量，控制再生器温度。

（4）对称方式打开原料油喷嘴，逐渐关闭预热线和事故旁通线，在 2～3h 内将原料油量提到预定值；控制提升管出口温度不小于 460℃。

（5）随着进料量的增加，逐渐关闭再生器燃烧油，启用外取热器来控制再生器温度。每隔 30min 取样比色，分析再生催化剂定碳，控制烟气氧含量约 3%（富氧再生装置）。注意防止炭堆积和二次燃烧。

（6）用气压机入口放火炬阀控制沉降器压力。

（7）启动气压机，根据气压机的运转情况，将沉降器压力逐渐改为由气压机转速来控制。

（8）根据油浆固含量（≥6g/L），调节油浆回炼量和外甩量。

（四）全面调整操作

（1）控制好以下几个平衡。

两器压力平衡，主要体现在各滑阀压降要合适，一般为 0.025～0.04MPa。

两器热平衡，主要指再生器温度应控制在合理范围内。

需氧与供氧平衡，主要体现在烟气过剩氧含量，富氧再生控制 2%～5%。

生焦与烧焦平衡，主要表现在再生催化剂含炭控制在合理范围内。

（2）根据工艺卡片控制各操作参数。

（3）根据再生温度调节外取热器取热量。

（4）对本系统进行一次全面检查，确保平稳、安全运行。

第十节 控制指标与分析频率

一、控制指标

（1）同轴式单段逆流再生装置典型控制指标见表3-2。

表3-2 同轴式单段逆流再生装置典型控制指标

项目	单位	指标	项目	单位	指标
沉降器压力	MPa（表）	0.16~0.21	焦中氢	%（质量）	6~8
再生器压力	MPa（表）	0.2~0.25	再生烟气过剩氧	%	2~5/0.5
反应温度	℃	490~505	总主风量	Nm³/min	由过剩氧控制
新鲜原料油量	kg/h	工厂计划确定	再生器密相温度	℃	680~710
回炼比		0.1~0.3	再生器密相密度	kg/m³	200~450
催化剂循环量	t/h	热平衡计算	再生器稀相温度	℃	700~720
剂油比		5~7	再生器稀相密度	kg/m³	5~30
提升管进口流速	m/s	6~10	再生器藏量	t	烧焦量和烧焦强度确定
提升管出口流速	m/s	14~18	再生器烧焦时间	min	藏量/循环量
粗旋入口流速	m/s	15~17	再生器烧焦强度	kg/(h·t)	烧焦量/藏量
反应时间	s	2.5~3.5	再生器密相线速	m/s	0.8~1.5
提升管压降	MPa	0.02~0.03	再生器稀相线速	m/s	0.4~0.7
汽提蒸汽量	kg/t 催化剂	2~3	再生器旋分入口线速	m/s	22~25
汽提段密度	kg/m³	500~700	再生管密度	kg/m³	450~550
汽提段藏量	t	根据体积计算	待生管密度	kg/m³	400~550
沉降器线速	m/s	0.5~0.8	待生剂含炭	%	0.8~1.4
沉降器旋分入口线速	m/s	18~22	再生剂含炭	%	0.05~0.15
总烧焦量	kg/h	主风/烟气计算	催化剂单耗	kg/t 原料	0.5~1.5

（2）烧焦罐高效再生装置典型控制指标见表3-3。

表3-3 烧焦罐高效再生装置典型控制指标

项 目	单位	一般烧焦罐	带预混合管烧焦罐	串流烧焦罐
沉降器压力	MPa（表）	0.15~0.2	0.15~0.2	0.15~0.2
再生器压力	MPa（表）	0.15~0.2	0.15~0.2	0.15~0.2
反应温度	℃	490~505	490~505	490~505
新鲜原料油量	kg/h	根据工厂计划确定	根据工厂计划确定	根据工厂计划确定
回炼比		0.1~0.3	0.1~0.3	0.1~0.3
催化剂循环量	t/h	通过热平衡计算	通过热平衡计算	通过热平衡计算
剂油比		5~7	5~7	5~7
提升管进口流速	m/s	6~10	6~10	6~10
提升管出口流速	m/s	14~18	14~18	14~18
粗旋入口流速	m/s	15~17	15~17	15~17

续表

项　目	单位	一般烧焦罐	带预混合管烧焦罐	串流烧焦罐
反应时间	s	2.5~3.5	2.5~3.5	2.5~3.5
提升管压降	MPa	0.02~0.03	0.02~0.03	0.02~0.03
汽提蒸汽量	kg/t 催化剂	2~3	2~3	2~3
汽提段密度	kg/m³	500~600	500~600	500~600
汽提段藏量	t	根据体积计算	根据体积计算	根据体积计算
沉降器线速	m/s	0.5~0.7	0.5~0.7	0.5~0.7
沉降器旋分入口线速	m/s	18~22	18~22	18~22
总烧焦量	kg/h	主风及烟气组成计算	主风及烟气组成计算	主风及烟气组成计算
焦中氢	%（质量）	6~8	6~8	6~8
烧焦比例（Ⅰ/Ⅱ）	%	90~100/0~10	90~100/0~10	75~90/10~25
烧焦罐主风量	Nm³/min	烧焦罐出口过剩氧2%~3%，或总烟气过剩氧~5%控制	烧焦罐出口过剩氧2%~3%，或总烟气过剩氧~5%控制	一般按设计值恒流量控制
总烟气氧含量	%（体积）	4~5	4~5	2~5
烧焦罐温度	℃	670~710	670~710	670~710
烧焦罐密度	kg/m³	70~150	70~150	70~150
烧焦罐藏量	t	根据体积密度计算	根据体积，密度计算	根据体积，密度计算
烧焦罐烧焦强度	kg/(h·t)	烧焦量/藏量	烧焦量/藏量	烧焦量/藏量
烧焦罐线速	m/s	1~1.8	1~1.8	1~1.8
循环比		烧焦罐密度温度确定	烧焦罐密度温度确定	烧焦罐密度温度确定
二密相藏量	t	二密相体积确定	二密相体积确定	二密相体积确定
二密相密度	kg/m³	500~600	500~600	200~400
二密相线速	m/s	0.1~0.25	0.15~0.25	0.7~1.5
二密相主风量	Nm³/min	根据二密相流速确定	根据二密相流速确定	
再生器旋分入口线速	m/s	22~25	22~25	22~25
再生管密度	kg/m³	450~550	450~550	450~550
待生管密度	kg/m³	400~550	400~550	400~550
循环管密度		450~550	450~550	450~550
待生剂含炭	%	0.8~1.2	0.8~1.2	0.8~1.2
再生剂含炭	%	0.1~0.15	0.1~0.15	0.05~0.1
催化剂单耗	kg/t 原料	0.5~1.5	0.5~1.5	0.5~1.5
稀相管流速	m/s	7~12	7~12	
预混合管流速	m/s		6~10	
预混合管风量	Nm³/min		根据预混合管流速定	

（3）两段逆流再生装置典型控制指标见表3-4。

表 3-4　两段逆流再生装置典型控制指标

项　　目	单位	重叠式两段逆流再生装置	ROCC-V
沉降器压力	MPa(表)	0.16~0.2	0.16~0.2
一再压力	MPa(表)	0.2~0.24	0.2~0.24
二再压力	MPa(表)	0.23~0.27	0.23~0.27
反应温度	℃	490~505	490~505
新鲜原料油量	kg/h	根据工厂计划确定	根据工厂计划确定
回炼比		0.1~0.3	0.1~0.3
催化剂循环量	t/h	通过热平衡计算	通过热平衡计算
剂油比		5~7	5~7
提升管进口流速	m/s	6~10	6~10
提升管出口流速	m/s	14~18	14~18
粗旋入口流速	m/s	15~17	15~17
反应时间	s	2.5~3.5	2.5~3.5
提升管压降	MPa	0.02~0.03	0.02~0.03
汽提蒸汽量	kg/t 催化剂	2~3	2~3
汽提段密度	kg/m^3	500~700	500~700
汽提段藏量	t	根据体积计算	根据体积计算
沉降器线速	m/s	0.5~0.7	0.5~0.7
沉降器旋分入口线速	m/s	18~22	18~22
总烧焦量	kg/h	根据主风及烟气组成计算	根据主风及烟气组成计算
焦中氢	%(质量)	6~8	6~8
烧焦比例(Ⅰ/Ⅱ)	%	~60/~40	80~85/15~20
取热		二再	一再
一再主风量	Nm^3/min	根据烧焦比例及烟气过剩氧控制	根据烧焦比例及烟气过剩氧控制
一再密相温度	℃	650~690	650~680
一再稀相温度	℃	640~690	640~670
一再烟气氧含量	%(体积)	~0.5	~0.5
一再密相密度	kg/m^3	300~400	300~400
一再藏量	t	根据烧焦量和烧焦强度确定	根据烧焦量和和烧焦强度确定
一再烧焦时间	min	藏量/循环量	藏量/循环量
一再烧焦强度	kg/(h·t)	烧焦量/藏量	烧焦量/藏量
一再密相线速	m/s	0.8~1.2	0.8~1.2
一再稀相线速	m/s	0.4~0.7	0.4~0.7
一再旋分入口线速	m/s	22~25	22~25
二再密相温度	℃	650~690	680~710

项　目	单位	重叠式两段逆流再生装置	ROCC-V
二再烟气氧含量	%（体积）	>5	>5
二再主风量	Nm³/min	一般按设计值恒量操作	一般按设计值恒量操作
二再密相密度	kg/m³	250~400	250~400
二再藏量	t	根据催化剂含炭量确定	根据催化剂含炭量确定
二再烧焦时间	min	藏量/循环量	藏量/循环量
二再烧焦强度	kg/(h·t)	烧焦量/藏量	烧焦量/藏量
二再密相线速	m/s	0.5~0.7	0.7~1
二再稀相线速	m/s	0.5~0.7	0.4~0.6
再生管密度	kg/m³	450~550	450~550
待生管密度	kg/m³	400~550	400~550
半再生管密度	kg/m³	400~550	400~550
待生剂含炭	%	0.8~1.4	0.8~1.4
再生剂含炭	%	0.05~0.1	0.05~0.1
催化剂单耗	kg/t 原料	0.5~1.5	0.5~1.5

（4）两器再生装置典型控制指标见表3-5。

表 3-5　两器再生装置典型控制指标

项　目	单位	重叠两器再生	并列两器再生
沉降器压力	MPa（表）	0.2	0.21
一再压力	MPa（表）	0.25	0.22
二再压力	MPa（表）	0.16	0.22
反应温度	℃	490~530	490~530
新鲜原料油量	kg/h	根据工厂计划确定	根据工厂计划确定
回炼比		0.1~0.3	0.1~0.3
催化剂循环量	t/h	通过热平衡计算	通过热平衡计算
剂油比		5~7	5~7
提升管进口流速	m/s	6~10	6~10
提升管出口流速	m/s	14~18	14~18
粗旋入口流速	Nm/s	15~17	15~17
反应时间	s	2.5~3.5	2.5~3.5
提升管压降	MPa	0.02~0.03	0.02~0.03
汽提蒸汽量	kg/t 催化剂	2~3	2~3
汽提段密度	kg/m³	500~700	500~700
汽提段藏量	t	根据体积计算	根据体积计算
沉降器线速	m/s	0.5~0.7	0.5~0.7

续表

项 目	单位	重叠两器再生	并列两器再生
沉降器旋分入口线速	m/s	18~22	18~22
总烧焦量	kg/h	根据主风及烟气组成计算	根据主风及烟气组成计算
焦中氢	%(质量)	6~8	6~8
烧焦比例(Ⅰ/Ⅱ)无取热	%	70~65/30~35	70~65/30~35
有取热	%	70~80/20~30	~60/~40
取热		没有(或一再取热)	没有(二再取热)
一再主风量	Nm³/min	根据烧焦比例控制	根据烧焦比例控制
一再密相温度	℃	650~670	650~690
一再稀相温度	℃	640~660	640~680
一再烟气氧含量	%(体积)	~0.5	~0.5
一再密相密度	kg/m³	200~400	200~400
一再藏量	t	根据烧焦量及烧焦强度确定	根据烧焦量及烧焦强度确定
一再烧焦时间	min	藏量/循环量	藏量/循环量
一再烧焦强度	kg/(h·t)	烧焦量/藏量	烧焦量/藏量
一再密相线速	m/s	0.6~0.8	0.8~1.2
一再稀相线速	m/s	0.6~0.8	0.4~0.7
一再旋分入口线速	m/s	22~25	22~25
二再密相温度	℃	690~720	670~700
二再稀相温度	℃	710~730	710~720
二再烟气氧含量	%(体积)	2~5	2~5
二再主风量	Nm³/min	根据过剩氧控制	根据过剩氧控制
二再密相密度	kg/m³	250~450	250~450
二再藏量	t	根据催化剂含碳量确定	根据催化剂含碳量确定
二再烧焦时间	min	藏量/循环量	藏量/循环量
二再烧焦强度	kg/(h·t)	烧焦量/藏量	烧焦量/藏量
二再密相线速	m/s	0.5~0.8	0.5~0.8
二再稀相线速	m/s	0.4~0.7	0.4~0.7
二再旋分入口线速	m/s	22~25	22~25
再生管密度	kg/m³	450~550	450~550
待生管密度	kg/m³	400~550	400~550
半再生提升管压降	MPa	0.04~0.06	0.04~0.06
待生剂含炭	%	0.8~1.4	0.8~1.4
再生剂含炭	%	0.05~0.1	0.05~0.1
催化剂单耗	kg/t 原料	0.5~1.5	0.5~1.5

(5) 组合式再生装置典型控制指标见表 3-6。

表 3-6　组合式再生装置典型控制指标

项　目	单位	数　值
沉降器压力	MPa(表)	0.16
一再压力	MPa(表)	0.21
二再压力	MPa(表)	0.19
反应温度	℃	490~515
新鲜原料油量	kg/h	根据工厂计划确定
回炼比		0.1~0.3
催化剂循环量	t/h	通过热平衡计算
剂油比		5~7
提升管进口流速	m/s	6~10
提升管出口流速	m/s	14~18
粗旋入口流速	m/s	15~17
反应时间	s	2.5~3.5
提升管压降	MPa	0.02~0.03
汽提蒸汽量	kg/t	2~3
汽提段密度	kg/m³	500~700
汽提段藏量	t	根据体积计算
沉降器线速	m/s	0.5~0.7
沉降器旋分入口线速	m/s	18~22
总烧焦量	kg/h	根据主风及烟气组成计算
焦中氢	%(质量)	6~8
烧焦比例(Ⅰ/Ⅱ)	%	75~82/18~25
取热		一再取热
总主风量	Nm³/min	根据烟气过剩氧含量控制
一再密相温度	℃	660~680
一再烟气氧含量	%(体积)	~0.5
一再密相密度	kg/m³	300~400
一再藏量	t	根据烧焦量及烧焦强度确定
一再烧焦时间	min	藏量/循环量
一再烧焦强度	kg/(h·t)	烧焦量/藏量
一再密相线速	m/s	0.8~1.2
一再稀相线速	m/s	0.4~0.7
一再旋分入口线速	m/s	22~25
二再烧焦罐温度	℃	670~710
二再烧焦罐密度	kg/m³	70~150
二再烧焦罐藏量	t	根据体积、密度计算
二再烧焦罐烧焦强度	kg/t	烧焦量/藏量

续表

项　目	单位	数　值
二再烧焦罐密相线速	m/s	1.5~2.5
二再二密相温度	℃	700~720
二再稀相温度	℃	710~730
二再烟气氧含量	%（体积）	3~5
二再二密相密度	kg/m³	200~400
二再二密相藏量	t	根据体积确定
二再二密相烧焦时间	min	藏量/循环量
二再二密相烧焦强度	kg/(h·t)	烧焦量/藏量
二再二密相线速	m/s	0.7~2
二再稀相线速	m/s	0.6~0.8
二再旋分入口线速	m/s	22~25
再生管密度	kg/m³	450~600
待生管密度	kg/m³	400~600
半再生管密度	kg/m³	400~600
待生剂含炭	%	0.8~1.4
再生剂含炭	%	0.05~0.1
催化剂单耗	kg/t 原料	0.5~1.5

二、分析频率

分析频率见表3-7。

表 3-7　分析频率表

分析项目	新鲜催化剂	待生催化剂	半再生催化剂	再生催化剂	再生器出口烟气	三旋出口烟气
比重	1/批			不定期		
定碳		1次/8h	不定期	1次/8h		
烟气组成分析					1次/8h	1次/8h
催化剂含量					不定期	不定期
重金属含量				1次/周		
筛分组成	1/批			1次/周		
微反活性	1/批			1次/周		
磨损指数	1/批			1次/周		
催化剂化学组成	1/批					
比表面积	1/批			1次/周		
灼减	1/批					
堆积比重	1/批			1次/周		
孔体积	1/批			1次/周		

第十一节　停工、故障处理

一、停工

(一) 装置正常停工

停工应有秩序有计划地进行，要点如下：

1. 准备工作

热催化剂罐打开放空口泄压，准备接收热催化剂；

改好大型卸料线流程，并用非净化压缩空气吹扫畅通；

检查事故返回线，各事故蒸汽放空排凝；

检查统计本区域泄漏点。

2. 降温降量

降原料油量，以 5%～10%/次的速度降原料油量；

切断油浆喷嘴进料，经事故返回线返分馏塔；

视再生器温度情况，切除外取热器；

适当开大预提升蒸汽和事故蒸汽，以保持两器流化；

停注钝化剂，停终止剂。

3. 切断进料

关闭原料油喷嘴切断阀，打开事故返回线阀门，原料油入分馏塔，进一步开大预提升蒸汽；

适当控制催化剂循环量，严防提升管超温，再生器维持床温 500～600℃；

两器流化烧焦。

4. 卸催化剂及善后工作

关再生阀，调节两器压差，控制反应压力高于再生压力 0.01MPa。

缓慢开待生阀，将沉降器、汽提段、待生管的催化剂转入再生器，当全部转完之后，关待生阀。

维持再生床温 560℃ 左右，进行单器流化烧焦，过程中取催化剂样目视，以判断烧焦情况。

烧焦结束后，再生床温降到 450℃ 时卸催化剂。卸料时注意控制速度，控制卸料线温度小于 400℃，以防热催化剂罐剧烈热膨胀变形和拉裂。

卸催化剂后期，开大外取热器外循环管提升风，将外取热内催化剂全部吹入再生器内，催化剂卸完后，把卸料线吹扫干净。

关小反应蒸汽，联系分馏，加 8 字盲板。

关闭蒸汽总阀，打开非净化压缩空气连通阀，将蒸汽切换为压缩风并通知空压站提风压。

关各事故蒸汽切断阀，两器改用风后，检查催化剂是否卸净，可打开放空处理。

自下向上沿器壁逐个打开松动点、反吹点的放空阀，从再生器向外反吹，同时记录其中不通部位，善后处理。

确认催化剂卸完，再生器温度降到 200℃ 以下后，停主风机。

关反应油气管线上放空阀、双动滑阀。

蒸汽和压缩风管线泄压，排尽存水。配合开人孔和卸盲板等。

（二）紧急停工

装置发生重大事故，经处理不能维持正常运转，对安全有严重威胁时，必须进行紧急停工。从保护设备出发，在保证安全的前提下，应尽可能按正常停工步骤进行。

（1）当发生下列严重事故时，必须紧急切断进料。

① 严重的炭堆积；

② 主风机故障停机，备用机不能投入运行；

③ 长时间停水、电、汽、风；

④ 主要设备突然故障，无法维持正常生产；

⑤ 装置发生严重火灾、爆炸事故；

⑥ 催化剂停止流化或倒流。

（2）紧急停工各岗位处理方法。

① 反应岗位：

a. 启用自保，切断进料，通入事故蒸汽，关闭各原料喷嘴，并检查自保是否动作，联系分馏渣油外排。

b. 控制好两器压力差，保持两器流化，如停主风，则喷入事故蒸汽，并检查主风自保是否动作。

c. 用降温汽油控制好反应温度，防止超温。

d. 当再生器温度低于 500℃时切出主风，再生器闷床。

e. 气压机停机后，用入口放火炬和分馏塔顶馏出线蝶阀控制沉降器压力。

② 在反应岗位降风量时，及时打开主风机放空，防止飞动。

③ 气压机增加反飞动量，尽量维持反应压力不过低。气压机或吸收稳定发生重大事故紧急停运时，富气可全部放火炬。

④ 装置切断进料后，如不能恢复生产，则按正常步骤停工。

二、故障处理

（一）非正常操作

1. 反应温度大幅度波动

原因：

（1）两器压力大幅波动，使差压变化、藏量变化，引起催化剂循环量大幅波动；

（2）原料油进料量大幅变化（仪表或泵故障）；

（3）回炼油量、油浆量大幅度变化；

（4）再生阀失灵；

（5）原料油带水，雾化蒸汽带水；

（6）进入的蒸汽量变化；

（7）再生器温度大幅度变化，外取热或蒸汽过热盘管漏。

处理：

（1）平稳两器压力、藏量，必要时烟机入口蝶阀、双动滑阀用手控；

（2）仪表故障时手动或副线控制，联系仪表处理，泵故障时换备用泵；

（3）加强原料、蒸汽脱水；

（4）调整各进入蒸汽量；

（5）切除外取热泄露的取热管或蒸汽过热盘管，平稳再生床温度。

2. 沉降器压力大幅变化

原因：

（1）原料带水或蒸汽带水量大；

（2）进料量大幅度变化；

（3）仪表失灵；

（4）分馏塔底液面超高；

（5）反应温度急剧变化；

（6）再生压力、再生温度剧烈变化；

（7）气压机停机；

（8）分馏系统压力上升。

处理：

（1）加强蒸汽、原料脱水；

（2）调稳各进料量；

（3）控制阀手控，联系仪表工处理；

（4）联系分馏快速降低分馏塔液面，加大油浆外甩量，必要时反应降进料量；

（5）查明原因，调整反应温度；

（6）查明原因，平稳再生压力、再生温度；

（7）用富气放火炬阀控制系统压力；

（8）联系分馏岗位平稳系统压力。

3. 汽提段藏量大幅度变化

原因：

（1）汽提蒸汽量突然变化；

（2）两器压力变化，引起料位变化；

（3）循环量突然变化；

（4）待生管松动蒸汽(风)压力、流量突然变化；

（5）待生阀失灵。

处理：

（1）调整汽提蒸汽量，如仪表失灵，改手动，联系仪表处理；

（2）仪表改手动，将差压控制在范围内；

（3）调整滑阀开度，如滑阀失灵，改手动控制；

（4）平稳各部压力、流量；

（5）手控待生阀，联系仪表工处理。

4. 塞阀一般性故障

原因：

（1）阀头磨损严重或偏心；

（2）吹扫蒸汽(风)压力波动，蒸汽带水，阀杆被催化剂堵塞，动作不灵活；

（3）净化风(动力风)压力低于 0.35MPa，塞阀不动作；

（4）再生温度急剧上升，待生塞阀被待生立管顶坏。

处理：

（1）调整汽提段藏量、两器差压和阀位开度；

（2）平稳蒸汽、风压力，切换吹扫介质，蒸汽脱水处理，疏通堵塞管线；

（3）塞阀改手摇，联系空压站提高净化风压力；

（4）立即手摇塞阀，迅速降温，防止塞阀卡坏。

5. 催化剂架桥

原因：

（1）两器压差脉冲性变化，催化剂循环量波动太大；

（2）催化剂管上松动点堵塞，蒸汽（风）带水，松动介质流量过大或过小；

（3）催化剂流化性能变坏，如待生剂带油，催化剂筛分组成、密度等改变；

（4）系统中有异物堵塞，如焦块堵塞待生管、汽提段锥体；

（5）阀失灵，开度过小；

（6）设备固有缺陷，如待生管拐弯处、塞阀节流锥度过大等。

处理：

（1）平稳两器压力，必要时压控改手动，阀改手动；

（2）处理通堵塞点，蒸汽脱水，平稳松动风量；

（3）调节汽提蒸汽量及松动介质量，处理炭堆，置换催化剂；

（4）改变塞阀开度、两器压差、松动蒸汽（风）量等，处理通堵塞部位；

（5）改手动开大待生阀；

（6）控制合适循环量，密度波动范围尽量小。

6. 催化剂塌方

原因：

（1）差压变化；

（2）主风量突降；

（3）循环量突然增加，藏量、密度猛增；

（4）汽提蒸汽突降，蒸汽压力突降；

（5）松动介质突变（包括预提升蒸汽、流化蒸汽、风等）。

处理：

（1）调稳双动滑阀；

（2）平稳主风量、压力，必要时通入事故蒸汽；

（3）立即降循环量，通入并加大吹扫介质（主风、蒸汽、松动风）；

（4）立即调节汽提蒸汽，仪表改手动，联系提高蒸汽压力；

（5）各吹扫点排凝，调节汽（风）量，切换松动介质。

（二）一般事故处理方法

1. 二次燃烧和尾燃

二次燃烧是 CO 在再生器稀相燃烧生成二氧化碳。尾燃是 CO 在烟气管道、烟囱燃烧生成二氧化碳。

原因：

（1）常规再生装置，烟气过剩氧含量过高。外取热器流化、提升风量过大，在流化床中分配不均。原料量突降或原料油变轻，主风量相对过剩。

（2）完全再生装置，CO 助燃剂加入量不够。床层高度低，再生温度低 CO 不能在密相床充分燃烧。

（3）烧焦罐装置，烧焦罐催化剂密度低、藏量低、温度低、CO 不能完全燃烧。

（4）处理炭堆积后期，主风量调整不及时。

现象：

（1）稀相旋分器入口、烟道各点温度指示突然上升；

（2）烟气氧含量由上升突然下降甚至到零；

（3）稀密温差突然增大；

（4）余热锅炉产汽量突然增大，汽包液位下降，压力上升。

处理：

（1）常规再生装置，适当降低主风量，调整适宜的氧含量（注意调节幅度，防止炭堆）。改善反应操作，如提高反应温度，提进料量。调整外取热器流化、提升风量。

（2）完全再生装置，增加 CO 助燃剂加入量，提高密相料位，适当提高再生温度。

（3）烧焦罐装置，提高烧焦罐催化剂密度、藏量，适当提高再生温度。

（4）改善再生操作，如增加藏量、提高再生压力、温度、循环量等。

（5）处理炭堆积后期，要及时降低主风量，防止二次燃烧。

2. 炭堆积

炭堆积是因生焦和烧焦不平衡而引起的再生催化剂含炭量大幅度增加的一种现象，详见第三章第四节。

原因：

（1）原料性质变重，油浆、回炼油量突然大幅度增加，生焦量大幅度增加；

（2）反应深度过大，生焦率升高；

（3）汽提蒸汽量小，汽提段藏量过低，汽提效果差；

（4）小型加料速度过快，使再生剂活性过高，反应深度过大，生焦率升高；

（5）燃烧油提量过猛，而主风量没有及时调整；

（6）总进料量过大，造成生焦量过大；

（7）再生效果差（再生温度过低、循环量过大、藏量过低等）。

现象：

（1）再生烟气氧含量下降回零，烟气分析中 CO 增加；

（2）旋分器压降上升；

（3）再生稀相密度上升，严重炭堆时，再生藏量增加；

（4）再生剂含炭高、目测催化剂先变黑后发亮；

（5）富气、汽油产量下降，回炼油罐液面上升，严重炭堆时，汽油变色；

（6）再生器床层温度下降，稀密相温差为负值。

处理：

（1）立即降低回炼油、油浆回炼量或停止回炼，降低原料油进料量；

（2）提主风量，降循环量，提高再生温度；

（3）加大汽提蒸汽量，防止待生剂带油；

（4）停止小型加料；

（5）若再生剂已黑的发亮时，切断进料，进行流化烧焦。在再生温度允许的情况下，尽可能提高再生温度；

（6）烧焦过程中，及时采样目测再生剂颜色变化，分析再生剂含炭、烟气氧含量，密切注意藏量、密度、旋分压降变化；

（7）烧焦后期，适当控制烧焦速度，可降主风量，严防二次燃烧。

3. 待生催化剂带油

原因：

（1）反应压力突然上升；

（2）原料油进料量猛然增多，油浆回炼量突然增大；

（3）原料性质突然变重；

（4）反应温度突降；

（5）汽提蒸汽量过小。

现象：

（1）再生温度、压力突然上升；

（2）烟气氧含量降低；

（3）烟囱冒黄烟。

处理：

（1）立即调整反应压力，反应压力控制改手动，待生阀改手动；

（2）降原料进料量和油浆回炼量；

（3）提高反应温度，提汽提蒸汽量；

（4）严重时切料处理。

4. 再生压力大幅度波动

原因：

（1）双动滑阀失灵；

（2）待生剂带油，催化剂倒流；

（3）燃烧油量不稳或带水；

（4）主风量大幅变化；

（5）外取热器磨漏或蒸汽过热盘管漏。

处理：

（1）双动滑阀手动，必要时手摇，联系仪表处理；

（2）处理催化剂带油、催化剂倒流；

（3）燃烧油脱水，平稳燃烧油量；

（4）联系主风机平稳主风量，若主风机停机，启用自保系统；

（5）外取热漏时，切除外取热泄露的取热管，反应降量，蒸汽过热盘管漏时切除。

5. 催化剂循环中断

原因：

（1）再生压力降低，反应压力升高，由负差压变为正差压；

(2) 再生器藏量急剧上涨或急剧下降；

(3) 产生架桥、塌方现象；

(4) 提升管线速过低，提升能力不够；

(5) 塞阀、再生滑阀失灵，突然关闭；

(6) 催化剂烧结，再生、待生线路有异物堵塞；

(7) 松动、提升、流化蒸汽压力剧烈波动。

处理：

(1) 迅速将塞阀、滑阀改手动或手摇，调整两器差压和两器藏量；

(2) 查找架桥、塌方原因，排除故障；

(3) 调整松动、预提升、流化蒸汽压力、流量；

(4) 调整立管流化状态，处理待生、再生线路；

(5) 严重时切断进料，待恢复正常后重新进料。

6. 反应进料带水

原因：

原料油罐未脱尽水，或进入反应的蒸汽严重带水。

现象：

(1) 反应温度、反应压力大幅度波动，甚至超压，引起藏量波动，终止流化；

(2) 进料量大幅波动，催化剂热崩，跑损严重；

(3) 严重时烟囱冒黄烟。

处理：

(1) 联系罐区脱水，蒸汽脱水；

(2) 降进料量，控制反应温度、反应压力，不能波动太大；

(3) 严重时切断进料进行处理。

(三) 重大事故处理法

1. 紧急切断提升管进料

凡发生以下事故，必须紧急切断进料：

(1) 主风机故障停车；

(2) 催化剂倒流或终止流化；

(3) 进料量过低又无法挽救，原料油严重带水；

(4) 严重炭堆积已无法维持正常生产；

(5) 催化剂跑损严重，而又制止不住，无法维持正常生产时；

(6) 长时间停水、停电、停汽、停风；

(7) 重要设备突然发生无法处理的故障或发生爆炸、着火事故。

处理。

(1) 切断进料，关闭原料喷嘴和油浆喷嘴阀，通入事故蒸汽，打开事故旁通线，预提升蒸汽开副线。保持沉降器压力、温度，调节燃烧油量维持再生床温(再生器也可以闷床操作)；

(2) 若为主风系统故障，通入主风事故蒸汽，停喷燃烧油；

(3) 切除外取热(炭堆时除外)；

(4) 联系分馏降温、降量、油浆外甩；

（5）联系停气压机，富气压力由放火炬阀控制，稳定三塔循环。

2. 反应原料油中断

原因：

（1）原料油泵故障；

（2）调节阀故障；

（3）罐区操作失误，原料油来源中断。

处理：

（1）紧急切换备用泵；

（2）改用副线控制，联系仪表处理；

（3）联系罐区尽快恢复原料供给。

3. 反应再生系统超温

（1）大幅度降主风量，通入主风事故蒸汽，切断进料，通入事故蒸汽；

（2）停喷燃烧油，开大外取热；

（3）手控待生阀、再生滑阀，防止卡坏；

（4）查明事故原因，做相应处理；

（5）检查反应再生系统设备是否有损坏。

4. 催化剂结焦

当再生器床层超温，催化剂终止流化，待生剂严重带油或严重炭堆积，几种情况同时出现时，引起待生剂在汽提段、待生立管中结焦堵死。

处理：

（1）按紧急停车方法和步骤，切断进料；

（2）关再生滑阀，维持床层藏量，防止料腿吹空和大量跑损催化剂；

（3）加大汽提蒸汽量，增加汽提效果，按相应步骤，处理系统超温；

（4）不断活动、开大待生阀，防止顶住卡死；

（5）待生管自上而下，通过各松动点、测压点，逐段检查、处理堵塞部分，可用加大蒸汽（风）量、提高两器压力、加大或降低压差等手段；

（6）处理通后，两器流化烧焦至正常，然后按开工步骤组织进料，恢复生产。处理不通，卸催化剂，停车处理。

5. 主风机故障

离心式主风机或轴流式主风机故障突然停机时：

（1）立即切料，启用主风事故蒸汽，维持两器流化；

（2）待主风机恢复正常后，恢复进料。

往复式主风机故障停机时：

（1）一台主风机停机时反应降量处理；

（2）两台或多台主风机故障时，反应切料，联系主风机岗位处理，待主风恢复正常后，恢复进料。

6. 催化剂倒流

原因：

（1）两器压力大幅度波动，压差超过极限值；

（2）主风机突然停车，反应进料量突然增大；

（3）两器系统各部藏量、密度急剧变化；

（4）松动风（汽）、预提升蒸汽、流化蒸汽压力突然大幅度下降；

（5）仪表失灵。

现象：

（1）催化剂向一器集中，两器料位严重不正常；

（2）待生阀、再生阀、温度、压降、藏量、密度变化异常；

（3）如果催化剂向再生器集中，再生烟囱冒黄烟甚至起火，如果催化剂向沉降器中集中，则可能引起爆炸。

处理：

（1）立即关闭待生阀、再生阀，切料进料；

（2）如主风机事故，通入主风事故蒸汽；

（3）提高松动、吹扫风压力，处理通松动、吹扫点，采取措施防止两器超温；

（4）待恢复正常流化后，重新进料。

7. 待生立管和塞阀不能对中

现象：

（1）待生塞阀阀位开度超过正常开度；

（2）塞阀不能关闭，实际行程仅数毫米；

（3）汽提段藏量控制不住，待生立管密度大幅度波动。

处理：

（1）适当增大两器压差，降低再生器床温，加大催化剂循环量；

（2）增加待生立管松动蒸汽（风）量，增加汽提蒸汽量；

（3）防止催化剂跑损，取样分析油浆固含量，注意反应再生系统其他参数有无异常，并及时调节；

（4）如上述措施效果不大，反应无法维持平稳操作，停工处理。

8. 停电

如停电 3~5s 后，立即恢复供电，有自启动的机泵，可自启动。但在供电恢复后应注意，迅速将未能启动的机泵逐台启动。

如长时间停电，所有机电设备停运，装置按紧急停工处理：

（1）立即切断进料，打开事故旁通线，关闭油浆喷嘴；

（2）关再生滑阀，打开双动滑阀，提高沉降器压力将催化剂全部转入再生器，然后关闭待生阀，启用主风事故蒸汽；

（3）反应系统赶尽油气；

（4）关待生阀、再生阀吹扫风（汽）阀，自上而下关所有松动、雾化、反吹点器壁切断阀；

（5）恢复供电后，首先联系检查供风、供汽、供水是否恢复正常；

（6）打开松动、雾化、反吹点器壁切断阀并处理堵塞点；

（7）联系开主风机，向再生器送风，此时再生器温度应不低于400℃，若再生床温低于400℃，准备点辅助燃烧室；

（8）尽快建立两器流化，保持两器藏量和压力平衡，按正常开工步骤，重新组织反应进料，恢复生产；

（9）如长时间停电难以恢复，则按正常停工步骤进行停工处理。

9. 停风

净化风和非净化风都由空压站供给，当停两者中一路时，都可以打开串风阀，保证风压在0.4MPa以上，当两路同时停时有以下现象：

（1）净化风压低于0.3MPa时，塞阀、单动、双动滑阀不动作（用风动马达时）；

（2）净化风压低于0.2MPa，油气蝶阀失灵，塞阀、单动滑阀反吹风、流化风管线堵塞；

（3）非净化风低于0.2MPa时，松动风堵塞；

（4）净化风压低于0.15MPa时，各调节阀定位器失灵，仪表信号回零，所有风开阀全关，风关阀全开。

处理：

（1）净化风压低于0.3MPa时塞阀、滑阀改手摇（用风动马达时）；

（2）风压低于0.15MPa时，立即切断进料，保持两器流化，如长时间停风，按紧急停工处理；

（3）供风恢复后，按正常开工步骤进行，并检查松动点和反吹点有无堵塞，仪表自动调节是否好用。

10. 停蒸汽

装置外取热器、油浆蒸汽发生器、余热锅炉能产生蒸汽，一般重油催化裂化正常生产还向外送蒸汽。当装置外主管网停汽时，调节蒸汽出装置量，防止因外管网压力低，使本装置蒸汽压力突降，使汽包干锅。当本装置停汽时打开进装置蒸汽阀，全部利用主管网外来蒸汽，当因某种原因蒸汽全停时，应做如下处理：

（1）当蒸汽压力降至0.4MPa时，立即切料；

（2）关闭再生阀，将催化剂全部转入再生器，关闭待生阀，单器流化；

（3）赶尽反应油气；

（4）关闭各蒸汽松动、吹扫点壁阀，以免堵塞；

（5）恢复供汽后，排尽系统存水，处理通堵塞部位，按正常开工步骤恢复生产，长期停汽按正常停工卸出催化剂。

11. 停水

若短时间停循环水，反应岗位降量维持生产，气压机停机，用放火炬阀控制反应压力，若长时间停循环水，按紧急停工处理。

停除氧水。装置除氧水主要供给余热锅炉、外取热器和油浆蒸汽发生器，因此停除氧水时，反应岗位降量生产，将外取热器切出，通蒸汽保护。余热锅炉视汽包液位下降情况进行切除，烟气走旁路进烟囱。引水时，若余热锅炉、外取热器、油浆蒸汽发生器汽包无液位，应等温度降低后，再按规程缓慢将水引入，严防突然进水。另外系统切除时，一定要关闭进水阀，以防干锅后突然来水，造成爆炸。

第四章 主风机与烟气能量回收系统

第一节 概　述

主风机承担着向再生器提供烧焦用风的重要任务，主风机组是催化裂化装置关键设备之一，主风机有往复式、螺杆式、离心式和轴流式等多种机型。主风机机型主要取决于装置规模和主风用量的大小，在现代化的大装置中，轴流式压缩机以流量大、效率高、操作范围宽、体积小而处于主导地位。

随着装置处理量的增大，设置烟气轮机回收利用再生烟气的压力能，可大幅度降低装置能耗并增加经济效益，因而受到了格外的重视。烟气轮机与主风机相结合，派生出了多种机组配置方式。目前按照轴系的结合方式，主风机与烟气轮机机组有同轴机组和分轴机组两大类。

同轴机组的优点是烟气轮机直接驱动主风机，能量转换效率高，机组配置简单，当机组有超速趋势时，主风机可以起到制动作用。缺点是当任一单机故障时，整个机组需停机处理，对装置生产影响较大。

具体配置方式又细分为：
（1）异步电动/发电机与烟气轮机共同驱动主风机的三机组；
（2）蒸汽轮机与烟气轮机共同驱动主风机的三机组；
（3）蒸汽轮机、烟气轮机和异步电动/发电机共同驱动主风机的四机组。

分轴机组的配置方式为：烟气轮机直接驱动发电机的单独发电机组。此时，主风机可由汽轮机驱动或直接由电动机驱动。分轴机组的优点在于烟气轮机直接驱动发电机，与再生器的供风系统分开，对装置操作的影响小。缺点是机组对转速控制的要求更为严格，需要在烟气轮机入口和旁路系统设置快速动作的高温蝶阀。

以上所述配置方式各有优缺点，可根据工厂的汽电平衡条件和操作人员的技术水平等因素来综合确定机组的最佳配置方式。

本章将针对催化裂化装置中最常见的轴流式主风机三机组配置方式，从工艺流程、机组各单体设备、机组的控制逻辑、开工准备和一些典型事故的处理等方面进行介绍。

第二节 工艺流程

与主风机–烟气轮机能量回收机组相关的工艺流程主要包括：烟气系统、主风系统、轮盘冷却蒸汽系统、轴封系统和润滑油系统。

一、烟气系统

从再生器排出的烟气进入三级旋风分离器，将烟气中催化剂粉尘浓度降至 $200mg/Nm^3$ 以下（其中大于 $10\mu m$ 的颗粒应小于 3%）。从三级旋风分离器到烟气轮机的水平管道上装有两个特殊阀门：一个是供开停工切断用的高温切断阀，另一个是为控制再生器压力用的高温调节蝶阀。随着装置规模的增大，高温切断阀的口径越来越大，由于制造难度的增加，高温切断阀逐渐由高温闸阀更换成高温切断蝶阀。

为了开工暖机的需要，在两个高温阀门旁边跨接一条管道，其上装有手动闸阀。

烟气轮机出口垂直向上（也可以垂直向下），通过一对称平衡型波纹管膨胀节后转成水平，出厂房至水封罐，水封罐的出口与双动滑阀和降压孔板后的烟道相连一起到余热锅炉。

在停机时水封罐充满水，用以切断烟气，防止烟气从下游反窜至烟气轮机出口。烟气轮机投用前应将水封罐中的水放掉，只保留小水封。

三旋顶部另一出口接至双动滑阀、孔板降压器，然后与烟气轮机后水封罐出来的烟气会合后，进入余热锅炉。在机组正常运转时，应全关双动滑阀，所有烟气通过烟气轮机做功后再去余热锅炉回收余热。当烟气中催化剂含量过高、颗粒度超标或烟气轮机故障时，烟气轮机应解列，此时应全关烟气轮机入口高温蝶阀及入口高温闸（蝶）阀，烟气通过双动滑阀、孔板降压器后去余热锅炉。见图 4-1。

二、主风系统

主风机入口管道：主风机入口管道上装有空气过滤器（离心风机入口设风帽及滤网）、入口消声器和两个"整流栅"（离心风机可不设整流栅）。为避免施工产生的管道力和力矩影响主风机，在主风机入口法兰与管道连接处采用柔性连接方式。见图 4-1。

出口管道：主风机出口管道上装有风机出口消声器、阻尼单向阀，紧靠风机出口管道上还设有一条放空管道，其上装有防喘振放空阀，经放空消声器排入大气。

在主风机出口立管的最低点设有弹簧支座，以吸收出口管道热膨胀产生的推力。

三、轮盘冷却蒸汽系统

为降低烟气轮机轮盘温度，烟气轮机设有轮盘冷却蒸汽系统。冷却蒸汽通过烟气轮机导流锥的支撑体进入轮盘前的空腔内，沿轮盘前侧表面作径向流动，最后经过轮盘与静叶间的间隙，与烟气混合后进入烟气轮机流道。见图 4-2。

开停工时，冷却蒸汽的流量由手动控制。正常操作条件下，由轮盘温度自动控制冷却蒸汽的流量。

冷却蒸汽压力为 1.0MPa，温度 250℃，耗汽量：

正常运行时：约 800kg/h；

最大：经 1800kg/h；

开停工及暖机时：约 3000kg/h。

四、烟气轮机的轴封系统

烟气轮机的轴密封由两段迷宫密封组成，气封片固定在气封体上。第一道蒸汽封，蒸汽从靠近迷宫密封的前端注入，防止高温烟气进入轴承箱，大部分蒸汽沿轴向进入轮盘后的腔体内，而后沿着轮盘径向流动进入机壳，与烟气混合排出，小部分沿轴向向轴承箱方向流动；第二道为空气封，介质为压缩空气，主要防止密封蒸汽进入轴承箱，蒸汽封与空气封之间设置一个放空口，小部分的密封蒸汽和密封空气，从这个放空口直接排入大气。第三道为油封，压缩空气从迷宫密封的后端注入，防止润滑油沿转子向烟机的排气蜗壳方向流动，压缩空气一部分向后进入轴承箱，从轴承箱上盖的呼吸帽排出，另一部分沿转子向前，与空气封的气体一起，从排大气口排出。蒸汽封采用调节阀，对气封体内的蒸汽压力与动叶后的烟气压力实行差压控制，始终保持气封体内的蒸汽压力比动叶后的烟气压力高，保证烟气不向后泄漏，油封气体采用手动控制。见图 4-2。

五、润滑油系统

烟气轮机与压缩机、电机以及变速箱共用一个油站。润滑油在进油集合总管内，分别经各个轴承的进油支管进入前、后端径向轴承和推力轴承，再经轴承箱和润滑油出口支管流入机组回油集合总管，返回润滑油箱。润滑油为 ISOVG46 透平油，润滑油进轴承时的压力控制在 0.12~0.18MPa。见图 4-3。

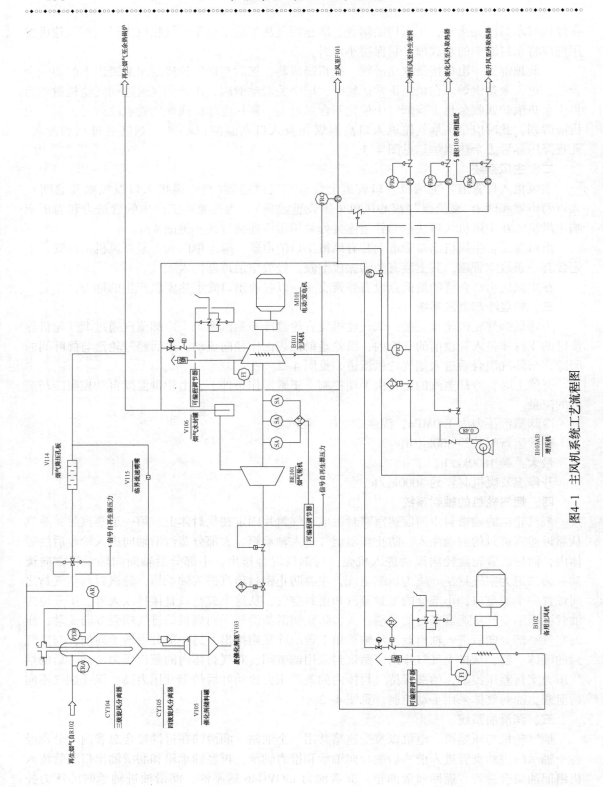

图4-1　主风机系统工艺流程图

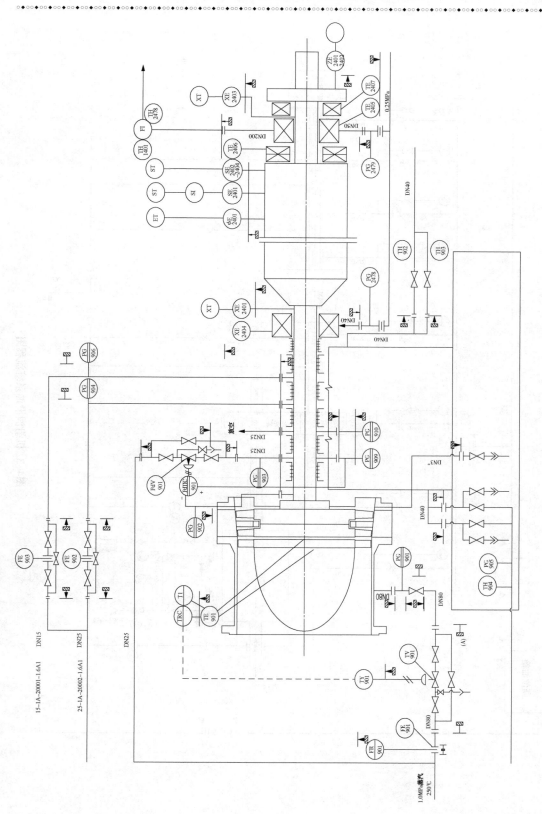

图4-2　油封气体手动控制图

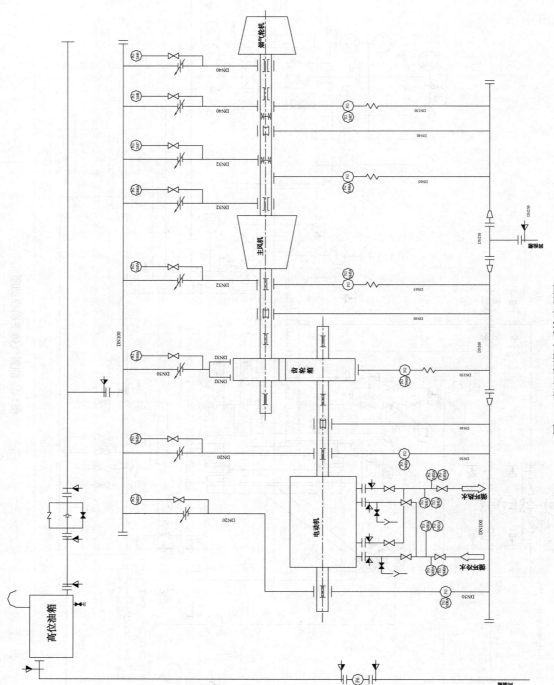

图4-3　机组润滑油系统流程图

第三节　主要设备

催化裂化装置烟气能量回收机组中的主要设备包括：烟气轮机、主风机、蒸汽轮机、齿轮箱、电机以及配套的辅助设备（如：润滑油站、空气过滤器和消声器等）。以下重点介绍烟气轮机和主风机。

一、烟气轮机

1. 烟气轮机的性能曲线

图 4-4 是某烟气轮机性能曲线，该图表示某一恒定转速下的烟气轮机性能，它反映了烟气轮机入口流量、入口压力和烟气温度与烟气轮机回收功率之间的关系。从图 4-4 中可以看出：

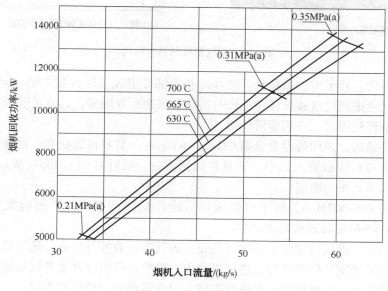

图 4-4　烟机性能曲线

（1）烟气轮机入口压力不变时，随着烟气入口温度的增加，进气量将减少，烟气入口温度减小时，则进气量增加；

（2）烟气轮机入口温度不变时，随着进气量的增加，烟气入口压力必然增加，反之，随着进气量的减少，烟气入口压力将会减小；

（3）烟气轮机入口流量保持不变时，入口温度增加（如发生二次燃烧），则进气压力将增加。

烟气轮机是按设计点参数设计制造的。制造好的烟气轮机就像一个固定孔板，从一个侧面可以很好地说明性能曲线。在实际操作过程中，烟气轮机的参数不可能保持在设计点不变，当实际操作点偏离设计点时，就称之为变工况操作。为保证机组的平稳操作和尽可能多地回收烟气的能量，应尽可能使烟气轮机在设计点附近操作。

2. 烟气轮机的基本结构

如图 4-5 所示，烟气轮机为轴向进气、垂直向上排气、悬臂式转子结构。它主要由转子组件、进气机壳、过渡衬环、排气机壳、轴承箱、轴承、底座、轴封系统、轮盘蒸汽冷却系统、润滑油系统及轴系检测系统等部分组成。

(a)烟气轮机外形

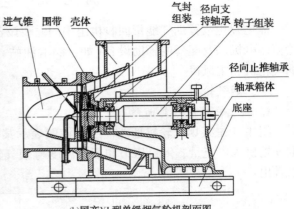

(b)国产YL型单级烟气轮机剖面图

图 4-5　烟气轮机的基本结构

（1）转子组件。转子组件由轮盘、动叶片和主轴等组成。轮盘与主轴之间以止口定位，并热装在轴上。考虑到轮盘和拉杆在工作时的热膨胀变形等因素，具有足够预紧力的拉杆螺栓将轮盘和主轴连接固定，并用套筒传扭。

轮盘为实心结构，采用高温合金钢 GH864（Waspaloy）材料模锻成型。轮缘开纵树形叶根槽，动叶片的纵树形叶根装入其中，锁紧片锁紧定位。动叶片由 GH864（Waspaloy）模锻成型，叶型部分喷涂长城耐磨层。

主轴材料为 40CrNi2MoA，转子经组装以后进行低速动平衡，平衡精度为 2.5 级（GB 9239），并做 105% 额定转速的超速试验。

（2）进气机壳。进气机壳主要由进气机壳、进气锥及静叶等组成。进气机壳为不锈钢焊接件，进气锥为不锈钢铸件并组焊在进气机壳内，静叶组件由静叶片和固定镶套组成一个组合件，用螺栓紧固在进气锥尾部，在进气壳体上设有可调式辅助挠性支撑。

（3）过渡衬环(围带)。过渡衬环(围带)为整体结构，在环体上设置了防冲蚀台阶，并喷涂耐磨层。

（4）排气机壳。排气机壳为不锈钢整体焊接结构，它由进、出口法兰，扩压器及壳体组成，整个机壳用进口法兰上的两个支耳及机体上的两个支耳支撑在底座上。在进口法兰的两个支耳和底座的支撑面之间设置横向导向键，在排气机壳的前端和后端设置纵、横导向键，以保证机组的中心不变。

排气口法兰为长方形，经天圆地方的过渡段与排气管道相连接。

（5）轴承箱及轴承。轴承箱系水平剖分结构，由箱体和箱盖组成，均为铸钢件。轴承箱内装有轴承、油封及轴转速、轴振动、轴位移、轴相位等检测探头，并接有轴承润滑油进、出口管道。

轴承部分由两个径向轴承和一个止推轴承构成，固定在轴承箱体内。径向轴承为四油叶滑动轴承，主、副止推轴承为六瓦块的 LEG 轴承。在装配时，转子相对于机壳的对中用轴承箱底下的调整垫片调整，出厂前调整好并用螺栓和定位销固定在底座上。

（6）底座。底座为焊接件，支撑排气壳体的两个支座需用循环水冷却，以保证排气蜗壳的中心标高不变。

二、轴流式压缩机

1. 轴流式压缩机的性能曲线

图 4-6 是某轴流压缩机的性能曲线，该图是指某一个转速下的压缩机性能，它反映了主风流量(静叶开度)和排气压力之间的关系。

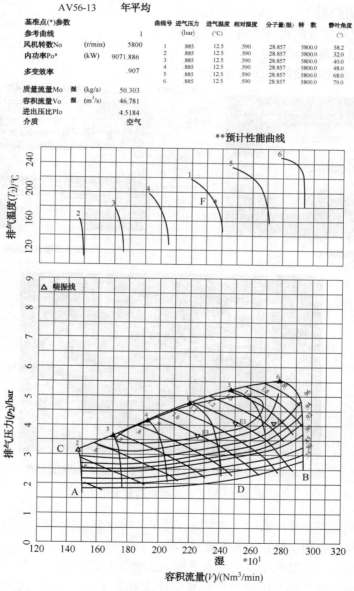

AV56-13　　年平均

基准点(*)参数			曲线号	进气压力	进气温度	相对湿度	分子量(湿)	转数	静叶角度
参考曲线No		1		(bar)	(℃)				(°)
风机转数No	(r/min)	5800	1	.885	12.5	.590	28.857	5800.0	58.2
内功率Po*	(kW)	9071.886	2	.885	12.5	.590	28.857	5800.0	32.0
			3	.885	12.5	.590	28.857	5800.0	40.0
多变效率		.907	4	.885	12.5	.590	28.857	5800.0	48.0
质量流量Mo 湿	(kg/s)	50.303	5	.885	12.5	.590	28.857	5800.0	68.0
容积流量Vo 湿	(m³/s)	46.781	6	.885	12.5	.590	28.857	5800.0	79.0
进出压比PIo		4.5184							
介质		空气							

图 4-6　轴流压缩机性能曲线(1bar＝10⁵Pa)

（1）特性曲线的含义：

① 压缩机允许的最小工作角度；

② 压缩机静叶最大开度时的特性曲线；

③ 压缩机的喘振线；

④ 压缩机的等效率线；

⑤ 压缩机的等功率线；

⑥ 压缩机的排气温度线。

（2）旋转失速区。

（3）安全运转区域。

（4）季节变化对性能曲线的影响。

2. 轴流式压缩机的基本结构

轴流式压缩机的基本结构如图 4-7 所示。

(a)轴流压缩机外形

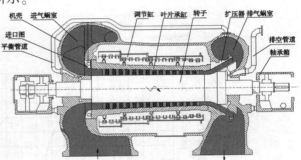

(b)轴流压缩机剖面图

(c)西安陕鼓动力股份有限公司生产的的AV系列轴流压缩机剖面简图

图 4-7　轴流式压缩机的基本结构

轴流压缩机由机壳、叶片承缸、调节缸、转子、密封套、进口圈、扩压器、轴承、轴承箱体、静叶调节执行机构、联合底座等部件组成。

（1）机壳。轴流压缩机机壳设计成水平剖分，便于拆卸和组装，机壳由 HT250 铸造而成，铸铁结构具有不易变形、吸收噪声和减振性能好等优点。机壳的进出口法兰均垂直向下，机壳分四点支撑在底座上，四个支撑点设计在接近下机壳中分面处，分布在下机壳的两侧，而不是布置在机壳的两端，此种机壳支撑方式具有一定的稳定性，可减少热膨胀而引起的机组热变形。一般情况下，四个支撑点中，排气端的两点为固定点，进气端的两个点为滑动支撑点。

机壳的中分面用预应力螺栓把上下机壳连接成一个刚性很强的整体，预应力螺栓的预紧力是通过计算确定的。机壳要进行水压试验，检验机壳的密封性并测量它的变形。

（2）叶片承缸。叶片承缸也设计成水平剖分型，中分面用螺栓连接形成一个内孔有很小锥度的筒体，与转子组成一个轴流压缩机的气体通道，这个通道的几何尺寸通过气动计算确定。

叶片承缸的缸体由球墨铸铁 QH450-10 铸造而成，通过两端支撑在机壳上。靠进气侧一端为固定支撑，靠排气侧的一端设计成滑动支撑以满足缸体热膨胀的要求。承缸的进气侧相配的是进口圈，承缸排气侧相配的是扩压器，分别与其他元件组成一个收敛通道和扩压通道，从而构成一个完整的轴流通道。

在叶片承缸上装有支撑静叶的静叶轴承，静叶及其附件全部支撑在静叶轴承上，静叶轴承采用石墨材质，具有很好的自润滑作用和密封作用。

静叶由 2Cr13 坯料精加工而成，叶型表面进行湿式喷砂处理。

（3）调节缸。调节缸用 Q235-A 钢板焊接而成，水平剖分，有较好的刚性，支撑在机壳上，四个支撑轴承布置在靠近中分面的下缸体两侧。调节缸安装在机壳与静叶承缸之间，因此有时也称为中缸，机壳为外缸，叶片承缸为内缸。

调节缸的四个轴承是无油润滑轴承，由"DU"金属材料制成。调节缸的内部相对应于各级静叶片装有各自的导向环，导向环用 35 号钢加工而成，分为上下两半，分别安装在上下缸体上。

调节缸用于调节轴流压缩机的静叶角度，在静叶调节执行机构作用下做轴向往复移动。导向环的作用是使滑块也做轴向往复移动，而滑块通过曲柄与静叶叶柄相连，因此调节缸的轴向移动可使静叶得到转动运动，从而实现调节静叶角度的目的。各级静叶调节角度的大小由各级曲柄的长度决定，这些都是在气动计算过程中确定的。

（4）转子及动叶片。轴流压缩机的转子是由主轴、各级动叶片、隔叶块及叶片锁紧装置等组成。

主轴：整锻实心结构，材料为 25Cr2Ni4MoV 高合金钢。

动叶片：采用 2Cr13 精加工而成，原材料进行化学成分、机械性能、裂纹检验。叶片成型加工后进行测频，成型叶片还要进行湿式喷砂处理，以增加叶片表面的疲劳强度。

（5）轴承箱。轴承箱与下机壳铸造成为一体，轴承箱内安装有径向轴承和止推轴承。轴承箱盖上面有安装轴振动、轴位移检测探头的孔。

（6）密封。在压缩机的进气端和排气端分别设有轴端密封套，内装拉别令密封，密封片镶在轴上，密封间隙可通过密封套圆周上的调整块来调整。

（7）轴承。轴流压缩机的径向滑动轴承为椭圆瓦轴承，止推轴承是 Kingsbury 轴承。瓦块由碳钢加锡基巴氏合金材料制成，每个径向轴承内埋两个测温元件。止推轴承主推力面内埋 2 个测温元件，副推力面内埋 2 个测温元件，均采用 Pt100 铂电阻。

（8）高压平衡管道。在压缩机上设有一个高压平衡管道，其作用是将排气侧的高压气体引向设置于进气端的平衡活塞，用于平衡由于气体差压而引起的使转子指向进气侧的部分轴向力，以减轻止推轴承的负载。

（9）静叶执行机构。近年电动执行机构由于系统简单，不存在高压漏油，没有动力油站等优点，已经在 AV 型轴流压缩机上被广泛采用。但对于 AV80 以上的轴流机，由于电动执行机构的功率和驱动力受限，也已经开始使用引进的 REXA 电液执行机构。

在新设计制造的轴流压缩机中，原来的高压动力油调节系统已经不再使用。

（10）联合底座。轴流压缩机与齿轮箱共用一个联合底座。底座由钢板焊接而成，在底座的底板上设有调节螺栓，供机组安装时调整用。

三、离心式压缩机

1. 离心式压缩机的性能曲线

图4-8是某离心压缩机的性能曲线。它反映了某一个转速下，入口蝶阀在某一开度时的流量和排气压力、轴功率之间的关系。

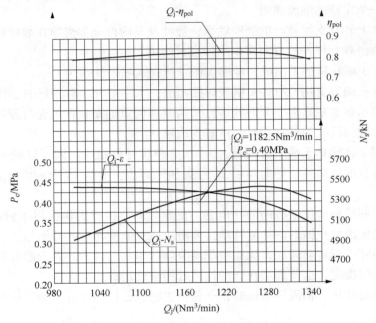

图4-8 离心压缩机性能曲线

2. 离心式压缩机的基本结构

图4-9为单段四级离心压缩机，机体为水平剖分。压缩机主要由定子(机壳、隔板、轴承、密封等)和转子(轴、叶轮、隔套、平衡盘、轴套和半联轴器)所组成。

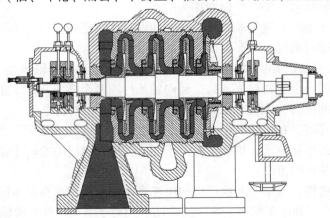

图4-9 离心压缩机剖面图

机壳采用铸造结构,分成上下两半,中分面经过精密加工,用螺栓将上下机壳紧固在一起,以防止漏气。下机壳两侧伸出四个支脚,将压缩机支撑在机座上,在机壳的两个支脚上有横向键槽作为压缩机纵向定位,在进、排气管外侧有两个立键作为机器的横向定位。轴承箱和下机壳成一体,以增加机壳的刚性,轴承箱和密封室之间用迷宫密封和油封隔离开。为保证机壳的刚度,压缩机的机壳和中分法兰均采用厚壁结构。级间隔板分为上、下两半,靠止口与机壳配合,上隔板用沉头螺钉固定在上机壳上,但不固定死,使之能绕中心稍有摆动,而下隔板自由装到下机壳上。

级间密封、轴端密封均为迷宫密封,平衡盘上也装有迷宫密封。迷宫密封用铝合金制成,密封体外环分成上、下两半,密封齿为梳齿状。

支承轴承为可倾瓦轴承,止推轴承为米契尔轴承,轴承体均分为上、下两半,止推轴承每组有 8 个止推块,共有两组分置于推力盘两侧。

叶轮为闭式后向型叶轮,轮盘、轮盖和叶片三者焊成整体,与轴之间过盈热装在轴上,平衡盘装在最后一级叶轮相邻的轴端上。

第四节 机组控制逻辑

主风机-烟气轮机能量回收机组的控制逻辑一般包括:机组允许启动程序、机组允许自动操作程序、安全运行程序、紧急停车程序、润滑油箱加热器投用程序、润滑油泵投用程序等。本节以装置设有备用主风机组,且采用烟气轮机冲转机组的方式启动主风机组来说明机组控制逻辑。

一、机组允许启动程序

如紧急停机后再启动,首先要延迟 15min,"预启动检查可进行"指示灯亮后,方可进行机组的启动。

机组启动前应进行盘车检查,盘车完成后将盘车器与机组脱开,确认无误后方可启动机组。机组允许启动程序见图 4-10。

启动前,外部系统各设备和阀门应满足以下条件或应处于以下状态:

(1)润滑油压力正常(>0.25MPa);

(2)润滑油冷却器出口温度正常(>25℃);

(3)静叶电动执行机构正常;

(4)静叶闭锁在 22°;

(5)防喘振阀全开;

(6)主风机出口阻尼单向阀关闭;

(7)烟气轮机入口调节蝶阀关闭;

(8)烟气轮机入口切断阀关闭;

(9)盘车停止,盘车器与机组脱开;

(10)主风机静叶调节信号给定最小;

(11)防喘振阀调节信号给定最小;

(12)烟气轮机入口调节蝶阀调节信号给定最小。

以上条件均满足时,"启动待命"指示灯亮。此时可以选择烟气轮机冲转机组的方式启动主风机组,也可以选择主电机直接启动机组的方式启动主风机组,视机组的大小和主电机的启动能力而定。

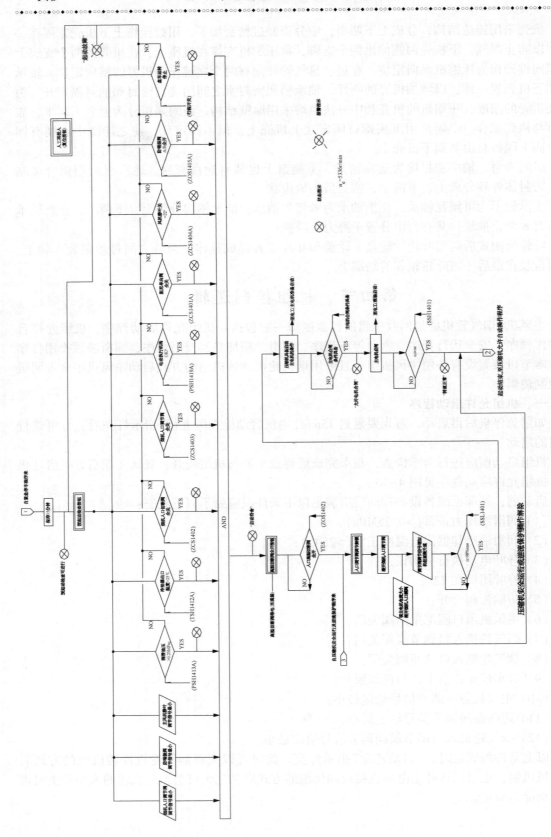

图4-10 机组允许启动程序

当烟气中催化剂的含量满足烟气轮机运转的要求时，可进行烟气轮机的暖机。全开烟气轮机入口切断阀，缓慢开启烟气轮机入口调节蝶阀，在高温烟气的作用下，烟气轮机带动全机组逐渐升速至 1000r/min 左右，保持在此转速下运行 30min。

继续开大烟气轮机入口调节蝶阀，使机组继续升速，升速过程中，控制烟气轮机的排气温升速度不大于 100℃/h，升温速率太快时，则应关小烟气轮机入口调节蝶阀。

当机组转速达到 75%n_e（额定转速）以上时（视具体的机组情况确定），具备启动主电机的条件。此时，"允许电机合闸"指示灯亮，当烟气轮机入口温度达到 500℃ 且整个机组各部分均无异常现象时，在现场按主电机启动按钮，由电机将整个机组带至正常操作转速。

二、压缩机允许自动操作程序

启动结束，保持 5min，以便做各方面检查。当"自动操作可进行"灯亮后，按"允许自动操作"按钮，使防喘振放空阀的调节解锁，允许该阀接受 FIC1401A 的控制（电磁阀 FV1403A 励磁）；主风机出口阻尼单向阀的电磁阀线圈励磁，开启阻尼单向阀（电磁阀 XCV1401A 励磁）；静叶调节器解锁（允许工艺开大静叶角度）（FV1401A 励磁）。

操作步骤："自动操作可进行"灯亮→手按"允许自动操作"按钮→"自动操作"灯亮→结束。

压缩机允许自动操作程序见图 4-11。

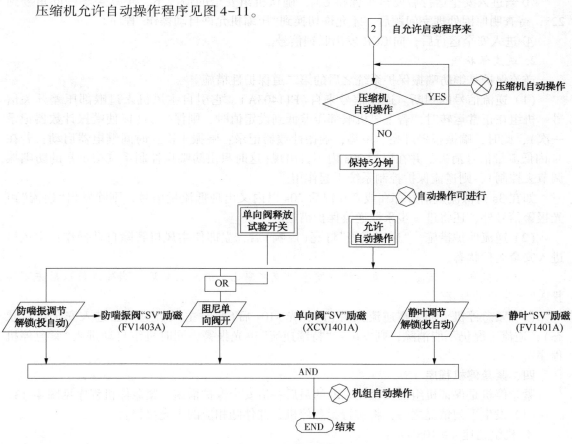

图 4-11 机组自动操作程序

三、安全运行程序及逆流保护程序

1. 安全运行

安全运行是指机组在正常运行中因装置操作的原因，暂时切断向再生器供风，且不停主风机的一种"自保运行"状态，即机组仍在正常操作转速下运行(静叶角度保持在22°)，但不向装置送风。安全运行程序及逆流保护程序见图4-12。

(1)安全运行的特征。主风机出口阻尼单向阀关闭；防喘振阀全开；静叶关至22°；烟气轮机入口调节蝶阀及切断阀全关。

(2)可能导致安全运行的原因。装置主风低流量自保动作；主风机入口低流量，防喘振保护失灵，进入逆流状态；装置操作需暂时切断主风(手动安全运行)。

(3)动作步骤。当装置或主风机发生低流量(或手按安全运行钮)信号时，"安全运行"指示灯亮。

①"自动操作运行"灯灭，"放空阀全开"灯亮，"止回阀全关"灯亮，"烟气轮机入口调节蝶阀全关"灯亮，静叶保持在原有的运行位置。

②若"放空阀打不开"灯亮，或"阻尼单向阀关不住"灯亮，或"烟气轮机入口调节蝶阀关不住"灯亮，则说明程序可能有故障，或某一设备有故障，此时可按下"人工再投入或手动安全运行"按钮。

③当进入安全运行后要至少保持60s，确认机组安全的情况下，手动关小静叶角度到22°，待查明原因处理完问题后，才允许切换到"压缩机允许自动操作"程序。

④进入安全运行后，向CCR发出联锁信号。

2. 逆流保护

逆流保护是继防喘振保护系统之后的第二道保护性措施。

(1)逆流信号的判断。逆流信号来自(FT1403A)，它引自主风机入口喉部压差开关信号。机组在正常运转时，若主风机喉部压差低到设定值时，则保持1s(以使喘振计数器记录一次)，此时，喘振报警灯亮、声鸣；喘振计数器记录：喘振1次；时间继电器启动，若在3s内低流量信号消失，并在以后20s内不再出现(这时只由防喘振控制系统按正常的防喘振调节去控制)，则逆流保护控制系统不起作用。

如在3s内低流量信号存在或者在以后20s以内又出现低流量信号，则除发出"逆流"声光报警信号外，还将进一步采取逆流保护措施。

(2)逆流保护措施。"逆流报警"灯亮(声响)后，立即使主风机解除自动操作；主风机进入安全运行状态。

注意：当发生逆流后，应立即检查发生逆流之原因，并进行处理。当处理好以后方可再投入"允许启动程序"。

(3)紧急停机。如果在逆流报警(声、光)10s后(此时主风机应该已进入安全运行状态)，逆流工况仍不能消除，则发出："持续逆流"声光报警，同时机组自动进入"紧急停机程序"。

四、紧急停机程序

紧急停机是保证机组的安全而采取的最后一道安全保护措施。紧急停机程序见图4-13。

(1)发生下列情况之一，将实行紧急停机，并伴随相应的声光报警：

① 机组超速 $n \geq 105\% n_e$；

② 烟气轮机轴位移超极限($\geq 0.65mm$)；

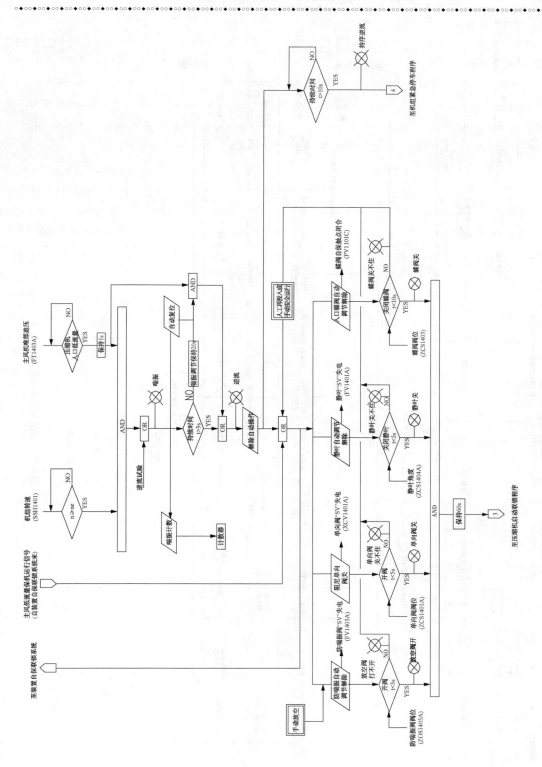

图4-12 机组安全运行程序

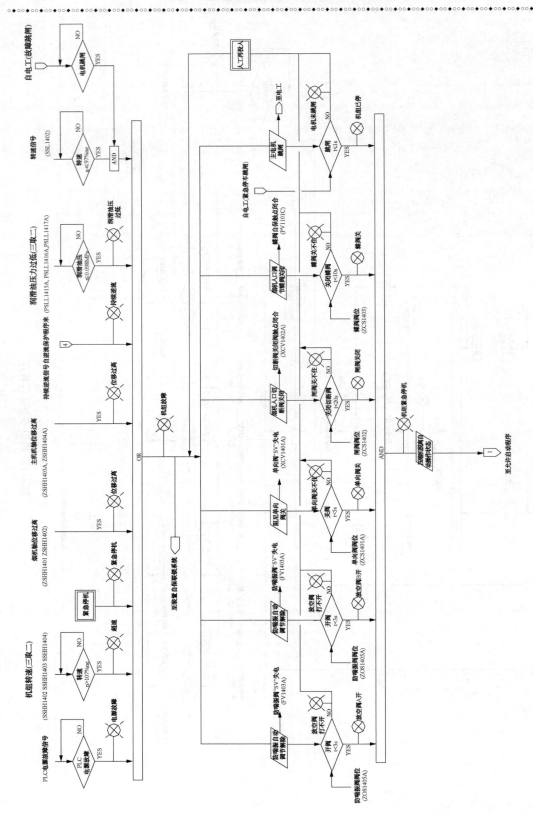

图4-13 机组紧急停车程序

③ 主风机轴位移超极限(≥0.8mm);

④ 润滑油压力过低(≤0.12MPa);

⑤ 主电机故障跳闸且机组转速低于97%n_e;

⑥ 持续逆流;

⑦ 手动紧急停机;

⑧ PLC故障。

(2)紧急停机程序执行以下操作措施:

① 主电机跳闸;

② 待机组转速降低至$n<n_e$(97%n_er/min)时,静叶自动调节解除,静叶关至22°;

③ 快速打开防喘振放空阀;

④ 强制关闭主风机出口阻尼单向阀;

⑤ 关闭烟气轮机入口调节蝶阀;

⑥ 关闭烟气轮机入口切断阀;

⑦ 向中心控制室CCR发出停机联锁信号。

五、润滑油箱加热器投运程序

机组启动前,润滑油箱温度应高于25℃,并低于45℃。

当润滑油箱内的液位正常,油箱内的油温小于25℃时,按下"加热器投用"按钮,直到油箱内温度大于25℃,程序将自动停电加热器。润滑油箱加热器投运程序见图4-14。

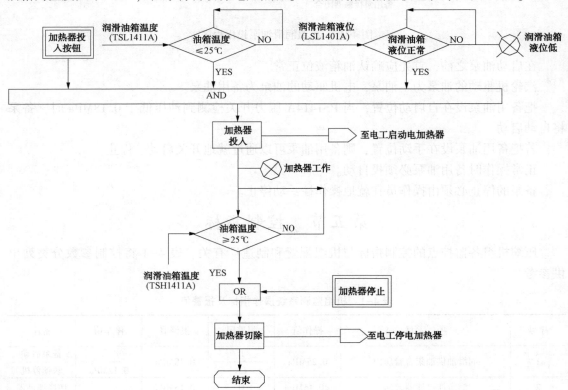

图4-14 机组润滑油箱加热器投用程序

六、润滑油泵投运程序

润滑油泵投运程序见图 4-15。

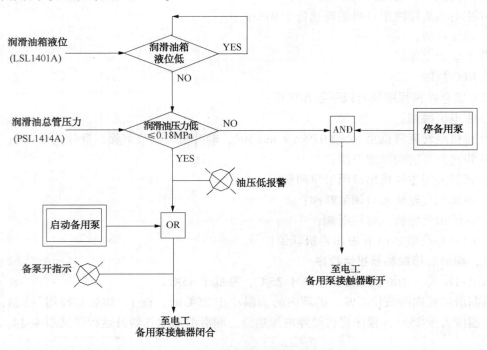

图 4-15　机组润滑油泵投用程序

在启动油泵之前，首先应确认油箱液位正常。

汽轮机驱动的油泵为主油泵，电机驱动的油泵为备用油泵。

把备用油泵设在自启动位置，当 PS1414A 压力开关检测到油压低于 0.18MPa 时，备泵将自动启动。

若把备用油泵设在手动位置，则备用油泵可以通过就地开关启动、停止。

正常操作时备用油泵必须投自动。

备泵的停止必须由操作员在就地操作柱手动停止。

第五节　控制指标

压缩机组各监控点的控制指标与机组配置和制造厂有关。表 4-1 将控制参数分类列出供参考。

表 4-1　机组监测系统操作指标及报警值

序号	项　目	操作值	报警限	报警值	停车值	备注
1	润滑油供油集合管压力	0.25MPa	L	0.18MPa		备泵启动
			LL		0.12MPa	联锁停机
2	润滑油过滤器差压	<0.15MPa	H	0.15MPa		切换滤油器
3	润滑油箱油温	60℃	L	≤25℃		开加热器
			H	≥H℃		停加热器

续表

序号	项 目	操作值	报警限	报警值	停车值	备注
4	润滑油冷后温度	45℃±2℃	H	≥50℃		
5	润滑油箱液位		L	800mm		距油箱顶面
6	烟气轮机入口温度	670℃	H	700℃		
7	烟气轮机轮盘操作温度	300℃	L	<250℃		
			H	>350℃		
8	烟气轮机径向轴承温度	<80℃	H	80℃		
			HH	90℃		
9	烟气轮机止推轴承温度	<80℃	H	90℃		
			HH	100℃		
10	烟气轮机轴振动	<80μm	H	80μm		
			HH	100μm		
11	烟气轮机轴位移	<0.5mm	H	0.5mm		
			HH		0.65mm	
12	风机径向轴承温度	<80℃	H	95℃		
			HH	105℃		
13	风机止推轴承温度	<80℃	H	90℃		
			HH	100℃		
14	风机轴振动	<85μm	H	86μm		
			HH	105μm		
15	风机轴位移	<0.4mm	H	0.4mm		
			HH		0.8mm	
16	齿轮箱轴承温度	<80℃	H	115℃		
			HH	127℃		
17	齿轮箱轴振动	<50μm	H	80μm		
			HH	120μm		
18	电机轴承温度	<85℃	H	85℃		
			HH	95℃		
19	电机定子温度	<140℃	H	140℃		
			HH	150℃		
20	机组转速	5900r/min	H			
			HH	5988r/min	6195r/min	
21	主风机入口过滤器差压	<360Pa	H	>360Pa		

第六节 机组试运转

机组安装完毕后，需要进行一系列的单机试运，方可投入生产操作。

一、试运转前的准备工作

（1）机组试运转前应具备下列条件：

① 机组的各机器、特殊阀门(轴流压缩机出口单向阀、防喘振阀、烟气轮机入口高温切断阀、高温调节蝶阀等)、润滑油系统，与机组相关的工艺管道、电气、仪表控制系统，及水、电、汽、气等公用工程，安装、吹扫、试压完毕，具备使用条件，并有齐全准确的校验记录和有关安装记录。

② 除电动/发电机外，二次灌浆达到强度要求，土建工程全部结束。

③ 隔热工程基本结束(有碍试运转检查部位除外)。

④ 编制试运转方案，并具有齐全的试运转记录表。

（2）组织由建设、监理、施工、设计、制造等有关单位人员参加的试运转领导小组，负责审查安装记录，审定试运转方案，检查试运转现场，组织及指挥试运转的全面工作。

（3）参加试运转工作的岗位工作人员，必须由熟悉本机组结构与特性、掌握机组操作规程、有处理事故能力、经考试合格的人员担任。

（4）参加试运转的机械、电气、仪表等维护人员，必须由熟悉本机组安装工作的人员担任。

（5）试运转领导小组技术负责人应向参加试运转的所有人员进行技术交底，并有交底记录。

（6）现场应整洁并备有必要的安全防护设施和防护用品，以及试运转所需的工具、量具等。

（7）检查机组各联轴器的安装情况，并应符合要求。

（8）试运转前应由建设、监理、施工、设计、制造等有关单位签署机组允许投入试运转的书面意见。

二、油系统冲洗

（1）油系统设备及管道的吹扫和清洗应符合《催化裂化装置轴流压缩机-烟气轮机机组施工质量验收规范》的要求。

（2）油系统冲洗应进行下列准备工作：

① 安装吹扫合格的临时跨线，使冲洗油不进入轴承箱。同时各油管道不应安装进油节流孔板。

② 拆除油过滤器的滤芯，装上临时滤网，滤网规格应逐次由小到大进行更换（一般为100~200目），其通流面积不小于管道横截面积的2~4倍。

③ 检查油箱和油过滤器，确保无污物、杂物等。

（3）用油过滤机向清扫合格后的油箱灌入符合要求的汽轮机油，并至油箱最高液位。油箱充油时检查项目应符合 SH/T 3516《催化裂化装置轴流压缩机-烟气轮机能量回收机组施工及验收规范》的要求。

（4）油冲洗准备工作检查合格后，方可启动油泵进行油系统冲洗。油冲洗以循环的方式进行，循环过程中每 8h 宜在 40~70℃的范围内反复升降油温 2~3 次，直至油冲洗合格。

（5）油冲洗宜自上游向下游按油的工艺操作流向对各油管道分段反复进行冲洗，先冲洗主管路，后冲洗支管路，条件许可时，可用间隔开停油泵或开闭阀门的手段产生冲击油流，以提高冲洗效果。

（6）在油冲洗的过程中，按油的流向用木锤沿管道敲击各焊缝、弯头和三通，并定期排放或清理油路的死角和最低处积存的污物。

（7）提高油冲洗流速，加大冲洗油的流量，在回油管进入油箱前加节流孔板。油系统较长时，可考虑采用分段冲洗。

（8）在油冲洗循环中，从油管道各处视镜观察油流应正常，并应根据过滤器差压变化情况经常检查清扫过滤器。

（9）油冲洗合格标准应符合 SH/T 3516 的要求。

（10）油冲洗合格后，放掉油箱、油冷却器、油过滤器内的脏油，重装新油。

（11）拆除临时跨线，将油系统管道复原，在各进油管道加临时滤网，拆掉油过滤器临时滤网并装入滤芯。

三、油系统试运转

（1）在油泵启动前应先启动油箱加热器，使油温升到25℃。

（2）准备工作完成后启动润滑油系统的油泵，建立油系统的循环。调整润滑油系统压力，使上油集合管油压达到设计规定的数值。

（3）润滑油系统应进行下列自保项目试验，并符合设计规定：

① 低油压报警且备用油泵自启动；

② 低低油压联锁停机报警；

③ 油过滤器差压高报警；

④ 油冷却器出口油温高报警。

（4）在油循环中应进行下列项目的检查确认：

① 对油过滤器切换阀进行严密性检验；

② 油循环中，油过滤器差压大于0.15MPa时应切换过滤器，更新滤芯；

③ 试运转时，应确认高位油箱的充油和回油状况。

（5）油循环累计24h后进行油质分析，当油质符合规定，且各项自保试验准确无误后，可视为油系统试运转合格。

（6）油系统试运转合格后，可更新油过滤器的滤芯，拆除进油管道上的临时滤网，安装各节流孔板。

油系统全部复原并封闭，等待机组试运转。

四、电动/发电机无负荷试运转

（1）试运转前应做好下列准备工作：

① 按有关电气规程检查电机绝缘电阻。高压部分接线，高低压配电设备以及电动/发电机等电气设备的整定、试验、调校完成；

② 全面检查各螺栓紧固情况，并应符合要求；

③ 盘车检查转子，无异常声响，转动灵活；

④ 投入监测、控制仪表；

⑤ 按操作规程启动润滑油泵，建立正常的润滑油系统工作循环，油温、油压符合设计规定；

⑥ 冷却水系统送水；

⑦ 脱开电动/发电机与齿轮箱之间的联轴器。

（2）确认准备工作全部合格后，可用手动开关进行瞬时启动电动/发电机，以确定转向符合要求。

（3）按启动程序启动电动/发电机。启动后应重点检查下列项目：

① 无异常噪声、声响等现象；

② 轴承温度、轴振动应符合设计文件的规定；

③ 电流、电压、温升不应超过规定值；

④ 各紧固部位无松动；

⑤ 冷却水系统无漏水现象；

⑥ 核对电机磁力中心线位置正确无误。

（4）如有异常现象应立即停机检查、处理。

（5）记录启动电流、电压和启动时间。运行中每 30min 记录一次各项操作指标的运行值。

（6）连续运行 2h，无异常情况，各项指标符合设计文件规定，视为电动/发电机无负荷试运转合格，可停机并记录惰转时间。

（7）进、出轴承润滑油温差小于 5℃时，停润滑油泵。

（8）电动/发电机连续启动次数应符合下列规定：

① 冷态允许连续启动二次；

② 热态只允许启动一次。

（9）电动/发电机无负荷试运转后，对电气系统应进行认真检查，高压电源线路及配电室应严加管理，并指定专人负责，使电动/发电机处于待启动良好状态。

（10）电动/发电机二次灌浆。

五、齿轮箱无负荷试运转

（1）试运转前准备工作除应符合本节第四项的有关规定外，尚应符合下列规定：

① 复查轴对中数据，联接电动/发电机与齿轮箱之间的联轴器；

② 检查电动盘车器正常；

③ 脱开齿轮箱与压缩机之间的联轴器；

④ 润滑油的入口温度宜为 35~40℃。

（2）启动电动盘车器，检查盘车器及齿轮箱运转情况，如发现异常现象应及时停机处理。电动盘车运转时间不少于 10min。

（3）确认盘车器处于规定位置，启动电动/发电机。

（4）启动后检查齿轮箱运转声音正常，每 30min 记录一次振动、位移和轴瓦温度等参数。

（5）连续运行 2h，无异常情况，各项指标符合设计文件规定，方可停机并记录惰转时间。

（6）当惰转停止后，启动盘车器进行盘车。待进、出轴承润滑油温差小于 5℃时，然后停电动盘车器，停润滑油泵。

（7）停机后打开齿轮箱窥视窗检查齿轮啮合情况，如有异常须进行处理，并重新试运转。

（8）停机检查后一切正常，视为齿轮箱无负荷机械试运转合格。

六、轴流压缩机机械试运转

（1）试运转前除应符合本节第五项的有关规定外，尚应做好下列准备工作：

① 复查对中，联接接齿轮箱与轴流压缩机之间的联轴器；

② 复查轴流压缩机入口过滤器、消声器、进出口管道的清洁度，经有关人员检查确认合格后方可封人孔；

③ 启动润滑油泵，建立润滑油系统的正常工作循环，油温、油压符合设计文件要求；

④ 检查静叶角度控制仪表与机上角度标尺对应关系，并使静叶角度处于启动位置；

⑤ 轴流压缩机出口各阀门应在指定控制位置；

⑥ 确认盘车器是否在允许启动位置；

⑦ 确认高位油箱回油正常。

（2）准备工作完成后，启动电动盘车器、检查轴流压缩机内部有无异常情况。电动盘车器运行时间不得少于 10min。

（3）按照允许启动程序启动机组。

（4）机组启动后密切监视启动时间、电流、电压、转数变化，待转数、电流正常后，检查机组振动、轴承温度与轴位移等情况，每 30min 记录一次。

（5）轴流压缩机静叶开度应在最小工作角度下，进行低负荷机械试运转。在运转中详细检查机组运转情况，每 30min 记录一次有关各项参数。

（6）连续运行不少于 4h，无异常情况，各项指标均符合设计文件规定，可按下列步骤停机：

① 停电动/发电机，并记录惰转时间；

② 电动/发电机停止运转后，启动电动盘车器，进行盘车，待轴流压缩机机壳温度降至 90℃后方可停止盘车；

③ 当盘车器停止盘车，进出轴承润滑油温差小于 5℃时，停润滑油泵；

④ 切断冷却水、仪表、电气等控制系统。

（7）停机后应做下列检查工作：

① 打开齿轮箱窥视窗，检查齿轮啮合情况；

② 抽查轴承面磨损情况。

（8）停机后检查无异常情况，视为轴流压缩机机械试运转合格。

七、烟气轮机机械试运转

（1）烟气轮机安装完毕后，不单独做机械运转。当机组中电机的功率较大，能直接启动机组时，烟气轮机可随机组一起全速启动后，进行无负荷机械运转。

（2）试运转前除应符合本节第六项的有关规定外，尚应做好下列准备工作：

① 联接烟气轮机、轴流压缩机之间的联轴器；

② 复查烟气轮机入口管道（即从三级旋风分离器出口至烟气轮机导流锥）的清洁度，经有关人员检查确认合格后方可封闭人孔；

③ 烟气轮机入口管道排凝阀、烟气轮机壳体排凝阀、烟气轮机冷却系统、密封蒸汽、密封空气等手动阀门灵活好用；

④ 投入机组全部监测、控制仪表、联锁继电回路系统设备完好，动作准确；

⑤ 烟气轮机各入口各阀门应调试合格并在指定开度位置；

⑥ 投入烟气轮机密封空气系统、密封蒸汽系统、轮盘冷却系统、排气蜗壳冷却水系统、轴承箱冷却水系统，同时打开机壳下部的排凝阀，放水见汽后关闭，静止暖机 30min；

按本节第六项内容的要求，确认轴流压缩机是否在启动位置。

（3）启动盘车器，检查烟气轮机内有无异常声音，运行时间不得少于 10min。

（4）按启动程序启动机组，启动后立即检查烟气轮机轴承温度、轴振动及轴位移等情况，每 30min 记录一次。

（5）机组启动后，轮盘前侧冷却蒸汽应调到最大量。

（6）当烟气轮机壳体无液体排出时，关闭壳体排凝阀。

（7）轴流压缩机静叶角度在最小工作角度，烟气轮机入口切断阀、烟气轮机入口调节蝶阀全关，连续运行不少于4h，无异常情况，各项操作指标符合设计文件规定，可按下述步骤停机：

① 停电动/发电机，并记录惰转时间；

② 电动/发电机停止运转后，启动电动盘车器，进行低速盘车，待烟气轮机排气机壳温度降至250℃后停止盘车；

③ 停密封及冷却蒸汽；

④ 当烟气轮机壳体温度低于150℃时，打开壳体排凝阀；

⑤ 烟气轮机壳体温度降至90℃以下，轴承润滑油进、出油温差小于5℃时，停润滑油泵；

⑥ 停密封空气系统、切断冷却水、仪表、电气等控制系统。

（8）采用烟气轮机直接启动机组做低负荷机械运转时，应满足下列条件：

① 试运转前的检查应符合本节第六和第七项的要求；

② 烟气的浓度、粒度满足设计要求；

③ 烟机出口水封罐撒水完毕，打开烟气轮机入口切断阀，微开烟气轮机入口调节蝶阀，冲转烟气轮机，仔细观察烟气轮机壳体升温情况。在1000r/min附近停留约30min；

④ 缓慢打开烟气轮机入口调节蝶阀，机组升速、升温，要求壳体升温速度不超过100℃/h；

⑤ 在开启调节蝶阀的过程中，应认真检查烟气轮机轴振动、轴位移，轴温度变化情况和烟气轮机各部膨胀情况；

⑥ 当烟气轮机壳体温度在350～400℃，机组的速度达到设计要求时，主电机合闸，把全机组带到正常操作转速，使烟气轮机在低负荷下机械运转；

（9）轴流压缩机在最小工作角度，烟气轮机低负荷连续运行不少于4h后，无异常情况，各操作指标满足设计要求，可按下述步骤停机：

① 逐渐关小烟气轮机入口调节蝶阀，减小烟气轮机负荷；

② 要求壳体降温速度不大于100℃/h，不能满足要求时，应适当延长停留时间；

③ 关闭烟气轮机入口切断阀，同时加大轮盘冷却蒸汽流量；

④ 停主电机。待机组停止转动，启动电动盘车器，进行低速盘车，烟气轮机排气机壳温度降至250℃后停止盘车，停轮盘冷却蒸汽，停密封蒸汽；

⑤ 烟气轮机壳体温度降至90℃以下，轴承润滑油进、出温差小于5℃时，停润滑油泵；

⑥ 停密封空气系统、切断冷却水、仪表、电气等控制系统。

（10）停机后检查无异常情况，视为烟气轮机机械试运转合格。

八、机组负荷试运转

（1）机组负荷试运转一般是机组随装置一同开工和运转（此时也完成了烟气轮机的热负荷试运转即烟气温度达到设计状态时的负荷试运转）。

（2）机组开机前的准备及机组启动应满足本节第六项和第七项的有关要求。

（3）低负荷机械试运行合格后进行负荷试运转。增加负荷的方法和步骤应满足有关设计文件的要求。

（4）静叶角度开度与运转时间应按设计文件规定分档次进行。若电机功率不够，静叶角度可开到电机功率允许的最大角度值，分档次运转结束后，将轴流压缩机稳定在设计工况条件下运转 24h。

（5）机组启动后全面检查机组运转情况，无异常后即可将机组正式投入生产并切换为自动操作。

（6）机组运转中应密切注意烟气轮机及进、出口管道热膨胀变化情况，有异常现象时应停止升温，分析原因，采取措施，必要时停机处理。

（7）当装置生产正常并产生足够量高温烟气时，方可全开烟气轮机入口切断阀，观察机壳升温情况，停 30min 后，再逐渐开大烟气轮机入口调节蝶阀，此时电动/发电机电流应逐步下降，或电动/发电机处于发电状态。

（8）密切监视机组在热负荷状态下的运转状态，分析机组参数变化，每 30min 记录一次机组各项指标的运行值，严防烟气轮机入口烟气超温。

（9）轴流压缩机与烟气轮机均在额定状况连续运行 72h，无异常情况，机组各项运行指标符合要求，视为机组（烟气轮机）热负荷试运转合格。

（10）试运转结束后应整理好试运转记录。

第七节　开机准备

一、开机前的检查及准备工作

（1）联系有关部门，将水、电、汽、风送至机组前。将 1.0MPa 蒸汽引至烟气轮机前并排凝，蒸汽条件需满足设计要求，最高压力 1.2MPa，温度 250℃。

（2）联系电工、仪表检查电仪设备是否灵敏完善好用。

（3）进行电控、指示、报警及跳闸系统的供电试验。通过操作每个系统的所有开关，试验系统性能可靠无误。

（4）对下列电路进行供电检验：

① 润滑油泵；

② 润滑油加热器；

③ 电动阀门；

④ 电动盘车机构；

⑤ 主电机加热器。

（5）检查所有控制盘上的指示是否正常。

（6）逐项试验各个自保逻辑程序。

二、辅助系统准备工作

（1）启动润滑油系统。

① 按流程检查润滑油系统的管道阀门开关位置是否正确，关闭各处排凝阀；

② 清洗安装好油泵入口过滤器、冷油器、出口过滤器；

③ 检查压力开关、压力表、压力变送器、液位计及所有仪表的一次阀门是否打开；

④ 打开冷油器冷却水进出口阀，冷油器切换阀处于中间位置；

⑤ 打开两油泵进口、出口阀，压力调节阀的前后保护阀及旁通阀；

⑥ 启用油箱电加热器，将油箱油温加热到 25℃；

⑦ 按主油泵操作规程开启主油泵，进行油管路循环；

⑧ 打开两个冷油器和两个滤油器的连通阀及排油阀向其中充满油并排气后，将冷油器及滤油器的切换阀转向某一侧，关闭已投用的冷油器及滤油器的排油阀；

⑨ 打开高位油箱充油阀，向高位油箱充油，通过溢流管上的视镜检查是否满油。有油溢出后，关闭充油阀，经限流孔板保持微量循环；

⑩ 调整油压、油温、液位等各项参数至指标值；

⑪ 备用冷油器、滤油器通过连通阀和排油阀向油箱排油保持微循环；

⑫ 调节油站出口，检查各处指标：进油集合管油压 0.25MPa，冷油器出口油温小于 45℃，滤油器前后压差小于 0.15MPa，油箱液位在规定液位以上。

⑬ 油循环后，若油箱液位下降，向油箱补充新油，保证油位在规定液位以上；

⑭ 检查各轴承、齿轮箱的进油和回油情况；

⑮ 把辅助油泵电机选择开关按在"自动"位置上；

⑯ 检查润滑油温度控制与调节，若冷油器出口温度超过 25℃，电加热器自动关闭。

⑰ 检查试验润滑油系统各报警及停车自保系统：逐步降低集合管油压至 0.24MPa 时主电机不能启动；逐步降低集合管油压至 0.18MPa 时报警，同时备用油泵自启动；逐步降低集合管油压至 0.12MPa 时机组停机，同时报警；滤油器压差高报警≥0.15MPa；冷油器排油温度 55℃报警，主电机不能启动；油箱液位距箱顶 800m 低值报警，主电机不能启动；

⑱ 经常检查润滑油过滤器前后压差，要稳定在 0.15MPa 以下，不然要反复清洗过滤器；

⑲ 联系化验室，采样分析润滑油，合格后方能开机。

(2) 试验各主要阀门和静叶开关是否灵活。

① 双动滑阀：分别用再生器压力记录控制器、两器差压记录控制器自动一手动切换器操作，用阀位显示器及现场标尺检验。

② 烟气轮机入口调节蝶阀：分别用再生器压力记录控制器和两器差压记录控制器、自动一手动切换器、烟气轮机入口蝶阀控制器、烟气轮机转速显示控制器操作。用阀位显示器和现场标尺检验。

③ 烟气轮机入口切断蝶阀：分别用自动-手动切换器、烟气轮机入口蝶阀控制器操作。用阀位显示器和现场标尺检验。

④ 防喘振阀：分别用防喘振控制器、防喘振手操器操作。用阀位置显示器和现场标尺检验。

⑤ 出口止回阀：仪表激发电磁阀检验该阀开关是否灵活好用。用阀位显示器和现场标尺检验。

⑥ 主风机静叶角度：分别用主风流量记录控制、主风流量手操器，静叶角度显示控制器操作。用静叶角度显示器及现场标尺检验。

⑦ 试验报警和自保情况：

按"闪光报警器试验按钮'，检验表盘上所有闪光报警器是否好用，检验后按复位钮。

按"紧急停车"检查各自保阀的动作位置，检验后按复位钮。

⑧ 检查机组系统各阀门是否在开车位置

防喘振控制器为自动，手操器将防喘振阀全开。

反应岗位控制的阻尼单向阀全关，自保投用。

出口止回阀全关，自保投用。

静叶角度由主风流量手操器手动控制，静叶角度关至 22°，静叶角度显示控制器为自动。

⑨ 盘车：启动电动盘车器，检查机组各部分情况，盘车时间不少于 20min，如均正常，将盘车手柄扳至"停止盘车"位置并锁定。此时压缩机组即处于开机前状态。

第八节　开机过程

一、正常启机步骤

（1）若机组中的电机功率小，不允许用电机直接启动。必须采用烟气轮机辅助启动，即先开备用主风机，产生烟气，后开主机组。

（2）与机组有关的仪表及自保全部投用，联系电工将电送至机前。

（3）反应再生系统操作正常，烟气化验分析合格。

（4）"予启动检查可进行"灯亮后，按"予启动检查钮"。

润滑油压力正常（大于 0.25MPa）；

润滑油冷却器后温度正常（大于 25℃）；

静叶闭锁在 22°；

防喘振放空阀全开；

风机出口阻尼单向阀全关；

烟气轮机入口蝶阀全关；

烟气轮机入口切断阀全关。

（5）当"启动待命"灯亮后，表示上述指标均已达到，准备烟气轮机预热。

（6）打开烟气轮机密封空气阀，机壳排凝阀门，烟气轮机出口放空闸阀，轮盘冷却蒸汽阀和密封蒸汽阀门，开始用轮盘冷却蒸汽静止暖烟气轮机 30min。当烟气轮机入口温度达到 150℃，且机壳排凝阀门见蒸汽后关闭蒸汽排凝阀，注意开关排凝阀时要小心，防止烫伤。

（7）烟气轮机入口切断阀和入口蝶阀投用冷却和保护蒸汽。打开烟气轮机入口管线排凝，进行烟气轮机入口管线预热。

（8）撤烟气轮机出口水封罐水封。

（9）通知反应岗位注意观察再生器压力和双动滑阀开度。在班长指挥下，联系反应岗位与主风机岗位配合，按下"高温切断阀全开钮"和"烟气轮机入口高温蝶阀调节解锁"按钮，全开烟气轮机入口高温切断阀。

（10）利用烟气轮机入口调节蝶阀的漏量，冲动烟气轮机，同时带动全机组旋转。

（11）在主控室用手操器微开烟气轮机入口调节蝶阀，使烟气轮机入口温度以 100℃/h 缓慢上升，保持机组在 1000r/min 暖机运行约 30min。

（12）检查各部振动、声音、温升、热膨胀及漏汽情况，发现异常情况与班长、反应岗位联系，根据情况判定是否切除烟气。

（13）调节好烟气轮机冷却蒸汽、密封蒸汽，使轮盘温度在 300～350℃，密封差压保持在 0.007MPa。

（14）逐步打开烟气轮机入口调节蝶阀，使机组升速，在机组升速过程中，密切注意机组的轴振动情况，避开机组及各单机的临界转速。

（15）当机组转速升至75%额定转速以上时，指示灯亮。再次检查机组各部分的运行情况，确认无异常。

（16）手按主电机启动按钮，机组迅速升至正常操作转速。

（17）当"转速正常"灯亮后，迅速检查各单机的运行情况。

（18）启动结束，保持5min，以便做各方面检查，若出现超值报警等异常情况，应采取紧急停机措施，待原因分析清楚后，再进行处理。当"自动操作可进行"灯亮后，按"允许自动操作"按钮，使防喘振放空阀的调节解锁；风机出口阻尼单向阀的电磁阀线圈励磁，开启阻尼单向阀；静叶调节器解锁（允许投自动）；"自动操作"灯亮。

此时，完成主风机组的启动，可调节主风机的静叶角度，增大主风机流量，逐渐关小防喘振阀，待风量、风压调整到备机的操作值附近时，根据装置工艺条件的要求，再进行机组的切换。

二、开机过程注意事项

（1）烟气轮机升速过程是对机组继续加热的过程，所以升速过程应均匀，防止烟气轮机热膨胀、热变形及热应力超出允许值。应每隔半小时检测轴承振动、位移及热膨胀量，对在升速过程中产生的异常振动情况应特别注意，必须消除后再进行升速，必要时应将当时转速降低后重新升速。

（2）当主电机功率足够大时，可用主电机直接启动全机组，但必须将烟气轮机暖机至250℃以上时，才可将主电机合闸，合闸后烟气轮机升温速度不大于100℃/h。

（3）机组第一次启动达到额定转速后，最好运行72h，待一切正常后方可与备用机组切换并入装置。

第九节　停机过程

一、正常停机步骤

（1）根据装置的实际操作需要，主风机的正常停机应先将备用主风机组切入，然后停主风机组。

（2）启动备用主风机组，并使之达到该机设计的操作压力和流量值。

（3）装置降压、降量操作，同时逐步降低主风机的出口压力和流量，使其出口压力比备机的出口压力低0.01MPa。主风机的出口防喘振阀改为手动，做好切换前的准备工作。

（4）反应岗位应密切监视装置平稳操作。

（5）缓慢开启备用主风机出口电动蝶阀。切换开始，一方面逐渐关小备用主风机出口的防喘振阀，同时逐渐关小主风机出口的电动蝶阀，缓慢打开主风机出口的防喘振阀，直到备用主风机出口电动蝶阀全开，主风机出口的电动蝶阀全关。切换过程要保证主风机和备机的出口压力基本保持不变，主风总管的流量基本保持不变。

（6）关闭主风机出口的电动蝶阀和阻尼单向阀。

（7）全关备用主风机出口的防喘振阀。至此备用主风机向再生器供风，机组切换完毕。

（8）逐渐关小主风机静叶，机组降负荷。

（9）烟气轮机降负荷，即将烟气轮机入口蝶阀改为手动（双动滑阀仍为自动），逐渐关小高温蝶阀的开度，直到全关。

（10）在降负荷的过程中，要求烟气轮机入口管线降温速率小于 100℃/h。当温度小于 500℃ 时，全关烟气轮机入口高温切断阀。

注意：在烟气轮机减负荷的过程中，应密切注意主电机的电流值，不应使其过负荷。

（11）当烟气轮机入口温度低于 400℃ 时，可以停主电机，待机组转子停止转动后，立即启动电动盘车机构，进行低速盘车。

（12）当烟气轮机入口温度降至 260℃，并且烟气轮机出口壳体温度低于 300℃，停烟气轮机冷却和密封蒸汽。当烟气轮机壳体温度降到 150℃，打开排凝阀。操作要缓慢进行，防止烫伤。

（13）烟气轮机壳体温度降至 80℃ 以下，且轴承润滑油进出油温差小于 5℃ 时，先停电动盘车器，待其停稳后再停润滑油泵。

（14）切断主风机组的所有控制系统，停烟气轮机入口闸阀电源，停烟气轮机密封空气。

（15）将烟气轮机的出口水封罐充满水。

注意：确认烟气轮机入口高温切断阀处于手动位置，防止误操作，将该阀打开造成事故。

二、机组紧急停机

（1）机组紧急停机条件。机组超速，烟气轮机轴位移超极限，主风机轴位移超极限，润滑油压力过低，主电机故障跳闸并机组转速低于 97% 额定转速，持续逆流，手动紧急停机，PLC 故障。

（2）紧急停机程序执行以下操作措施。主电机跳闸；待机组转速降低至<97% 额定转速时，静叶位置保持不变，待机组停稳后，再关闭静叶；快速打开防喘振放空阀；强制关闭主风机出口阻尼单向阀；关闭烟气轮机入口蝶阀；关闭烟气轮机入口切断阀；向主控室 CCR 发出停机联锁信号。

相应地"放空阀全开"灯亮，"阻尼单向阀全关"灯亮，"静叶关"灯亮，"蝶阀关"灯亮，"机组已停"灯亮。

（3）紧急停机操作注意事项。现场检查烟气轮机闸阀、蝶阀的关闭情况，避免机组超速，及时启动电动盘车器，防止转子受热不均匀损坏设备。

第十节　日常维护

主风机组是催化裂化装置的核心设备。为保证机组的长周期安全运转，建立良好的维护制度是必要的。正常的维护制度如下：

（1）严格执行岗位责任制，按要求检查、纪录各参数，发现问题及时妥善处理。

（2）严格遵守操作规程，严格控制机组各项技术指标，经常检查主风流量、出口压力、电流等参数，防止主风机在喘振区和旋转失速区运转。

（3）经常检查各处润滑油压力和轴承温度的变化。

（4）经常检查润滑油箱的液位不低于规定值。每周脱水一次，防止乳化。并定期采样分析化验润滑油质量。

（5）每星期试验备用润滑油泵自启动一次。

具体操作如下：

① 备用油泵的"手动-自动"选择开关必须处于"自动"。

② 打开润滑油集合管上润滑油压力试验阀的手阀，现场油压下降至 0.18MPa，检查辅助油泵是否自启动，试验完关闭试验阀的手阀。

③ 备用油泵自启动后，将选择开关挪到"手动"位置，按辅助油泵停泵按钮停该泵。停泵后，将选择开关挪到"自动"位置。

（6）经常检查各单机轴振动值和轴位移的趋向，如数值逐渐增加，表示轴承磨损，应分析原因，采取措施。

（7）经常检查蒸汽压力，保证烟气轮机冷却蒸汽、密封蒸汽供给正常。

（8）经常检查烟气轮机密封系统，注意调整烟气轮机密封差压设定值。

（9）经常检查风机入口空气过滤器的压降。

（10）定期检查烟气轮机入口蝶阀、主风机防喘振阀、止回阀以及各膨胀节工作是否正常。

（11）当冷油器冷却效果下降时，应当切换冷油器，滤油器压差接近报警值时应切换油滤器，并联系检修更换滤芯。切换步骤如下：

① 稍开备用冷油器（过滤器）上放空阀，然后缓慢开启两冷油器（过滤器）的连通阀，向备用冷油器（过滤器）中充油，同时排尽备用冷油器（过滤器）中的空气。

② 当备用冷油器（过滤器）上放空阀有油溢出时，说明空气已排尽，此时应关闭放空阀，保持联通阀开度，备用冷油器（过滤器）充压片刻。

③ 慢慢转动两冷油器（过滤器）的切换杆，将切换阀转向备用冷油器（过滤器）的位置后，再关闭两冷油器（过滤器）的连通阀，切换工作完成。

④ 在切换过程中，应密切注意润滑油压的变化，如出现异常情况应停止切换操作，待处理正常以后方可继续进行切换。

⑤ 切换完毕，如原运行冷油器（过滤器）需要检修或清洗，应慢慢打开原运行冷油器（过滤器）的放空阀，同时注意系统压力无任何变化以后，方可开大放空，放尽器内存油，交检维修单位检修或清洗。

注意：冷油器（过滤器）的切换操作前做好相应的联系工作，然后才能着手切换操作。

（12）蓄能器的作用与操作。

蓄能器的作用：防止管路上由于某些原因造成的油压突然下降，在几秒钟之内利用蓄能器蓄压油进行补充，消除在瞬间因油压波动所造成的压缩机事故停车。

蓄能器的操作：慢慢打开到蓄能器的入口阀和排空阀，排尽蓄能器和管路内的空气。空气排尽后，关闭排空阀，使油充入蓄能器内并挤压上部胆囊。用充气工具将氮气瓶与蓄能器接通，使氮气通过蓄能器上部的止回阀进入胆囊内，当其压力达到设计规定的压力时，取下充气工具。

机组正常工作时，应定期检查蓄能器内的充气压力，该压力不应高于蓄能器下部的油压，否则蓄能器将处于全空的状态，达不到蓄能的目的。

第十一节　故障处理

机组的停工和故障处理方法与机组的配置有关。不同的机组会有所不同，但差异不大。下面针对一些共性的问题进行归类，见表 4-2。

表 4-2　故障及原因分析表

编　号	故障内容	可能的原因
1	润滑油压力低	油箱油位低 油泵吸入管堵 油泵吸入管漏进空气 滤油器压降增加 油路漏
2	油压降低使备用泵启动	主油泵故障(不上量) 主油泵电机或电源故障 系统漏油严重(此时主油泵也在运转) 安全阀或回油阀失灵、大量回油 压力开关误动作
3	油压过低，紧急停机	电源故障(双电源断电) 系统漏油严重 仪表误动作
4	轴承排油温度过高	进油量减少(进口堵) 油质变坏(含水、油泥等) 仪表失灵(指示错误)
5	振动过大	两转子之间不同心(表现在靠联轴节处轴承振动大，油温度高) 转子不平衡(一是热变形；二是烟气轮机动叶不均匀磨损或粘催化剂) 共振(可能是：机组之间产生扭振或弯振；机组与基础之间共振等) 密封与轴摩擦或接触 轴承磨损，间隙过大 主风机在喘振区或失速区运行 地脚螺栓或支撑螺栓松动
6	润滑油带水	油冷却器漏 烟气轮机轴封不严，使蒸汽进入油中冷凝成水
7	电动/发电机定子温度高	电机超负荷 电压太高或太低 电机处于单相运行状态 冷却水中断 机内积尘太多 定子匝间短路(线圈过热，并有嗡嗡声)
8	烟气轮机密封差压低	去密封的蒸汽中断 调节阀失灵
9	烟气轮机冷却蒸汽压力低	去冷却的蒸汽中断 调节阀失灵
10	主风机出口压力下降	入口温度太高 出口管线漏 防喘振系统失灵，使防喘振阀自动打开 压力表失灵 反再系统故障(压力下降) 动叶磨损或积灰

编 号	故 障 内 容	可 能 的 原 因
11	主风机排量降低	密封间隙过大 入口空气过滤器堵塞 流量调节系统仪表失灵 静叶可调系统故障 流量指示表失灵 动叶片积灰
12	轴向位移过大	推力轴承磨损或损坏 轴位移监测器安装位置移动 主风机或烟气轮机操作不稳定 缺油
13	轴承温度高	油量不足 油质变坏 轴振动 温度计失灵
14	主风机喘振	出口管路及再生器系统堵塞 防喘振系统失灵 流量调节系统误动作
15	主风机逆流	单向阀失灵，强制关闭 烟气轮机入口阀失灵，突然关闭 再生器压力突然上升，且逆流控制失灵或误动作 防喘振系统失灵
16	超速(但还未到停机值)	发电机突然跳闸
17	超速停机	主风机与烟气轮机之间联轴器损坏 发电机突然跳闸，且超速保护系统失灵 发电机跳闸，且主风机静叶关小流量突然减小
18	紧急停机	手动紧急停机 超速 主风机逆流(低流量) 主风机轴位移过大 烟气轮机轴位移过大 润滑油压力低 动力油压力低 主电机保护系统动作：低电压保护，短路保护，过负荷保护，接地保护
19	齿轮箱轴承损坏	轴承温度太高 动不平衡太大 联轴器对中不合适 联轴器产生横向位移 轴承间隙或与轴线不平行 轴承润滑不到位

编　号	故 障 内 容	可能的原因
20	漏油	呼吸阀是否堵塞 排油口是否通畅 油封是否损坏 油量太大 箱体及端盖的连接处是否有变形或密封不合适
21	齿轮磨损	轴承位置是否正确，侧隙不合适，齿面接触不够 润滑油量是否足够 联轴器对中是否满足要求 联轴器轴向位移是否过大 转速是否过高 扭转振动及横向振动是否避开 是否长时间停放，环境潮湿进水 振动逐渐增加，应检查箱体或基础有无变形
22	振动	振动频率等于转速，检查支撑结构管路与辅助设备频率响应 振动频率为 0.42~0.48 倍转速，增加负荷或降低油温 振动频率为 2 倍频，检查支撑结构管路及辅助设备的频率响应 动平衡不好
23	温升太高	齿轮过载 润滑油牌号正确否 润滑油系统通畅否，油品质满足要求否 轴承装配是否合适
24	轴损坏	所用联轴器的类型是否合适 对中是否合适 是否有反复的冲击 齿轮箱是否过载 扭转及横向振动的临界转速避开否
25	噪声	齿轮磨损，振动

第五章　分馏过程

第一节　概　述

分馏系统的任务是把反应油气按沸点范围分割成富气、粗汽油、轻柴油、重柴油、回炼油、油浆等馏分，并保证各个馏分质量符合规定要求。轻柴油和重柴油经冷却后送出装置，作为柴油加氢精制的原料，回炼油和油浆作为反应进料送回提升管反应器。单程转化的装置回炼油和油浆也可送出装置，或作为芳烃抽提装置的原料，抽余油再返回催化裂化装置。

分馏部分流程含有多个系统，如原料油、回炼油系统，顶循、一中段、二中段、油浆循环系统，粗汽油、轻柴油、重柴油系统等，是一个复杂的多系统体系，而且上受反应系统制约，下又牵扯富气压缩机和吸收稳定系统。像是一个人的躯干起着承上启下的作用，所以分馏系统在装置中的作用非常重要。高温反应油气带有大量的热量，分馏系统如何合理地利用和回收，对整个装置的能耗具有很大的影响。此外分馏系统还担负着工厂污油、不合格油、凝缩油等回炼的任务。

第二节　工艺流程及主要控制方案

一、工艺流程

1. 工艺特点

（1）有脱过热和洗涤段。分馏塔进料是带有催化剂细粉的高温油气，与其他装置分馏塔不同之处是催化分馏塔专门设有脱过热和洗涤段。脱过热段设有数层人字挡板或圆盘型挡板，油气与260~360℃循环油浆逆流接触、换热、洗涤，油气被冷却，其中最重的馏分（油浆）冷凝下来，作为塔底产品。同时将油气中夹带的催化剂细粉洗涤下来，防止其污染上部的侧线产品，堵塞上部塔盘。为保持循环油浆中的灰分含量低于6g/L，需要有一定量的油浆移出系统，返回提升管或作为产品送出装置。循环油浆系统操作温度较高，且含有较多的重环芳烃和催化剂粉尘，系统容易结焦，对分馏系统是一个非常重要的物系。见图5-1。

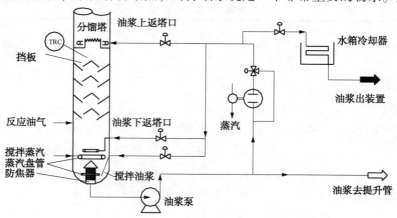

图5-1　分馏塔底油浆系统流程示意图

（2）全塔过剩热量大。分馏塔进料是过热度很高的反应油气（480~530℃），分馏塔顶是低温度（100~130℃）气体，其他产品均以液态形式离开分馏塔。在整个分馏过程中有大量的过剩热量需要移出。1Mt/a 重油催化裂化装置分馏过剩热量约 125GJ/h(反应温度 505℃、回炼比 0.2)。自身工艺利用一部分,剩余大部分是过剩余热,其中约有 50%左右是低温热。

(3) 产品分馏要求较容易满足。油品分馏难易程度可用相邻馏分 50%馏出温度差值来衡量。差值越大,馏分间相对挥发度越大,就越容易分离。催化分馏塔除塔顶为粗汽油外,还有轻柴油、重柴油、回炼油三个侧线组分。催化裂化各侧线组分 50%馏出温度温差值较大(尤其是汽油与轻柴油间),所以催化分馏塔产品分馏要求较容易满足。催化裂化油品 50%馏出温度见表 5-1。

表 5-1 催化裂化油品 50%馏出温度

项　　目	粗汽油	轻柴油	重柴油	回炼油
50%馏出温度/℃	110~120	260~280	300~340	370~400
温差/℃	150~170		40~80	70~100

(4) 要求尽量降低分馏系统压降。尽量降低分馏系统压降(包括分馏塔、塔顶冷凝冷却系统及压缩机入口管系),提高富气压缩机入口压力,可降低气压机功率消耗,提高气压机的处理能力。一般情况下气压机入口压力提高 0.02MPa(出口压力为 1.6MPa 时),可节省气压机功率 8%~9%。

2. 工艺流程

早期的催化裂化多加工蜡油,原料油需和顶循油、轻柴油、中段循环油、循环油浆等换热及经加热炉加热,再进提升管。近期的催化裂化装置多加工重油,两器热量过剩,原料油预热温度大幅度降低。加热炉只在开工时使用,新建重油催化裂化装置一般不再设加热炉,装置的工艺流程也相应变化,尤其是开工流程。

一般 FCC 装置不出油浆产品,故分馏塔不设提馏段,气相进料在分馏塔最下部进入。近期加工劣质渣油的重油催化裂化也只是出少量油浆产品,当油浆外甩量较大时,可单独设置油浆汽提塔。

早期的催化裂化装置催化剂活性较低、柴油产率高、装置回炼比大(0.5~1),分馏中段油取热量较大,可以作为稳定塔和解吸塔重沸器的热源。目前催化剂活性较以前有了大幅度提高,汽油产率高,柴油产率和装置回炼比较低(0.1~0.3),中段取热负荷明显减少,中段油同时为稳定塔和解吸塔两个重沸器供热,常出现热量不足。解决上述问题有三种方法:①用分馏塔中段油为稳定塔底重沸器供热,解吸塔底重沸器用蒸汽加热。②中段油先与循环油浆换热,然后中段油再为两个重沸器供热。③用分馏塔中段油为解吸塔底重沸器供热,用循环油浆为稳定塔底重沸器供热。有的大型装置采用第一种方法,多数中小型装置采用第二种方法。对于 ARGG、DCC 等工艺装置,稳定塔底重沸器需要热量大幅度增加,可采用第三种方法。

分馏系统 120~150℃以下的低温热较多,主要是通过热媒水系统换热回收。其他低温热利用方法还有:富吸收油与轻柴油换热,由 45℃提高到 100℃左右再进入分馏塔等。

在满足分离要求的情况下,应尽量提高分馏塔下部取热比例,增加高温取热量,适当提高循环油浆返塔温度(返塔温度可控制 280~290℃),用于发生中压蒸汽。为控制中段油返塔温度,中段油返塔前一般设有蒸汽发生器(发生低压蒸汽),有的中小型装置为简化流程采用热媒水换热器。

由于油浆外甩流量较小,且牵扯到装置安全运行,一般采用冷却水箱,自流热水冷却,也可采用热媒水冷却。

高温反应油气进入分馏塔下部,经脱过热段到分馏塔上部进行分馏。塔顶是富气和粗汽油的混合油气，侧线有轻柴油、重柴油和回炼油，塔底为油浆。轻柴油、重柴油经汽提塔汽提后，经换热、冷却作为产品送出装置。塔顶油气经冷凝冷却后进入油气分离器，富气经压缩后和粗汽油分别送到吸收稳定系统。为取走分馏塔的过剩热量，设有顶循环回流、一个或两个中段回流和塔底油浆循环回流。有如下几种典型流程：

（1）冷原料流程

① 原料油预热系统。原料油一般由罐区提供，进装置温度为70～90℃，在装置内需要一系列换热。原料油首先进入原料油罐，用原料油泵升压后依次和顶循环回流、轻柴油、重柴油、循环油浆换热，温度升到200～250℃，进入加热炉加热到280～350℃，经雾化喷嘴进入提升管反应器，该流程多应用于早期的蜡油催化裂化。

② 塔顶系统。粗汽油、富气、水蒸气混合油气从分馏塔顶馏出，经空冷器、冷凝冷却器进入分馏塔顶油气分离器，富气去富气压缩机，冷凝的粗汽油用泵抽出送往吸收塔。

③ 顶循环回流系统。顶循环回流的作用是控制分馏塔顶温度，并取出分馏塔一部分余热，减轻塔顶冷却负荷及降低分馏塔顶冷凝冷却系统压力降；提供回流保证汽油和轻柴油分离效果。顶循环回流用泵从分馏塔第4层抽出（一般设有集油箱），经原料油换热器、循环水冷却器（或空冷器）冷却，返回分馏塔第1层塔板。

④ 轻柴油系统。轻柴油从分馏塔第12～14层塔板引出，进入轻柴油汽提塔上部，下部通入蒸汽对轻柴油进行汽提，汽提气返回11层，汽提后轻柴油用泵抽出升压，经与原料油换热、循环水冷却器（或空冷器）冷却后，一路去再吸收塔作吸收剂，一路作为产品送出装置。

⑤ 中段循环回流系统。从分馏塔17层抽出后经稳定塔重沸器、解吸塔重沸器、蒸汽发生器、循环水冷却器或空冷器后，返回分馏塔15层。有的装置中段循环回流只为稳定塔重沸器供热，解吸塔重沸器用蒸汽加热。有的装置中段循环回流先与循环油浆换热，提高中段循环回流温度后再为稳定塔重沸器、解吸塔重沸器供热，从而保证两台重沸器需要的。

⑥ 二中段循环回流系统。大型装置设有二中段循环回流系统，一般取热量较小，用泵从分馏塔27层抽出，经蒸汽发生器后返回分馏塔24层。有的装置和回炼油一起抽出，经蒸汽发生器后返回分馏塔。

⑦ 重柴油系统。重柴油从分馏塔22层引出，进入重柴油汽提塔上部，下部送入蒸汽对重柴油进行汽提，汽提后的重柴油用泵抽出，经原料油换热器、循环水冷却器（或空冷器）冷却后送出装置。由于重柴油生产受地区、季节性影响较大，寒冷地区重柴油生产时间较长。非寒冷地区重柴油生产时间较短，可采用简单流程，重柴油直接用泵从分馏塔抽出，经换热、冷却后送出装置。环境温暖地区一般不生产重柴油。

⑧ 回炼油系统。回炼油从分馏塔27～29层自流进入回炼油罐，用泵抽出一部分返回分馏塔最下一层塔板作为内回流，大部分去提升管反应器回炼。回炼比大的重油催化裂化装置（如两段提升管装置）为提高剂油比，回炼油经蒸汽发生器降温后再进入提升管反应器。

⑨ 油浆系统。油浆从塔底抽出升压后，少部分去提升管回炼，大部分经原料油换热器、蒸汽发生器返回分馏塔（大部分从脱过热段上部进入，小部分从塔底进入以控制塔底温度）。当发生中压蒸汽时，返塔温度控制280～290℃；当发生低压蒸汽时，返塔温度控制250～260℃。油浆外甩从蒸汽发生器后引出，经油浆冷却水箱或热媒水冷却器，将温度进一步降低（不大于95℃），再送出装置。见图5-2。

（2）热原料流程

① 原料油预热系统。重油催化裂化要求原料油进料温度较低，一般为200～250℃。可

从常减压直接来 150~200℃ 热原料,经循环油浆换一次换热,控制原料油温度稳定后进提升管反应器。

② 塔顶系统。粗汽油、富气、水蒸气从分馏塔顶出来,经空冷器(有的装置用热媒水回收其低温热)、冷凝冷却器进入分馏塔顶油气分离器。富气去富气压缩机,粗汽油用泵送往吸收塔。

③ 顶循环回流系统。顶循环回流用泵从分馏塔第 4 层抽出,经热媒水换热器、循环水冷却器(或空冷器)冷却,返回分馏塔第 1 层塔板。

④ 轻柴油系统。轻柴油从分馏塔第 12~14 层塔板流出,进入轻柴油汽提塔上部,下部进入蒸汽对轻柴油进行汽提,汽提气返回 11 层,汽提后用泵抽出升压后经富吸收油换热器、热媒水换热器、循环水冷却器(或空冷器)冷却后,一路去再吸收塔作再吸收剂,一路作为产品送出装置。

⑤ 中段循环回流系统。用泵从分馏塔 17 层抽出后经稳定塔重沸器、解吸塔重沸器、蒸汽发生器(或热媒水换热器)、循环水冷却器或空冷器后返回分馏塔 15 层。

⑥ 二中段循环回流系统。大型装置设有二中段循环回流系统,一般取热量较小,用泵从分馏塔 27 层抽出后,经蒸汽发生器返回分馏塔。

⑦ 重柴油系统。重柴油从分馏塔 22 层流出,进入重柴油汽提塔进行汽提,然后用泵抽出升压后,经热媒水换热器、循环水冷却器(或空冷器)冷却后送出装置。

⑧ 回炼油系统。回炼油从分馏塔 27~29 层自流进入回炼油罐,用泵抽出一部分返回分馏塔最下一层塔板作内回流,大部分去提升管反应器回炼。

⑨ 油浆系统。油浆从塔底抽出升压后,少部分去提升管回炼,大部分经原料油换热器、蒸汽发生器返回分馏塔(大部分从脱过热段上部进入,小部分从塔底进入以控制塔底温度)。油浆外甩从蒸汽发生器后引出,经油浆冷却水箱或热媒水冷却器将温度进一步降低(不大于95℃)再送出装置。见图 5-3。

(3)重油催化裂化流程

重油催化裂化与蜡油催化裂化不同,原料油雾化蒸汽量大幅度增加,分馏塔顶油气中水蒸气分压增加。生成的油浆中重芳烃浓集,油浆回炼的生焦率高达 30%~40%,所以趋向于单程转化和外排油浆操作。具有代表性的流程有以下特点:

① 由于 RFCC 原料油雾化蒸汽量比蜡油 FCC 大 1~2 倍,使分馏塔顶油气中水蒸气分压增加,水蒸气容易冷凝造成冲塔,为此分馏塔顶采用两段冷凝冷却的流程。第一段冷却温度为90℃,凝液(重汽油)作为塔顶热回流(取代塔顶循环回流),塔顶控制较高温度(143℃,0.27MPa)避免水蒸气冷凝。第二段冷凝冷却至40℃再分离富气和粗汽油。对于 DCC 等工艺提升管反应器注蒸汽量较大(达原料油的 10% 以上),更适宜采用两段冷凝冷却热回流流程。该流程缺点是塔顶系统压降较大(有的装置达 0.08MPa)。一般催化裂化分馏塔顶水蒸气冷凝的矛盾并不十分突出,所以一般不推荐采用。

② 在塔顶与轻柴油之间设有重石脑油循环回流,并用该重石脑油作再吸收塔吸收剂。由于重石脑油密度与相对分子质量的比值较轻柴油大,且芳烃含量较少,它的吸收能力和选择性优于轻柴油。

③ 采用单程转化操作,不设回炼油系统,中段回流取热量较小,只能满足稳定塔重沸器需热,解吸塔重沸器用蒸汽加热。油浆也不回炼,经汽提后排出装置。

④ 原料油预热温度较低,原料油只与循环油浆一次换热(当原料油温度稳定时也可直接进入反应器),原料油加热炉只作为开工使用。见图 5-4。

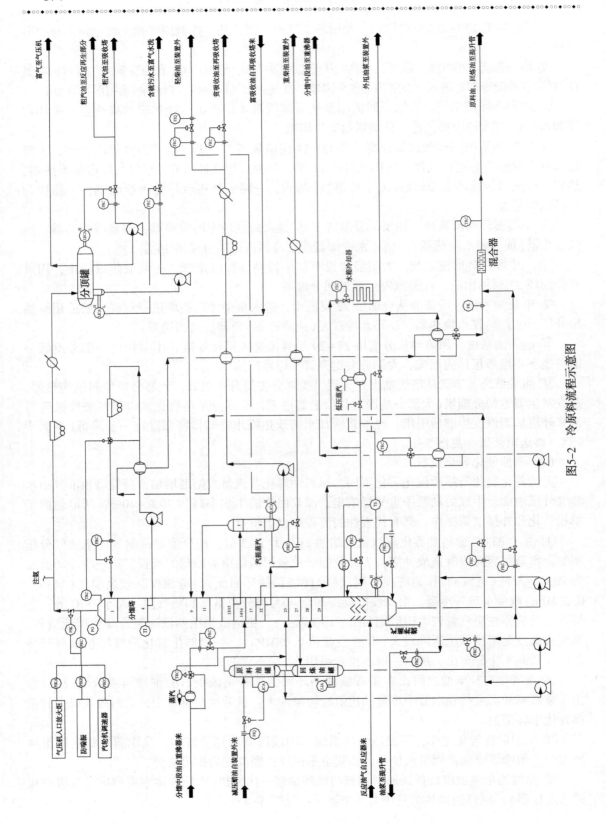

图5-2　冷原料流程示意图

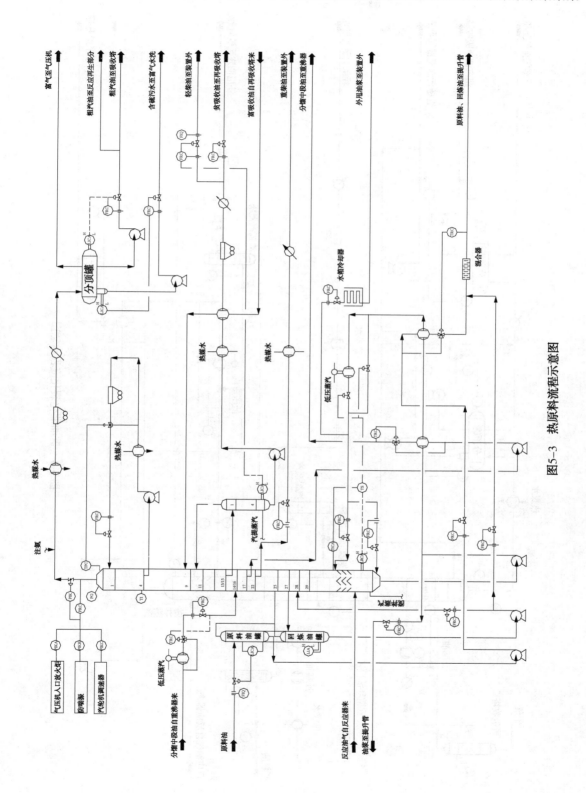

图5-3　热原料流程示意图

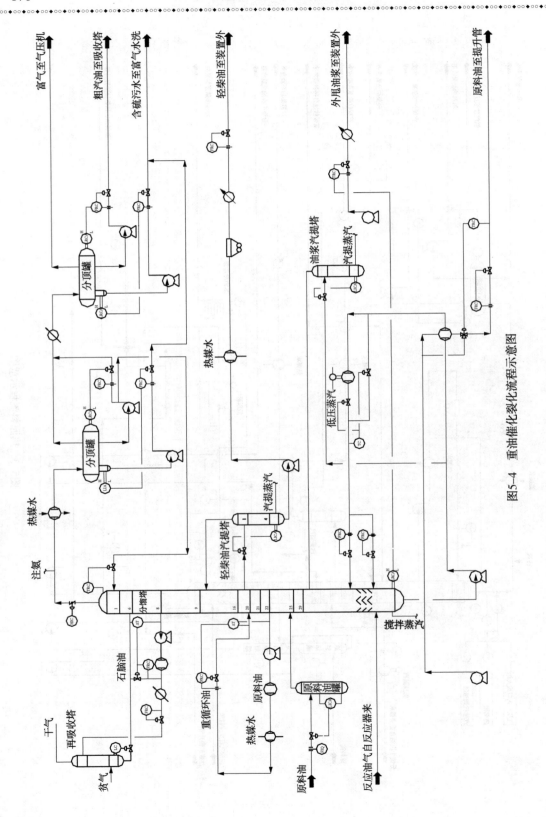

图5-4 重油催化裂化流程示意图

3. 余热利用流程

在满足产品分离要求的前提下，应尽量提高分馏塔下部取热比例，尽量多回收高温位热量。分馏系统有大量低温余热，热源温位从低到高顺序为：分馏塔顶油气、顶循环回流、轻柴油、中段回流油等。低温热媒水被加热到 95~110℃，可作为气体分馏装置重沸器热源，或用于冬季采暖、夏季制冷、低温发电等。

热媒水换热流程并联路数不宜太多，并联路数过多难以操作控制，一般采用两路并联。当低温热用于冬季采暖时，受季节影响较大，在夏季低温热需用循环水冷却。有两种流程：一种是各低温热换热器热媒水侧同时接循环水管线，低温热不利用时停掉热媒水系统，切换为循环水冷却；另一种是各低温热换热器不接循环水管线，在热媒水出口总管处设置热媒水-循环水冷却器。当低温热不利用时，热媒水系统照常运行，启用热媒水-循环水冷却器将热媒水在装置内冷却后循环使用。前者低温热换热器进入循环水运行容易结垢，操作复杂。后者没有结垢问题，但需增加 2 台换热器。在不用低温热情况下，热媒水泵照常运行，要消耗部分电能。见图 5-5。

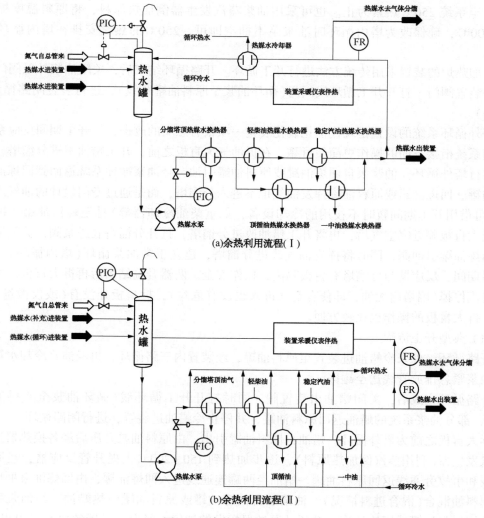

图 5-5 余热利用流程示意图

4. 开工循环流程

设置开工循环流程的目的是负荷试运阶段为装置内高温管道、设备预热升温，以脱除系统存水；预热高温管道，考验高温系统(管道、仪表、设备等)的耐热性能；高温设备热紧等。开工循环有开路循环、闭路循环，塔内循环、塔外循环之分。装置内循环系统主要有原料油、回炼油、循环油浆，简称三路循环。

装置开工初期首先进行开路大循环。原料油(蜡油)从罐区引入装置，经装置内三路循环后，由油浆冷却水箱(或油浆冷却器)及油浆紧急外甩系统排到罐区。开路大循环的目的是考验装置外系统设施脱除外部系统存水。当开路循环完成后改为装置内闭路循环。

近年装置不设原料油加热炉，装置内又没有其他加热手段，采用自常减压装置直接来热蜡油，加热装置内管道、设备等设施，进行升温、脱水、热紧等，然后经油浆冷却水箱冷却后排至罐区。在此情况下，常减压装置需要配合催化裂化装置开工，其换热器需要增加副线用于控制供油温度，提供的原料油能够在90~280℃范围调节。在开工初期提供90℃原料油，避免温度过高原料油遇到系统存水突沸。根据开工过程需要逐步提高温度，至系统250℃热紧为止。也可采用油浆蒸汽发生器倒加热原料，将原料温度提高到150~200℃，确保改为塔内循环时油浆泵不抽空即可。250℃的热紧安排在塔内循环之后进行。

有加热炉的装置采用传统方法进行开工循环。开路循环结束后，关闭油浆外甩阀门和原料油进装置阀门，打开开工循环线阀门(循环油浆至原料油罐跨线)，进行装置闭路循环(三路循环)。

塔外循环系统的设置是现代催化裂化装置一项很有意义的改进，使开工期间反应系统及与分馏系统衔接方面的操作更简便可靠。在拆油气大盲板之前，开工蜡油不进分馏塔，油浆系统进行塔外循环。油浆泵自回炼油罐或原料油罐引油，经油浆循环系统返回到回炼油罐或原料油罐。回炼油罐或原料油罐挥发油气也不进入分馏塔，而是通过专门设计的油气冷却系统(也可借用开工期间暂时不投用的冷却设备，如重柴油冷却器等)排至轻污油罐。拆除油气管线大盲板并赶完空气后，再将开工蜡油改进分馏塔，打开分馏塔底进泵阀，关闭原料油罐或回炼油罐引油阀，同时将挥发油气改进分馏塔，建立正常油浆循环(塔内循环)。在两器升温期间，反应器与分馏塔有盲板隔离，操作安全。两器升温结束后再拆大盲板，可将分馏塔进汽停掉(因塔内无油，即使有空气进入也没有危险)，拆盲板处没有(或仅微量)蒸汽冒出，拆大盲板的操作也比较方便。

(1) 典型开工流程

开路循环，外来冷蜡油进装置至原料油罐，经装置内三路循环，再经油浆冷却水箱冷却后经油浆紧急排放管线送至罐区。

开路循环完成后，关闭蜡油出装置阀，同时打开开工循环线(循环油浆至原料油罐跨线)阀，部分油浆系统的蜡油返回原料油罐，并停止冷蜡油进装置，进行闭路循环。

拆大盲板之前为塔外循环。蜡油自原料油罐引出，由原料油泵升压后经各换热器进入油浆蒸汽发生器(利用蒸汽倒加热原料)，逐步加热到150~200℃去提升管反应器，经原料油预热线和事故旁通线返回原料油罐。蜡油经两罐连通线进入回炼油罐，由回炼油泵抽出升压后与原料油混合(混合进料情况)。油浆泵自回炼油罐或原料油罐引热蜡油，经油浆系统循环后返回原料油罐或回炼油罐。循环升温过程挥发的油气，经专门设置的放空线引出(从原料油罐油气挥发线切断阀前引出），经冷却器后排往轻污油罐。放空管布置要求步步低，保证放空系统畅通，避免憋压。

拆大盲板后再改为塔内循环。油浆泵改为自分馏塔底引油，循环油进分馏塔，油气挥发线改进分馏塔。蜡油自原料油罐引出，由原料油泵升压后经各换热器进入油浆蒸汽发生器，逐步加热到200~250℃去提升管反应器，经原料油预热线和事故旁通线返回原料油罐和分馏塔。蜡油经两罐连通线进入回炼油罐，由回炼油泵抽出升压后与原料油混合（混合进料情况）。分馏塔底蜡油由油浆泵抽出升压后经各换热器、蒸汽发生器，一路进入分馏塔循环，一路经开工循环线返回原料油罐。见图5-6。

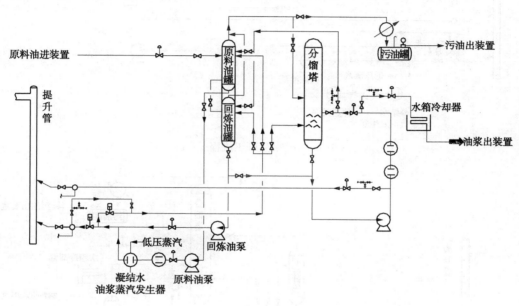

图5-6　典型开工流程示意图

（2）小型装置开工流程

小型装置开工流程与大型装置略有不同，由于设备尺寸小，开工阶段液位不易控制，故一般采用三路串联循环流程。

蜡油自原料油罐引出，由原料油泵升压后经各换热器进入油浆蒸汽发生器（利用蒸汽倒加热原料），加热到150~200℃去提升管反应器，经原料油预热线和事故返回线，进入回炼油罐。再由回炼油泵抽出升压后经回炼油管线（与原料油混合线闸阀关闭，打开去分馏塔循环线阀）去分馏塔。分馏塔底蜡油由油浆泵抽出升压后，经各换热器、蒸汽发生器，再经开工线返回原料油罐。见图5-7。

没有加热炉和原料油罐的小型装置，热蜡油进装置后经各换热器去提升管反应器，由原料油预热线和事故返回线进入回炼油罐，再由回炼油泵抽出升压经回炼油管线（与原料油混合前阀关闭，打开去分馏塔循环线阀）去分馏塔。分馏塔底蜡油由油浆泵抽出升压，经各换热器、蒸汽发生器，再由油浆外甩线出装置（去罐区）。见图5-8。

（3）大型装置分层进料开工流程及两段提升管装置开工流程

蜡油自原料油罐引出，由原料油泵升压后经各换热器进入油浆蒸汽发生器，加热到

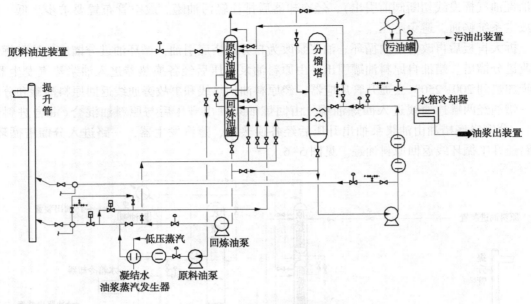

图 5-7　小型装置开工流程示意图

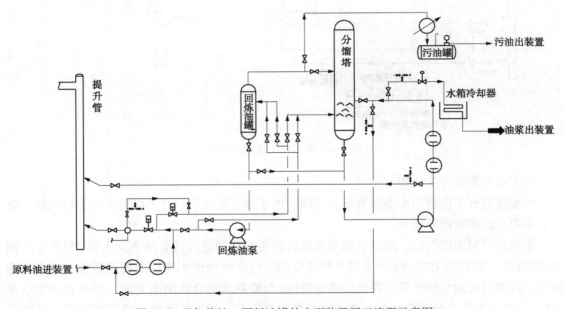

图 5-8　无加热炉、原料油罐的小型装置开工流程示意图

150~200℃去Ⅰ段提升管反应器，经原料油预热线和事故返回线，返回原料油罐和分馏塔。分馏塔底蜡油由油浆泵抽出升压后经换热器、蒸汽发生器，一路进入分馏塔，一路经开工循环线返回原料油罐。蜡油经两罐连通线进入回炼油罐，由回炼油泵升压后经回炼油管线至Ⅱ段提升管，再经回炼油预热线和事故返回线返回原料油罐。

在油浆回炼量较大的装置，油浆回炼也可设置单独的预热线和事故返回线，开工过程中进行循环。塔外循环流程同典型装置，见图 5-9 和图 5-10。

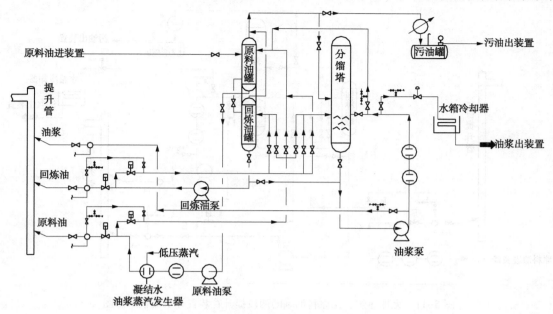

图 5-9　大型装置分层进料开工流程示意图

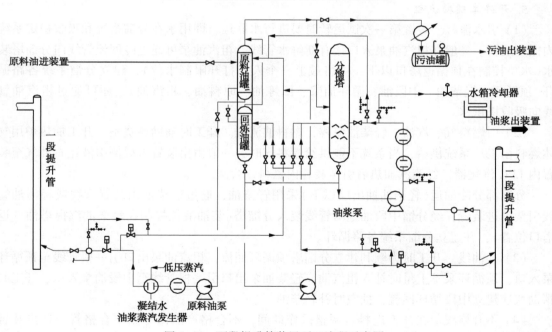

图 5-10　两段提升管装置开工流程示意图

（4）无原料油罐、无加热炉的两段提升管装置开工流程。采用常减压装置来热蜡油方法开工，热蜡油进装置经换热器后去Ⅰ段提升管反应器，经原料油预热线和事故返回线，返回回炼油罐。再由回炼油泵抽出升压经回炼油系统至Ⅱ段提升管，经回炼油预热线和事故返回线返回分馏塔。分馏塔底蜡油由油浆泵抽出升压后经换热器、蒸汽发生器，一路进入分馏塔，一路经油浆外甩系统排出装置。塔外循环阶段，油浆泵自回炼油罐引热蜡油，一路返回到回炼油罐，一路排出装置。见图 5-11。

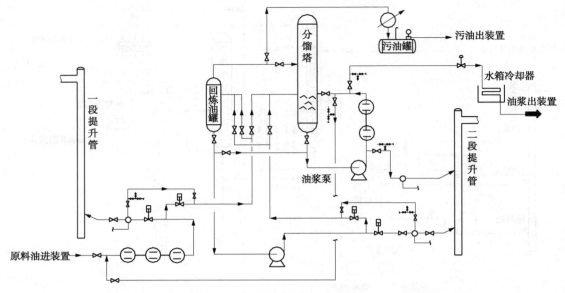

图 5-11　无加热炉、无原料油罐的两段提升管装置开工流程示意图

5. 开停工辅助流程

（1）引水流程。装置第一次试运转时要进行水联运，即用水在分馏系统和吸收稳定系统内循环运转。一般在粗汽油泵入口接有新鲜水管线，粗汽油泵可通过冷回流管线向分馏塔装水（水位控制在顶循返塔口以下，可将最上一个人孔打开限制水位），建立分馏系统各路循环（顶循环、轻柴油、中段油、循环油浆、回炼油、原料油、粗汽油），还可通过粗汽油管线向吸收塔供水。

（2）引燃料气、汽油、轻柴油流程，燃料油流程。开工时辅助燃烧室、开工加热炉用气体燃料由工厂系统供给，当系统不能供给燃料气时，一般由出装置管线倒引液化石油气至装置内 LPG 汽化器，经蒸汽加热后引至装置内燃料气管网。

分馏部分冷油运（轻柴油抽出层以下）采用轻柴油，通过轻柴油出装置管线或轻污油管线引柴油进装置，经分馏中段油返塔管线装入分馏塔（装油液位控制在轻柴油汽提塔油气返塔口位置），并建立分馏系统各路循环。

（3）补油线。开工时为顺利建立分馏塔顶循环回流，粗汽油泵出口引一根管线至顶循环泵入口，顶循环泵不上量时补入粗汽油。轻柴油泵出口引一根管线至中段油泵入口，开工时帮助快速建立中段循环回流，抽空时补轻柴油。

（4）不合格线。在开工进料后调整操作期间，不合格产品由专用不合格管线送出装置（至工厂不合格油罐）。试运阶段生产的不合格汽油、轻柴油最好分别送出装置、储存、回炼处理。不合格汽油可走不合格管线，不合格轻柴油可走轻污油线。小型装置为简化流程将不合格线和轻污油线合二为一。

不合格汽油通过不合格线、冷回流线至分馏塔顶回炼。不合格轻柴油经轻污油线、中段油返回线进入分馏塔中部回炼。近年来，许多装置将不合格轻污油注入提升管中上部作为终止剂。

（5）轻污油系统。为保护环境及安全生产，专门设置轻污油回收系统。分馏、吸收稳定部分的轻油设备(换热器、泵、过滤器、采样器等)，在停工或检修时存有少量轻油，通过污油系统自流至地下轻污油罐，用污油泵经轻污油线送出装置。

（6）重污油线。装置内重油设备(如换热器、泵、加热炉、冷却水箱等设备)停工、检修时，存有的少量重污油，经重污油系统管线送出装置(一般用蒸汽扫线至工厂燃料油罐)，重污油管线可以借用油浆外甩管线。

6. 事故处理流程

（1）富气放火炬流程。开工时提升管反应器已经进油，但富气压缩机还没有启动，在此期间产生的富气从分馏塔顶油气分离器引出，经富气放空管道排放至火炬系统。正常生产中富气压缩机因故障紧急停车，反应器压力大幅度波动，一般手段调节无效时，则启用富气放火炬系统，放空富气出装置前要进行分液处理。见图5-12。

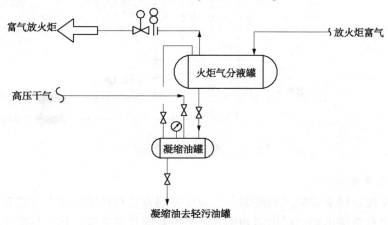

图5-12　富气放火炬及分液流程示意图

（2）汽油紧急排放流程。当分馏塔顶油气分离器粗汽油液位突然升高，用正常方法处理不及时，有汽油进入富气压缩机的危险时，可启用汽油紧急排放(粗汽油泵入口管排放到轻污油罐)。

（3）分馏塔顶冷回流流程。分馏塔冷回流线有两个作用：一是开工时用冷回流控制分馏塔顶温度；二是正常生产循环回流系统故障，临时用冷回流控制分馏塔顶温度。当顶循环冷却能力不足而塔顶冷却能力有富余时，也可用冷回流补充。

（4）油浆紧急外甩流程。当分馏塔底液位严重超高，用正常方法调节不奏效，有反应器憋压和分馏塔底结焦的危险时，必须将油浆紧急排出装置，故需专门设计油浆紧急外甩系统。油浆从蒸汽发生器后引出，经水箱冷却器(或冷却器)冷却到90℃，通过油浆紧急外甩管线送到工厂油浆罐。该管道直接影响装置安全运行，因此正常操作中应保证该管道畅通。该管道除设蒸汽扫线外还设有蒸汽伴热和充轻柴油设施。见图5-13。

二、主要控制方案

1. 分馏塔顶温度控制

汽油终馏点由分馏塔顶温度控制。采用顶循油流量定值控制，塔顶温度由顶循环回流返塔温度控制(控制顶循环回流冷却器三通阀)，开工时塔顶温度用冷回流控制。未设顶循环系统的装置，正常操作时由冷回流控制塔顶温度。

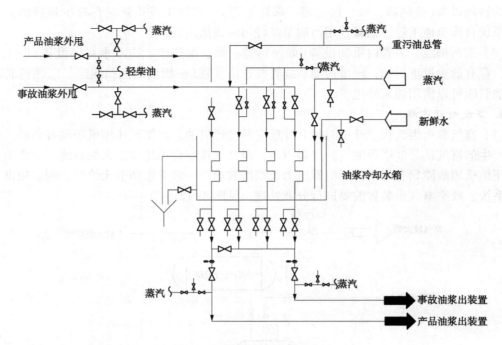

图 5-13　油浆外甩流程示意图

2. 轻柴油质量控制

分馏塔操作控制轻柴油凝点和终馏点，凝点控制方法与轻柴油抽出方式有关。

轻柴油抽出有全抽出和半抽出两种形式，分别对应其塔外流程和产品质量控制方案。

（1）半抽出。轻柴油凝点或终馏点用轻柴油出装置流量（即用抽出量）控制，轻柴油汽提塔底液位控制分馏塔馏出量。见图5-14(a)。

（2）全抽出。轻柴油凝点或终馏点用分馏塔轻柴油抽出板下方气体温度控制，该温度由中段回流取热量控制。工业装置上有两种具体控制方法：一种方法是下方气体温度直接控制中段回流换热器三通阀；另一种方法是抽出板下方气体温度指示，中段油返塔温度控制中段油换热器三通阀，中段油流量采用定值控制。见图5-14(b)、图5-14(c)。轻柴油汽提塔底液位控制轻柴油出装置流量，目前催化裂化装置多采用全抽出方式。

轻柴油闪点用汽提蒸汽量控制，一般汽提蒸汽量为轻柴油流量的2%~3%（当蒸汽用量超过此值时应采取提高分馏塔上部分离效率等措施）。

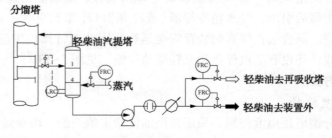

(a)轻柴油半抽出型流程示意图

图 5-14　轻柴油抽出及控制流程示意图

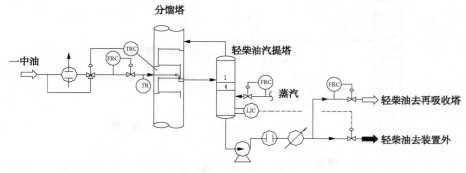

(b)轻柴油全抽出型流程示意图

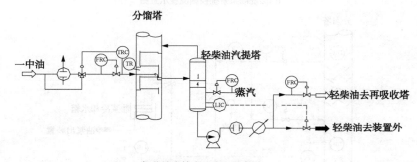

(c)轻柴油全抽出型流程示意图

图5-14　轻柴油抽出及控制流程示意图(续)

3. 分馏塔底系统控制方案

影响分馏塔底液位的因素有两个方面：一方面是反应生成油浆量多少；另一方面是油浆段冷凝下来液体量(油浆量)的多少。

（1）传统控制方案

循环油浆流量采用定值控制，分馏塔底液位控制油浆返塔温度，脱过热段上方气相温度和塔底温度指示，油浆下返塔流量和油浆外甩量单独控制。见图5-15(a)。该方案是假设反应生成油浆量相对稳定，改变油浆段取热量即改变冷凝下来液体量(油浆量)的多少控制分馏塔底液位。该方案适用于原料油较容易裂化、油浆全回炼的装置。当反应生成油浆量增加较多时(如催化剂活性降低，转化率降低等)，脱过热段上方气相温度升高，超过允许值时应提高反应转化率或外甩油浆。

（2）重油催化裂化装置控制方案

取消油浆蒸汽发生器三通阀，用脱过热段上方气相温度控制循环油浆上返塔流量；塔底温度控制油浆下返塔流量；分馏塔底液位控制油浆外甩流量。该方案是将油浆组分在洗涤段全部冷凝下来，调节油浆外甩量控制分馏塔底液位。即反应生成油浆多，油浆外甩多；反应生成油浆少，油浆外甩量少，使分馏塔底液位稳定。关于塔底油浆温度，刚从油气中冷凝下来的油浆温度为平衡温度，通过下返塔进入冷循环油浆使塔底油浆温度低于平衡温度(处于过冷状态)。该方案应用于原料油较难裂化、油浆外甩量较大的重油催化裂化装置。见图5-15(b)。

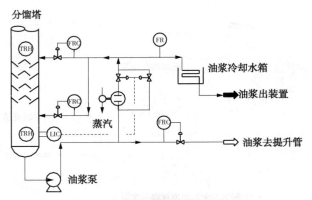

(a)传统油浆系统控制流程示意图

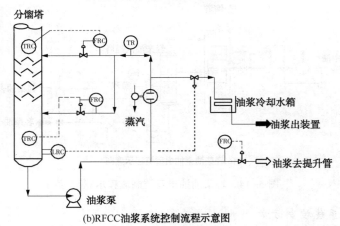

(b)RFCC油浆系统控制流程示意图

图 5-15　油浆系统控制流程示意图

第三节　主要设备

分馏部分主要设备有：分馏塔、轻柴油汽提塔、重柴油汽提塔、原料油加热炉、冷却和换热设备、容器、机泵等。

一、分馏塔

催化分馏塔分上下两部分。上部为精馏段是分馏塔主体，一般有 28~31 层塔盘。由于催化裂化工艺要求分馏塔压降尽量小，一般采用压降较小的舌型、筛孔等塔盘。近年开发的ADV、Super V、箭型、JF 系列浮阀、规整填料等在分馏塔上也得到了广泛应用，取得了较好效果。

由于反应油气带有催化剂细粉，虽然经脱过热段进行洗涤，仍有将催化剂细粉带到上部的可能性，操作中应特别注意。下部为脱过热段，装有 8~10 层人字挡板或圆盘型挡板，有的装置在扩能改造中采用大通量格栅。见图 5-16。

1. 塔盘

近年开发了多种新型的浮阀，都保留并利用了原条型浮阀气体喷出方向与塔板上液相流方向垂直，而获得较高的局部传质效率的优点；完善条型浮阀的气液接触方式或增加条型浮阀的气液相接触空间以追求更高的传质效率；增加气体对液体的推动力，改善液体在整个塔板上的分布，同时减少塔板上的传质死区；阀体结构局部的改变和整体尺寸的改变，尽可能提高塔板的开孔率以提高处理量；通过改变阀体局部现状，调整气液接触方向，以增大其操作弹性。

（1）固舌

固舌塔盘的优点：处理能力大，压降小，抗堵性能号，结构简单，容易制造、安装和检修。缺点：效率一般，操作弹性不大，在低负荷时容易漏液，循环回流不易建立。故顶循油、中段油抽出层多采用集油箱，也有的装置在循环回流段局部采用浮阀类塔盘。

（2）ADV®微分浮阀塔盘

ADV®微分浮阀塔盘是在 F1 型浮阀塔盘的基础上开发的，在浮阀结构和塔板结构上进行了创新。ADV®塔盘在提高生产能力的同时，也使效率提高、阻力降低、操作弹性增加，全面提高了塔盘的技术水平。主要技术特点如下：

浮阀结构的优化体现在两个方面，其一是在阀面上增加三个切口，其作用是：①使气流分散得更细，消除传统 F1 浮阀顶部传质死区，提高效率；②有利于降低雾沫夹带，增加生产能力；③有利于减少漏液，增加操作弹性。其二是特殊的阀腿设计使 ADV®浮阀具有导向性，其作用在于：①降低塔盘上的液面梯度，减少夹带，提高生产能力；②消除塔盘上液体停滞区，使液流均匀分布，从而提高效率；③减少返混，提高效率。

阀孔结构的优化：新的阀孔结构使浮阀不能旋转，只能上下浮动，以保证 ADV®浮阀的导向性，延长浮阀使用寿命。

塔板连接结构的优化：采用铰接式塔板连接结构，使得在塔板连接处也可排布浮阀，消除塔板连接处的传质死区，其作用为：①增加塔盘开孔率，提高生产能力；②使整个塔盘浮阀均匀排布，改善气液接触状态，提高分离效率；③易于安装，缩短安装工时。

液体入口区的结构优化：在液体入口区安装鼓泡促进器，鼓泡促进器的原理是减薄液层，降低液体入口处的液体静压，使气泡更易形成；设置挡液板，在其后面的负压区开孔，使气流更易通过。鼓泡促进器的作用：①气流将降液管中流出的液体吹松，有利于形成鼓泡；②防止入口区漏液；③使气流分布更加均匀；④有利于提高效率，提高生产能力，增大操作弹性。

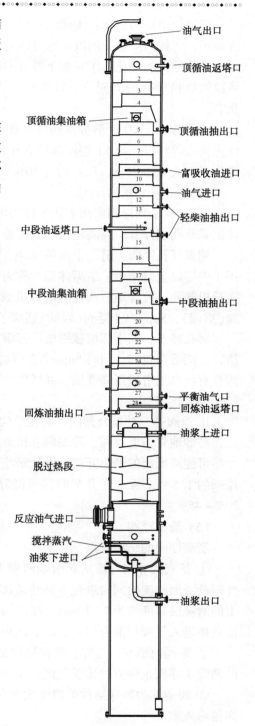

图 5-16 催化分馏塔示意图

降液管结构的优化：①降液管出口截面形状的优化，减少受液盘的面积，增加塔盘鼓泡区面积；②提高降液管的液体通过能力，提高 ADV® 塔盘的生产能力。

整体结构的优化：①对整个塔盘的结构进行优化，使之处于最佳操作状态；②根据塔内各段气液相负荷的不同，分段设计，优化全塔内件结构设计，使整个塔的操作达到最佳状态。

综合特点：ADV® 微分浮阀塔盘具有处理能力大、压降低、抗堵塞能力强、效率高、操作弹性大等特点。与 F1 型浮阀塔盘相比：生产能力提高 40% 以上，分离效率高 10% 以上，操作弹性大 40% 以上，压降约低 10%。

（3）Super V 系列浮阀

Super V 系列浮阀实现了塔板浮阀填料化。结构特点如下：浮阀采用 U 形带翼结构，阀体侧翼开孔或开缝，提高塔板气液接触均匀性，防止浮阀结焦和结垢沉积。

侧翼开孔浮阀，适用于低等结焦、结垢体系，称为 Super V1 浮阀。侧翼开缝浮阀，适用于中等以上易结焦、结垢体系，称为 Super V2 浮阀。带圆弧角的矩形平直阀孔和/或矩形文丘里阀孔，改善矩形阀孔的塔板机械强度，匹配矩形文丘里阀孔的塔板称为 Super V3 浮阀（重阀），Super V4 浮阀（轻阀）适应于减压体系。

阀孔特点：高塔板机械强度、低塔板压降、低塔板泄漏。试验操作表明，该塔板操作灵活，浮阀活动自如，同时 Super V2 型阀翼开缝对阀体有优良的自清洗作用。Super V4 型浮阀具有优良的塔板压降性能，并适用于真空度要求较高的减压操作。

（4）JF 浮阀

JF 浮阀是一种复合型阀，它在结构上吸取了 V-1 型、V-4 型、条型浮阀、舌型阀的优点，巧妙地将条型浮阀、舌型阀有机地结合在一体。阀面上开有固舌和小浮舌，在结构尺寸上尽可能降低阀的最小开度，设计最小开度约为 F1 圆浮阀的 60%，最大升举高度为 F1 圆浮阀的 1.5 倍。保证在升举时尽可能降低环隙气速，JF 浮阀处理能力较 F1 浮阀塔板提高 20% ~ 45%。

（5）箭型浮阀

箭型浮阀的结构特点：

① 该阀的导向气流从阀前端斜向下方冲出，在塔板清液层部位对液相进行局部导流，在降低液面梯度的同时避免了某些条状阀在阀上部开孔对液体导流的缺点。因正常操作塔板上的清液层高度约为 7 ~ 10mm，而浮阀的开启高度也在此高度左右，在阀盖顶部开口导向气流直接进入气液相混合层，实际上减小了气液传质空间造成的气相短路。

② 该阀前腿窄后腿宽，阀前喷出的气流与阀前部的液体进行充分接触，在阀间距较大时消除了浮阀正前方的传质死区，这是其他方形孔条状浮阀所无法克服的。

③ 阀前部的特殊结构可以增大单阀的实际通气面积 1% ~ 3%。增加气液接触面积，提高传质效率。

④ 阀的特殊结构还可以增大阀的排布密度，能增大开孔率 2% ~ 5%，Ⅰ 型箭阀（大阀）开孔率可达 17% 以上，Ⅱ 型箭阀的开孔率还可进一步提高，从而提高处理量 20% ~ 30%。

⑤ 该阀的预启点在阀的前部，与其他支点在前后两端或在中间位置的条状阀相比，在操作下限时其泄漏量极小。

⑥水力特性：板上液面梯度小，有明显的导流作用；在大液相负荷下操作范围宽；塔盘压降低。

2. 脱过热段

循环油浆中含有催化剂细粉，为避免脱过热段堵塞不采用塔盘，而是采用空隙率较大的人字档板或园盘式挡板。有的装置扩能改造时为增加换热面积采用了大通量格栅。

3. 侧线抽出

催化裂化分馏塔侧线抽出有全抽出和部分抽出两种型式。全抽出型顾名思义将该层塔板上的液体全部抽出，下层塔板上液体全部由外部循环回流提供，这样可灵敏控制塔内温度，从而有效控制产品质量。部分抽出时该板液体一部分作为产品抽出，一部分作为下层塔板内回流。由于抽出量的变化会引起内回流量的变化，从而对塔内热平衡及产品质量有影响。目前催化裂化装置轻柴油多采用全抽出方式。全抽出斗结构见图5-17。

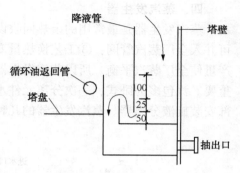

图5-17 全抽出斗示意图

4. 集油箱

为在开工时尽快建立循环回流和增加操作弹性，顶循油、中段油抽出多采用集油箱。集油箱有两种结构型式：一种是带降液管型集油箱，该型集油箱不需设液位计，液位升高后自动经降液管溢流到下一层塔板；另一种是全抽出型集油箱，需要设置液位计，用集油箱液位控制液体抽出量。一般集油箱升气孔面积占塔截面15%~21%，液体停留时间1min左右。一般催化裂化分馏塔采用带降液管型集油箱，吸收塔中段油抽出采用全抽出型集油箱。集油箱结构见图5-18。

二、轻柴油汽提塔

轻柴油汽提塔一般采用4~6层浮阀塔盘。见图5-19。

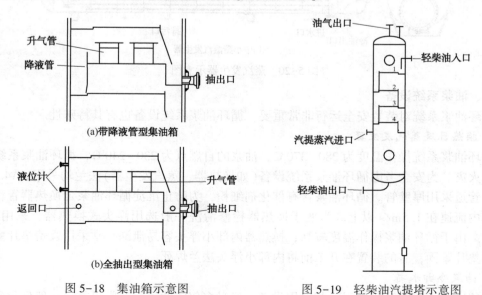

图5-18 集油箱示意图　　　图5-19 轻柴油汽提塔示意图

三、分馏塔顶油气分离器

分馏塔顶油气分离的特点是气体量大，水蒸气量大。一般分离器有两个进口（在容器的两端，罐内出口朝向封头内壁并设有防冲板），富气从中间引出，并设有破沫网。下部设有分水包。为保证油水分离（防止乳化等），分水包凝结水停留时间要求在 8min 以上，有的大型装置专门设有分水罐，对小型装置的油气分离器可设一个进口和一个出口。

四、蒸汽发生器

蒸汽发生器是最常用的余热回收设备。具有下列特点：①传热系数高；②蒸汽经过热后可并入全厂蒸汽管网；③工艺换热量变化时，发生蒸汽量随着变化，通过调节工厂锅炉蒸汽产量使全厂蒸汽平衡。所以蒸汽发生器是一个可调节的余热回收设备，对装置平稳操作非常重要。汽包多为卧式，一次分离元件水下孔板，二次分离采用不锈钢丝网。中压蒸汽汽包内部安装旋液分离器。蒸汽发生器的几种型式，见图 5-20。

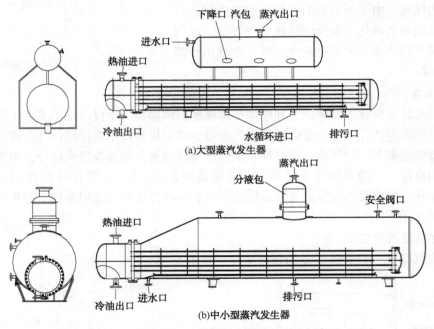

图 5-20　蒸汽发生器示意图

五、油浆系统设备

循环油浆系统对装置安全运行非常重要，循环油浆系统设备也有其特殊性。

1. 换热器及蒸汽发生器

循环油浆系统操作温度为 280~370℃，油浆的自燃点为 230~240℃，循环油浆系统泄漏将发生火灾。为安全考虑循环油浆系统设备（如换热器、蒸汽发生器）法兰均采用 PN4.0MPa 等级，管道采用厚壁管。循环油浆含有催化剂细粉，为防止沉淀循环油浆走换热器管程，并保持管内流速在 1.5m/s 以上。为便于换热器检修清洗一般选用浮头式换热器、采用 DN25 换热管。由于循环油浆操作温度较高，换热器内部小浮头容易泄漏，常采用碟簧垫片紧固或波齿型垫片紧固，有的装置在开工前将内部小浮头法兰焊死。

2. 油浆冷却水箱

油浆冷却水箱是油浆外甩冷却专用设备，经过多年实践运行非常可靠。一般催化裂化装置设置大小 2 台油浆冷却水箱，大水箱用于紧急外甩油浆，能够适应瞬间大量油浆冷却排放；小水箱用于日常小流量产品油浆冷却。中小型装置可将 2 台水箱合并成 1 台设备(具有上述两种功能)，油浆冷却水箱外壳可以是方型，也可是圆型。内部设有数组蛇型管束，大水箱管束一般采用 $\phi80mm \sim \phi100mm$ 管，数组蛇型管束并联。小水箱管束一般采用 $\phi25mm \sim \phi50mm$ 管，数组蛇型管束串联或并联。此外，水箱内还有压缩空气搅拌、蒸汽加热、密封盖、高空排放管等设施。见图 5-21。

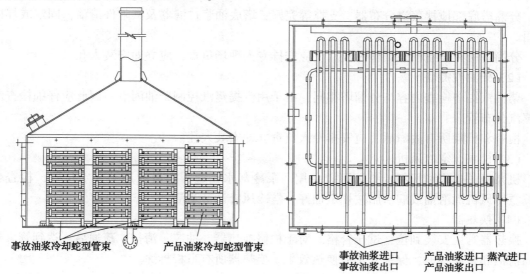

事故油浆冷却蛇型管束　　　产品油浆冷却蛇型管束　　　事故油浆进口　产品油浆进口　蒸汽进口　事故油浆出口　产品油浆出口

图 5-21　油浆冷却水箱示意图

第四节　开工准备

开工准备工作中有些项目是由施工单位完成，装置操作人员按照规定程序检查验收。通过各方良好的协调合作，做好所有准备工作，为装置顺利开工奠定基础。以下所述的开工准备工作适用于装置首次开工，也用于改造后装置开工。

开工准备工作和顺序：

(1) 设备检查；

(2) 吹扫、试压；

(3) 水冲洗、水联运；

(4) 冷油试运。

一、设备检查

设备检查是依据技术规范、标准要求，检查每台设备安装部件。设备安装质量好坏直接影响开工过程，甚至影响装置开工后的正常运行。以下为通用检查内容。

1. 塔器

(1) 分馏塔

首次运行或塔盘改造后，必须逐层检查分馏塔所有塔盘，确认按图安装正确；检查溢流口尺寸、堰高和塔盘水平度，确认符合设计要求。

对所有浮阀进行检查，确认浮阀清洁，活动自如；对于固舌型塔盘，舌口清洁，无损坏。所有塔盘紧固件正确安装，能够起到良好的紧固作用。所有分布器安装定位正确，分布孔畅通。

每层塔盘和降液管清洁，中段回流、顶循回流、柴油等抽出槽和抽出口清洁无杂物。集油箱焊缝完好，不泄漏。

底部脱过热段折流板（人字挡板）坚固，焊缝完好，所有的固定螺栓均已经锤击或被点焊。

分馏塔底部搅拌蒸汽分布器、支撑等完好；塔底油浆过滤器及其附件清洁，固定或焊接牢固。

分馏塔所有设备检查工作完成后，应安排专人现场负责，应立即安装人孔。

（2）柴油汽提塔

柴油汽提塔检查内容与分馏塔相同，由于用汽提蒸汽控制柴油闪点，因此应仔细检查汽提蒸汽分布管。

检查和排除所有故障后，应安排专人负责立即安装人孔。

（3）机泵、空冷风机

机泵经过检修和仔细检查，可以备用。泵冷却水畅通，润滑油加至规定位置，检查合格。空冷风机润滑油或润滑脂按规定加好，空冷风叶调节灵活。

（4）换热器

换热器管束安装到位，试压合格。对于检修换热器，抽芯、清扫、疏通后，达到管束外表面清洁和管束畅通，保证开工后换热效果。换热器所有盲板拆除。

2. 公用系统

（1）安全设备

所有消防、灭火器材均配备到位。

消防水系统正常运行，所有消防栓或消防炮工况良好。

所有的安全阀处于投用状态。

各种安全设备，例如空气呼吸器、安全服和全套急救设备等备好待用。

装置现场除开工保运设备外，其他所有杂物等清理干净。

设置了必需的警告标志和障碍物。

（2）动力

新鲜水、蒸汽等引进装置，蒸汽管线各疏水器正常运行。

非净化压缩空气（工业风）、净化压缩空气（仪表风）、氮气引进装置，工业风罐低点脱水。

所有机泵、风机已经处于带电状态。

（3）盲板

盲板用于管线、设备间相互隔离。装置施工或者检修结束后，各系统、设备检查工作已经完成，可以按照工作程序制定盲板清单，根据工作步骤拆装盲板。较好的做法是固定一名工艺工程师负责，跟踪盲板拆装过程，并进行确认。此外，检查确认安全必需的所有盲板已安装到位。实际操作中，可以利用醒目彩色油漆或盲板标记牌帮助提醒已安装的盲板位置。

（4）仪表

在开工准备阶段，仪表工程师或仪表人员需完成以下工作：

所有调节阀经过调试，全程动作灵活，动作方向正确。

热电偶经过校验检查，测量偏差在规定范围内。

流量、压力和液位测量单元检测正常。

所有一次表正常投用，正确显示。

DCS 控制系统经过仔细检查，运行正常。

二、吹扫、试压

（一）蒸汽吹扫

1. 吹扫目的

清除管道、设备内铁锈、焊渣等杂物；贯通流程；检查法兰、焊缝有无泄漏；检查设备、管道热态下热膨胀情况。

2. 准备工作

装置设备、管道安装完毕并清扫干净。熟悉流程、明确吹扫给汽点及排汽点。加好有关盲板并做好记录。关闭泵出入口阀门，装好泵入口临时过滤网。拆除调节阀、流量计、限流孔板并关闭其切断阀。拆除量程低于200℃的温度计，并装好丝堵。吹扫时蒸汽压力不低于0.9MPa(表)，压缩空气压力不低于0.5MPa(表)。

3. 吹扫介质

蒸汽吹扫：油品、油气、蒸汽设备及管道。

压缩空气吹扫：催化剂、润滑油、氮气管道。

水冲洗：酸性水、除氧水管道(水冲洗后再用压缩空气吹干)。

氮气吹扫：氮气管道。

4. 吹扫试压步骤

打开分馏塔、轻柴油汽提塔、重柴油汽提塔各塔顶部及底部放空阀及挥发线阀。缓慢打开搅拌蒸汽、汽提蒸汽，向塔内送入蒸汽，严格控制分馏塔顶压力不高于最高操作压力。逐个打开塔壁阀，由塔内沿流程向塔外吹扫，在流程的末端放空。对于长流程的循环回流线，在末端及沿程换热器、调节阀等处放空。吹扫结束后关闭各塔壁阀进行整体试压试密，试压结束后停蒸汽，打开放空排凝。

5. 注意事项

排净冷凝水，缓慢给汽。不得将杂物扫向塔、容器、泵、冷换设备等。应采取先走副线、拆法兰、加盲板等措施。分清主次，先吹扫主线，后吹扫支线。吹扫冷换设备时，一程吹扫另一程打开放空，防止憋压。向塔内吹扫时，打开塔顶、塔底放空，缓慢给汽防止冲翻塔盘。注意安全，防止烫伤或杂物飞溅伤人。

（二）压力试验

装置首次开工前，承包商(或施工单位)必须按设计要求对全装置设备和管道等进行液压或气压试验，以保证管道、设备焊缝完好，以及塔、容器、热交换器、管道和其他设备，符合压力容器、压力管道设计技术规范的要求。新建塔、容器、管道和其他设备必须进行压力试验。

1. 压力试验

(1)试压介质。除非另有特殊规定，一般使用清洁水做静液压试验。

(2)试验仪表。试验至少应有2只压力表与待试验设备或系统相连，一般设备高点处设计有1只压力表。此外，管路或塔器试压时，应在管线低点或塔器底部安装1只压力表，因为底部压力最高。试压过程中应对照 2 只压力表确保无误，主要塔器或设备上还应有压力记录仪表，可用于记录试验过程并长期保存。

（3）试压过程。关闭系统所有排液口，打开高位放空口，向待试验系统注水，直到系统充满水。关闭所有放空和排凝，利用试验泵将系统压力升高到规定值。关闭试验泵及出口阀，观察系统压力，塔、容器和设备压力应在 1h 内保持不变。管路试压需保持 0.5h 内压力维持不变，方为试压合格。

试压结束后，打开系统排凝阀放水，同时打开高位通气口，防止系统形成真空损坏设备。静水试压以后，开工前还必须用空气、氮气或蒸汽对设备进行气体压力试验，以保证法兰、盘根等静密封点气密性，并检查静液压试验以后设备存在的泄漏点是否密封严密。

2. 系统气密试验

顶循回流、中段回流、柴油、油浆等系统可以与分馏塔分开进行吹扫、试压。

蒸汽吹扫过程也是赶空气过程，一个独立吹扫系统排凝和放空冒出蒸汽要达 2h。分馏塔与轻柴油汽提塔同时进行试压试密，两塔下部通入蒸汽，并打开两塔底部排凝阀放水后关闭。当系统达到最高操作压力后停止进汽，仔细检查所有密封、焊缝。其他高压单元可以用 0.8~1.0MPa 蒸汽试压试密。

注意防止系统停蒸汽后造成负压而损坏设备。

三、水冲洗、水联运

（一）水冲洗

1. 水冲洗目的

进一步清除设备、管道内杂物，为水联运做准备，部分机泵带负荷试运。

2. 具备条件

装置吹扫试压工作已完成，设备、管道、仪表达到生产要求，装置排水系统畅通，应拆法兰、调节阀、仪表等均已拆完，应加的盲板均已加好。将油品至罐的阀门关闭，有关放空阀都打开，没有放空阀的系统拆开法兰以便排水。机泵单机试运完毕，泵入口过滤器清理干净再重新装好，水、汽、风等全部引入装置。

3. 注意事项

（1）首先向分馏塔内装水，待塔底排水澄清时再关闭塔底排水阀，继续向塔内装水。最高水位为最上抽出口（也可将最上一个人孔打开以限水位）。

（2）必须经过的设备（如换热器、机泵、容器等），应打开入口放空阀或拆开入口法兰排水冲洗，待水干净后再引入设备。冷换设备先将副线冲洗干净再冲洗设备。

（3）严格按流程进行，冲洗干净一段流程或设备，才能进入下一段流程或设备。

（4）仪表引线在工艺管道冲洗干净后才能引水冲洗。

（5）关闭与冲洗管道连接的蒸汽、风、燃料气及与反应再生系统有关的阀门，并把排凝或放空打开，以防窜水。

（6）为防止流程不通憋压，在进水前先将该系统放空阀打开。启动机泵时防止电流超负荷烧坏电机。

（7）冲洗设备的安全阀前加好盲板。

（8）做好气压机防护工作，严禁水窜入气压机，出入口加盲板或将出入口法兰拆开。

（9）不得将水窜入余热锅炉体、冷热催化剂罐、蒸汽、风、燃料气及反应再生系统。

（10）在冲洗连接塔器的管线以前，安装法兰连接短管和折流板，防止将异物冲洗进塔或容器内。

4. 盲板

水冲洗前应加好以下盲板：

提升管进料喷嘴前；

提升管油浆、回炼油喷嘴前；

提升管终止剂喷嘴前；

再生器燃烧油喷嘴前；

油气入分馏塔前大盲板。

5. 水冲洗流程

（1）从粗汽油泵入口引入新鲜水，经冷回流线和顶循线进入分馏塔。

（2）当水位到达后，自上而下逐条管线由塔内向塔外进行冲洗，并在设备进出口、调节阀处及流程末端放水。

（3）冲洗过程尽量利用系统流程建立冲洗循环，以节约用水。

（4）在滤网持续 12h 保持清洁时，可判断冲洗已完成。

（二）水联运

1. 目的

暴露工艺、设备缺陷及问题，对设备和管道进行水压试验，打通流程。考察机泵、测量仪表和调节仪表性能。熟悉流程、掌握仪表、技术练兵。

2. 准备工作

（1）水冲洗完毕，孔板、调节阀、法兰等安装好。

（2）泵入口过滤器清洗干净重新安装好。

（3）塔顶放空打开，汽提塔顶挥发线阀打开，改好水联运流程。

（4）关闭设备安全阀前闸阀、关闭气压机出入口阀及气封阀、排凝阀。

3. 注意事项

（1）试运过程中对设备、管道、设施进行详细检查，无水珠、水雾、水流出为合格。

（2）控制好泵出口阀门开度，防止电流超负荷烧坏电机。

（3）严禁水窜入余热锅炉体、加热炉体、冷热催化剂罐、蒸汽、风、燃料气及反应再生系统。

（4）机泵连续运转 8h 以上，检查轴承温度、振动情况，运行平稳无杂声为合格。备用泵切换运行。

（5）仪表尽量投用，调节阀经常活动，有卡涩现象及时处理。

（6）成品油线、污油线在罐区进罐前排水，其他出装置管线与有关部门协调好，避免窜水。

（7）水联运要达到 2 次以上，每次运行完毕都要打开低点排凝把水放净。清理泵入口过滤器，加水再次联运。

（8）水联运完毕后，放净存水，拆除泵入口过滤网。用压缩空气吹净存水。

4. 盲板

水联运前应加好以下盲板：

提升管进料喷嘴前；　　　　　　稳定汽油出装置；

提升管油浆回炼喷嘴前；　　　　轻污油出入装置；

提升管降温汽油喷嘴前；　　　　重污油出装置；

再生器燃烧油喷嘴前；　　　　　轻柴油出装置；

油气入分馏塔前；　　　　　　　重柴油出装置；

辅助燃烧室燃料油线；　　　　　外甩油浆出装置；

气压机出口；　　　　　　　　　原料油进装置。

液化石油气出装置；

5. 水联运流程

从粗汽油泵入口引入新鲜水，经冷回流线、顶循线进入分馏塔。

原料油、回炼油、油浆大循环，同负荷试运闭路循环线。

一中段油循环，同正常流程。

轻柴油系统，出装置及至再吸收塔走副线返回分馏塔循环。

顶循油循环，同正常流程。

重柴油系统，重柴油线串重污油线、油浆线返回分馏塔。

四、冷油试运

1. 目的

脱水，分馏部分用轻柴油试运脱除系统存水。除锈，试漏。轻柴油渗透性强，进一步检查系统的密封性。

2. 准备工作

（1）水联运完毕，水退净。

（2）除原料油喷嘴、油浆回炼喷嘴、降温汽油喷嘴、再生器燃烧油喷嘴、辅助燃烧室燃料油线、油气入分馏塔前大盲板外，其余盲板全部拆除，更换垫片法兰并上紧。

（3）所有塔器/冷换设备/管道上的安全阀、压力表、限流孔板、温度计、热电偶、液位计等元件都安装好。

（4）各机泵完好。

（5）各安全阀定压完成，安全阀前盲板拆除。

（6）水、电、汽、风辅助系统处于运行状态。

（7）消防蒸汽系统完好，其他消防用具备好。

（8）现场清理完毕，清洁整齐。

（9）工厂备好轻柴油和汽油。

（10）关闭各塔器、换热器、管道、泵、调节阀组、仪表引压线、采样器、玻璃板液位计的放空阀。全部流程检查完毕。

（11）打通分馏塔至油气分离器流程，打开分离器顶放空阀。

（12）进料自保转到手动位置，关闭自保闸阀，打开事故旁通闸阀。

（13）打开轻柴油、重柴油、回炼油抽出线闸阀及挥发线闸阀。

3. 注意事项

（1）封油脱水后可运行泵端面密封。

（2）再生器燃烧油、辅助燃烧室燃料油线在喷嘴前脱水。

（3）试运过程中要启用有关仪表。

（4）各路循环一段时间后停泵低点脱水。

（5）换热器副线、管程和壳程都要有介质通过。

（6）随时检查仪表调节作用。

（7）封油罐液位下降，开大进油阀门。

（8）分馏塔液位下降，由外来轻柴油补充。

（9）各备用泵切换运行。

（10）各路循环建立后运行 24h，发现问题及时处理。检查无任何问题后再继续运行 8h。冷油试运结束。

4. 冷油运步骤

（1）分馏塔收油。由轻柴油出装置线（或轻污油线）引入，经中段油返塔线进入分馏塔，当轻柴油汽提塔液位达 100%后停止收油。封油罐收油，由轻柴油泵出口至封油罐线装油，当液位达 70%~80%后停止进油。分馏塔、轻柴油汽提塔、重柴油汽提塔、原料油罐、回炼油罐静置脱水。

（2）分馏系统建立循环。

1）轻柴油、再吸收油系统。轻柴油泵→各换热器→出装置线→轻污油线→中段油返塔线→分馏塔。轻柴油出装置线→贫吸收油线→再吸收塔→副线→分馏塔。

2）封油系统。封油罐→封油泵→各泵/再生器燃烧油喷嘴/辅助燃烧室/封油集合管→封油罐

3）中段油循环。同正常流程。

4）重柴油系统循环。汽提塔→泵→换热器→重污油→油浆线→分馏塔。

5）回炼油系统循环。回炼油罐→泵→提升管/分馏塔→事故旁通→原料油罐/分馏塔

6）油浆系统循环。分馏塔→泵→换热器→分馏塔/开工循环线→原料油罐

7）原料油系统循环。原料油罐→泵→换热器→提升管→事故旁通→分馏塔/原料罐

（3）分馏系统退油线。轻柴油退油走轻污油线出装置，退油结束后保持轻柴油汽提塔液位 70%~80%，封油罐液位 70%~80%，重柴油汽提塔液位 10%~20%，中段油系统灌满油。

1）轻柴油系统退油，打开下抽出口阀，待轻柴油汽提塔液位达 70%~80%时停止退油。

汽提塔→轻柴油泵→各换热器→出装置线→轻污油线→出装置。

2）重柴油系统退油，关闭抽出线阀，待汽提塔液位达 10%~20%时停止退油。

汽提塔→重柴油泵→各换热器→出装置线→出装置。

3）回炼油系统退油。

回炼油罐→串线→油浆泵→油浆外甩线→出装置。

4) 油浆循环系统退油。

分馏塔→油浆泵→换热器→油浆外甩线→出装置。

退油结束后，将轻柴油汽提塔、重柴油、封油罐静置脱水，为下一步做准备。

第五节　开工过程

一般分馏单元正常开工分为下列几个步骤：

(1) 全面大检查与准备工作；

(2) 分馏塔引油，建立塔外三路循环；

(3) 拆大盲板，沉降器与分馏塔连通，建立塔内循环；

(4) 喷油前准备工作及喷油后调整操作。

一、全面检查与准备工作

(一) 全面检查

(1) 关闭本岗位所有阀门，并检查阀门盘根、法兰、垫片，螺栓是否紧好，盲板按要求拆装完毕。

(2) 所有的压力表、温度计、热电偶、液位计、限流孔板、孔板、调节阀等元件都安装好，调校合格。

(3) 空冷器、机泵处于良好状态，冷却水系统畅通，封油系统正常，按要求加好润滑油等。

(4) 各安全阀定压完成，安全阀前盲板拆除。

(5) 检查下水道是否畅通，脚手架是否拆除，场地是否干净整洁，各消防设施是否齐全好用，消防通道是否畅通，装置及操作室照明设备完善。

(二) 准备工作

1. 备好各种工具，岗位记录，交接班日记等。

2. 将蒸汽引入装置，做好排凝工作。

3. 将水、电、风引入装置。

4. 给上装置内外原料油线伴热(尤其是寒冷地区)，联系生产管理部门提高原料油温度，准备向装置送原料油。

5. 改好引原料油流程。

二、分馏塔引油建立塔外三路循环

1. 分馏塔引油建立塔外三路循环

首先改好分馏塔三路塔外循环流程，逐步收原料油到原料油罐，建立液位后，脱水，然后启动原料油泵，建立原料油系统循环：

原料油罐→泵→换热器→油浆蒸发器→提升管→事故旁通→原料油罐。

建立回炼油系统循环：

回炼油罐→泵→提升管→事故旁通→原料油罐。

塔外循环阶段油浆泵从回炼油罐引油，部分油浆通过开工循环线返回原料油罐，另一部分通过油浆外甩系统甩到罐区，建立开路循环：

回炼油罐→油浆泵→换热器──┬→开工循环线→原料油罐
　　　　　　　　　　　　　　└→油浆外甩→罐区

三路循环升温的热源有：原料油加热炉、油浆蒸发器或从常减压装置直接来热蜡油。根据装置已有的热源配置投入系统升温（具体操作使用见第九章专用设备操作法）。

在循环升温过程中要经常脱水，防止泵抽空，三路循环升温到150℃，恒温4h。装置没有加热炉，热蜡油自常减压装置来时，联系常减压装置逐步提高原料油温度，同时加大蜡油外甩量提高系统温度，到250℃时恒温，热紧法兰、人孔和换热器等。

此时，分馏塔和柴油汽提塔进入蒸汽赶空气，塔顶放空、塔底排凝。

2. 注意事项

（1）初期系统存水多，循环升温到90～100℃前经常脱水，最初引原料油温度不超过90℃，以防突沸。

（2）升温至120～130℃前，各备用泵切换一遍，并预热做好备用。

（3）循环时要排除死角、死线，实现同步升温。

（4）检查油气挥发线及冷却系统，保证畅通以防憋压。

（5）开泵前关闭流程上所有蒸汽线阀门，防止油串入蒸汽系统。

三、拆大盲板，连通沉降器与分馏塔，建立塔内循环

1. 拆大盲板，连通沉降器与分馏塔

分馏系统开工过程与反应再生密切相关。分馏250℃恒温时，反再系统升温基本结束，准备拆油气管线大盲板。沉降器与再生器各滑阀（塞阀）切断，沉降器和分馏塔暂停进入蒸汽，拆除油气管线大盲板。沉降器与分馏塔连通，反应器重新给上各蒸汽，沉降器和分馏塔一起赶空气。分馏塔顶部放空见蒸汽2h赶空气结束。进分馏塔蒸汽量调整到设计值，投用分馏塔顶冷却器，关闭塔底排凝和塔顶放空。分馏塔顶油气分离器酸性水界位建立后，开酸性水泵将冷凝水送出装置。

2. 建立塔内循环

缓慢打开油浆下返塔阀门及原料油补分馏塔线阀门，建立正常分馏塔液位后，改为油浆泵从塔底引油，并打开油浆上下返塔阀门。将挥发油气改进分馏塔内，建立油浆正常循环。无开工加热炉的装置通过原料油补分馏塔流量和油浆外甩量，控制分馏塔液位。有开工加热炉的装置通过原料油补分馏塔流量和油浆返回原料油罐流量，控制分馏塔液位。三路循环由塔外循环改为塔内循环。

反应转剂两器流化后，适当提高油浆循环量和外甩量，同时关小下返塔，开大上返塔，加强催化剂洗涤。

四、喷油前准备工作及喷油后调整操作

中段回流、顶循回流系统低点脱水，为提升管喷油、建立循环做好准备。一般脱水有两条途径：一种是强制性脱水，流程分段用低点排凝脱水，将系统内存水降至最低；另一种是一中充柴油，顶循充汽油，将管道和换热器的冷凝水顶走。另外，开工初期，分馏塔顶部和中部负荷很小，顶循和中段管道充油后，可以尽快建立顶回流和一中回流，平稳分馏塔操作。

提前从罐区收汽油到分馏塔顶油气分离器。适当启用冷回流，控制塔顶温度。

提升管喷油后，继续通过冷回流控制塔顶温度。根据进料量，逐步建立顶回流和中段循环回流，为吸收稳定系统提供热源，同时控制好分馏塔顶和中部温度。

柴油汽提塔见液位后，启动柴油泵，将不合格轻柴油经轻污油线送出装置。分馏塔顶油气分离器液位上升后，启动粗汽油泵将不合格汽油经不合格线（或轻污油线）送出装置。

调整操作，至各产品质量合格，分别改走合格线出装置。

五、开工过程注意事项

（1）蒸汽吹扫过程中，分馏塔顶部温度必须保持在110℃以上，避免蒸汽冷凝，保证吹扫效果。

（2）分馏塔试压结束后，打开塔顶放空和塔底排凝。中段和顶循抽出、返塔阀打开后与分馏塔连通，此时应保留适当吹扫蒸汽量，避免分馏塔、中段、顶循系统降温后，倒抽空气。分馏塔与沉降器连通赶空气结束后，中段及顶循停吹扫蒸汽并脱水。

（3）备用泵须定期排水，并定时切换避免水积聚。

（4）分馏塔底排凝在改为塔内循环前关闭，尽量减少分馏塔存水。避免大量积水遇到热油快速蒸发而导致大幅度压力波动，引起油浆泵抽空，甚至损坏塔内部构件。

第六节　操作参数与调节方法

1. 主要操作参数

分馏塔分馏效果的标志是分馏精度。分馏精度除与分馏塔结构有关外，还受操作温度、压力、回流量、水蒸气量等操作参数影响。

提升管进料量恒定时，油气入塔温度直接影响分馏塔热平衡，相应引起塔顶和轻柴油抽出温度变化，产品质量也随之变化。因此，控制反应温度稳定对分馏塔平稳操作非常重要。当油气温度不变时，分馏塔各回流量、回流温度以及抽出量的改变也会影响分馏塔热平衡，引起各段温度变化，其中塔顶温度和中部温度直接影响粗汽油和轻柴油性质。

液相抽出温度与抽出层油气分压有关。油气分压越低，馏出同样的油品需要的温度越低。在塔内负荷允许的情况下，降低操作压力或适当地增加水蒸气量都可以降低油气分压。回流提供气液相接触条件，对催化分馏塔，回流量大小、返塔温度由热平衡决定。随着分馏塔操作条件的改变，适当调节回流量和回流温度是调节热平衡的手段，并可达到调节产品质量的目的。一般以调节返塔温度为主，以减少对分馏塔分馏效果的影响。

2. 塔底油浆循环量

油浆循环量是分馏塔操作的重要参数。循环油浆在脱过热段对油气进行洗涤、脱过热，除去油气携带的催化剂细粉并将温度降到360~370℃，再进入分馏塔上部进行分馏。所以，油浆系统正常运行，并保持一定的油浆循环量是分馏塔正常操作的基础。

油浆从分馏塔底抽出，经过换热器、蒸汽发生器降低温度后，大部分油浆返回分馏塔人字挡板上部，用于脱过热和洗涤催化剂（一般情况下油浆上返塔流量大于进料总量）。少部分油浆直接进入分馏塔底部，用于控制塔底油浆温度。

重油催化裂化油浆中含有大量的多环芳烃和一定量高分子烯烃，在高温下易发生缩合反应而结焦。油浆结焦主要受操作温度、停留时间和油浆质量三个基本因素影响。缩短分馏塔底油浆停留时间、控制适当的塔底油浆温度及避免滞留死区，对于减轻或防止塔底结焦非常重要。一般通过控制塔底液位高度实现塔底油浆停留时间不大于3~5min。重油催化裂化装置通过下返塔流量控制塔底油浆温度不大于350℃，在底部设置专门设施消除油浆滞留死区。油浆经换热器降温后结焦倾向就会减缓。

反应油气携带的催化剂细粉，经洗涤段进入油浆系统。当沉降器旋分器或其他设备出现故障时，催化剂跑损量增加，会造成油浆中催化剂含量增加，使油浆泵及相应设备磨损增加，或者堵塞设备。另外，灰分含量增大也会使油浆结焦性能增强。一般情况下，控制油浆灰分量小于 6.0g/L。当灰分含量增加时，应及时采取调整反应操作、增加油浆外甩量等措施。油浆换热器管程油浆流速也是影响设备堵塞的一个重要参数，流速较低时会因催化剂颗粒沉降、沉积而引起换热器堵塞，一般换热器管程油浆流速应控制在 1.2m/s 以上。一般油浆抽出与返回温差为 80~100℃，当油浆蒸汽发生器发生 1.0MPa 等级蒸汽时，循环油浆返回温度可控制在 250~260℃。当发生 3.5MPa 等级蒸汽时，循环油浆返回温度为 280~290℃。油浆循环量根据热负荷及上述温差确定，结合分馏塔底油浆停留时间及换热器流速的要求，制定油浆循环量最低指标。

另一种结焦是由聚合物沉积而形成的，聚合物同样会造成油浆换热器堵塞。许多装置有使用油浆阻垢剂的成功经验，在油浆泵入口注入阻垢剂，可以有效防止油浆换热器堵塞。

3. 分馏塔底温度

分馏塔底温度主要影响结焦和安全运行。温度过高时会加快分馏塔底结焦速率，实践证明，当塔底油浆温度超过 360℃时，结焦速率将大大增加。为了安全起见，一般重油催化裂化都将塔底液相温度控制在 350℃以下，蜡油催化裂化的分馏塔底温度控制在 360℃以下。分馏塔人字挡板上方气相温度是体现油浆与回炼油分割的参数，反映油浆的轻重。许多装置制定了控制指标(一般控制不大于 370~380℃)。油浆的质量对结焦倾向有很大的影响，与温度和停留时间不同的是，要控制油浆的质量有较大困难。原料性质、催化剂类型、反应深度和分馏塔操作都会影响油浆质量。在油浆性质差、黏度和密度大的情况下，应控制更低的分馏塔底操作温度(350℃以下)，并适当降低人字挡板上方气相温度，以降低油浆密度。

人字挡板上方气相温度影响油浆密度，用循环油浆上返塔流量或温度调节，再用下返塔冷油浆流量控制塔底温度。

4. 中段循环回流

大型装置分馏塔有 2 个中段循环回流，中小型装置分馏塔只设 1 个中段回流。一般二中回流取热量较小，从重柴油抽出层下方三层抽出，经蒸汽发生器取热后，返回重柴油抽出的下一层塔盘。一中回流取热量较大，从轻柴油抽出层下方三层抽出，经稳定塔底重沸器、换热器后，返回轻柴油抽出层下一层塔盘，控制柴油抽出温度，柴油 95% 点或凝点。有些分馏塔不出重柴油，只有一中回流，同时为稳定塔和解吸塔提供热源。中段回流在全塔热量平衡中起到桥梁作用，调节中部循环取热量不仅影响中部温度和柴油质量，而且影响塔顶温度，对粗汽油终馏点也有影响。因此，在调节中段循环取热量时，要兼顾考虑顶部温度。此外，调整中段循环量时对内回流影响较大，而且影响吸收稳定系统。在调整轻柴油质量时，以调整一中回流返塔温度为主。

5. 塔顶循环回流

分馏塔顶循环回流调节塔顶温度，控制粗汽油终馏点。顶回流抽出后，一般先和原料油换热，再和低温热媒水换热。调节顶循环回流时动作应缓慢，防止提量过猛造成泵抽空，也避免对分馏塔操作造成大的影响。若顶循环泵抽空，应及时启用冷回流控制塔顶温度，防止冲塔。

6. 液位

液位平稳是物料平衡的标志。平稳操作首先就要使各液位稳定，分馏系统控制的液位有分馏塔底、轻柴油汽提塔、原料油缓冲罐、塔顶油气分离器和封油罐等。这些液位的平稳控制非常重要，如控制出现异常，就可能会出现切断进料等事故，严重时会造成设备损坏和安全事故。

7. 分馏塔顶温度

分馏塔顶部温度是影响粗汽油终馏点的关键参数。影响塔顶温度的主要因素有：反应进料量、反应深度、分馏塔顶压力、蒸汽流量、轻柴油抽出温度、冷回流量、顶循环量及返塔温度、再吸收油量及返塔温度等。大多数分馏塔采取顶循环回流量定值控制，塔顶温度自动控制顶循环冷热旁路阀（改变顶循环返塔温度）。当调整幅度较大时可调节顶循环回流量，增加取热量，甚至用冷回流配合控制塔顶温度。如果提升管操作变化较大，进料量大幅增加，分馏塔负荷变化较大，此时可通过增加分馏塔中、下部取热量，调整顶部温度，实现全塔热量平衡。

8. 分馏塔顶压力

分馏塔顶部压力主要受反应进料量和反应深度、气压机转速及气压机反飞动量、顶循环回流及冷回流的变化等因素影响。此外，顶部压力还会受到异常操作的影响，如气压机入口放火炬阀漏量或开度变化、冷回流带水、油气分离器液位超高等。塔顶压力由系统统一控制，当塔顶压力变化时，联系反应、气压机、吸收稳定，控制好气压机入口和沉降器压力，提降气压机转速要缓慢。

9. 粗汽油终馏点

（1）影响因素：

分馏塔顶温度升高，终馏点升高；压力升高，终馏点下降。

顶循环回流量降低或顶循返塔温度升高，终馏点升高。

冷回流量增加，塔顶温度下降，终馏点下降。

轻柴油抽出量低，抽出温度升高，粗汽油终馏点升高。

分馏塔蒸汽量增加，塔顶油气分压降低，终馏点增加。

（2）调节方法：

一般通过顶循回流返塔温度控制。终馏点高，降低回流温度；终馏点低，提高回流温度。

分馏塔顶压力由反应压力决定，所以一般不把改变压力作为调节粗汽油终馏点的手段，但反应压力偏高或偏低很大时，气压机又有调节余地，可以调整反应压力改变分馏塔顶压力。

塔顶循环回流取热负荷已满，可启用空冷器来调整顶循返塔温度，也可以用冷回流调整分馏塔顶温度。

当轻柴油凝点偏低，汽油终馏点也偏低时，适当提高一中回流返塔温度，提高汽油终馏点，同时兼顾柴油凝点。

装置回炼轻污油时，适当提高塔顶温度，保证终馏点合格。

催化剂活性提高时，一般需要适当提高塔顶温度，但活性过高，则必须反向操作，才能平稳终馏点。

装置处理量和反应深度变化时，要根据装置的特点进行调节。在相同的塔顶温度时，处理量大一般终馏点降低。

10. 轻柴油凝点控制

（1）影响因素：

进料增加，在相同抽出量下，凝点降低。

一中段循环流量大，返塔温度低，柴油抽出温度降低，凝点降低。

分馏塔顶压力提高，柴油凝点降低。

轻柴油抽出温度高，凝点升高。

（2）调节方法：

一般用一中返塔温度控制塔中部气相温度，调节轻柴油凝点。

当轻柴油凝点指标改变时，可改变轻柴油上或下抽出阀开度，来保证产品质量。

回炼轻污油时，适当提高轻柴油抽出温度。

在中段油返塔温度调节不能满足要求时，可调节循环量，控制中部温度。循环回流取热能力受限制时，可启用备用设备（空冷器）降低返塔温度。

11. 柴油闪点控制

（1）影响因素：

汽提蒸汽量大，闪点高。

轻柴油汽提塔液位高，闪点高。

（2）调节方法：

通常调节汽提蒸汽量控制闪点。

控制好汽提塔液位，保证气相蒸发空间。

12. 油浆出装置温度

油浆出装置温度一般为70~90℃。温度过低会在管线中凝固；温度过高容易引起油罐突沸，造成事故，严重时会引起火灾。

13. 油气分离器温度

油气分离器温度一般控制在30~45℃，温度控制过低装置能耗增加，过高时气压机入口温度增加，富气组分变重，不但气压机能耗增加，而且影响气压机安全运行。

第七节　控制指标与分析频率

分馏塔馏出口质量控制指标和分析频率见表5-2，表5-2中分析项目的分析频率供参考。刚开工的装置可以选择较高的分析频率，平稳操作的装置可以采取较低的分析频率。粗汽油的馏程包括初馏点、10%、30%、50%、70%、90%和终馏点的温度，全馏量%（体积）。轻柴油的馏程包括初馏点、10%、30%、50%、70%、90%、终馏点和凝点。油浆灰分含量和密度是重要指标，对于调整操作和平稳生产具有重要意义，一般采取较高分析频率。

表5-2　控制指标和分析频率表

样品名称	分析项目	控制指标	分析频次	备注
原料油（含蜡油、渣油等）	密度/（kg/m³）		1次/罐	
	馏程/℃		1次/罐	
	残炭/%		1次/罐	
	黏度/（mm²/s）		1次/罐	
	胶质/%		1次/罐	
	元素（C、H、S、N）分析		1次/罐	
	重金属含量/（μg/g）		1次/罐	
富气	组成/%		1次/24h	
粗汽油	密度/（kg/m³）		1次/24h	
	终馏点/℃	≥205	1次/8h	

样品名称	分析项目	控制指标	分析频次	备　注
轻柴油	密度/(kg/m³)		1 次/24h	
	闪点/℃	55	1 次/8h	
	凝点/℃		1 次/8h	
	馏程 95%/℃	≥365	1 次/8h	
	黏度/(mm²/s)		不定期	
	十六烷值		不定期	
	酸度/(mgKOH/100mL)	≥7	1 次/24h	
	铜片腐蚀/级	≥1		
油浆	密度/(kg/m³)		1 次/8h	
	灰分含量/(g/L)	≥6		
	馏程/%		1 次/周	
酸性水	pH		1 次/周	
	Fe/(mg/L)			
	Cl/(mg/L)			
	含油量/(mg/L)		1 次/周	

第八节　停工、故障处理及安全问题

一、分馏系统停工

分馏系统停工应与反应密切配合，在反应逐步降量时，尽量维持分馏塔操作，少出不合格产品。反应切断进料前将原料油罐抽空。

1. 准备工作

提前联系油品罐区，准备好足够的空间，接收轻污油和油浆。

联系相关单位，停掉其他进入分馏塔的物料，如轻污油、燃料气、液化气等。

2. 退油

提升管降量后，逐步降低各塔、容器的液位，同时尽量平稳控制分馏塔中顶部温度和压力，少出不合格产品。

全开油浆上返塔，关小下返塔，加强洗涤。

反应进料降低到分馏塔不能维持后，粗汽油和柴油改进轻污油。

反应切断进料后，分馏塔顶循泵和中段泵抽空停泵开始退油。退油的原则是先退轻油，后退重油。关闭顶循、一中、二中抽出阀，顺流程将管线、换热器存油扫到分馏塔，原料油罐的存油也退到分馏塔，分馏塔底油经油浆泵送到罐区。退油过程中油浆泵反复停开几次，备用泵进行切换，保证分馏塔底油退净。

3. 扫线

原则及注意事项：

各系统之间及相关装置，要做到紧密配合。

不准随意排放汽油、柴油、液态烃和燃料气。

开吹扫蒸汽不宜过大过猛，防止冲翻塔盘、管线水击，不超温超压。

吹扫时严防塔、器超压损坏设备及安全阀起跳。

吹扫换热器应遵守吹扫一程，另一程放空或通畅的原则。

油表、调节阀和泵走副线。

扫线流程要合理，不留死角、死区和盲肠。

4. 拆装盲板

扫线后，按盲板表拆装盲板，并采用明显的盲板标记作提示。

5. 紧急停工

装置发生重大事故，反应部分切断进料后分馏部分按紧急停工处理。

分馏塔底液面超高时，可外排油浆，要严格控制外排温度小于100℃；

控制好塔顶温度，必要时启用冷回流；

必要时将汽油和柴油改进轻污油线或不合格线；

保持油浆循环正常，维持好分馏塔底液面；

保持封油正常，必要时从油品罐区收柴油维持。

二、常见故障处理

1. 油浆灰分含量高

油浆灰分含量高，磨损油浆泵及油浆系统管线，堵塞油浆换热器，造成油浆循环量和取热量下降，对油浆系统的操作和安全危害很大。

（1）原因。油浆灰分含量高原因主要有三方面：一是反应系统故障，如旋风分离器系统设计不合理、旋风分离器损坏、料腿堵塞、提升管出口快分系统损坏等，使反应油气携带催化剂量增加；二是催化剂细粉含量太高，使反应油气携带催化剂量增加；三是油浆回炼量太小，使油浆灰分含量升高。

（2）措施。发现油浆灰分含量升高，应及时分析反应再生操作参数，查找原因。若催化剂分离系统故障首先应平衡操作；若催化剂细粉含量太高，应消除催化剂粉碎（如避免松动、吹扫蒸汽带水、空气分布器喷嘴、原料油喷嘴出口流速不宜过高、粗旋风分离器入口流速不宜过高等）因素；造成细粉含量高的因素还可能是催化剂本身的物理性质问题；若催化剂分离系统严重损坏、料腿被焦块严重堵塞，使油浆灰分含量过高，装置无法运行，则停工处理。

（3）分馏部分操作措施。提高油浆外甩量，适当提高油浆回炼量。增加油浆灰分含量分析频率，跟踪灰分含量变化。

适当提高油浆循环量，合理分配上下油浆返塔量，保证脱过热段洗涤效果。

油浆换热器不开副线，保证换热器油浆线速。

分馏塔底适当加大搅拌蒸汽量，以防止催化剂粉末在分馏塔底积聚。

2. 分馏塔顶油气分离器液位突涨

塔顶油气分离器液位突涨是十分危险的事故苗头，如果处理不及时，会使反应压力超压、气压机带油，甚至切断进料，损坏气压机。

措施：

若运行泵故障，及时启动备用泵。

机泵抽空时，关小出口阀，然后逐步恢复，使泵正常运行。若液位继续上升，应及时切至备用泵。

如液位上涨快，可同时启用2台粗汽油泵同时向外送油；调节阀限流时，开调节阀副线。

反应操作可以大幅降量，分馏加大冷回流，降低塔顶温度，减少粗汽油产量。

如调节阀失灵，应及时改用副线操作。

若液位计测量失灵，控制器改手动操作，对照现场玻璃板，迅速降低液位，然后联系处理。

3. 分馏塔底液位猛涨

分馏塔底液位猛涨造成反应超压，严重时大油气线和分馏塔振动，损坏设备，甚至造成重大安全事故，必须迅速进行处理。

当液位猛涨到有封住大油气管线的危险时，迅速加大油浆外甩量，提高油浆回炼量。

迅速联系反应降低进料量和提高反应深度。

减少塔底油浆循环取热量，减少一中回流取热量，适当提高柴油抽出温度。

必要时可开大油浆下返塔。

如油浆泵抽空，应迅速查明原因，及时处理。必要时紧急启动备用泵，保证油浆循环量和油浆外甩。

如调节阀失灵，应及时改用副线操作。

若液位计测量失灵，控制器改手动操作，对照现场玻璃板，迅速降低液位，然后联系处理。

4. 顶循环回流泵抽空

（1）原因：

分馏塔顶负荷不足或中部温度过低。

分馏塔顶温度过高，冲塔，使塔顶回流抽出层集油箱存油减少。

冷回流带水。

分馏塔结盐。

机泵故障，仪表失灵。

（2）处理方法：

顶循环回流量波动时，现场关小泵出口手阀，降低顶循环回流抽出量，防止泵抽空损坏泵，并适当提高冷回流量，控制塔顶温度。

如果顶部温度低，负荷不足，适当提高轻柴油抽出温度，逐步增加顶部负荷；反应适当提高加工量。

若顶部温度高，顶循环回流抽出层集油箱存油减少，加大塔底油浆循环取热量和一中循环取热量，降低塔顶温度，必要时反应降低加工量。

若冷回流带水，减少冷回流量，迅速降低油气分离器的油水界位，采取措施防止乳化。

必要时切换备用泵，并配合打入冷回流，平稳控制塔顶温度。

若分馏塔结盐，降量操作，用冷回流保证粗汽油终馏点，若不能恢复平稳操作，按预案水洗分馏塔。

若仪表失灵，应及时将控制器改手动，或用副线操作，并联系处理。

5. 一中回流泵抽空

（1）原因：

反应操作大幅度波动。

分馏塔中部、顶部温度过高，冲塔。

轻柴油抽出层温度过高，引起一中段负荷不足。

封油量过大、过轻或带水。

泵入口扫线蒸汽内漏。

机泵故障，仪表失灵。

（2）处理方法：

平稳反应操作。

一中段回流波动时，应及时关小一中泵出口阀，降低一中段抽出量，并适当降低塔顶温度。

若抽出温度高，加大塔底油浆循环取热，降低塔中部温度。

若分馏塔中部负荷低，反应适当提高蒸汽量或预提升干气量，逐步增加中段负荷。另外，可以采用轻柴油补入一中回流泵入口。

加强封油脱水，调整封油注入量。

泵入口蒸汽扫线上加盲板。

泵故障时，及时切换备用泵。

若仪表失灵，应及时将控制器改手动，或用副线操作，联系处理。

6. 油浆泵抽空

（1）原因：

分馏塔底液位过低。

封油量过大或过轻，在泵体内汽化造成气阻。

封油带水，使水汽化造成气阻。

轻柴油抽出温度过低，塔底油浆组分变轻。

泵入口扫线蒸汽阀漏，造成气阻。

泵入口或分馏塔底结焦堵塞。

塔底温度过低，带水或轻组分（事故状态下或开工时）。

机泵本身故障，仪表失灵。

（2）处理方法：

塔底液位低时，降低油浆外甩量，及时提高循环油浆量，降低油浆返塔温度。降低轻柴油抽出温度，或加大油浆上返塔量。

如果原料油组分变轻，反应岗位应迅速降低反应深度。紧急情况下向塔底补原料油，提高分馏塔底液位。

当油浆组分变轻时，应及时提高轻柴油抽出温度。

调节封油量，并加强脱水。

如结焦造成管道堵塞，采取措施无效时，切断进料处理。

事故状态或开工时，塔底温度低，容易造成带水，应逐步提高塔底温度，加大外甩，同时备用泵体排水。

如机泵故障，及时切换备用泵。

如仪表失灵，应及时将控制器改手动，或用副线操作，联系处理。

7. 分馏塔结盐

分馏塔结盐的主要成分是 NH_4Cl。催化裂化反应中，进料中的有机氮化物可发生分解反应生成 NH_3。原料中的有机氯和无机氯可发生分解反应生成 HCl、$NaCl$、$CaCl$、$MgCl_2$ 等，遇到环境中水或结晶水发生水解反应，生成 HCl、NH_3 和 HCl 相遇则生成 NH_4Cl。分馏塔顶部温度较低，塔顶循环回流返塔温度约 85℃，低于水蒸气的露点温度，出现液相水，水迅速溶解气相中的 NH_4Cl 颗粒而成为 NH_4Cl 水溶液。NH_4Cl 水溶液随内回流沿分馏塔向下流动，随着温度升高，NH_4Cl 水溶液失水浓缩而沉积附着在塔板及降液管处，堵塞降液管。

（1）分馏塔结盐现象：

塔顶温度锯齿形波动，并逐步加剧。

粗汽油终馏点难以控制，出现汽油终馏点不合格。分馏塔压降上升。

塔顶循环回流量下滑，顶循环回流泵抽空，甚至顶循环回流抽不出来。

汽油、轻柴油馏程重叠严重。

严重结盐时，轻柴油无法抽出。

（2）处理方法：

水洗分馏塔，主要程序如下：

降低新鲜进料量，以能维持操作为准。

增加冷回流量，逐步停止顶循环回流，控制塔顶温度 90~95℃。

粗汽油改走轻污油线。

停富气水洗，吸收稳定系统三塔循环，停再吸收塔。

粗汽油泵引入新鲜水经冷回流线入分馏塔，洗塔后的水经顶循环回流泵送至油气分离器，一部分在塔顶循环回流泵入口排凝阀排入含油污水系统。

采油气分离器和顶循环回流泵入口水样，半小时分析 1 次，监测水中 Cl^- 含量，到 Cl^- 含量基本稳定不变时，停止水洗。洗塔时间一般为 2~5h。

洗塔过程中控制顶循环回流抽出温度为 105~115℃，防止水进入下部塔板。同时监测轻柴油含水情况，若带水应及时减小给水量。

（3）注意水洗操作参数：

控制塔顶温度的原则是使水在塔内不蒸发，塔内水蒸气在洗涤段内冷凝下来，以增加洗涤效果。塔顶温度过高，大量的水蒸发，达不到洗涤目的，严重时会造成安全阀起跳。

洗塔水量控制非常重要，一是要保证水洗效果，二是要防止水量过大引起事故。一般在粗汽油泵入口水洗水线上增加限流孔板；另一方面要严格控制顶循环回流抽出温度和轻柴油抽出温度。轻柴油抽出温度一般不小于 150~160℃，不同装置此温度有一定差异，原则上是控制轻柴油抽出不带水。

8. 硫化亚铁自燃

硫化亚铁遇到空气而发生燃烧的现象叫做硫化亚铁自燃。硫化亚铁一般在分馏塔顶部以及顶部油气冷却器位置生成。此外在顶循环回流管线、顶循环换热器、轻柴油管线和换热器也存在硫化亚铁，严重的硫化亚铁自燃会导致设备损害和其他安全事故。防止的方法是阻止空气和硫化亚铁接触，一旦发生硫化亚铁自燃，则应立即切断空气来源，吹入蒸汽和向内打水迅速降温。在停工中要始终保持反应压力大于再生压力，以防空气倒入分馏系统。目前，许多装置都采取化学方法从根本上解决硫化亚铁自燃问题，取得了良好的效果。分馏塔停工扫线后，用硫化亚铁钝化剂处理易发生硫化亚铁自燃的设备管线。以分馏塔顶为例，利用塔顶油气分离器配制硫化亚铁钝化剂，用酸性水泵将钝化剂送到分馏塔顶油气线，然后对管线、换热器、空冷进行处理。

检修时从容器、塔内清理出污泥和铁锈屑等杂物中含有硫化亚铁，处理应慎重。一般选择安全的固定低点埋入地下，以免暴露在空气中引起自燃。

第六章 吸收稳定过程

第一节 概 述

吸收稳定系统的任务是把来自分馏部分的富气分离成干气、液化石油气并回收汽油组分，将粗汽油进一步处理成稳定汽油。裂化产物中汽油和液化石油气组分的多少由反应部分决定，但能否最大限度回收由吸收稳定系统决定，所以吸收稳定系统也是装置的重要组成部分。为了保证产品质量和提高液化石油气回收率，我国炼油行业对吸收稳定提出如下指标：

干气中 C_3 含量≯1%~3%(体积)；

液化石油气中 C_2 含量≯0.5%(体积)；

液化石油气中 C_5 含量≯3%(体积)；

稳定汽油中 C_3、C_4 含量≯1%(质量)；

正常操作稳定塔回流罐不排不凝气，C_3 回收率达92%以上，C_4 回收率达97%以上。

如果催化裂化干气作为制乙苯的原料，则干气中 $C_3^=$ 含量≯0.7%(体积)。

吸收稳定部分由富气压缩机、吸收塔、解吸塔、稳定塔、再吸收塔及相应的冷换设备、容器、机泵等组成。气压机将富气压缩到 1.2~1.6MPa；吸收塔用粗汽油及稳定汽油对富气中的 C_3、C_4 组分进行吸收；再吸收塔用轻柴油(或顶循环油)对贫气中的 C_3、C_4 及汽油组分进一步吸收；解吸塔将液化石油气中的 C_2 组分解吸出去；稳定塔分离液化石油气和稳定汽油。衡量吸收塔、解吸塔效果的指标是丙烯吸收率和乙烷脱吸率。衡量稳定塔分离效果的指标是液化石油气中 C_5 含量和稳定汽油中 C_3、C_4 含量(或稳定汽油蒸汽压)。

吸收是用油吸收气态烃的过程。没有化学反应发生，可看作单纯的气体溶于液体的物理过程。当气体溶于液体时要放出溶解热，使操作温度升高。由于被吸收组分浓度较低及吸收剂量较大，故温度升高不明显。气体被吸收的程度取决于吸收条件下的气液相平衡关系。气体吸收的推动力为气体中被吸收组分分压与溶液中被吸收组分平衡分压之差。

解吸是吸收的反向过程。溶液中某组分平衡分压大于混合气体该组分分压，该组分便从溶液中转移到气相，即为解吸。解吸塔将凝缩油中的 C_2 解吸出来，由于相平衡关系势必有一定量的 C_3、C_4 也被同时解吸出来。因此解吸气被送到气压机出口油气分离器，再进入吸收塔回收。

稳定塔是典型的油品精馏塔，是压力下的多组分精馏过程，分离液化石油气和稳定汽油。

第二节 工艺流程及主要控制方案

一、工艺流程

1. 概述

吸收解吸有单塔和双塔两种典型流程。单塔流程中吸收和解吸在一个塔内完成，上段吸收、下段解吸，粗汽油和稳定汽油自吸收段顶部进入，向下流动与上升的油气在各层塔板接触，吸收油气中 C_3、C_4 组分，经吸收段底部直接进入解吸段顶部，然后继续向下流动并进行解吸过程。解吸段底部重沸器提供热量，解吸气自解吸段上端直接进入吸收段底部。单塔流程简单，但吸收和解吸过程相互影响，同时提高吸收率和解吸率困难。双塔流程吸收和解吸过程在两个独立的塔内完成，解吸气和吸收油都去压缩富气冷却器，经冷却后和压缩富气一起进入气压机出口油气分离器。双塔流程排除了吸收和解吸两过程的相互影响，吸收率和解吸率可同时提高，目前双塔流程已取代了单塔流程。

富气经压缩机压缩后先注入洗涤水，对压缩富气进行洗涤，除去富气中的氰化物、含硫化合物等，避免对冷换设备造成腐蚀。洗涤水可用除盐水，也可用分馏塔顶油气分离器排出的酸性水，视洗涤效果确定。

关于吸收塔粗汽油进料位置，粗汽油和稳定汽油组成有差异，粗汽油中含有较多的 C_3、C_4 组分，在顶部进料时容易被贫气带走从而影响吸收率。一般在吸收率要求不高时，粗汽油在顶部进料仍有较好的吸收效果，当吸收率要求较高时宜将稳定汽油从顶部进入，粗汽油在其下方位置进入。

吸收塔中段油抽出层一般采用全抽出型集油箱，将该层板上的液体全部从集油箱抽出，经冷却后返回下一层塔盘，集油箱液位由中段油抽出量控制。

解吸塔进料采用一路进料时，在乙烷解吸率不变的条件下，随着解吸塔进料温度的提高，重沸器负荷下降，而丙烯解吸率明显上升，解吸选择性变差。采用两路进料，一路不换热直接进入解吸塔顶部，另一路换热到 80~100℃ 从塔中上部位置进入，既可防止过度解吸，又可减少重沸器热负荷，目前两路进料应用较多。

关于重沸器热源：多数装置分馏中段油同时为稳定塔和解吸塔两个重沸器供热常出现热量不足。目前向重沸器供热有三种形式：一是用分馏塔中段油先和循环油浆换热，然后再为两个重沸器供热。二是分馏塔中段油为稳定塔底重沸器供热，解吸塔底重沸器用蒸汽加热。三是分馏塔中段油为解吸塔底重沸器供热，循环油浆为稳定塔底重沸器供热。一般中小型装置采用第一种方法，大型工业装置采用第二种方法，ARGG、DCC 等工艺采用第三种方法。

吸收稳定部分的低温热主要是稳定汽油，一般采用与热媒水或除盐水换热利用。

2. 典型双塔流程

从分馏部分来的富气经压缩机压缩到 1.2~1.6MPa，在出口管线上注入洗涤水对压缩富气进行洗涤，去除部分氰、氮、硫类物质减轻冷换设备腐蚀，经空冷器冷却后与解吸塔顶气、吸收塔底油混合，再经冷凝冷却器冷到 40~45℃，进入油气分离器进行气液分离，气体去吸收塔，液体(称为凝缩油)去解吸塔，冷凝水经脱水包排出装置。

吸收塔操作压力 1.0~1.4MPa。富气自吸收塔下部进入，上部进入粗汽油和稳定汽油，在吸收塔内逆流接触，对 C_3、C_4 组分进行吸收，吸收过程放出的热量由吸收塔中段回流取走。中段油从集油箱用泵抽出，冷却后返回下一层塔盘。贫气从吸收塔顶排出，送到再吸收塔，用轻柴油对 C_3、C_4 及汽油组分进一步吸收，干气送出装置。有的装置为避免干气带油，设有干气分液罐，富吸收油用泵送到气压机出口冷却器。吸收塔和解吸塔可并列布置也可重叠布置，当重叠布置时由于吸收塔位置较高，吸收油可自流到压缩富气冷却器，但需设一个液封。

解吸塔操作压力 1.1~1.5MPa。凝缩油用泵从油气分离器抽出，一路经与稳定汽油换热到 80℃ 进入解吸塔上部，另一路直接送到解吸塔顶部(有的装置直接将全部凝缩油送入解吸塔顶部)。塔底重沸器用分馏中段油或蒸汽加热，解吸出凝缩油中 C_2 组分，返回到气压机出口冷却器。

　　稳定塔操作压力 0.9~1.0MPa。脱乙烷汽油用泵从解吸塔底抽出，与稳定汽油换热到 140~160℃送到稳定塔中部。稳定塔底重沸器用分馏塔中段循环回流油加热。液化石油气从塔顶馏出，经空冷器、冷凝冷却器冷到40℃，进入稳定塔顶回流油罐。液化石油气用泵抽出，一部分作稳定塔回流返回稳定塔，其余作为液化石油气产品送出装置。稳定汽油从稳定塔底（或从罐式重沸器）流出，分别与脱乙烷汽油、凝缩油、除盐水换热，再经冷却器冷却至40℃，一部分用稳定汽油泵升压送到吸收塔作补充吸收剂，其余作为产品送出装置。目前典型双塔流程见图6-1、图6-2。

3. 开停工流程

　　(1) 开工引水、液化石油气、汽油流程。液化石油气泵进口接有新鲜水线，开工时可向稳定塔装入新鲜水，也可从粗汽油泵向吸收塔装新鲜水。

　　开工用液化气通过液化气出装置管线倒引进装置，储存于稳定塔回流罐，作为开工时提供压力，建立吸收稳定三塔循环，控制稳定塔顶温度使用。

　　汽油可通过出装置线或轻污油线倒引进装置稳定汽油泵、稳定塔底重沸器及稳定塔（也可借助外来汽油压力跃过位置较高的稳定汽油换热器进入稳定塔重沸器）。

　　(2) 其他设施。吸收稳定部分有两根开工跨线。当富气压缩机与反应、分馏开工不同步时，粗汽油可通过开工跨线直接去稳定塔，脱除轻组分控制汽油蒸气压合格后送出装置，也可通过另一开工跨线直接将粗汽油经不合格线送出装置。

　　泵泄压线：吸收稳定部分轻油中含有轻烃，在检修泵时轻烃在常压下挥发会影响环境，并且不安全，为此专门设计了轻油泵泄压线。在泵检修前将泵切断阀关闭，打开泄压线阀，将轻烃放至火炬系统，将轻油放至轻污油系统再进行检修。

　　稳定汽油停工退油线：正常生产稳定汽油靠稳定塔压力压送出装置，停工时稳定塔泄压后稳定汽油系统存油则送不出去。为此在稳定汽油泵出口与汽油出装置线间设一跨线，停工时用稳定汽油泵可将系统存油送出装置。

　　液化石油气回收线：有的装置设有稳定塔顶回流罐不凝气去压缩机入口跨线，将排放的不凝气引至压缩机入口，避免排放不凝气时损失液化石油气。

二、主要控制方案

　　吸收稳定系统主要控制方案有：吸收解吸系统压力控制、稳定塔压力控制、产品质量控制等。

1. 吸收解吸系统压力控制

　　吸收解吸系统压力由再吸收塔顶压力控制，压力调节阀安装在干气管道上。

2. 稳定塔压力控制

　　稳定塔压力控制有两种方案。一种是用塔顶油气管道上的调节阀直接控制塔顶压力（俗称为卡脖子控制），常用于塔顶冷却采用空冷器，安装位置高于回流罐的场合。另一种是热旁路控制，应用于安装位置低于回流罐的浸没式冷凝冷却器场合。该方案设有冷凝器热旁路（从塔顶油气线到回流罐的连接线），通过调节热旁路调节阀开度，来改变塔顶与回流罐压差，从而改变冷凝器中液位、管束的浸没面积、冷凝器的冷却负荷、改变冷后温度，从而达到控制稳定塔顶压力的目的。

　　回流罐压力由不凝气排放量控制，有的装置采用不凝气排放与稳定塔顶压力分程控制。见图6-1、图6-2。

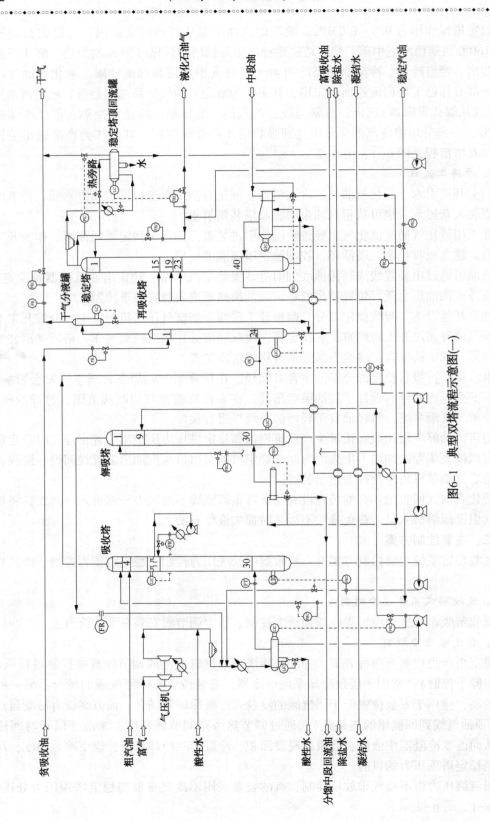

图6-1 典型双塔流程示意图(一)

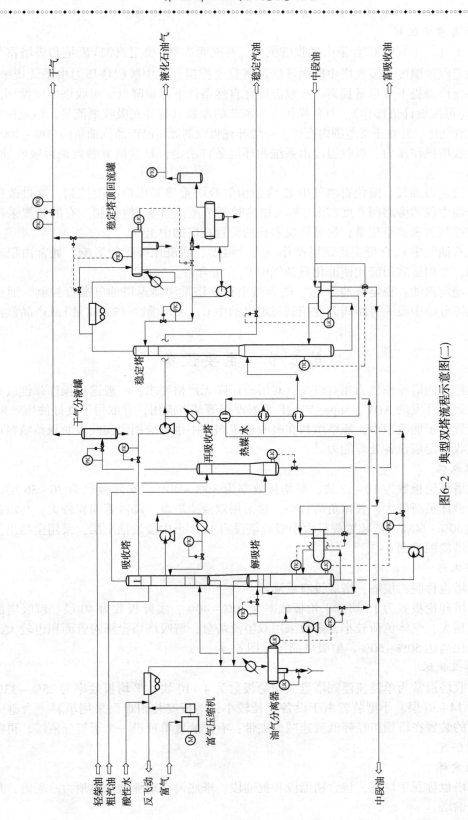

图6-2　典型双塔流程示意图(二)

3. 产品质量控制

（1）干气。干气中 C_3 含量由吸收塔压力、补充吸收剂（稳定汽油）流量和进塔富气、粗汽油、稳定汽油温度及吸收塔中段循环油返塔温度控制。其中吸收塔压力由系统统一考虑，现有设备允许前提下应尽量提高。吸收温度在自然条件下尽量降低，吸收塔中段循环油流量控制适当（可按设计值操作）。日常操作中可调节的参数只有补充吸收剂流量，但应使吸收塔具有适宜液气比，并在正常范围内操作。一般补充吸收剂流量是产品汽油量的 70%～100%。

再吸收塔操作压力、吸收温度由系统和环境条件决定，日常调节参数是再吸收油（轻柴油）流量。

（2）液化石油气。液化石油气中 C_2 含量由解吸塔重沸器出口温度控制，通过改变重沸器热源分馏中段油旁路阀开度（当用蒸汽加热时调节蒸汽量实现）控制。有的装置采用灵敏塔盘温度控制重沸器给热量，解吸塔灵敏板的位置在塔的中上部。

液化石油气中 C_5 含量受稳定塔操作压力、温度、回流比等参数影响，通常由稳定塔回流量控制，采用适宜回流比使液化石油气中 C_5 含量合格。

（3）稳定汽油。稳定汽油中 C_3、C_4 含量由稳定塔重沸器返塔油气温度控制。通过改变重沸器热源分馏中段油旁路阀开度控制稳定汽油中 C_3、C_4 含量≯1%（质量）或产品汽油蒸气压合格。

第三节　主要设备

吸收稳定四塔操作压力相对较高，对塔板压降无严格要求，一般选用操作弹性较大的浮阀塔盘。近年开发的 ADV、Super V、JF 系列浮阀等都有应用，并取得了良好使用效果。

在装置的扩能改造中，规整填料在吸收稳定四塔中也有应用，实践表明规整填料可大幅度提高吸收稳定塔设备处理能力。

1. 吸收塔

吸收塔理论板数为 10～12 块，平均板效率为 30%～40%，实际板数为 30～36 层。吸收塔特点是液体负荷较大，气体负荷较小，多采用双溢流塔盘。降液管面积较大，与塔截面积之比高达 50%～60%。依装置规模大小吸收塔设有 1～3 个中段油抽出层，采用全抽出型集油箱。吸收塔简图见图 6-3。

2. 解吸塔

解吸塔也称脱乙烷塔，塔底设有重沸器。

解吸塔理论板数为 15 块，平均板效率为 30%～40%，实际板数为 40 层。解吸塔的特点是液相负荷大，气体负荷较小，多数采用双溢流塔盘，解吸塔塔盘降液管面积也较大，与塔截面积之比高达 50%～60%。解吸塔简图见图 6-4。

3. 再吸收塔

再吸收塔通常为单溢流浮阀塔盘，理论板数为 4～10 块，平均板效率为 25%～33%，实际板数为 14～30 层。小型装置由于设备直径较小，塔板安装困难而采用填料。为避免干气带油，有的装置在塔顶扩径降低流速减少夹带；有的装置单独设一个干气分液罐。再吸收塔简图见图 6-5。

4. 稳定塔

稳定塔也称脱丁烷塔，包含精馏段和提馏段，塔底设有重沸器，塔顶为冷凝器，是典型的油品分馏塔。

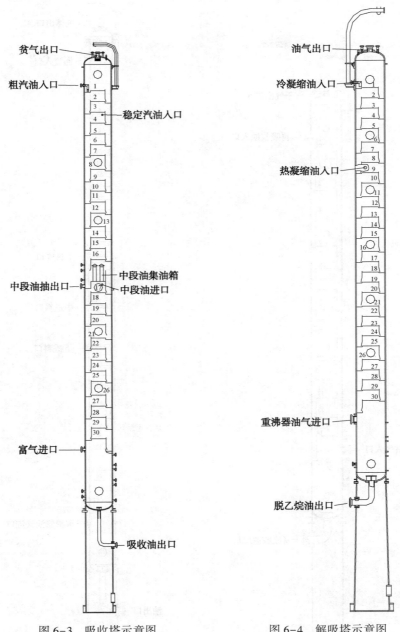

图 6-3　吸收塔示意图　　　　　　　图 6-4　解吸塔示意图

稳定塔理论板数为 22~26 块(包括塔底重沸器和塔顶回流罐)，平均板效率为 50%，实际板数为 40~50 层。由于液相负荷大，大多采用双溢流塔盘。早期的稳定塔上部气液负荷较小而缩小了上部设备直径。目前稳定塔采用深度稳定回流比增大，上下气液负荷相近，因此上下设备直径相同。稳定塔设有 3 个进料口，可根据进料温度和季节选择不同的进料口操作，用来有选择性地控制稳定汽油蒸汽压和液化石油气中 C_5 含量。稳定塔简图见图 6-6。

5. 重沸器

重沸器是塔底供热设备。解吸塔底一般采用卧式循环热虹吸重沸器，该设备结构类似于

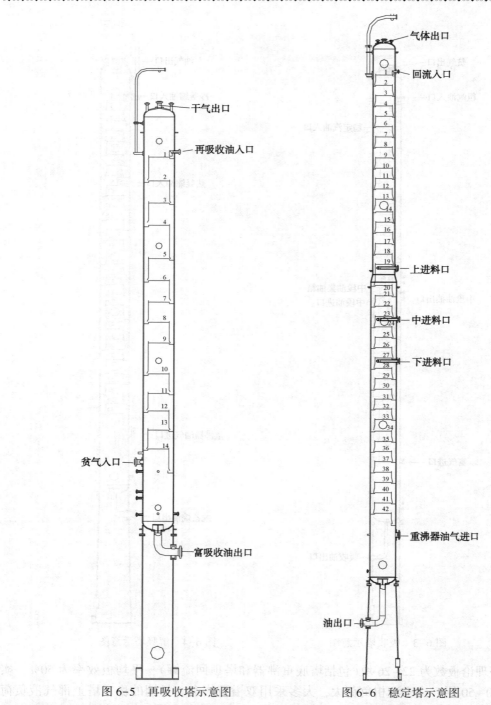

图 6-5　再吸收塔示意图　　　　图 6-6　稳定塔示意图

普通换热器，只是壳程折流板间距较大，重沸器的底部和顶部留有液体通道，以减小流体阻力。通常下方有 1 个进口，上方有 2 个出口。热虹吸重沸器汽化率 25%，出口系气液两相流，因此需要较高的解吸塔基础，才能满足重沸器壳程物流的自然循环流动。近年开发了折流杆型重沸器，该型重沸器壳程压降较小，故采用一个进口和一个出口。管束有列管管束、T 形槽管束等。热虹吸重沸器特点是体积小，但其分离作用小于一块理论板。

稳定塔底用罐式重沸器或热虹吸重沸器均可。罐式重沸器本身有蒸发空间，允许汽化率高达80%，相当于稳定塔的一块理论板。罐体直径较大金属耗量稍高，相对于热虹吸重沸器，罐式重沸器对稳定塔的基础高度要求较小。重沸器类似于普通换热器，只是壳程折流板间距较大，管束下部留有液体通道。重沸器管束有一般列管管束、T形槽管束及折流杆换热管束等。两种类型的重沸器分别示于图6-7和图6-8。

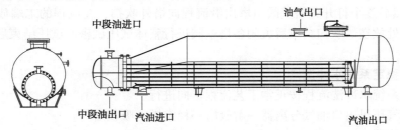

图 6-7　小型罐式重沸器示意图

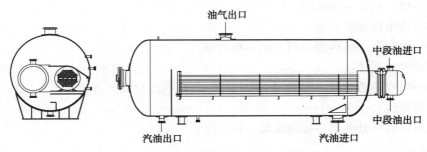

图 6-8　大型罐式重沸器示意图

第四节　开工准备

吸收稳定系统开工前准备工作和分馏系统基本一致。对于新建装置或大规模改造后必须逐步完成准备工作。对于停工检修，吸收稳定系统改造量很少，可以不进行压力试验、清洁和冲洗项，直接检查设备，完成公用系统准备工作，拆装必要盲板后可以进入开工步骤。准备工作内容和步骤如下：

（1）设备检查；

（2）吹扫、试压；

（3）水冲洗、水联运；

（4）冷油试运。

设备检查内容与分馏部分基本一致。

一、吹扫、试压

1. 吹扫、试压

吸收稳定系统各塔下部接有1.0MPa蒸汽，可以引入蒸汽对塔进行吹扫试压。因吸收稳定系统设计压力一般高于低压蒸汽压力，吹扫和试压时可以连续进行。按流程分段试压也是常用办法，可以缩短吹扫和试压的时间。试压完成后，逐步通过塔顶放空释放系统的压力，但随着系统温度降低，须防止塔、容器和管线内抽负压。如果吹扫、试压结束后系统开始引油建立循环，此时吹扫、试压也是赶空气的过程。有两种保持系统正压的方法：一种方法是吸收稳定系统引燃料气(瓦斯),防止系统抽负压,同时利用燃料气赶出系统内的存水。在排水时要防止系统静密封点泄漏燃料气和排水点携带燃料气。另一种方法是系统卸压、降温后,仍通入少量蒸汽控制系统压力 0.2~0.3MPa(表),既不会形成负压,也不会吸进空气。

2. 吹扫试压步骤

打开吸收塔、解吸塔、再吸收塔、稳定塔上下放空,自塔底缓慢向塔内送入蒸汽(防止吹翻塔盘),然后逐个打开各塔壁阀由塔内沿流程向塔外吹扫,在流程的末端放空,回流线在沿程调节阀处放空。吹扫束后关闭各塔壁阀进行整体试压试密。试压结束后停蒸汽,打开放空排凝。

二、吸收稳定系统水冲洗

吸收稳定系统水冲洗流程按正常工艺流程走向进行。

吸收塔→气压机出口油气分离器→解吸塔→稳定塔→吸收塔。

(1)装水流程:

新鲜水→粗汽油泵→吸收塔。

(2)吸收塔中段系统:

吸收塔→中段泵→换热器→调节阀→吸收塔。

(3)富吸收油系统:

吸收塔→吸收塔塔底泵→调节阀→冷凝器→气压机出口油气分离器。

(4)凝缩油线:

气压机出口油气分离器→凝缩油泵→解吸塔。

(5)脱乙烷系统:

解吸塔→脱乙烷油泵→调节阀→换热器→稳定塔。

(6)液化石油气系统:

稳定塔→空冷器(冷凝器)→回流罐放空。

稳定塔→回流线→调节阀→回流泵出口放空。

回流罐→回流泵→调节阀→出装置。

(7)稳定汽油系统:

重沸器→各换热器→稳定汽油泵入口放空。

(8)再吸收塔(与分馏系统一起冲洗):

轻柴油泵→再吸收油线→再吸收塔。

三、吸收稳定系统水联运

新鲜水经粗汽油泵向吸收塔送水,见液位后建立三塔循环,再吸收塔不参与水联运。

(1)三塔循环流程:

吸收塔→吸收塔底泵→调节阀→冷凝器→气压机出口油气分离器→凝缩油泵→解吸塔→脱乙烷油泵→调节阀→换热器→稳定塔→重沸器→各换热器→稳定汽油泵→吸收塔。

(2)稳定塔顶回流系统流程:

稳定塔→空冷器(冷凝器)→回流罐→回流泵→稳定塔。

四、吸收稳定系统汽油试运

1. 准备工作

吸收稳定部分各塔蒸汽吹扫、赶空气、试压后,向系统充燃料气。一是防止蒸汽冷凝形成负压损坏设备；二是为收汽油做准备。

改好收油流程，暂不开与装置外连接阀。关闭各换热器、调节阀、仪表引压线、液面计的放空阀，改好各塔气体流程。

2. 改好三塔循环流程

吸收塔→吸收塔底泵→调节阀→冷凝器→气压机出口油气分离器→凝缩油泵→解吸塔→脱乙烷油泵→调节阀→换热器→稳定塔→重沸器→各换热器→稳定汽油泵→吸收塔。

3. 汽油试运步骤

（1）收汽油：

罐区→稳定汽油出装置线→稳定汽油泵→　吸收塔。
　　　　　　　　　　　　　　　　　　　　　重沸器。

有些装置利用不合格汽油线将汽油倒引收进吸收塔。

（2）建立三塔循环：

吸收塔液位 60%～70% 启动吸收塔底泵→气压机出口油气分离器液位 60%～70% 启动凝缩油泵→解吸塔液位 60%～70% 启动脱乙烷油泵→稳定塔，稳定汽油泵入口见汽油后启动泵→吸收塔。

稳定塔液位 60%～70% 停止收油，稳定塔倒收液化石油气，塔底重沸器通入蒸汽，提高稳定塔压力，使汽油跃过高点换热器，到稳定汽油泵入口，各塔液位控制 60%～70%，停止收汽油，保持三塔循环。

向吸收稳定系统装汽油时，也可借助较高的外来汽油压力跃过高点换热器，进入重沸器中，建立三塔循环。有的装置专门设计一条重沸器至稳定汽油泵的跨线，用于收油、退油及开工循环。

发现问题及时处理，试运完毕汽油保存在系统中等待开工。

4. 注意事项

各塔液位 50%～60% 静置脱水，启用各液位、流量控制仪表。

各备用泵切换运行，置换泵体内的存水。

各换热器副线稍开，顶水冲洗管线。

注意气压机出口油气分离器脱水。

稳定塔三路进料全开，顶净存水。

注意维持吸收塔中段集油箱液位，保证泵不抽空。

发现问题及时处理，系统无问题后再继续运行 8h。

第五节　开工过程

汽油循环建立后，各塔液位控制平稳，备用泵要切换一遍，保证备用泵好用，不带水。系统的存水会被带到气压机出口油气分离器，应注意控制好界位，经常脱水。

解吸塔和稳定塔底重沸器逐步投用，在分馏塔中段循环建立以前，解吸塔和稳定塔底重沸器用蒸汽作为热源，尽量提高稳定塔底温度，降低稳定汽油蒸气压。

提升管进油后，吸收稳定就要为接收富气做好准备，逐步投用气压机出口压缩富气冷却器。气压机启动并入系统后，富气进入吸收塔。塔顶贫气进入再吸收塔，塔底富吸收油经泵或自流进入气压机出口油气分离器。凝缩油再经泵送入解吸塔，塔顶解吸气进入气压机出口冷却器，塔底脱乙烷油经泵进入稳定塔。稳定塔顶产出液化气，一部分回流控制塔顶温度，其余送出装置。塔底稳定汽油一部分出装置，另一部分到吸收塔作吸收剂。分馏中段回流逐步建立，解吸塔底重沸器和稳定塔底重沸器热源开始切换为分馏中段回流，此时，要保证两塔的热源。如果解吸塔底温度低，C_2组分会带到稳定塔，稳定塔压力高，可以排放不凝气。稳定塔底温度低，汽油饱和蒸气压不合格，要做到不合格汽油尽量不出装置，或少量均匀送至罐区轻污油罐（此时粗汽油暂不进稳定系统，直接经不合格线送出装置）。稳定汽油蒸气压合格后，改走合格线。反应、分馏操作逐渐平稳，吸收稳定要控制好各塔液面和进料，控制好吸收塔和稳定塔压力；及时联系化验分析干气、液化气组成，稳定汽油蒸气压；及时调整操作条件，至各项指标分析合格。

第六节　操作参数与调节方法

一、吸收塔

1. 液气比

液气比是指吸收油量（粗汽油和稳定汽油之和）与进塔压缩富气之比。提高吸收油用量，可降低吸收油中溶质的浓度，增加吸收推动力，从而提高吸收速率，有利于吸收完全。但液气比过大，吸收油量过大溶质的浓度降低不利于解吸；解吸塔和稳定塔液体负荷增加，塔底重沸器热负荷增加，大量稳定汽油循环输送动力消耗增加；干气带走的汽油组分增加，再吸收塔轻柴油用量也增加；装置操作费用增加。液气比也不可过小，吸收油量过小，富吸收油中溶质的浓度增加，吸收推动力下降，干气中C_3回收率降低。一般吸收塔液气摩尔比为1.5左右，当要求干气中C_3含量很低时（干气作为制乙苯的原料）液气摩尔比为2左右。

2. 操作温度

吸收过程有放热效应，随着吸收过程的进行，吸收塔自上而下温度逐渐升高，故在吸收塔中部设置中段回流取热，降低吸收过程温度。

吸收油温度越低平衡常数越低，丙烯等组分溶解度越大，吸收剂用量越少或吸收率越高。吸收油温度越低，C_3、C_2间的相对挥发度越大，越有利于C_3、C_2间的分离。降低富气、粗汽油、稳定汽油进料温度及中段循环油返塔温度，可降低吸收温度。生产中一般用循环水冷却，冷后温度由循环水温度决定，采用空冷器时冷后温度由环境温度决定，一般工艺介质冷却后温度为40℃。采用制冷方法可以降低冷后介质温度，取代补充吸收剂（稳定汽油）和中段取热设施，计算表明只有将冷后温度降到5℃，才能达到常规催化裂化的吸收效果。

3. 操作压力

提高操作压力有利于提高吸收率。压力过高，压缩机出口压力也随之升高，能耗增加，设备壁厚增加将增加投资和操作费用。气压机入口压力一般为0.16~0.2MPa，单缸体压缩机最高压缩比为10，压缩比超过10以后需要两个缸体，将使压缩机制造费大幅度提高。综合考虑装置投资及丙烯吸收率，压缩机出口压力以1.6MPa为适宜，相应吸收塔操作压力为1.2~1.4MPa。

二、再吸收塔

再吸收塔吸收温度为50~60℃，操作压力为1.0~1.3MPa。一般用轻柴油（少数装置用顶循环油或重石脑油）作吸收剂。贫气除携带少量C_3、C_4外，还带有少量汽油，轻柴油容易吸收汽油，给定适量的轻柴油，不需要经常调节就能满足干气质量的要求。再吸收塔操作主要是控制好塔底液面，防止液体压空将高压燃料气窜进分馏塔引起反再系统压力波动，以及液位失控干气带轻柴油造成燃料气管网堵塞，影响干气利用等。吸收解吸的操作压力由设在再吸收塔顶的压力控制阀控制。

三、解吸塔

解吸塔操作主要是控制脱乙烷汽油中的乙烷含量，使稳定塔少排或不排不凝气，一般要求脱乙烷汽油乙烷解吸率达 97% 以上。解吸过程与吸收相反，较高的温度和较低的压力有利于解吸。但双塔流程解吸气要返回压缩机出口冷却器及气压机出口油气分离器，因此解吸塔压力要比吸收塔压力高 0.05~0.1MPa。所以提高解吸率只有靠提高操作温度，通过重沸器出口温度来控制脱乙烷汽油中乙烷含量。温度控制要适宜，温度太高会使大量 C_3、C_4 组分解吸出来，增加吸收塔的负荷；温度太低 C_2 解吸不够，使稳定塔顶回流罐压力升高，大量排放不凝气损失液化石油气，同时也增加了压缩机负荷。

四、稳定塔

稳定塔的任务是把脱乙烷汽油进一步分离成液化石油气和稳定汽油，控制产品质量合格，稳定塔有深度稳定和常规质量控制两种生产方案。

常规生产方案，液化石油气中 C_5^+ 含量控制在 3%（体积）以下；稳定汽油蒸气压控制在 65kPa（≥88kPa 冬，≥74kPa 夏），该方案操作条件较缓和并可增加汽油产量。

深度稳定生产方案，液化石油气 C_5^+ 含量控制 0.1%（体积）以下；下游气体分馏装置可不设 C_5 分离塔，民用液化石油气不留残液。稳定汽油 C_3、C_4 含量小于 1%（质量），深度稳定方案操作条件较苛刻，塔顶冷凝冷却器和塔底重沸器热负荷都要增加 30%。

稳定塔的操作参数有回流比、进料位置、塔顶压力和塔底温度。

1. 回流比

回流比是回流量与塔顶产品量之比，稳定塔回流介质是液化石油气。回流比决定塔内回流量即塔内气液负荷的大小，回流比过小气液接触效果不佳塔盘效率降低，使液化石油气大量带重组分。回流比过大要使汽油蒸气压合格，就要增大塔底重沸器供热量和塔顶冷凝冷却器负荷，冷凝效果降低，不凝气排放量增大，液化石油气产量减少。

稳定塔操作方法是选择适宜回流比控制回流量，用塔底重沸器供热，控制汽油蒸气压合格。液化石油气是多元组分，塔顶气体组成小的变化温度反映不灵敏，因此不采用塔顶温度直接控制回流量，而是用回流量单参数控制，保证各塔盘效率，控制液化石油气中 C_5 含量。一般稳定塔回流比为 1.5~2，深度稳定生产方案回流比为 2.5 左右。

2. 进料位置

稳定塔有 3 个进料口，根据进料温度和季节选择进料口位置。

3. 塔顶压力

按液化石油气在回流罐内完全冷凝，并使回流罐操作压力高于液化石油气在冷后温度下的饱和蒸气压（一般液化石油气过冷 5℃），保证不排放不凝气来确定稳定塔顶压力。解吸塔操作对稳定塔压力和排放不凝气有直接影响，当脱乙烷汽油中 C_2 组分含量较高时，稳定塔顶气体不能全部冷凝，为维持回流罐压力就要排放不凝气，必然有较多的液化石油气被带走。稳定塔排放不凝气还与塔顶冷凝冷却效果有关，冷后温度高不凝气量就大。冷后温度受环境温度、循环水温度、冷却器面积等因素影响。提高稳定塔操作压力，液化石油气泡点温度也随之提高，易于冷凝。为保证汽油蒸气压合格，重沸器热负荷增加，又受到热源不足等条件的限制。一般稳定塔操作压力为 1.0~1.2MPa，可使冷后温度 40℃的液化石油气完全冷凝，并有适当的过冷度。

第七节　控制指标与分析频率

吸收稳定系统馏出口质量控制指标见表 6-1，表中所列分析项目和分析频率供参考。刚开工的装置可以选择较高的分析频率，对平稳运行的装置可以采取较低分析频率。稳定汽油馏程包括：初馏点、10%、30%、50%、70%、90%、终馏点温度和全馏量%（体积）。夏季和冬季执行不同的稳定汽油饱和蒸气压。吸收稳定干气和液化气含有大量的 H_2S，此项目不定期进行分析，主要目的是分析装置硫平衡和对比干气和液化气脱硫情况。液化气和干气产品组成分析一般在脱硫后采样。

表 6-1　吸收稳定系统馏出口质量控制指标

样品名称	分析项目	控制指标	分析频次	备　注
稳定汽油	终馏点/℃	≥205	1 次/8h	
	蒸气压/kPa 3 月 16 日~9 月 15 日 9 月 16 日~3 月 15 日	≥65 ≥85	1 次/8h	夏季 冬季
	辛烷值		不定期	或按工厂产品调和要求控制
	密度/(kg/m³)		1 次/24h	
	硫/(μg/g)		1 次/24h	
	烯烃/%（体积）	≥24	1 次/24h	
	苯/%（体积）	≥1	1 次/24h	
贫气	组成/%（体积）		不定期	
脱硫前液化气	硫化氢/(mg/m³)		不定期	
脱硫后液化气	硫化氢/(mg/m³)	≥20	1 次/8h	
	组成/%（体积）	C_2≥0.5 C_5≥1.5	1 次/8h	
脱硫前干气	硫化氢/(mg/m³)		不定期	
脱硫后干气	硫化氢/(mg/m³)	≥20	1 次/24h	
	组成/%（体积）	C_3≥3		

第八节　停工、故障处理及安全问题

一、吸收稳定停工

吸收稳定停工过程主要包括：准备、退油、扫线、加盲板等过程。

1. 准备

停富气水洗。

停其他装置进吸收稳定系统的燃料气、液化气、汽油等物料。

反应降量后，逐步降低各塔、容器液位，多出合格产品。

停再吸收塔，塔底油压回分馏塔。

2. 退油

尽量利用分馏塔中段循环热量，维持解吸塔和稳定塔的操作。

与反应密切配合，进一步加大汽油、液化气出装置量，拉空各塔、容器。切断进料后，分馏中段抽空，吸收稳定失去热源，产品质量不合格，汽油改送罐区污油罐。

吸收稳定管线、换热器低点，通过压油线（轻污油线）或接临时胶皮管，尽可能将存油送至地下污油罐，然后用泵送到罐区污油罐。

3. 扫线

吸收稳定系统扫线的主要原则和注意事项可以参照分馏部分。

吸收塔、解吸塔和稳定塔内污油通过低点扫到地下污油罐，污油用泵送罐区。再吸收塔和富吸收油管线存油扫向分馏塔。吸收稳定系统油品扫线基本干净后，打开各塔顶放空和塔底排凝，并逐步打开各处低点排凝。稳定汽油、液化气、不合格汽油出装置线用水顶。

4. 加盲板

扫线后，按盲板表要求加装盲板，并作出明显的盲板标记。

加盲板要做到装置间隔离，工艺管道与公用工程管道隔离。保证扫线后各管线、塔、容器等所有设备不窜入油气或惰性气体。

5. 紧急停工

装置发生重大事故或反应部分切断进料后吸收稳定部分按紧急停工处理。

维持三塔循环，保证系统压力。

关闭气压机出口冷却器前注水阀，停注水泵时，及时关闭泵进出口阀门，防止系统油气窜入软化水管网。

二、故障处理

1. 粗汽油中断

（1）原因：分馏塔操作不正常，粗汽油不合格，进罐区轻污油罐。

（2）措施：粗汽油中断后，稳定汽油量减少，注意平稳控制各塔液位。减少汽油出装置量，三塔循环。

2. 富气中断

（1）原因：气压机故障，富气放火炬。

（2）措施：关闭干气出装置调节阀，维持吸收塔及系统压力。

粗汽油继续进吸收、稳定，平稳控制各塔液位。

根据稳定塔顶回流罐液位，调整液化气出装置量。

平稳控制解吸塔底重沸器和稳定塔底重沸器温度，维持三塔循环。

3. 富气和粗汽油中断

（1）原因：

反应提升管停止进料。

分馏塔和气压机操作异常。

（2）措施：

关闭干气出装置调节阀，维持吸收塔压力。

粗汽油不进吸收稳定，稳定汽油不出装置。

根据稳定塔顶回流罐液位，调整液化气出装置量。

维持三塔循环。

4. 分馏塔中段回流中断

分馏塔中段回流为吸收稳定提供热源，如果中断对吸收稳定操作影响很大。

措施：

解吸塔热源中断时，降低吸收塔补充吸收剂流量，适当降低吸收塔压力。稳定塔顶排放不凝气，降低稳定塔底温度，控制稳定塔顶压力不超限。

稳定塔热源中断时，若稳定塔底温度过低，汽油蒸气压不合格，停止粗汽油进稳定，稳定塔底汽油尽量不出装置，或少量均匀送出装置。

5. 干气带油

（1）原因：

再吸收塔液位控制失灵。

再吸收塔操作不正常或设备故障，冲塔。

（2）措施：

校验再吸收塔液位，消除失灵现象，并控制在合理范围内。

再吸收塔操作不正常时，调整贫吸收油量和温度，减少携带油量。

再吸收塔设备不正常，贫气走副线，退油、扫线检修。

三、安全问题

吸收稳定系统的介质主要是干气、液化气、汽油，属易燃易爆危险品。在操作时，要防止系统超温超压，严格按工艺指标操作。紧急情况下，除了平稳操作外，要注意吸收稳定系统对其他装置安全影响。如干气系统携带凝缩油进入燃料气管网，稳定塔底汽油蒸气压高，携带轻烃进入罐区，干气窜入轻污油系统等问题。

干气携带凝缩油，造成燃料气管网带油，全厂使用燃料气的加热炉操作都会受到影响，加热炉冒黑烟，严重时影响全厂操作甚至引发事故。

造成稳定汽油蒸气压高的原因很多，如塔底失去热源等。若大量汽油携带轻烃进入罐区，容易造成油罐损坏。大量轻烃挥发到空气，形成爆炸环境，严重时引发重大事故。这种事例在催化裂化装置已经发生多次，必须给予高度重视。

第七章 富气压缩机

第一节 概 述

气压机的作用是将分馏部分来的富气压力,提升到吸收稳定部分操作所需的压力。气压机的型式有往复式、螺杆式和离心式三种。目前200kt/a以上的催化裂化装置基本上都采用离心式压缩机。

离心式气压机组的配置有以下五种方式:

(1)背压式汽轮机驱动离心压缩机的两机组配置;

(2)凝汽式汽轮机驱动离心式压缩机的两机组配置;

(3)电动机通过齿轮箱驱动离心式压缩机的两机组配置;

(4)背压式汽轮机和异步电动/发电机共同驱动离心压缩机的三机组配置;

(5)凝汽式汽轮机和异步电动/发电机共同驱动离心压缩机的三机组配置。

这些配置方式各有优缺点。用户可根据蒸汽平衡情况、电网条件、操作水平和操作习惯,综合考虑确定机组配置方式。

第二节 工艺流程

背压式汽轮机驱动离心富气压缩机的两机组配置型式应用最为普遍,以此为例进行介绍。

一、富气系统的工艺流程

由分馏塔顶油气分离器来的富气,经气压机入口前的文丘里管及风动闸阀进入气压机的第一段压缩,压缩后的气体进入中间气体冷却器,富气经冷却器冷至40℃后,进入气压机气液分离器进行气液分离。分液后的气体进入气压机二段继续压缩,然后经风动闸阀进入吸收稳定部分。气压机中间分液罐分离出的凝缩液则由凝缩油泵送入吸收稳定部分,小型装置可返回分馏部分。有的装置在压缩机入口设有气液分离罐,并配有相应的凝液排出系统。见图7-1。

考虑开工及紧急状态,设有富气放火炬系统,由放火炬线上风动蝶阀或风动闸阀控制。为在机组事故紧急停机时能及时将入口卸压,在停机信号发出时,入口放火炬阀联锁自动打开。

为防止机组喘振,采用程控器中预设的防喘振控制系统,控制防喘振调节阀开度,以保证操作点不进入喘振区。

二、汽轮机的汽水系统工艺流程

气压机由中压背压式汽轮机驱动,汽轮机的汽水系统工艺流程见图7-2。

汽轮机进汽压力3.13~3.8MPa(表),温度390~450℃,进入汽轮机的蒸汽量由气压机转速控制。正常操作条件下,由反应压力控制器串级控制汽轮机调速器,调节指令操纵油动机,带动汽轮机蒸汽调节阀,改变汽轮机转速,以适应压缩机的气量变化,保持气压机入口压力稳定,背压蒸汽并入装置低压蒸汽管网。

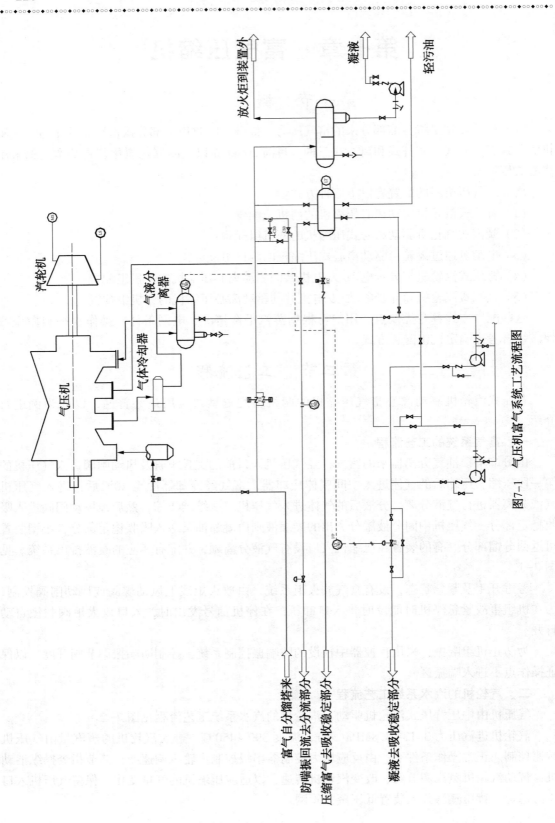

图7-1　气压机富气系统工艺流程图

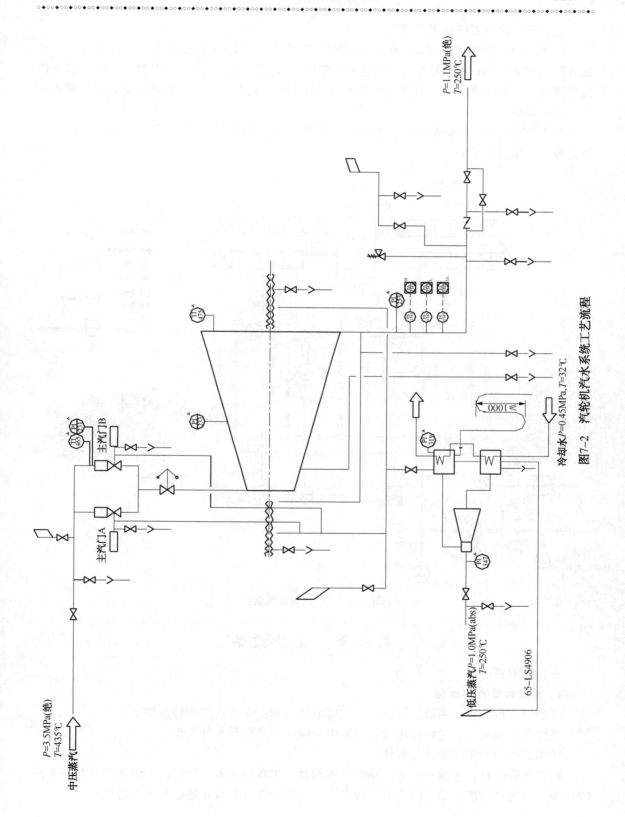

图7-2　汽轮机汽水系统工艺流程

三、干气密封系统的工艺流程

图7-3所示干气密封系统，0.4～0.7MPa的氮气经过1μm的过滤器后分成两部分。一部分经FI2540/2541和止回阀，分别进入压缩机前后密封腔内，作为主密封气；另一部分作为缓冲气，经限流孔板后，分别进入主密封与压缩机内密封之间的空腔内，防止富气漏出后污染密封端面。

在主密封与轴承之间的腔体内还设有一道隔离气，采用净化压缩空气，防止润滑油进入密封腔，污染密封端面。

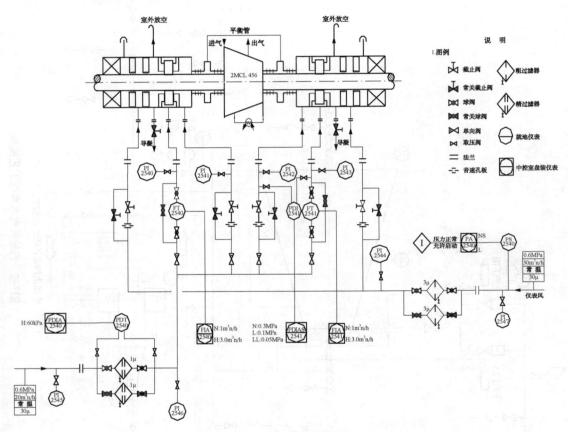

图7-3　干气密封系统流程

第三节　主要设备

一、压缩机

1. 气压机的内部结构

下面以一台六级、两段压缩的离心式压缩机为例，介绍其结构特点如下：

气体在压缩机内经过两段压缩，两段中间设中间冷却器及分液罐。

压缩机由转子和定子部分构成。

转子部分包括：主轴、叶轮、轴套、平衡盘、半联轴器等。叶轮由六级组成，共分为两段，前三级为第一段，后三级为第二段，一、二段轮盘背靠背布置以平衡部分轴向力。

定子部分包括：机壳、隔板、轴承、密封等。级间隔板分为上下两部分，靠止口与机壳相配合，上隔板用沉头螺钉松动地固定在机壳上，使之能绕中心稍有摆动，而下隔板则自由地装到下机壳中。

机壳有焊接和铸造两种，均为水平剖分。机壳上镶有隔板以形成通流部分的流道，机壳形成涡室，保证气动性能。下机壳法兰中分面处向两端伸出 4 个支腿，将压缩机支撑在底座上。

压缩机的径向轴承为可倾瓦轴承，推力轴承为金斯伯雷轴承，在径向轴承和推力轴承内分别埋有热电组，用以监测轴承温度变化。

进、排气口均垂直向下，压缩机剖面图示于图 7-4。

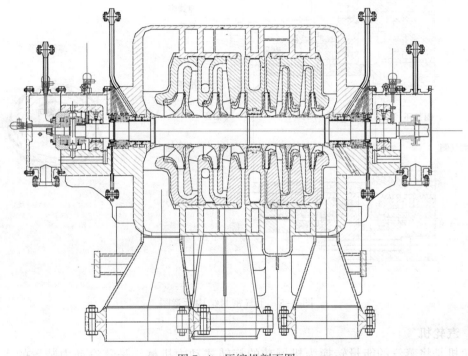

图 7-4　压缩机剖面图

2. 密封

离心式压缩机有机械密封、油膜密封、蒸汽阻塞密封和干气密封，技术发展至今干气密封已被广泛采用。图 7-5 是某装置的双端面干气密封结构示意图。

干气密封包含静环、动环组件（旋转环）、副密封 O 形圈、静密封、弹簧和弹簧座（腔体）等。静环位于不锈钢弹簧座内，用副密封 O 形圈密封。弹簧在密封无负荷状态下使静环与固定在轴上的旋转环（动环组件）配合，在动环组件和静环配合表面处的气体径向密封有其先进独特的方法。配合表面平面度和光洁度很高，动环组件配合表面上有一系列的螺旋槽，随着转动，气体被向内送到螺旋槽的根部，根部以外的一段无槽区称为密封坝。密封坝对气体流动产生阻力作用，增加气体膜压力。该密封坝的内侧还有一系列的反向螺旋槽，这些反向螺旋槽起着反向泵送、改善配合表面压力分布的作用，从而加大开启静环与动环组件的能力。反向螺旋槽的内侧还有一段密封坝，对气体流动产生阻力作用，增加气体膜压力。

配合表面间的压力使静环表面与动环组件脱离，保持一个很小的间隙，一般为 3μm 左右。当由气体压力和弹簧力产生的闭合压力与气体膜的开启压力相等时，便建立了稳定的平衡间隙。

这种间隙保持在动环和静环之间，在静环和动环组件之间产生一层稳定性相当高的气体薄膜，使得在一般的动力运行条件下，端面能保持分离、不接触、不易磨损，延长使用寿命。

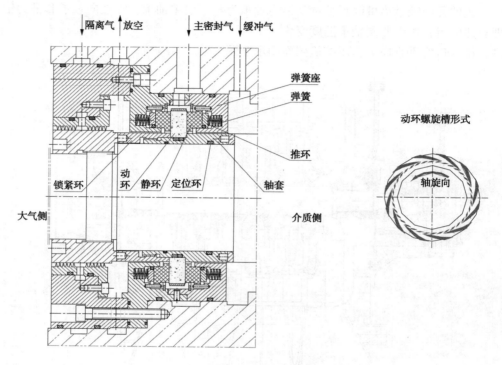

图 7-5　干气密封结构示意图

二、汽轮机

汽轮机是将蒸汽的能量转换为机械功的旋转式动力机械，是蒸汽动力装置的主要设备之一。

按热力特性分，汽轮机有凝汽式、背压式、抽汽式和饱和蒸汽汽轮机等类型。

按工作原理分，有蒸汽主要在各级喷嘴（或静叶）中膨胀的冲动式汽轮机，蒸汽在静叶和动叶中都膨胀的反动式汽轮机，以及蒸汽在喷嘴中膨胀后的动能在几列动叶上加以利用的速度级汽轮机。

按照被驱动设备分，驱动压缩机、泵等设备的汽轮机称为工业汽轮机，驱动发电机的汽轮机被称为电站汽轮机。

催化裂化装置中，驱动气压机的工业汽轮机，以背压式居多，凝汽式较少。这些汽轮机有反动式的，也有冲动式的。

图 7-6 是某装置凝汽式汽轮机的剖面图。

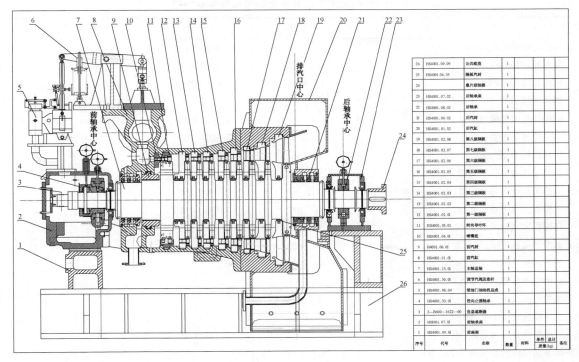

26	HS4001.09.09	公共底盘	1			
25	HS4001.06.03	隔板汽封	1			
24		叠片联轴器	1			
23	HS4001.07.02	后轴承座	1			
22	HS4001.08.02	后轴承	1			
21	HS4001.06.02	后汽封	1			
20	HS4001.01.02	后汽缸	1			
19	HS4001.02.08	第八级隔板	1			
18	HS4001.02.07	第七级隔板	1			
17	HS4001.02.06	第六级隔板	1			
16	HS4001.02.05	第五级隔板	1			
15	HS4001.02.04	第四级隔板	1			
14	HS4001.02.03	第三级隔板	1			
13	HS4001.02.02	第二级隔板	1			
12	HS4001.02.01	第一级隔板	1			
11	HS4001.05.01	转向导叶环	1			
10	HS4001.04.01	喷嘴组	1			
9	H4001.06.01	前汽封	1			
8	HS4001.01.01	前汽缸	1			
7	HS4001.25.01	主轴总装	1			
6	HS4001.30.01	调节汽阀及连杆	1			
5	HS4001.08.04	错油门油动机总成	1			
4	HS4001.33.01	径向止推轴承	1			
3	2—B600—1622—00	危急遮断器	1			
2	HS001.07.01	前轴承座	1			
1	HS4001.09.01	前座架	1			
序号	代号	名称	数量	材料	单件 总计 质量(kg)	备注

(a)汽轮机内部剖面图

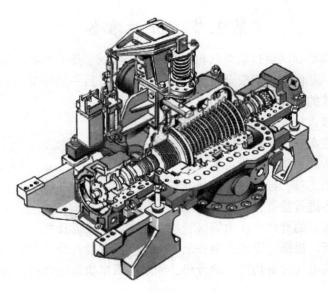

(b)汽轮机立体剖面图

图 7-6　汽轮机剖面图

第四节　控制指标

富气压缩机组控制系统的报警联锁值列于表 7-1(以某台机组为例)。

表 7-1 机组主要控制系统的报警停车联锁值

项　目	报警值	停车值	备　注
蒸汽轮机轴位移/mm	H：0.6	HH：0.8	联锁停机(二取二)
压缩机轴位移/mm	H：0.5	HH：0.7	联锁停机
机组转速/(r/min)	H：9071	HH：9330	联锁停机(三取二)
润滑油压力低/MPa(表)	L：0.18		备泵自启动
润滑油压力低低/MPa(表)		LL：0.12	三取二停机
蒸汽轮机轴振动/μm	H：85	HH：105	报警
压缩机轴振动/μm	H：86	HH：105	报警
蒸汽轮机径向轴承温度/℃	H：90	HH：105	报警
蒸汽轮机推力轴承温度/℃	H：90	HH：105	报警
压缩机径向轴承温度/℃	H：105	HH：115	报警
压缩机推力轴承温度/℃	H：105	HH：115	报警
润滑油箱液位低(最低操作液位下)/mm	L：1020		报警
润滑油过滤器差压高/MPa(表)	H：0.15		报警
润滑油冷却器后温度高/℃	H：55		报警
汽轮机排汽压力高/MPa(表)	H：1.35		报警
汽轮机排汽压力低/MPa(表)	L：0.85		报警
汽轮机排汽压力低低/MPa(表)		LL：0.8	联锁停车
调节油过滤器差压高/MPa(表)	H：0.15		报警
干气密封差压/MPa(表)	L：0.1	LL：0.05	报警

第五节　开机准备

气压机组启动调整和试运行是对汽轮机和压缩机机械、热力性能以及施工质量和生产准备工作的全面检查，是保证机组安全可靠地投入生产的最后一道环节。

一、机组试运前的一般要求

(1) 运行和检修人员配备齐全，并通过岗位培训。

(2) 机组试运方案通过审批并向有关人员交底。

(3) 现场的消防和预防措施准备完好。

(4) 有关的监测工具，记录表格准备完毕。

(5) 对设备主体进行检查，保证各处连接牢固，机组盘车灵活。

(6) 所属系统管道的管径、压力等级、材质、走向符合设计要求。管道上阀门的安装无误，灵活好用无卡涩，视镜、限流孔板齐全，限流孔板孔径符合要求。

(7) 相关的仪表电气设备均已试验合格，油泵电机单机试运合格，各种监测和控制系统投入运行。

(8) 蒸汽、净化压缩空气、循环水、氮气系统试运完毕，并引至机组旁待用。

二、管道、设备的吹扫清洗与试压要求

(1) 在管道系统强度试验合格后，气密性试验前，应分段进行吹扫与清洗。吹扫顺序应按主管、支管、疏排管依次进行。

(2) 吹扫前，应将系统内的仪表及不允许吹扫设备予以隔离，并将孔板、喷嘴、滤网、

节流阀及止回阀芯等部件拆除，妥善保管，待吹扫完毕后复位。

（3）对未能吹扫或吹扫后可能再次污染的管道，应用其他方法补充清理。

（4）吹扫时，管道内的脏物不得进入设备，设备吹出的脏物一般也不得进入管道。

（5）管道吹扫应有足够的吹扫介质流量，吹扫压力不得超过设计压力，流速不低于工作流速，一般不小于 20m/s。

（6）吹扫前应考虑管道支架、吊架的牢固程度，必要时进行适当的加强。管道吹扫合格后，应做好必要的纪录。

（7）管道系统最终封闭前，应进行一次认真检查，并应做好系统封闭纪录。进入主汽轮机、润滑油泵驱动用汽轮机和蒸汽抽空器的蒸汽管道，必须满足清洁无杂质的要求。

1. 水管道冲洗

（1）水管道（如循环水管、凝结水管、各种疏水管等）进行水冲洗，如果不能用水冲洗时，可用空气进行吹扫。

（2）水冲洗应以管内可能达到的最大流量或不小于 1.5m/s 的流速进行。

（3）引循环水至中间冷却器，汽封冷却器及油冷却器，全开上下水阀，冲洗 1h 后检查水质，应无锈无污，否则冲洗直至合格，然后憋压试漏。

2. 净化压缩空气、氮气管道吹扫

空气吹扫时，在排气口用白布或涂有白漆的靶板检查，如 5min 内检查其上无铁锈和其他杂物即为合格。

3. 蒸汽管道吹扫

（1）蒸汽管道吹扫前应缓慢升温暖管，且恒温 1h 后在无背压情况下吹扫蒸汽管道 10~30min，然后自然降温至环境温度，再升温暖管进行第二次吹扫，如此反复进行一般不少于 3 次。

（2）中高压蒸汽管道和汽轮机入口管道，吹扫后以距出口 350~500mm 处安装的抛光铝靶板上的冲击疤痕来检查是否合格（肉眼可见的冲击疤痕不多于 10 点，每点不大于 1mm）。靶板宽度为排气管直径的 5%~8%，长度等于管子内径，放置在放空管口与汽流垂直，全速不节流吹扫 30min。

（3）中压蒸汽吹扫完后憋压到 3.43MPa（表），检查各法兰、阀门、焊缝接头不应有渗漏。低压蒸汽吹扫完后，憋压 1.0MPa（表），检查各法兰、阀门、焊缝接头不应有渗漏。汽封抽气器吹扫试压、试漏合格。

4. 富气、凝缩油系统的吹扫试压

（1）气压机系统所有设备及管道，要求人工清洗干净，应达到无异物和杂质，无积锈。

（2）凝缩油系统的管道用低压蒸汽吹扫。

三、润滑油系统的处理

（1）油系统油箱、冷油器、过滤器、高位油箱及所属管道酸洗除锈清洗，容器内壁用面团擦净。在正式油循环前，准备好合格的润滑油，加至油箱规定液位。

（2）所有润滑油系统在轴承箱出入口管道间加上临时管道和滤网，控制油系统各调节阀间加临时管道，调节阀拆除单独清洗（滤网规格 200 目）。

（3）准备工作完成后，启动润滑油泵进行外跑油。跑油后目测滤网，残存杂质不多于 3 粒/cm^2。

（4）外跑油合格后，联系化验油质，如油质不合格，卸去油箱中存油，按油系统清洗方法，清洗油箱和有关部件，清洗干净后，通过滤油机加入合格的润滑油，连接好润滑油和控制油管道和部件，进行内跑油。

（5）内跑油过程中，切换主辅油泵，各连续运行 8h 以上，化验润滑油的各项参数，待各项指标均合格后，方可启动机组。

第六节　单机试运

一、单机试运前的准备工作

1. 投用润滑油系统

通过滤油机向润滑油箱加入合格的 ISO VG46 润滑油，至油箱规定液位，启动油箱加热器，加热至 25℃。

按如下程序建立润滑油循环：

（1）改好润滑油流程，按操作规程，启动润滑油泵；

（2）打开备用冷油器、过滤器的排空阀，充油赶空气，直至充满油后，关闭排空阀；

（3）打开润滑油高位油箱进油手阀，补油至视油计中见溢流后，关闭进油手阀，通过限流孔板维持溢流；

（4）检查蓄能器的充气压力是否正常；

（5）打开润滑油蓄能器手阀，蓄能器内充油投用；

（6）进行冷油器、滤油器切换试验，观察油压波动情况；

（7）做润滑油低油压报警辅助油泵自启动及润滑油低油压报警停机试验；

（8）将辅助油泵选择开关扳在"自动"位置，调整好油泵出口压力、润滑油总管压力和各支管油压至正常值，通过各轴承回油管上的检视计检查回油情况和各部是否漏油。

2. 联系仪表按下列程序试验机组自动保护系统

（1）气压机组润滑油低油压报警，润滑油泵自启动试验。

① 润滑油泵自启动试验。检查气压机组润滑油流程后，启动气压机组主润滑油泵（辅助润滑油泵开关置于"自动"位置），将润滑油压调整正常（0.25MPa）。在现场停主润滑油泵，辅助润滑油泵应立即启动；油压恢复正常后，停辅助润滑油泵则机组联锁停机，记录启动油压和油压波动情况。

② 润滑油泵低油压自启动。检查气压机组润滑油流程，启动气压机组主润滑油泵（辅助润滑油泵开关置于"自动"位置），将润滑油压调整正常（0.25MPa）。用气压机组润滑油压调节阀将总管油压缓慢降低至 0.18MPa 左右，声光报警灯亮，辅助润滑油泵自启动，继续缓慢调低试验油压至 0.12MPa 左右，声光报警灯亮，联锁停机输出。重复 3 次试验，记录停机油压和油压波动情况。

（2）气压机组密封氮气压力低报警试验。

① 系统氮气压力低报警试验。关闭系统氮气手阀，压力低于 0.5MPa 时，操作室内"系统氮气压力低"声光报警灯亮。低于 0.40MPa"系统氮气压力低低"报警灯亮。

② 主氮气压力低报警试验。关闭主密封氮气阀，压力低于 0.45MPa 时，操作室内"主氮气压力低报警"声光报警灯亮。低于 0.30MPa"主氮气压力低低报警"灯亮。

（3）润滑油箱低液位报警。润滑油油运前向油箱加油时，随着油箱液位不断上涨，观察

"润滑油箱液位低"声光报警灯何时熄灭，记录当时油箱液位即为润滑油箱低液位报警值。

（4）模拟开机试验。"模拟启动"条件：润滑油系统正常，密封系统正常，调速器信号退至零，现场调速手轮顺时针旋到头，主控室内按下"电磁阀复位"按扭，到现场将危急保安器复位，建立启动油压约0.8MPa，逆时针缓慢旋转调速手轮，建立速关油压，继续旋转调速手轮启动油压逐步下降，速关油压上升，汽轮机速关阀缓慢打开，可稍停待速关阀到位后，继续旋转调速手轮，逐步建立二次油压，二次油压达到0.15MPa左右，汽轮机调速汽门开始打开。

（5）润滑油压低停机自保试验。如上所述模拟启动气压机组至正常，切除润滑油泵自启动开关，主汽门、防喘振联锁投用，防喘振阀适当关；用润滑油泵出口与润滑油总管控制阀组，缓慢降低润滑油压至0.18MPa左右，"润滑油压低"报警，继续将油压降至0.12MPa左右，机组停机自保动作，速关阀关闭，防喘振阀全开。

（6）机组轴位移停机自保试验。如上所述模拟启动气压机组至正常，将机组轴位移4个联锁投用，主汽门、防喘振联锁投用，防喘振阀适当关；联系仪表短接汽轮机轴位移信号，机组"汽轮机轴位移大停机"自保动作，速关阀关闭，防喘振阀全开。同理照此方法由仪表给出"压缩机轴位移"信号，做停机自保试验。

（7）机组停机自保试验。如上所述模拟启动气压机组至正常，将机组主汽门、防喘振联锁投用，防喘振阀适当关；分别手击危急保安器，扳紧急停车开关，按紧急停车按钮，机组停机自保动作，速关阀关闭，防喘振阀全开。重新模拟启动气压机组至正常。

（8）气压机组各自保控制阀试验。将气压机组防喘振联锁开关打至"脱离"位置，给各仪表控制阀自保阀仪表风，用各自控制仪表进行信号调节，现场应有专人观察阀位变化情况。

自保试验完毕后，恢复至试验前状态。

二、汽轮机的单机试运

（1）测定汽轮机在各转速下的轴振动、临界转速及临界转速下的轴振动。

（2）测定各轴承温度或轴承回油温度（表7-2），要求轴承回油温升<22℃。

表7-2　轴承温度和轴承回油温度

项　目	控制值/℃	报警值/℃
进油温度（T）	45±5	50
轴承温度	$T+(30\sim40)$	$T+(48\sim58)$
回油温度	$T+(15\sim25)$	$T+(28\sim38)$

（3）测定调节系统的工作特性。

① 启动辅助油泵，校验油系统中高压油压、一次油压、二次油压、润滑油压、盘车油压符合设计要求；

② 测量危急遮断器及其试验滑阀块的可靠性、灵敏度（测定动作时间，3次）；

③ 测定速关阀的速关油压及速关阀试验活塞试验油压；

④ 检查紧急停机的动作可靠性，测定速关阀全开、全关时间；

⑤ 检查电磁阀的动作情况（3次）。

（4）空负荷动态性能测试。

① 校检危急遮断器动作转速（3次）；

② 测定调速器空负荷稳定性(即额定转速下转速波动值);

③ 测定调速器转速范围;

④ 测定控制信号(电信号或压力信号)与转速关系,并求线性度。

(5)监视、报警系统调至整定值,并验证其动作可靠性。

① 轴承温度监视及报警;

② 润滑油低压监视保护;

③ 转速监视、保护。

(6)漏气、漏水、漏油现象的排除。

第七节　开工过程

机组开工过程按以下程序进行:

(1)联系仪表工检查所有仪表,使之符合完好标准。试验机组出入口风动闸阀、入口放火炬阀、防喘振流量控制阀、调速装置,以及其他仪表调节控制装置是否灵活好用;各报警及联锁装置是否符合规定要求,仪表盘送电,各测量和控制仪表确认完好后,投入使用。

(2)联系电工检查电气系统,电气绝缘应符合技术要求,各电气设备送电,试验电气自保及自起动联锁装置,动作值应符合要求。

(3)检查工艺系统流程,将水、汽、风、氮气引入机组系统。

(4)改好中压蒸汽流程,引汽至主隔离阀前。

(5)打开汽轮机机体各排凝阀和低压密封蒸汽线上各排凝阀,排尽机体和管道内的存水,引蒸汽至抽气器的蒸汽隔离阀前。

(6)打开中压蒸汽主隔离阀后各级排凝阀和速关阀上排凝阀,缓慢打开中压蒸汽主隔离阀,打开中压蒸汽入口放空阀,引汽至速关阀前暖管。

(7)按扫线流程,用氮气置换尽压缩机体内的空气,投用氮气密封系统。

(8)检查机组主要阀门状态:出口风动闸阀全关;入口放火炬控制阀打开,出口安全阀前后手阀打开;入口闸阀全开;防喘振阀全开。

(9)打开压缩机入口排凝阀,排尽管道内的凝缩油。

(10)改好气液分离器凝缩油流程,两凝缩油泵入口阀打开,出口阀关闭,副线阀打开,启用液位控制阀。压缩机中间冷却器循环水进回水阀打开。

(11)全面检查机组各系统的状况和各参数是否正常。根据具体情况,逐渐关小直至关闭各蒸汽排凝阀。

(12)当润滑油压力、密封氮气压力正常,蒸汽压力为3.3MPa(表)、蒸汽入口温度大于380℃时,经有关部门和钳工、仪表、电气等有关岗位同意后,可启动机组。

(13)全开速关阀,缓慢打开调节汽阀,汽轮机转子开始转动,升速。

(14)机组启动后,投用汽封抽气系统,根据机组升速情况,适当调整抽气器动力蒸汽压力,使汽轮机两端轴封无蒸汽泄漏。

(15)使用启动装置,将机组升速至1200r/min运行,此时缓慢关闭汽轮机出口蒸汽放空阀,建立背压使背压略高于低压蒸汽管网压力,然后打开背压蒸汽隔离阀,将背压蒸汽并入系统,全关出口蒸汽放空阀。

(16)维持机组转速暖机30min,认真检查油温、油压、高位油箱液位、机组振动、密封、瓦温等情况，并做好纪录。

（17）待机组各部温度均匀后，再继续升速，快速越过压缩机的第一临界转速 3852r/min，将机组升速至 4300r/min，运行 15min。适当调整防喘振阀开度和入口放火炬阀开度，做好并入系统的准备。

（18）从 4300r/min 转速开始，以 200r/min 的速度将转速升至调速器工作转速。

（19）根据系统压力，随时检查机组各部振动、热膨胀及各轴承温度、回油等情况。

（20）在升速过程中，根据压缩机二段入口温度，适当调整中间冷却器冷却水量；根据油气分离器的液面自压或启动凝缩油泵送油，控制好油气分离器液位；当润滑油进油温度达到 45℃时，打开冷油器冷却水。

（21）在升速过程中，用防喘振阀和入口放火炬阀控制压缩机出口压力，防止机组喘振。当压缩机出口压力达到 0.7~0.8MPa 时，打开出口风动闸阀往吸收稳定系统送气，同时根据机组的压力、入口流量调整机组防喘振量，并逐步关小直至关闭气压机入口放火炬阀。

（22）认真检查，确认机组运行正常以后将调速器、防喘振控制器改由反应岗位控制。

（23）开机过程注意事项。开机时注意级间分液罐的液位，液位超高时及时启泵压油。转速到 1500r/min 时，及时投用气封抽气器。

第八节　停机操作

一、正常停机步骤

（1）停机前先与反应、稳定等岗位联系，通知锅炉做好停机准备。反应压力用入口放火炬阀控制。

（2）将调速器改由气压机岗位控制，缓慢将转速设定至最小工作转速，相应调整防喘振阀开度至全开，将机组切出系统。

（3）通过调速器逐步降低机组转速，直至机组完全停转，或手击危急保安器，或用二位二通阀手柄，速关阀自行关闭。

（4）停机后检查主汽门是否关闭，机组停车后迅速关闭气压机出入口风动闸阀，防止机组倒转。关闭主蒸汽隔离阀，打开主蒸汽放空及相应蒸汽排凝疏水阀。

（5）关闭汽封抽汽阀，停止抽真空。

二、正常停机后的检查及维护工作

确认机组停转后，每 15~30min 必须盘车 1 次，盘车 180°，直至机组机壳温度冷却至室温。根据气液分离器的液面，停凝缩油泵或关闭凝缩油自压阀，关闭出口阀。

三、机组紧急停机

1. 出现下列情况应采取紧急停机措施

（1）蒸汽轮机轴位移超限（自动）；

（2）压缩机轴位移超限（自动）；

（3）机组转速超限（自动）；

（4）润滑油压力超低限（自动）；

（5）密封 N_2 差压超低限（人工判断）；

（6）手动停车；

（7）汽轮机排汽压力超低限。

2. 紧急停机方法及步骤

（1）手击危急保安器，关闭速关阀；

（2）停机后迅速关闭气压机出口风动闸阀，防止机组倒转；

（3）关闭 3.5MPa 主蒸汽隔离阀，稍开中压蒸汽入口放空，防止锅炉憋压；

（4）其他按正常停机步骤进行。

3. 紧急停机中的关键注意事项

（1）核实放火炬阀是否全开，如果没有打开，到现场切到手动位置打开，防止反应憋压；

（2）稍开中压蒸汽入口放空，防止突然停机导致锅炉憋压。

第九节　日常维护

（1）严格执行岗位责任制和操作规程规定，随时检查机组各部振动、瓦温、油温、回油、蒸汽温度以及蒸汽压力、汽轮机排汽压力、润滑油压和压缩机密封状况。

（2）经常注意油箱液位，定期检查润滑油质量，每月定期化验润滑油，如有问题及时处理。

（3）润滑油过滤器差压超过 0.15MPa 时，应切换至备用过滤器，并联系钳工进行清洗，过滤器清洗完毕后，充油试漏作备用。

（4）注意润滑油箱、气液分离器的液位变化和润滑油高位油箱视油计回油情况，以及各冷却器的冷却和机组调速系统的工作状况。

（5）机组备用时，每白班盘车 180°。

（6）每月进行速关阀动作试验，确认无卡涩现象，做好试验压力记录。

（7）在平稳运行的基础上，尽量降低机组负荷和机组防喘振量，节约能源。

（8）白班油箱脱水一次。

（9）经常检查机组声音和运行状态，如有下列情况更需密切注意：

① 负荷显著变化时；

② 主蒸汽温度与压力有较大变化时；

③ 轴位移、轴振动增大时；

④ 机组运行有异响时；

⑤ 主密封氮气流量波动或明显增大时。

（10）冷油器/过滤器的切换操作

在冷油器/过滤器的切换操作前做好相应的联系工作，然后才能着手切换操作。

① 稍开备用冷油器/过滤器上放空阀，然后缓慢开启两冷油器/过滤器的连通阀，向备用冷油器/过滤器中充油，同时排尽备用冷油器/过滤器中的空气。

② 当备用冷油器/过滤器上放空阀有油溢出时，说明空气已排尽，此时应关闭放空阀，保持联通阀开度，备用冷油器/过滤器充压片刻。

③ 慢慢转动两冷油器/过滤器的切换杆，将切换阀转向备用冷油器/过滤器的位置后，再关闭两冷油器/过滤器的连通阀，切换工作完成。

④ 在切换过程中，应密切注意润滑油压的变化，如出现异常情况应停止切换操作，待处理正常以后方可继续进行切换。

⑤ 切换完毕如原运行冷油器/过滤器需要检修或清洗，应慢慢打开原运行冷油器/过滤器的放空阀，同时注意系统压力无任何变化以后，方可开大放空，放尽器内存油后交检维修单位检修或清洗。

（11）蓄能器的作用与操作

蓄能器的作用：防止管路上由于某些原因造成的油压突然下降，在几秒钟之内利用蓄能器蓄压油进行补充，消除在瞬间内因油压波动所造成的压缩机事故停车。

① 慢慢打开到蓄能器的入口阀和排空阀，排尽蓄能器和管路内的空气；

② 空气排尽后，关闭排空阀，使油充入蓄能器内并挤压上部胆囊；

③ 用充气工具将氮气瓶与蓄能器接通，使氮气通过蓄能器上部的止回阀进入胆囊内，当其压力达到 $0.6\sim0.85P$（P 指管路油压）时，取下充气工具；

④ 当机组正常工作时，应定期检查蓄能器内的充气压力，该压力不应高于蓄能器下部的油压，否则蓄能器将处于全空的状态，达不到蓄能的目的。

第十节　故障处理

气压机组运行中常见故障及处理方法：

一、压缩机喘振

1. 原因

（1）入口流量低；

（2）出口压力过高；

（3）入口温度过低，入口介质过轻。

2. 处理方法

（1）开大防喘振阀，提高循环富气流量，使压缩机入口流量大于喘振流量；

（2）联系稳定岗位尽快降低压缩机出口压力；

（3）经上述处理，机组仍喘振不止，经班长同意，开启入口放火炬阀，关出口风动闸阀，将机组切出系统，待机组运行正常后再重新并入系统；

（4）压缩机入口流量小时，注意压缩机入口介质密度不宜过小，联系分馏岗位调节好冷后温度不小于35℃，同时适当调整级间冷却器温度。

二、富气带油

1. 原因

（1）压缩机入口流量、入口压力波动，入口温度高；

（2）级间分液罐与分顶油气分离器液面高。

2. 处理方法

（1）联系分馏岗位，迅速降低分顶油气分离器液面；

（2）加强压缩机入口排凝，启动凝缩油泵。

三、级间分液罐液位高

1. 原因

（1）级间冷却器冷却水量过大；

（2）级间冷却器液位或液控阀失灵；

（3）气压机入口温度过高，入口介质密度大；

（4）分顶油气分离器液位超高，富气带油；

（5）级间冷却器泄漏。

2.处理方法

（1）关小冷却水阀；

（2）联系仪表处理液控阀；

（3）联系分馏岗位降低冷后温度；

（4）联系分馏岗位降低分顶油气分离器液位，加强气压机入口排凝。

四、停循环水

1.原因

（1）循环水水压下降，级间冷却效果变差；

（2）润滑油温上升。

2.处理方法

（1）联系反应岗位，准备将机组切出系统；

（2）联系用新鲜水替换循环水，如果长时间停循环水，按正常停机步骤处理。

五、中压蒸汽压力降低

1.原因

（1）主蒸汽用增加；

（2）机组转速下降，压缩机出口流量、入口流量下降，压缩机入口压力升高。

2.处理方法

（1）联系生产管理部门尽快恢复正常蒸汽压力，注意蒸汽脱水，防止水击；

（2）联系反应岗位调整操作；

（3）当蒸汽压力下降到 2.5MPa，且无法提高时，联系生产管理部门按正常停机步骤停机。

第八章　烟气余热回收与脱硫脱硝

第一节　概　　述

再生烟气排出温度高达 500~650℃，有的装置再生烟气中还含有 CO，所以再生烟气蕴藏着很大的能量。余热回收设施可将再生烟气温度降到 150~175℃（因烟气露点温度而异），从而大幅度降低装置能耗。对于没有烟气轮机的装置，设置余热回收设施，将再生烟气温度从 650℃降到 175℃，装置能耗可降低 20%。对于有烟气轮机的装置，将再生烟气温度从 520~550℃降到 175℃，可使装置能耗降低 15%。对于含有 CO 的再生烟气，余热回收设施不仅回收其物理显热，避免环境污染，而且可以回收其化学能，大幅度地降低装置能耗。

余热回收设施主要分为余热锅炉、焚烧式 CO 锅炉和 CO 焚烧炉+余热锅炉三种形式。余热锅炉用于回收不含 CO 的再生烟气余热。焚烧式 CO 锅炉和 CO 焚烧炉+余热锅炉用于回收含 CO 的再生烟气余热和 CO 化学能，二者的区别仅在于焚烧式 CO 锅炉是 CO 焚烧炉膛与余热锅炉受热面紧密相联成一台整体设备，CO 焚烧炉+余热锅炉是两台独立设备，含 CO 的再生烟气进 CO 焚烧炉燃烧，产生 900~1100℃高温烟气，高温烟气再进余热锅炉进行余热回收。

余热回收设施一般除可以自产一部分蒸汽外，还过热装置汽包（外取热器、油浆蒸发器等）所产同参数饱和蒸汽，预热装置汽包（外取热器、油浆蒸发器等）给水，即余热回收设施是与装置汽包共同组成催化裂化装置蒸汽发生、过热系统。

小型装置余热回收设施发生低压过热蒸汽，大中型装置余热回收设施则发生中压过热蒸汽。

由于再生烟气中含有催化剂粉尘及 SO$_x$ 等腐蚀性气体，余热回收设施需要考虑清灰措施和避免露点腐蚀发生。

第二节　余热回收设施构成

余热锅炉由汽包、过热器、蒸发器和省煤器组成，对于焚烧式 CO 余热锅炉或 CO 焚烧炉+余热锅炉，还包括 CO 焚烧炉膛或 CO 焚烧炉。

一、汽包

汽包是余热锅炉中进行汽水分离和蒸汽净化，组成汽水循环回路并蓄存炉水的圆筒形承压部件，也称锅筒。主要作用为接纳省煤器来水，向蒸发器提供饱和水并接纳蒸发器出口的汽水混合物，进行汽水分离和向过热器输出饱和蒸汽。

汽包内设有汽水分离装置、连续排污装置、定期排污装置和炉内加药装置，以保证蒸汽品质。汽包中需存有一定水量，在工况波动或异常时起缓冲作用。汽包上还应设压力表、液位计、安全阀和事故放水等设备，保证锅炉安全运行。

二、过热器

过热器是余热锅炉中吸收烟气余热，将饱和蒸汽加热成过热蒸汽，提高蒸汽品质的承压换热部件。余热锅炉不仅过热自产饱和蒸汽，还过热装置汽包（外取热器、油浆蒸发器等）所产生的同参数饱和蒸汽。

为了确保蒸汽品质和过热器安全运行，需要控制过热器出口蒸汽温度，一般包括减温器、过热器蒸汽旁路、过热器烟气旁路和补燃法四种控制方式。

减温器分为面式减温器和喷水减温器，面式减温器是用省煤器上水与超温蒸汽换热，降低蒸汽温度；喷水减温器是将除氧水直接喷入过热蒸汽中，降低蒸汽温度。前者不影响蒸汽品质，但减温幅度较小，后者减温幅度较大，但对减温水的品质要求较高（一般为二级除盐），否则容易影响蒸汽品质，导致汽轮机结盐。

过热器蒸汽旁路控制方法是将过热器分成两级，部分饱和蒸汽不经过低温过热器，直接进入高温过热器，通过改变低温过热器传热温差来控制过热蒸汽温度。该方法操作弹性大，但需要提高低温过热器材质。

过热器烟气旁路法是通过设置在过热器烟气旁路上的高温蝶阀，控制进入过热器的烟气流量来调节过热蒸汽温度。该方法能较好地控制过热蒸汽温度，并具有较大操作弹性，但过热器烟气旁路及控制系统投资较大。

补燃法是通过调节补充燃料气的流量，控制进入过热器的烟气温度，从而控制过热蒸汽温度的方法。补燃法仅适用于带有补燃设施的余热锅炉和带 CO 焚烧炉的余热锅炉。

三、蒸发器

蒸发器是余热锅炉中吸收烟气余热，将饱和水变成汽水混合物的承压换热部件。根据蒸发器布置的位置不同，可分为水保护段和对流蒸发器等。

水保护段也称前置蒸发器，一般布置在 CO 焚烧炉出口，余热锅炉过热器前（该处的烟气温度高达 $850\sim950\,^{\circ}\mathrm{C}$），以保护过热器，防止过热器管壁温度超限而损坏。

对流蒸发器主要分为上下汽包+对流管束和上下联箱+带倾角的蛇形管束两种形式。前者由于胀口可靠性差和对流管束难以清灰，目前已基本被后者取代。"上下联箱+带倾角的蛇形管束"对流蒸发器采用全焊接方式，消除热应力处理，适应负荷波动的性能好，可靠性高，清灰便利，已基本成为余热锅炉蒸发器的主流型式。

四、省煤器

省煤器是余热锅炉中吸收烟气余热，提高汽包给水温度的承压换热部件，主要用于降低余热锅炉排烟温度，提高余热锅炉热效率。

由于再生烟气中含有 SO_x 气体，当省煤器管壁温度低于烟气露点温度时，会导致换热管腐蚀泄漏。为了避免露点腐蚀发生，除采用耐腐蚀材料（如 ND 钢等）外，更重要的是使省煤器管壁温度高于烟气露点温度。提高省煤器管壁温度的方法有两种：①采用带压除氧器，提高除氧器出口水温，从而提高省煤器进水温度；②在省煤器系统中设置给水预热器，采用省煤器出口高温水预热省煤器入口低温水，提高省煤器实际进口水温（一般控制在 $125\sim145\,^{\circ}\mathrm{C}$，视烟气露点温度而定）。

五、CO 焚烧炉

CO 焚烧炉一般为绝热正压炉膛，含 CO 的再生烟气在补充燃料气或瓦斯的引燃下，在炉膛中完全燃烧，炉膛出口烟气温度一般控制在 $850\sim950\,^{\circ}\mathrm{C}$。为了确保 CO 烟气完全燃烧，CO 烟气在焚烧炉中停留时间应大于 1s。焚烧炉膛还应设水封式防爆门、火焰监测报警系统等安全设施。

CO 焚烧炉有卧式和立式两种，由于卧式结构占地面积较大，而立式结构占地面积较小，且可以与立式余热锅炉较好衔接，故应用较多。

第三节　余热锅炉典型流程、结构及控制方案

本节以实例说明余热锅炉的典型流程、结构和控制方案。

一、Q186/510-98-3.82/420型余热锅炉

（一）概述

该余热锅炉利用烟机出口的高温再生烟气（186180Nm³/h，510℃），产生3.82MPa、420℃的中压过热蒸汽98t/h，同时该余热锅炉还过热装置外取热器和油浆蒸发器所产中压饱和蒸汽，并预热外取热器和油浆蒸发器汽包上水。

该型余热锅炉为自然循环、微正压、室外布置，全钢架结构余热锅炉，主要由汽包、高温过热器、低温过热器、对流蒸发器、高温省煤器和低温省煤器及其附属设备组成。

（二）流程简述

图8-1所示为余热锅炉工艺流程。

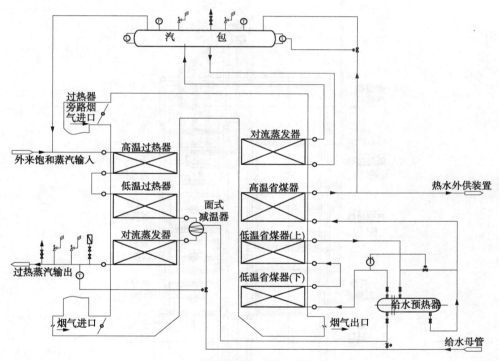

图8-1　余热锅炉工艺流程示意图

1. 再生烟气流程

高温再生烟气从底部进入余热锅炉，依次经过余热锅炉各受热面（高温过热器、低温过热器、对流蒸发器、高温省煤器和低温省煤器），最后经烟囱排放。

为了防止装置负荷波动时和烟机故障工况下过热蒸汽超温，该余热锅炉设置过热器烟气旁路，部分高温烟气可绕过过热器受热面直接进入余热锅炉蒸发段。

2. 中压蒸汽流程

装置外取热器和油浆蒸发器汽包所产生中压饱和蒸汽（93t/h），与余热锅炉自产中压饱和蒸汽（5t/h）一起进余热锅炉过热器过热。

余热锅炉过热器分高温过热器和低温过热器，在高温过热器和低温过热器之间设面式减温器，面式减温器(微调细调)与过热器烟气旁路蝶阀(粗调)一起作用，控制中压过热蒸汽出口温度在设定值 420℃±10℃。

3. 中压除氧水流程

由于再生烟气含有 SO_2 气体，为了避免余热锅炉省煤器露点腐蚀，需设置给水预热器，利用余热锅炉低温省煤器出口高温水预热省煤器入口低温水，使余热锅炉省煤器实际进水温度达到 140℃(可调整)左右以上。

余热锅炉高温省煤器出口热水分成两路，一路给装置外取热器和油浆蒸发器汽包上水，另一路给余热锅炉汽包上水。

(三) 结构

余热锅炉结构简图示于图 8-2。

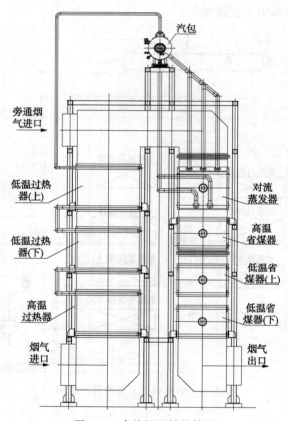

图 8-2　余热锅炉结构简图

该余热锅炉采用 Ⅱ 形露天布置。左侧布置高温过热器、低温过热器，右侧布置对流蒸发器、高温省煤器和低温省煤器。

1. 锅筒及锅内装置

余热锅炉为单锅筒布置，锅筒规格为 $\phi1400mm$(内)×40mm，用 Q345R 钢板卷制而成。锅筒支撑于炉顶钢架上。

锅筒内设有两级汽水分离装置，一级为旋风分离器，二级为顶部百页窗分离器。在锅筒上安装 2 台就地液位计，2 个远传液位计(采用双法兰液位变送器，其中一个用于液位控制，另一个用于记录、指示、报警)，2 个就地压力表、1 个远传压力表等。还设有连续排污、紧急放水、加药管、给水管、上升管、下降管接口等。锅筒上装有 2 个弹簧安全阀。

锅炉给水经省煤器加热后，由一根 DN80 的分配管进入锅筒。为了监测给水、炉水和蒸汽品质，设置了给水、饱和蒸汽和炉水取样。

2. 过热器

过热器采用模块化箱体结构，分为高温过热器(一个模块，内保温)和低温过热器(两个模块，外保温)。高温过热器箱体采用 Q235B 制作，带耐磨保温衬里，翅片管材质为 12Cr1MoVG/00Cr11Ti，基管规格为 $\phi51mm\times4mm$；低温过热器采用外保温，无衬里，分高温和低温两个模块。高温段箱体采用 12Cr1MoV 制作，翅片管材质为 20G/ST12；低温段箱体采用 Q245R 制作；翅片管材质为 20G/ST12，基管规格为 $\phi51mm\times4mm$。

3. 对流蒸发器

对流蒸发器采用模块式外保温结构，箱体采用 Q245R 制作，受热面采用螺旋翅片管，双管圈结构，管束顺列布置。翅片管材质为 20G/ST12，基管规格为 $\phi51mm\times4mm$。为保证水循环安全，蒸发段蛇形管呈微倾斜坡度布置。

4. 省煤器

余热锅炉尾部布置了 1 个高温省煤器和 2 个低温省煤器模块。省煤器均为外保温结构，卧式布置。省煤器受热面均采用螺旋翅片管，管束顺列布置。翅片管材质为 20G/ST12，基管规格为 $\phi51mm\times4mm$。

5. 面式减温器

在过热器高温受热面和低温受热面之间设面式减温器。面式减温器为螺旋管式，由筒体(DN300，材质 20G/GB5310)、螺旋换热管束组成。

6. 吹灰器系统

根据余热锅炉的结构特点，吹灰器系统采用脉冲激波吹灰器，余热锅炉共配 56 台脉冲激波吹灰器。激波吹灰器采用就地 PLC 控制，定期吹灰。

7. 给水操纵台

余热锅炉给水流量控制阀设在高温省煤器出口，操纵台按热态检修考虑。为防止给水系统故障，可能引起大量泄水导致锅筒水位迅速下降，管路上设置了止回阀。

8. 构架及平台扶梯

余热锅炉为全钢结构，构架设有 8 根立柱，每个受热面模块均通过支腿或烟道支撑在钢架钢梁或其他模块上，再传递至立柱，构架均由型钢预制而成。各人孔、检查门、看火孔等门孔处，均设有平台，以便于操作、观察和检修，上下平台之间通过斜梯或直梯相连。

(四) 锅炉给水

给水设计条件：水温 104℃，水压 6.0MPa。

水质满足：

硬度≤2.0μmol/L

溶解氧≤15μg/L

铁≤50μg/L

铜≤10μg/L

油<1.0mg/L

pH 值(25℃)8.5~9.2

（五）锅炉炉水

炉水应定期监测，并通过连续排污和定期排污控制炉水质量。炉水中磷酸根应控制在 5~15mg/L，pH 值(25℃)为 9.0~11.0，含盐量和硬度应根据监测结果确定。

（六）安全阀

过热器出口集箱上设有全启式弹簧安全阀(A48Y-100I，DN150)2 台，排放量 117t/h，定压 3.97MPa。

锅筒设有安全阀(A48Y-100，DN80)2 台，排放量 27.5t/h，定压 4.47MPa。

（七）电气、仪表控制系统

余热锅炉电气、仪表系统设置见图 8-1，除吹灰系统外，全部显示和控制系统进装置 DCS，主要包括：

① 锅筒液位显示与控制。锅筒液位采用液位、汽包给水流量、自产饱和蒸汽流量三冲量控制。

② 温度指示。余热锅炉各受热面烟气和介质进、出口温度显示。

③ 压力指示。汽包、过热蒸汽和外送锅炉水压力远传和就地压力指示。

④ 流量指示。自产饱和蒸汽、汽包上水以及面式减温器减温水量指示。

⑤ 过热蒸汽出口温度控制。通过过热器烟气旁路蝶阀(粗调)和面式减温器(微调细调)，自动控制高温过热器出口蒸汽温度在 420℃±10℃。

⑥ 吹灰器控制。吹灰器均采用就地 PLC 控制，定期吹灰，信号不进 DCS。

二、BQ128.4/485-80.2-3.82/435 型焚烧式 CO 余热锅炉

（一）概述

该焚烧式 CO 余热锅炉利用烟机出口含 CO 的高温再生烟气(128400Nm³/h，485℃，CO 体积分数 7%)，在补燃燃料气的情况下，产生 3.82MPa、435℃中压过热蒸汽 80.2t/h，同时过热外取热器、油浆蒸发器和内取热蒸发器所产饱和蒸汽，预热装置外取热器、油浆蒸发器和内取热蒸发器汽包上水。

该型余热锅炉为补燃式、自然循环、微正压、室外布置、全钢架结构余热锅炉，主要由 CO 焚烧炉膛、汽包、水保护段、高温过热器、低温过热器、对流蒸发器、高温省煤器、低温省煤器和空气换热器及其附属设备组成。

（二）流程简述

焚烧式 CO 余热锅炉工艺流程示意图见图 8-3。

1. 再生烟气流程

CO 焚烧炉膛设置两台燃料气燃烧器，高温 CO 再生烟气从底部进入 CO 焚烧炉膛，在燃烧器高温火焰的引燃下，CO 再生烟气升温、着火直至完全燃烧，然后从炉膛出口依次经过余热锅炉水保护段、高温过热器、低温过热器、对流蒸发器、高温省煤器、中温省煤器和低温省煤器，最后经烟囱排放。

2. 助燃空气流程

鼓风机出口空气经水热媒空气预热器预热至 170℃左右，然后分成两路。一路与再生烟气混合，从底部进入炉膛；另一路经两台燃烧器空气入口与燃料气燃烧后进入炉膛。

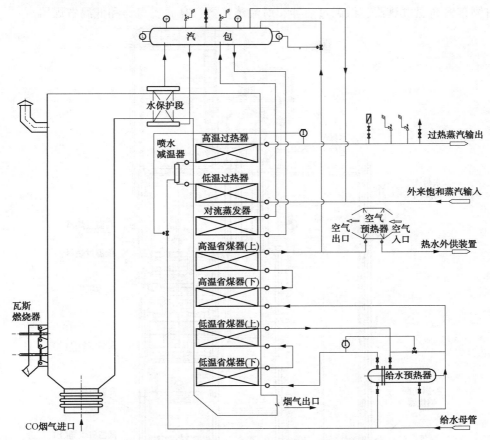

图 8-3 焚烧式 CO 余热锅炉工艺流程示意图

3. 中压蒸汽流程

装置外取热器、油浆蒸发器和内取热蒸发器汽包产生中压饱和蒸汽(33.2t/h)，和 CO 余热锅炉自产中压饱和蒸汽(47.0t/h)一起，进 CO 余热锅炉过热器过热。

CO 余热锅炉过热器分高温过热器和低温过热器，在高温过热器和低温过热器之间设喷水减温器，控制中压过热蒸汽出口温度在设定值 435℃±10℃。

4. 中压除氧水流程

由于再生烟气含有 SO_2 气体，为了避免余热锅炉省煤器露点腐蚀，需设置给水预热器，除氧水进低温省煤器前先与低温省煤器出口高温水换热到 140℃(可设定调整)左右以上。

CO 余热锅炉高温省煤器出口热水分成两路：一路进 CO 余热锅炉空气换热器，与助燃空气换热后再给装置外取热器、油浆蒸发器和内取热蒸发器汽包上水；另一路给 CO 余热锅炉汽包上水。

为了改善焚烧炉腔 CO 再生烟气燃烧状况，减少燃料气的消耗，设置了水热媒空气换热器，利用省煤器出口高温水加热助燃空气，将助燃空气温度提高至 170℃。

(三) 结构

图 8-4 为 4 位焚烧式 CO 余热锅炉结构简图。

该焚烧式 CO 余热锅炉采用 Π 形露天布置。左侧为 CO 焚烧炉腔，水平段设置水保护段，右侧布置高温过热器、低温过热器、对流蒸发器、高温省煤器和低温省煤器。

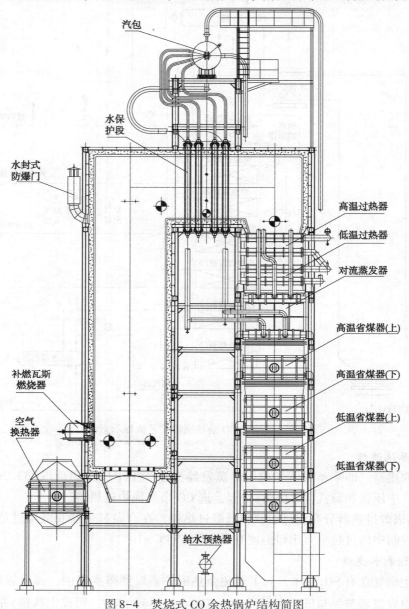

图 8-4　焚烧式 CO 余热锅炉结构简图

1. CO 焚烧炉膛

CO 焚烧炉膛为一个横断面为 3915mm×6915mm（内）的长方型绝热炉膛。炉膛净空高14.252m，炉膛前后墙各布置有一套燃料气燃烧器。单台燃烧器设计最大流量为 400Nm³/h；再生烟气由炉底进入，喷口均匀布置在炉底，由炉底耐火浇注料组成。

在设计工况运行时，两台燃烧器补燃量为450Nm³/h，总助燃空气量为58533Nm³/h，燃烧后烟气量为183388Nm³/h。燃烧器投用后炉膛温度正常值为850℃（控制不超过900℃）。燃烧器采用高能点火器点火，设有长明灯，并预留有火焰检测器以及熄火保护装置接口。

2. 锅筒及锅内装置

余热锅炉为单锅筒布置，锅筒规格为 $\phi1500mm\times46mm$，用 Q345R 钢板卷制而成。锅筒支撑于炉顶钢架上。

锅筒内设有两级汽水分离装置，一级为旋液风分离器，二级为顶部百页窗分离器。在锅筒上安装 2 台就地液位计，2 个远传液位计(采用双法兰液位变送器，其中一个用于液位控制，另一个用于记录、指示、报警)，2 个就地压力表，1 个远传压力表。还设有连续排污、紧急放水、加药管、给水管、上升管、下降管接口等。锅筒上装有 2 个弹簧安全阀。

给水经省煤器加热后，由两根 DN100 的分配管进入锅筒。为了监测给水、炉水和蒸汽品质，设置了给水、饱和蒸汽和炉水取样。在 CO 锅炉的各个局部高点均设有放空阀。

3. 水保护段

水保护段受热面取热管子规格 $\phi60mm\times4.5mm$，进出、口集箱为 $\phi273mm\times20mm$，材质均为 20G。水保护段换热管共 8 组，左右各布置 4 组。汽包底部出口饱和水通过下降管、下降管分配集箱、下集箱进入换热管换热，汽水混合物通过上集箱、上升管与汽包相连，形成自然水循环回路。水保护段后部在两侧墙上各布置 4 台伸缩式蒸汽吹灰器。水保护段通过上升管直接悬吊在构架上，自由向下膨胀。为了避免烟气泄漏，上、下集箱与炉墙之间设计了专门的烟气密封结构。

4. 过热器

过热器分高、低温过热器，采用模块式内保温结构。箱体采用 Q235B 制作，带 255mm 耐磨衬里+保温衬里，为卧式布置。高温过热器受热面为光管，双管圈结构，管束顺列布置，换热管规格为 $\phi42mm\times4mm$，管子材质为 12Cr1MoVG。低温过热器受热面为翅片管，双管圈结构，管束顺列布置，翅片管材质为 12Cr1MoVG/00Cr11Ti，基管规格为 $\phi42mm\times4mm$。

为防止过热蒸汽超温，在高、低温过热受热面之间设喷水减温器。

为便于检修和维护，高、低温过热器的集箱设置在烟道外，并设计了专门的烟气密封结构。

过热器模块在炉墙上留有激波吹灰器接口。

5. 对流蒸发器

对流蒸发器采用模块式内保温结构，箱体采用 Q235 制作，带 230mm 耐磨+保温衬里，为卧式布置。受热面采用螺旋翅片管，双管圈结构，管束顺列布置。翅片管材质为 20G/ST12，基管规格为 $\phi57mm\times4mm$。饱和水通过集中下降管、下降管分配管、下集箱和受热管后，被加热成汽水混合物，通过上集箱、上升管与锅筒相连，形成自然水循环回路，为保证水循环安全，蒸发段蛇形管呈微倾斜坡度布置。

为便于检修和维护，蒸发器的集箱设置在烟道外，并设计了专门的烟气密封结构。

6. 省煤器和空气换热器

余热锅炉尾部布置了 2 个高温省煤器和 2 个低温省煤器模块，鼓风机出口设置空气换热器。省煤器和空气换热器模块均为外保温结构，卧式布置。全部省煤器和空气换热器受热面均采用螺旋翅片管，管束顺列布置。翅片管基管均采用 20G/ST12，省煤器翅片管基管直径为 $\phi42mm\times4mm$，空气换热器翅片管基管直径为 $\phi38mm\times4mm$。

为保证 CO 烟气与助燃空气充分混合和，充分燃烧，在炉膛底部 CO 烟气管道处布置了一次风管道，由热风道直接给 CO 烟气提供配风。

7. 喷水减温器

在高温过热器和低温过热器之间设喷水减温器，喷水减温器为多孔喷管式结构，由筒体（DN300，材质12Cr1MoVG/GB5310）、多孔喷管和保护套管组成。

8. 吹灰器系统

根据余热锅炉的结构特点，吹灰器系统采用伸缩式蒸汽吹灰器和脉冲激波吹灰器组合吹灰系统。余热锅炉共布置4台伸缩式蒸汽吹灰器，48台脉冲激波吹灰器。伸缩式蒸汽吹灰器和激波吹灰器均采用就地PLC控制，定期吹灰。

9. 给水操纵台

余热锅炉给水流量控制阀设在高温省煤器出口，操纵台按热态检修考虑。为防止给水系统故障，可能引起大量泄水导致锅筒水位迅速下降，管路上设置了一道止回阀。

10. 构架及平台扶梯

CO锅炉为全钢结构，构架设有8根立柱，每个受热面模块均通过支腿或烟道支撑在钢架钢梁或其他模块上，再传递至立柱。构架均由型钢预制而成。各人孔、检查门、看火孔等门孔处，均设有平台，以便于操作、观察和检修。上下平台之间通过斜梯或直梯相连。

11. 炉墙护板及门孔

该锅炉为微正压燃烧（设计压力为109.0kPa），炉膛为绝热炉膛，密封性能良好。炉膛绝热炉墙由隔热耐磨浇注料和保温浇注料双层衬里以及一层硫酸铝板组成。CO烟气进口处采用隔热耐磨衬里。除水保护段外，全部受热面均为模块箱体结构，高、低温过热器和对流蒸发器为内保温结构，省煤器和空气换热器均为外保温结构。

CO余热锅炉除预留吹灰器接口外，在炉膛、烟道和换热设备上还设有测量孔、人孔、检查门等，以便于除灰、测量和检修。

锅炉看火孔采用微正压型式，要求用非净化压缩空气工业风进行密封和冷却。

防爆门为水封式，布置在炉前侧，共2台。

（四）安全阀

过热器出口集箱上设有全启式弹簧安全阀（A48Y-100I，DN150）2台，排放量117.0t/h，定压3.97MPa。

锅筒设有安全阀（A48Y-100，DN100）2台，排放量42.8t/h，定压4.45MPa。

（五）电气、仪表控制系统

CO余热锅炉电气、仪表系统见图8-3。除吹灰系统外，全部显示和控制系统进装置DCS，主要内容为：

（1）燃烧系统控制。燃烧器投用后，正常工况下炉膛出口温度为850℃，必须控制不超过950℃。燃烧器设有长明灯，火焰检测器和熄火保护装置。

（2）锅筒液位显示与控制。锅筒液位采用液位、汽包给水流量、自产饱和蒸汽流量三冲量控制。

（3）温度指示。余热锅炉各受热面烟气和介质进、出口温度显示。

（4）压力指示。汽包、过热蒸汽和外送热水压力远传和就地压力指示。

（5）流量指示。自产饱和蒸汽、汽包上水以及喷水减温器喷水量指示。

（6）过热蒸汽出口温度控制。为了控制CO余热锅炉过热蒸汽出口温度，在低温过热器和高温过热器之间设喷水减温器，喷水减温器调节阀开度根据过热器出口蒸汽温度自动控制在 435℃±10℃。

(7) 吹灰器控制。吹灰器均采用就地 PLC 控制，定期吹灰，信号不进 DCS。

第四节　余热锅炉的开工与操作

一、水压试验

1. 水压试验目的

为了保证承压部件的工作安全，规定锅炉运行前须对锅炉进行水压试验。水压试验在对承压部件安全检查的同时，还检查承压件的焊口、胀口和法兰、阀门等附件是否严密。

2. 水压试验前的准备工作

(1) 开启锅炉过热器、汽包上的排空一、二次阀，安全阀处于工作状态(如需进行超压试验，安全阀需退出)；

(2) 锅炉加药阀关闭，锅炉汽包液位计投用(汽、水阀门开启，放水阀关闭，如需超压试验，液位计需退出)，汽包就地压力表根部阀开启，压力表投用(应为精密压力表)，汽包连排一次阀开启，二次阀关闭(炉水取样点的连排二次阀开启)，汽包炉水取样一次阀开启，二次阀关闭，汽包事故放水一次阀开启，电动阀(二次阀)关闭。

(3) 锅炉汽包给水调节阀的前后阀门开启，锅炉汽包给水调节阀关闭，锅炉汽包给水调节阀旁路一、二次阀开启，锅炉外来饱和蒸汽阀关闭，锅炉外来饱和蒸汽疏水阀开启，旁路阀关闭。

(4) 锅炉给水泵出口至锅炉入口(止回阀后)的一、二次阀开启，锅炉喷水减温器的减温水一次阀关闭。

(5) 省煤器入口上水阀开启。

3. 水压试验压力确定

蒸汽锅炉水压试验的试验压力应符合表 8-1 规定。

表 8-1　锅炉水压试验压力条件

锅筒(锅壳)工作压力(P)	试验压力	锅筒(锅壳)工作压力(P)	试验压力
<0.8MPa	1.5P 但不小于 P+0.2	>1.6MPa	1.25P
0.8~1.6MPa	P+0.4		

4. 锅炉上水试压

(1) 确认锅炉给水泵的出口阀、再循环阀关闭，水泵出口止回阀前的放空阀开启；

(2) 微开水泵的出口阀，向余热锅炉汽包上水，上水过程中应进行检查，发现泄漏及时处理，汽包上水速度不应太快，且应均匀(冬季进水不少于 4h，其他时间不少于 2~3h)；

(3) 当锅炉各放空阀中有水连续溢出时，依次关闭有水连续溢出的放空阀并暂停进水；待汽包排空阀有水连续溢出时，关闭锅炉汽包给水小旁路二次阀，停止汽包上水；

(4) 确认上水停止后，关闭汽包排空二次阀。

5. 升压检查

(1) 检查确认锅炉汽包及过热器出口联箱上的压力表指示正常。

(2) 缓慢开启锅炉汽包给水旁路阀的二次阀，控制升压速度不大于 0.3MPa/min，当汽包压力表指示达到试验压力的 10% 时，停止升压。

（3）检查承压部件有无泄漏，如无泄漏可继续升压。发现承压部件有泄漏，应进行泄压处理。

（4）开启汽包给水旁路二次阀，以不大于 0.3MPa/min 的升压速度将汽包压力升至汽包工作压力，关闭汽包给水旁路二次阀，暂时停止升压，进行全面检查，检查有无漏水或异常现象，正常时再进行超水压试验（如果需要）。检查期间加强汽包压力监视，做好超压后的泄压准备。

（5）按表 8-2 的试验压力进行超压试验。开始升压前，关闭所有液位水位表一次阀，各热工仪表一次阀（压力表除外），确认退出过热器和汽包上的安全阀。

（6）做超压试验时，保持升压速度不大于 0.2MPa/min，至超压试验压力后，保压20min，然后降到工作压力进行全面检查。在保压期间，压力下降值应满足表 8-2 要求。

表 8-2　超压试验保压值

锅筒（锅壳）工作压力 P/MPa	允许压降 ΔP/MPa	锅筒（锅壳）工作压力 P/MPa	允许压降 ΔP/MPa
$P<0.8$	≤0.05	$3.8 \leqslant P < 9.8$MPa	≤0.3
$0.8 \leqslant P \leqslant 1.6$	≤0.1	$P \geqslant 9.8$	≤0.5
$1.6 < P < 3.8$	≤0.15		

6. 锅炉泄压

（1）水压试验结束后应缓慢降压。停止给水泵，开启集汽集箱疏水阀或放气阀降压，降压速度一般为 0.2~0.3MPa/min（最大不超过 0.5MPa/min）。待压力接近零时，投入液位计，打开所有放空阀、排汽阀和疏水阀，用事故放水阀放水至汽包正常水位，投入安全阀。

（2）如需进行全炉放水，应打开锅炉底部排污所有阀门和省煤器疏水阀、给水管路疏水阀，将炉水全部放尽以防锅炉内部腐蚀和结冰冻坏。过热器如无疏水阀，其中积水可用压缩空气吹出，锅炉放水时排污阀应开至最大，以便冲除污物，对锅炉进行清洗。

7. 锅炉水压试验合格标准

（1）在受压元件金属壁和焊缝无水珠和水雾；

（2）胀口处，在降到工作压力后不滴水珠；

（3）水压试验后没有发现设备残余变形。

8. 水压试验应注意的事项

（1）水压试验时注意监视不同位置压力表是否同步上升，避免由于只读一块压力表而该表失灵造成试验压力超过标准发生事故。在水压试验过程中，应停止锅炉内外一切安装工作。

（2）在水压试验过程中应注意安全。在锅炉升压期间，不允许检修人员对承压部件进行检查。当进行超压试验，保持试验压力时，不允许进行任何检查，应在试验压力降至工作压力时再认真检查。

（3）试验过程中，发现部件有渗漏，如压力再继续上升，检查人员必须远离渗漏地点，并悬挂危险标记。在停止升压进行检查前，应先了解渗漏是否发展，在确认没有发展时，方可进行仔细检查。

（4）锅炉在试验压力情况下，不准用手锤敲击锅炉。当压力降到工作压力时，应当详细检查锅炉各部位有无渗漏或变形，同时允许用手锤轻轻敲击一些焊缝等部位，但严禁猛击。

（5）水压试验应在环境温度不低于5℃时进行，低于5℃时应当有防冻措施。试验结束后，应及时将炉内的水放干净。严防过热器等立式布置的蛇形管内积水结冰，造成管子冻裂事故。

（6）严格控制升压速度，压力上升、下降平稳，调节进水量缓慢均匀，以防发生水冲击。

（7）当水压试验发生渗漏时，应将锅炉内压力降到零后修理，不允许带压处理。

（8）当汽包压力升至70%试验压力时，应停止升压，进行进水阀门严密性试验，以防超压。

（9）水压试验过程中，运行操作人员应严密监视锅炉压力情况，做好防止锅炉超压的各项预防措施。试验升压期间不得变换操作人员。若发现超压，应立即停止上水，打开事故放水门或集汽联箱疏水阀泄压。

（10）水压试验必须用水进行，禁止用汽压试验或汽水联合试验来代替水压试验。水压试验压力必须严格按照规定进行，不准任意提高试验压力。

二、烘炉

1. 烘炉目的

烘炉是脱除余热锅炉的炉墙衬里及内部烟道衬里中的水分烘干脱水，保证衬里质量，避免运行后衬里脱落，护板开裂或发生其他事故。

2. 烘炉前的准备工作

（1）详细检查余热锅炉内、外设施及附件是否施工完毕，并达到设计要求。

（2）检查各流量孔板、调节阀、热电偶、压力表和液位计是否已安装齐全好用。

（3）锅炉安装全部结束，试压完毕。

（4）各汽、水阀门灵活好用。

（5）照明、楼梯、平台、扶栏全部安装完毕，安全可靠。

（6）锅炉上、下周围打扫干净，障碍物已清除。

（7）准备好除氧水。

（8）各仪表投入反吹风。

3. 烘炉步骤

（1）余热锅炉的烘炉与两器、三旋及烟道的衬里烘干同时进行，按照衬里厂家提供的烘炉曲线烘炉。

（2）升温前锅炉除氧水上水至汽包液面50%以上，给水应缓慢进行，给水时打开汽包放空阀排放空气，然后缓慢打开连续排污。

（3）水封罐撒水开启。

（4）随着两器升温，锅炉的温度逐渐上升。当缓慢升温24h后部分换水，即打开定期排污放掉一部分水，同时补充除氧水，然后继续升温，并开始缓慢升压。在压力升到0.5~1.0MPa、1.5~2.5MPa、2.5~3.0MPa时（中压锅炉），详细检查锅炉各处的热膨胀情况和泄漏情况，并记录烟气温度，如发现不正常情况，应及时找出原因并消除。

（5）烘炉时如锅炉压力超高，可打开上汽包蒸汽放空阀排空来控制压力。

（6）烘炉完毕后，持续恒温准备煮炉。

三、煮炉

1. 煮炉目的

煮炉是为了清除锅炉受热面内部的铁锈、油污、水垢以及施工期间所遗留的渣滓和杂物等。这些污垢必须在锅炉投入运行以前清理干净，否则将给锅炉的运行带来不利影响。

2. 煮炉方法

在炉水中加入适量的药品（如 NaOH 和 Na_3PO_4）使之形成碱性炉水，与锅炉内油垢等物质起皂化作用生成沉渣，并在沸腾的炉水中离开金属表面，沉积在汽包下部，最后经排污管排出。Na_3PO_4 及 H_2O 在炉水中还生成 P_2O_5，在炉管内形成保护层，以防腐蚀与侵蚀。

3. 煮炉准备工作

（1）烘炉结束，余热锅炉 300℃ 恒温。

（2）准备好煮炉所用的化学药品，氢氧化钠（NaOH）和磷酸三钠（Na_3PO_4）及除盐水（H_2O）。

（3）锅炉所有仪表经过校验，可随时投入运行。

4. 煮炉步骤

（1）煮炉在烘炉完毕后连续进行，烘炉结束后，继续在 300℃ 左右恒温，打开汽包放空阀降压，打开定期排污阀放水，同时打开上水阀补充除氧水。关闭定期排污和关小下水阀，控制好汽包液面，然后把搅拌好的药品溶液通过加药泵加入汽包内，加药剂量按说明书规定值。加药完毕即可升压煮炉，煮炉时可参照"煮锅曲线"进行。

（2）升压到 0.5MPa 时，冲洗液位计。

（3）升压至 1.0MPa 时打开定期排污，0.5min 左右排污一次。

（4）升压至 1.5~2.0MPa，逐一拧紧各附件和全部汽、水阀门、人孔等联接处的螺母，并保持在 2.0MPa 压力下煮炉 12h。此时为初期煮炉阶段，炉水总碱度为 100~120mmol/L，否则应补充加药。

（5）初期煮炉结束后，降压至 0.1MPa 排污放水 10%~15%，再上水加药到所要求的浓度，升压至 1.2MPa 煮炉 19h，此时为二期煮炉阶段。每小时排污一次，逐步降低炉水碱度，当降到 8~12mmol/L 时，即可停止排污。

（6）二期煮炉完毕后，降压至 0.4~0.5MPa 排污放水 10%~12%。当炉水中磷酸根含量变化不大，逐渐趋于稳定时，即可结束煮炉。

（7）煮炉后上除氧水，开定期排污放水，充分换水，直至到炉水达到运行标准碱度为止，并用净水冲洗加药器及与药液接触的阀门、排凝阀等。

（8）煮炉完后准备进行试运转。

5. 煮炉注意事项

（1）煮炉时，药液和炉水不得进入过热器内。

（2）煮炉补给水应为除氧水，给水硬度小于 0.035mmol/L，pH 值为 7.5~8.5。

（3）化学药品须溶化成药液并搅拌均匀后加入。

（4）煮炉期间对炉水的碱度及磷酸根的变化应定期分析。取样时间为升压开始后每两小时一次，排污后各一次，换水后期为每小时一次。

（5）煮炉时加强液面监视，防止干锅或满水。

（6）煮炉期间应注意检查各段烟道、各水阀门和法兰的严密性。

四、运转

（1）试运转在锅炉煮炉后期充分换水后连续进行，此时炉水应符合正常运行的要求。

（2）试运转前对锅炉给水及自控、液位报警、玻璃板液位计、压力表和照明等系统进行检查，确保锅炉处于正常运转状态。

（3）试运开始时，升压至工作压力，进行蒸汽密封性试验，并做下列检查：

① 各焊口、人孔、阀门、法兰等处密封性。

② 汽包、联箱、护扳、管路等的膨胀情况。

③ 锅炉护板的密封性。

（4）调试安全阀。调试时先调试锅筒和省煤器工作安全阀，后调试控制安全阀和过热器安全阀。

（5）吹扫过热器及蒸汽管道，吹扫时压力降到 0.9~1.0MPa，吹扫时间不少于 15min。

（6）试运完毕后缓慢降温，同时锅炉降压，冷却后排净水，打开人孔检查煮炉效果，并进行全面检查。

五、开炉

1. 准备工作

（1）对锅炉内外和烟道进行全面检查，过热器、省煤器、对流蒸发器及内护板情况正常，烟道畅通，保温衬里无开裂或脱落，烟道内无残留异物，检查完后封闭人孔。

（2）检查所有阀门、法兰是否连接好，如蒸汽管、给水管及排污管等法兰连接处凡有盲板的应拆除，各阀门应处于开炉前的位置，所有放水排污阀和加药阀门应关闭，过热器出口集箱排凝阀打开，打开汽包与过热器之间的阀门和汽包放空阀，各安全阀手阀打开。调节阀上下游阀打开。汽包液位计的水、汽阀打开，放水阀关闭。给水管路除上水阀门省煤器前留一道阀，待锅炉给水时打开以外，其余均应开启。

（3）检查各流量孔扳、热电偶、调节阀是否已安装好灵活好用，管道吊架支架完整牢固。

（4）各压力表、液位计、安全阀按要求装好并调校完毕。

（5）检查炉水、蒸汽取样和加药设备及其附件完好。

（6）锅炉四周及平台楼梯等处打扫干净，无障碍物。

2. 锅炉给水

（1）将合格除氧水引到省煤器给水阀前。

（2）缓慢打开给水阀，此时汽包放空阀应打开排空气，当放空阀见汽时应关闭，同时打开过热器出入口集箱排凝阀。

（3）锅炉进水速度不宜太快，在水温较高时尤应缓慢，进水时间夏季不少于 1h，冬季不少于 2h。进水温度控制在 20~90℃。

（4）如锅炉内原已有水，经化验水质合格，可进水或放水，保持水位在汽包液位计20%。如水质不合格，则应全部放掉，再进合格水。

（5）上水过程中应及时检查各人孔、阀门、法兰等连接处，如有泄漏应及时消除。

（6）水位到达玻璃板液位计的20%时停止进水，观察有无水位变化，此时汽包内水位应维持不变，如水位逐渐降低，应查出原因并及时消除。

（7）如水位无变化，继续上水至液位计50%以上，缓慢打开连续排污阀，先稍开几扣暖管，然后逐渐开大。

（8）汽包温度随着进水量增加逐渐升高，当汽包温度接近 60℃ 时，可将水位提高到 60%~70%，适当打开定期排污。

（9）联系仪表工投用锅炉各仪表，联系取样分析炉水质量，如不合格，加强排污。

3. 升温升压

（1）随着两器升温，烟气温度逐渐上升，烟气量由小到大逐步进入锅炉，期间应注意汽包和过热器温度的变化。过热器内存水汽化可从上联箱排空阀排空，汽包液面应控制在 50% 以下。

（2）随着烟气量逐渐增加，锅炉温度逐渐上升，应注意锅炉各点温度变化及汽包压力上升情况。

（3）升压过程中随时注意汽包水位的变化。用控制阀控制好液面，必要时可开大连续排污或定期排污适当排水，保持正常水位。

（4）当汽包压力升至 0.1~0.5MPa 时，进行液位计第一次冲洗；当压力升至 1.0~1.5MPa 时，进行第二次冲洗，以免引起导管堵塞，造成假液面。冲洗方法如下：

关闭水阀，冲洗汽管及玻璃板。开水阀，关汽阀，冲洗水管及玻璃板。开汽阀，关放水阀检查炉内水位。液位计冲洗后，水位应很快上升，稳定后有轻微波动。如水位上升很慢，则表示导管有堵塞现象，应再次冲洗。

（5）汽包压力升至 0.5~1.0MPa 时，检查各受压部件连接处的严密性，并冲洗压力表弯头管，冲洗后注意压力是否正常。

（6）汽包压力升至 0.6~1.2MPa 时，应缓慢定期排污。排污时注意水位不得低于 20%，定期排污后应将水位提高到 50% 以上。

（7）当汽包压力升至 1.5~2.0MPa 时，应分析蒸汽质量。如不合格，加强排污，蒸汽质量合格后，开启蒸汽线排凝阀及过热器出口阀暖管。暖管时如出现水击，应立即停止暖管，同时注意压力变化，避免汽包压力下降。

（8）锅炉升压速度不得过快，从开始升压到升达到工作压力的时间不得少于 4h。限制升压和进水速度的目的是为了各受压部件和内护板的温升不至过快，各相应部件的温差不至于过大，热膨胀均匀舒张。可用控制过热器出口放空阀开度及逐步引入装置产饱和蒸汽来配合升压速度。

（9）当锅炉压力上升到与系统蒸汽压力相差 0.05~0.1MPa 时，与生产管理部门联系，分析蒸汽质量合格后准备并汽。并汽时缓慢打开与系统蒸汽管网连接的阀门，并汽后可进行点火操作，如发现蒸汽管线水击应立即停止并汽，在过热器后入口联箱处排空。

（10）并汽完后逐步开大与系统蒸汽管网连通阀，调整优化锅炉燃烧状况，控制蒸汽压力比系统稍高 0.02~0.05MPa，蒸汽温度 430~450℃，并保持蒸汽质量。

六、锅炉排污

锅炉中总固体浓度由排污控制。通过锅炉排污可放出一些含有高固体浓度的污水，用低固体浓度的给水代替。作为锅炉水处理程序的主要部分，排污一般是在总固体达到危害极限前，从下汽包除去沉积的污泥，从上汽包除去溶解物质。需要认真控制排污维持总固体在安全水平以实现经济运行，使热量和化学药剂损失最小。排污可以用人工采样和连续自动采样进行分析，控制参数包括二氧化硅、联氨或硫酸盐、pH 值和导电率。

1. 连续排污

锅炉汽包装有连续排污管线一直伸到汽包低水位报警处。外管线系统装有两个阀门，一个用于切断，一个用于流量控制。

（1）除非系统检修，切断阀应始终打开。

（2）根据汽包水和给水中杂质浓度控制调节阀开度。只要水流量和浓度不变，该阀开度就不变。

2. 定期排污

锅炉下汽包或集箱上装有一对阀门，用于定期排放积存在锅炉底部的杂质。对于下集箱和到下集箱下降管上的定期排污阀，每次打开时间不超过 5min。定期排污阀打开时间过长会干扰管束流动或锅炉循环，损坏炉管。短时间多次排污清污较好。

（1）离锅炉（上游）最近的阀门应完全打开，然后再打开离汽包或集箱最远的阀门（下游）。

（2）快速、完全打开第二个阀门（下游）达 5min。

注意：汽包液位在间断排污过程中降低幅度不能超过规定值，锅炉水往大气排放时小心蒸汽烫伤。

该步骤的频率在每班一次到每周一次之间，取决于给水质量。为保证需要时阀门工作，每周至少在底部排污一次。

七、吹灰器的操作

吹灰器用来清除锅炉传热表面的积灰和结渣，确保锅炉长周期高效运行。催化裂化装置余热锅炉主要配备两种吹灰器，一种是以蒸汽为吹灰介质的伸缩式吹灰器，另一种为以燃气爆燃后产生的爆燃波为吹灰介质的脉冲激波吹灰器。

（一）伸缩式吹灰器操作

伸缩式吹灰器整个安装在锅炉外部，当吹灰器运行时，吹灰器吹灰枪延伸到受热面管束内，然后将蒸汽从吹灰枪顶端喷嘴喷向受热面管束，通过吹灰枪的横向和旋转运动来完整地吹扫管束。当吹灰枪延伸和收缩时，吹灰枪通过蒸汽冷却。清除完成时，吹灰枪从锅炉烟气中完全缩回，并采用反吹风密封烟气。

1. 启动前检查

在第一次投入运行之前，应检查所有与吹灰器相连接的管线被清除干净不含任何杂质。检查内部和外部吹灰枪管通道具有足够的间隙、合适的直线度、潜在的影响及限位开关位置。检查吹灰枪旋转度，当完全收缩时，确认接管头在墙体里。当提升阀打开吹灰枪缩回时，确认凸轮装置和吹灰器接管头处于合适位置。确认锅炉内外吹灰器管路通畅，检查跑车齿轮箱上足润滑油。

2. 试运行

断开电源，采用棘轮扳手手动转动跑车前进，直到跑车脱开后端限位开关。检查前后限位开关是否动作自由，确保跑车的拨销能可靠导入行程开关的拨叉。重新接通电源，检查电动机转向是否正确，试运行后方可正常启动运行。

做好吹灰器投入运行的准备后，按动按钮启动吹灰器。前行一定距离后，用手拨动前端限位开关，使吹灰枪退回。开动吹灰器检查是否存在障碍或不正常情况，检查吹灰枪管与前托轮是否正常接触。试运行成功后，用电控柜手操盘操作吹灰器运行几次，做连续运行的最终检查。

3. 吹灰频率

最佳吹灰频率由实际操作情况决定。通过监测锅炉蒸汽流速、蒸汽出口温度和烟气出口温度来确定清除时间。较脏情况下最初操作频率应为每天三次，而相对比较干净时应为每天一次。当锅炉投用时，频繁使用吹灰器，可以避免不正常的杂质沉积在炉管上。

4. 设置吹灰压力

应根据制造厂给定的初始值来设定吹灰器吹灰蒸汽压力。若无相关资料，一般可把吹灰蒸汽压力设定在 1.0~1.2MPa。

5. 注意事项

吹灰器吹扫蒸汽必须预先排凝，保证蒸汽干度。

如果吹灰器出现故障，建议手动收缩吹灰器。如果吹灰器故障影响正常操作时，吹灰枪必须手动缩回，并确认喷嘴完全缩回。

（二）脉冲激波吹灰器操作

脉冲激波吹灰器是通过燃气和空气有效混合，爆燃后产生的冲击动能、声能和热能作用来清除锅炉受热面的表面积灰，达到提高锅炉效率，恢复锅炉出力的目的。

1. 运行前检查

脉冲激波吹灰器系统管路安装完毕后，先对空气、燃气管路进行吹扫，吹净管路内的焊渣、铁屑等杂质，再对管路系统（从气源到混合点火阀组出口接管处）进行气密性检查。

对电气线路进行检查，通电后通过现场控制柜触摸屏对每路吹灰器的电磁阀进行开、闭检查，并确认运行动作正常。

2. 冷态调试

接临时管线采用空气替代燃气，燃气管路和空气管路均只进空气，关闭正压反吹风球阀。把控制柜空气断路器开关均拨至"开"，按下"电源开"按钮 1s 后放开。此时吹灰系统上电，触摸屏启动运行，观察各参数是否符合设定值。调整燃气路和空气路减压阀后管路压力，要求空气、燃气压力表显示在 0.1~0.2MPa。然后再启动程序，顺序吹灰。当给管路充气时，流量计指针会起来，要求燃气与空气的配比为 1∶10（可根据不同燃气成分进行调整）。当吹每一支路时，指针起跳都达到这个比例才合适。在流量、压力均达到要求后，冷态调试合格。

3. 正式运行和关闭吹灰

冷态调试合格后，吹灰系统接通燃气和压缩空气，开启燃气总阀和空气总阀，此时燃气和空气压力有可能发生变化。微调燃气和空气的减压阀，将空气和燃气压力调到相近刻度，然后打开电气控制柜，启动程序运行。

吹灰系统完成吹灰后，首先关闭燃气总阀，其次按下"电源关"按钮 1s 后放开，关闭电源。把空气断路器开关均拨至"关"，最后断开主供电电源。打开正压风分线管路球阀，投入正压反吹风。

一般每周进行 1~3 次吹灰（可根据积灰情况，调整吹灰频率）。

4. 吹灰器设置

管路系统压力、流量参数按吹灰器说明书进行吹灰前设定。采用乙炔为动力源时，一般乙炔和空气压力均设定为 0.1~0.2MPa；乙炔流量 3~8Nm³/h；对应空气对应流量 30~80Nm³/h。

5. 注意事项

（1）停止吹灰后，应全关燃气混流排的燃气总阀，切断燃气供应，电气控制柜断电；

（2）每次吹灰后，必须打开正压反吹风阀门，确保烟气不倒窜，避免腐蚀吹灰器系统。

八、锅炉的正常操作

1. 汽包液位面的控制

（1）影响因素：

① 烟气进余热锅炉流量大幅度变化；

② 再生器压力和温度大幅度变化；

③ 除氧水压力及温度大幅度变化；

④ 定期排污或连续排污量大幅度变化；

⑤ 液面控制失灵。

（2）操作方法：

① 进水阀卡住时，可用副线操作；

② 如有定期排污应立即切断；

③ 省煤器泄漏时可打开旁路，停止使用省煤器；

④ 如属严重缺水或干锅，不允许突然给水，应迅速关闭各放水排污阀，紧急停炉。如在锅炉干锅的情况下大量进水，会导致大量蒸发，汽压猛增，可能造成锅炉爆炸。此时可将烟气经余热锅炉副线直接排放至烟囱，待省煤器入口烟气温度降至 200℃ 左右时，继续给水，待水位到正常液面后，再将烟气改入余热锅炉。

⑤ 除氧水中断或压力下降短期内无法恢复，应紧急停炉；给水管路严重损坏，锅炉各放水阀、排污阀严重泄漏时，应紧急停炉。

（3）满水与缺水的预防：

① 加强液面监视，认真按时冲洗液位计，确保液位计指示准确；

② 保持给水自动调节系统处于良好工作状态，发现问题及时找仪表工修理；

③ 反再系统出现大幅度波动应及时调节并对余热锅炉进行相应的调整；

④ 严格禁止低水位运行。

2. 炉水膨胀（汽水共腾）

（1）原因：

① 炉水质量不合格，含盐量增大，碱度过高，油污、杂质及悬浮物过多，水面上集有大量泡沫；

② 加药过量；

③ 连续排污量小，定期排污次数少；

④ 产汽负荷变化过急。

（2）现象：

① 汽包内水位发生急剧波动，液位计看不清并冒汽泡；

② 炉水分析含盐、含碱量高，蒸汽质量不合格；

③ 过热蒸汽温度急剧下降，过热器入口集箱放水阀大量见水；

④ 严重时蒸汽管线发生水击，法兰处冒汽；

⑤ 与满水事故的区别是水位并不消失，而且水位剧烈波动。

（3）处理方法：

① 将液面由自动控制改手动控制；

② 开大连续排污进行表面放水，必要时也可打开定期排污，同时注意给水，防止水位过低；

③ 降低产汽负荷，停止加药，加强换水，迅速改善炉水质量；

④ 打开过热器出、入口集箱放水阀和蒸汽管线排凝阀排水；

⑤ 与供水部门联系增加炉水分析次数，如不合格，加强排污。

（4）预防：

① 控制好炉水含盐量，保证给水质量，控制好炉水加药量；

② 根据水质分析结果及时调整排污量；

③ 开炉并汽时，炉内压力不要高于蒸汽管网压力；

④ 检修时，彻底清除炉内油渍、杂物，保持炉内清洁。

3. 蒸汽管道水击

（1）原因：

① 送汽前管内未排净水；

② 送汽前未充分暖管及排凝；

③ 锅炉满水或汽水共腾；

④ 蒸汽温度过低，蒸汽大量带水；

⑤ 管道支架、吊架损坏松脱。

（2）处理方法：

① 打开过热器出入口集箱排凝阀及蒸汽管线排凝阀，充分脱水；

② 如有满水事故或汽水共腾现象及时处理；

③ 及时修复已损坏的管道支架、吊架；

④ 处理完后应检查蒸汽管线及各阀门、法兰有无因水击而造成的泄漏与损坏。

4. 给水管道水击

（1）原因：

① 给水管道内积存有空气；

② 给水温度急剧变化或给水压力不稳；

③ 管道支架、吊架损坏松脱。

（2）处理方法：

① 排除管道内空气；

② 检查给水压力和温度，如有不正常现象应及时消除；

③ 给水管吊架、支架损坏及时修复。

5. 炉管破裂

（1）现象：

① 轻微破裂或胀口、吊口泄漏时，破裂处有蒸汽喷出的嘶叫声；

② 给水流量略有增加，炉内压力有所降低；

③ 严重破裂时，有显著的爆炸声和喷汽声，炉内呈正压；

④ 烟囱大量冒蒸汽，液面、压力、烟气温度下降，给水流量明显增大。

（2）原因：

① 给水质量不合格，引起管内严重结垢，致使局部过热或腐蚀磨穿；

② 管壁磨穿；

③ 水温、气温急剧变化，导致壁温不均而产生过大的应力；

④ 开炉升温或停炉降温时，个别部分受热不均而产生内应力；

⑤ 对流管堵塞，使水循环恶化导致炉管烧坏；

⑥ 安装质量不好，使炉管不能自由膨胀；

⑦ 材质不好或胀、焊接缺陷；

⑧ 露点腐蚀使炉管损坏。

（3）处理方法：

① 紧急停炉；

② 停炉后维持一段时间给水，当水位不能维持时，关闭给水阀。

（4）预防：

① 做好排污工作，保证炉水质量；

② 加强停炉期间锅炉的保养；

③ 按规定做好停炉、开炉工作；

④ 加强巡回检查。

九、紧急停车

1. 发现下列情况之一者应紧急停炉

（1）装置紧急停工；

（2）炉体内外设备发生故障无法排除；

（3）发生严重的满水、缺水或汽水共腾；

（4）除氧水长时间中断；

（5）对流段爆管，过热器严重泄漏；

（6）两个玻璃板液位计均损坏或导管堵塞；

（7）排污、排凝严重泄漏无法消除。

2. 紧急停炉步骤

（1）旁路水封罐放掉水，切断热源；

（2）关烟气入炉高温蝶阀，进锅炉烟气水封罐加水；

（3）关给水阀、排污阀，保持炉内一定水位，尽量维持炉内温度；

（4）压力低于管网压力时，开汽包放空阀，关连通阀，开汽包放空阀；

（5）当压力和温度均已降低，炉体温度70~80℃时可将存水放掉。

十、安全注意事项

（1）在热蒸汽管线旁工作时，要求戴工作手套。

（2）一定要小心高压蒸汽避免烫伤。

（3）在进入任何有限空间之前，首先检测气体含量，确认有足够氧气，不存在有毒或易燃气体方可进入。

（4）标识/停止运行步骤。在维修完毕和所有人员处于安全位置之前，设备不送电或释放生产介质。

（5）碱的处理：

① 不允许碱液与眼睛、皮肤和衣服接触。

② 处理碱液时，要始终带护目镜、面罩、手套和防护衣。

③ 进行碱液操作时避免飞溅。

④ 进罐清理或维修时须有人陪同。人进罐之前，备好相关急救设备。

⑤ 洒落物应用水冲洗。禁止用可燃物如布、锯末和其他有机物擦试。

⑥ 若意外喷溅到身上，应立即脱下被污染的衣服，并用水冲洗污染部位至少15min。

（6）酸的处理：对于碱的预防措施也适用于处理酸。

（7）备有急救设备。

第五节　烟气脱硝除尘脱硫系统

一、概述

（一）催化裂化烟气组成

催化裂化装置原料油中通常含有硫醇、硫醚、环硫醚、硫酚、噻吩等含硫化合物。在催化裂化反应过程中，部分含硫化合物转化为硫化氢（H_2S）和噻吩等，存在于反应油气和油品中，部分含硫化合物则转化成结构复杂且相对分子质量较大的缩合物，存在于油浆和焦炭中。焦炭中的硫通过燃烧生成硫氧化物（SO_x），其浓度与原料硫含量、原料来源、焦炭产率和再生方式等有关。未加氢精制的原料，有10%～15%的硫转移到焦炭中；而预加氢处理的催化原料，有15%～30%的硫转移到焦炭中。表8-3列出部分催化裂化装置使用硫转移催化剂前后的硫分布数据。完全再生催化裂化装置，再生烟气含有SO_2和SO_3，不完全再生催化裂化装置，再生烟气除含有SO_2和SO_3外，还包括羰基硫（COS）、二硫化碳（CS_2），氨（NH_3），甚至H_2S。一般再生烟气中，SO_x由90%左右的SO_2和10%左右的SO_3组成，这些含硫焦炭在再生器中发生氧化反应生成的烟气直接排放，将会污染大气。例如，某FCCU加工未经预加氢处理的重质原料，硫含量为0.9%～1.4%，采用两段再生技术，烟气中的SO_2浓度为2500～3800mg/Nm^3，颗粒物浓度为200～300mg/Nm^3，均超过国家排放标准。

表8-3　部分催化裂化装置硫分布数据

项　　目	洛阳石化		青岛石化		长岭炼化		九江石化		独山子石化	
硫转移催化剂（助剂）牌号	RFS09		RFS（CE-11）		RFS-C		RFS09		RFS09	
加注比例[①]/%	3.0		1.7		2.5		2.3		4.5	
ρ［烟气SO_x（干）]/(mg/m^3)	脱前	脱后	脱前	脱后	脱前	脱后	脱前	脱后	脱前	脱后
	338	61	1800	850	1050	200	1041	166	1300	400

项　　目	洛阳石化		青岛石化		长岭炼化		九江石化		独山子石化	
烟气 SO_x 脱除率/%	81.9		52.8		81.0		84.1		69.2	
硫平衡分布/%	脱前	脱后	脱前	脱后	脱前	脱后	脱前	脱后	脱前	脱后
干气	0.43	2.06	34.87	37.41	24.13	29.04	34.18	35.71	38.727	44.837
液化石油气	46.29	24.33	0.01	0.01	5.29	9.43	9.75	14.22		
汽油	3.22	2.57	2.99	5.65	5.14	4.10	3.23	3.19	4.365	4.247
柴油	30.72	49.63	22.41	23.83	26.25	20.17	23.60	23.11	30.797	27.686
油浆	5.44	6.38	16.62	13.55	9.04	8.62	6.96	7.65	10.409	10.162
烟气	7.53	1.79	16.39	8.09	11.44	2.43	8.90	1.79	7.836	5.711
含硫污水	3.65	10.52	2.93	3.72	16.70	23.60	13.03	13.91	6.867	7.123
其他	2.72	2.72	3.78	7.74	2.01	2.61	0.35	0.42	0.999	0.234
ϕ(干气中 H_2S)/%	0.22	0.32			1.75	3.20				
w(干气中 H_2S)/%							5.24	6.57		
ϕ(液化石油气中 H_2S)/%	1.55	0.50			0.24	0.17				
w(液化石油气中 H_2S)/%							0.32	0.58		

① 反应再生系统中硫转移催化剂(助剂)与催化裂化催化剂的比例。

催化裂化烟气中的 NO_x 主要来自催化原料中的含氮化合物，氮元素部分转化为 NO_x 或 NH_3，大部分转化成 N_2 进入烟气，但至今尚没有准确预测原料油中氮含量与烟气中 NO_x 生成量关系的数学模型。从 FCCU 运行经验来看，烟气中的 NO_x 生成量还与添加一氧化碳(CO)助燃剂(特别是含铂)和催化剂上的重金属有很大关系，与再生方式也有关联。

催化裂化烟气中的颗粒物系催化剂细粉，其上还会沉积烧焦过程生成的硫酸盐。

FCCU 再生烟气通常具有以下特点：

(1) 含 NO_x 和 SO_x 浓度波动大，SO_x 一般为 700～4500mg/Nm³，NO_x 浓度一般为 50～400mg/Nm³。

(2) 再生烟气温度相比动力锅炉高(正常温度 180～230℃，催化余热锅炉或 CO 锅炉故障时最高温度可达 350～500℃)。

(3) 烟气含颗粒物浓度波动大。再生烟气中颗粒物含量主要与旋风分离器的分离效率有关，在正常工况下，经过三级、四级旋风分离器后，颗粒物浓度一般为 150～300mg/Nm³；当"三旋"或"四旋"故障时，会有跑剂现象，颗粒物浓度升高；催化余热锅炉或 CO 锅炉定期"吹灰"(每天 1 次，每次 1～2h)时最大浓度可达到 3000～4000mg/Nm³。

(4) 颗粒物大部分为催化剂，粒径分布较小(经过三四级旋风除尘后，0～5μm 粒径约占 70%以上)，硬度大。

(5) 除尘脱硫脱硝设置在 FCCU 流程"末端"，要求与 FCCU 同步运行，年开工时数 8400h，连续运转时间不少于 3 年。

(6) 除尘脱硫脱硝设施的压降影响上游烟机、余热锅炉或 CO 锅炉运行，直接影响 FCCU 的运行成本和经济效益。

(7) 已有 FCCU 设计没有预留烟气除尘脱硫脱硝设施位置，同时催化余热锅炉或 CO 锅炉与烟囱之间的距离短，平面和空间都受限制。

由于再生烟气系统的上述特点，其除尘脱硫脱硝设施对技术的成熟度、设备可靠性、工程设计和施工要求都比较苛刻。

（二）排放标准要求

表 8-4 列举了国家和一些地方对催化裂化再生烟气污染物排放相关控制标准及排放限值对比。

2015 年 4 月，《石油炼制工业污染物排放标准》（GB 31570—2015）正式发布，2015 年 7 月 1 日实施。新建企业自 2015 年 7 月 1 日起，现有企业自 2017 年 7 月 1 日起，其水污染物和大气污染物排放控制按该标准的规定执行，不再执行《污水综合排放标准》（GB 8978—1996）、《大气污染物综合排放标准》（GB 16297—1996）和《工业炉窑大气污染物排放标准》（GB 9078—1996）中的相关规定。

表 8-4　催化裂化烟气污染物排放浓度限值对比表　　　　　　　　mg/m³

标　准	说　明	颗粒物	二氧化硫	氮氧化物（以 NO₂ 计）	镍及其化合物	烟气黑度
国家标准 GB 31570—2015	排放限值	50	100	200	0.5	
	特别排放限值	30	50	100	0.3	
北京市地方标准 DB 11/447—2015	Ⅰ时段（2016 年 12 月 31 日止）	50	150	300	0.5	林格曼 1 级
	Ⅱ时段（2017 年 1 月 1 日起）	30	50	100	0.3	林格曼 1 级
山东省地方标准 DB 37/2376—2013	第三时段（2017 年 1 月 1 日起至 2019 年 12 月 31 日止）	30	200	300		
	第四时段（2020 年 1 月 1 日起）					
	核心控制区	5	35	50		
	重点控制区	10	50	100		
	一般控制区	20	100	200		

注：（1）催化裂化余热锅炉吹灰时再生烟气污染物浓度最大值不应超过表中限值的 2 倍，且每次持续时间不应大于 1h。

　　（2）北京市地方标准中规定现有污染源自本标准实施之日起至 2016 年 12 月 31 日止执行第Ⅰ时段的排放限值，自 2017 年 1 月 1 日起执行第Ⅱ时段的排放限值。新建污染源自本标准实施之日起执行第Ⅱ时段的排放限值。

　　（3）山东省地方标准中规定自 2017 年 1 月 1 日起至 2019 年 12 月 31 日止为第三时段，自 2020 年 1 月 1 日起为第四时段。

催化裂化再生烟气的实测大气污染物排放浓度须换算成基准含氧量为 3% 的大气污染物基准排放浓度，并与排放限值比较判定排放是否达标。大气污染物基准排放浓度按式（8-1）进行计算：

$$\rho_{\text{基}} = \frac{21 - O_{\text{基}}}{21 - O_{\text{实}}} \times \rho_{\text{实}} \qquad\qquad (8-1)$$

式中　$\rho_{\text{基}}$——大气污染物基准排放浓度，mg/Nm³；

$O_基$——干烟气基准含氧量,%,取3;

$O_实$——实测的干烟气含氧量,%;

$\rho_实$——实测大气污染物排放浓度,mg/Nm³。

再生烟气经过烟气脱硝、除尘脱硫后净化烟气和脱硫含盐废水应满足《石油炼制工业污染排放标准》(GB 31570—2015)要求,详见表8-4和表8-5。地方标准严于国家标准,当项目所在地有地方标准时应优先执行地方标准。如果项目环境影响评价报告及其批复文件对环境保护提出更加苛刻的要求,则应按照项目环境影响评价报告书(表)及其批复文件的要求执行,确保装置建成后能够顺利通过项目竣工环境保护验收。

表8-5　催化裂化再生烟气除尘脱硫废水污染物排放浓度限值

mg/L(pH 值除外)

序号	污染物项目	一般排放限值		特殊排放限值		污染物排放监控位置
		直接排放	间接排放	直接排放	间接排放	
1	pH 值	6~9		6~9		
2	悬浮物	70		50		
3	化学需氧量	60		50		
4	生化需氧量(BOD₅)	20		10		
5	硫化物	1.0	1.0	0.5	1.0	企业污水总排放口
6	石油类	5	20	3	15	
7	挥发酚	0.5	0.5	0.3	0.5	
8	氨氮	8		5		
9	总氮	40		30		
10	总磷	1.0		0.5		
11	总钒	1.0	1.0	1.0	1.0	

(三) 催化裂化烟气治理

1. 脱硝治理

现有的控制和脱除 NO_x 技术主要包括:两段再生技术、脱 NO_x 助剂和烟气脱硝技术等。

两段再生技术是指在再生器一段采用不完全再生,控制燃烧以减少 NO_x 的生成,二段采用完全再生的方式,使烟气与富 CO 的气体和待生催化剂接触,将 NO_x 转化为氮气。该技术比传统的 FCC 再生器 NO_x 排放降低 20%~35%。

向再生器添加脱 NO_x 助剂可有效脱除 NO_x,同时不需要改造再生器,部分公司的脱 NO_x 助剂可以实现 50% 以上的 NO_x 脱除效果。

烟气脱硝有两种方式:一种是在燃料基本燃烧完毕后,通过还原剂把烟气中的 NO_x 还原成 N_2 的方法,另一种是用氧化剂将 NO_x 氧化成可用水吸收成酸类物质,再用碱中和的方法,需和脱硫技术结合,因此可称为脱硫脱硝一体化技术。还原脱除 NO_x 的方法,在催化裂化再生烟气中使用最多的是选择性催化还原法(SCR 法),还有非选择性还原法(NSCR)和SCR 联合使用的称为混合法(SNCR+SCR)。还原剂一般是含氮的氨基物质,常用还原剂包括液氨、氨水和尿素。

氧化脱除 NO_x 的方法,在催化裂化烟气脱硝中具有代表性的是 BOC 的罗塔斯臭氧氧化技术(LoTOx™, Low Temperature Oxidation)。另外,以色列 Lextran 开发的一种独特的烟气处理专利技术——有机催化脱硫脱硝一体化技术，在中国石化石家庄炼化分公司催化裂化装置得到了工业化应用。相关数据见表8-6~表8-8。

表8-6　脱硝技术对比一览表

技术方案	SCR	LoTOx™
脱硝率	70%~90%	最高90%
改造内容	新建脱硝剂制备储存站；改造部分锅炉本体烟道	臭氧发生器、洗涤塔激冷区的臭氧注射管及泵、管件、喷头等
对锅炉运行经济性影响	系统压损有一定增加	影响较小
初期投资	较大	较大
运行费用	较大。主要运行费用为催化剂、还原剂、设备电耗	很大。其单台臭氧发生器耗电量达到500kW以上（一般需要2台）
其他问题	还原剂过量或与烟气混合不均匀可能导致下游设备堵塞	将氮带入废水中，导致总氮指标超标

表8-7　SCR技术与臭氧氧化技术投资对比一览表

技术方案	SCR	LoTOx™
设备购置费	1642	3550
主要材料费	161	492
安装费	225	175
建筑工程费	192	50
合计	2220	~4267

说明：（1）以上数据均以 $30×10^4 Nm^3/h$ 烟气量计；（2）投资均不包括固定资产其他费用、无形资产费用等费用。

表8-8　脱硝技术运行成本比较一览表　　　　　　　　　　元/kgNO$_x$

技术方案	SCR		LoTOx™	
	消耗量	单位成本	消耗量	单位成本
液氨	638.4t/a	1.06		
催化剂	32m³/a	1.00		
工艺水			700t/a	0.001
电	$37.8×10^4 kW·h/a$	0.2	$2394×10^4 kW·h/a$	13.748
蒸汽	$1.26×10^4 t/a$	1.57		
氧气			23940t/a	6.504
氮气			1197t/a	0.325
循环水			$478.8×10^4 m^3/a$	2.644
仪表空气	$25.2×10^4 Nm^3/a$	0.042	$8.4×10^4 Nm^3/a$	0.014
合计		3.872		23.236

说明：（1）运行成本中未计入折旧费、修理费、人工费等；（2）液氨按1600元/t，新鲜水按1.5元/t，电费按0.52元/kW·h，仪表空气按0.15元/Nm³，蒸汽按120元/t，氧气按246元/t，氮气按246元/t计。

　　SCR技术和臭氧氧化技术各有特点：SCR脱硝技术的优点是工艺成熟、应用业绩较多，是目前主流的脱硝技术之一，脱硝效率较高，缺点是需对余热锅炉进行一定改造；臭氧氧化技术不需要对锅炉进行改造，且不增加锅炉系统压损，缺点是由于采用了臭氧发生器，投资和电耗均较大，且需要消耗氧气，导致运行成本较高，此外，该技术将氮转移到了废水中，会导致废水中总氮含量较高。

SCR 工艺在日本、欧洲、美国等国 FCC 装置上有 10 多套应用业绩。中国石化镇海炼化 FCC 装置 SCR 脱硝是中国首套催化裂化工业应用，采用中国石化抚顺石油化工研究院和中石化宁波工程公司联合开发的拥有自有知识产权的催化剂和成套技术，目前在 FCC 装置有 20 多套应用业绩。臭氧氧化（LoTOx™）工艺目前在国内有 10 多套 FCC 装置应用业绩。

2. 除尘脱硫治理

早期国外催化裂化装置烟气治理，采用单独净化粉尘处理技术，主要采用静电除尘器或耐高温的过滤器。近年来，随着环保标准对排放要求的提高，由于静电除尘技术占地面积大、除尘效率不能满足要求，逐步被效率更高的湿法除尘所替代。

由于催化裂化烟气的特点，为能满足日趋严格的排放标准，湿法除尘成为催化烟气脱出催化剂粉尘的主要选择。由于湿法脱硫也有较高的脱硫效率，因此，许多公司进行了湿法除尘和同时湿法脱除 SO_x 技术研究。这也是目前催化裂化烟气除尘脱硫采用效率较高的湿法洗涤一体化技术居多的主要原因。

1974 年，美国 ExxonMobil 公司开发了世界第一套催化裂化装置烟气洗涤（WGS，Wet Gas Scrubber）技术，将喷射式文丘里管（JEV）技术应用到催化裂化烟气除尘脱硫装置上，成为最早应用的催化裂化烟气湿法洗涤技术。中国石油买断了它在中国石油的使用权，在国内有近 20 套的应用业绩。

1994 年，DuPont[TM]Belco 公司的 EDV（Electro-Dynamic Venturei）技术实现工业化，采用湿法除尘、钠碱法脱硫一体化技术。由于其在国外有良好的应用业绩，国内有 50 多套催化裂化再生烟气净化设施采用该技术并建成投产。为了打破技术垄断，中国石化经过自主研发，形成了一套自有的双循环湍冲文丘里湿法除尘钠碱法脱硫一体化技术，在国内建成的首套工业化装置运行已近四年。经过进一步优化流程，目前有近 20 套 FCC 脱硫装置已采用了该技术。

典型的已经工业化资源化回收法烟气脱硫技术有 DuPont™ Belco® 公司的 Labsorb™ 工艺和 Shell Global Solutions 公司的 Cansolv® 工艺，它们分别以无机缓冲液和有机缓冲液作为吸收剂，将吸收的 SO_2 送到硫回收装置予以回收，溶剂再生后循环使用。中国石化宁波工程公司结合自有洗涤技术，与 Cansolv® 工艺结合，在中国石化沧州炼化分公司实现了国内首套商业化运行。中国石化在胜利石化总厂也完成了湿法除尘，氨法脱硫的资源化技术的工业化应用。正在进行国产化技术开发的可再生湿法烟气脱硫技术还有 RASOC（Regenerable Absorption Process for SO_x Cleanup）工艺。

针对国内外催化裂化烟气治理技术的现状和国内其他行业烟气脱硫工艺所存在的问题，结合国内大多数催化裂化装置烟气的实际特性等具体情况，本着技术成熟可靠、满足环保要求、投资节省、占地面积小、二次污染物处理方法简单、装置内空地可实施等原则，将目前国内外成功应用于催化裂化装置烟气脱硫的非再生湿法洗涤工艺和再生湿法洗涤两种工艺的综合技术经济比较情况列于表 8-9。

表 8-9　催化裂化装置烟气除尘脱硫工艺综合技术经济比较

项　　目	非再生湿气洗涤工艺			可再生湿法脱硫工艺		
	EDV 工艺	WGS 工艺	中国石化除尘脱硫一体化工艺	Labsorb 工艺	Cansolv 工艺	中国石化湿法除尘氨法脱硫工艺
专利商	美国 DuPont Belco 公司	美国 ExxonMobil 公司	中国石化	美国 DuPont Belco 公司	加拿大 Cansolv	中国石化
成熟可靠性	成熟可靠	成熟可靠	成熟可靠	成熟可靠	成熟可靠	成熟可靠
吸收剂	碱性水溶液	碱性水溶液	碱性水溶液	Na_3PO_4	有机二胺溶剂	气氨
脱硫率/%	≥95	≥95	≥95	≥90	≥99	≥95
颗粒物脱除率	基本满足要求	基本满足要求	满足要求	基本满足要求	基本满足要求	基本满足要求
副产物及处理方式	可溶性废液处理后达标排放	可溶性废液处理后达标	可溶性废液处理后达标排放	≥90%纯度的二氧化硫送硫磺处理	≥99%纯度的二氧化硫送硫磺处理	硫铵固体
压力/kPa	2.5	5	2.3	5	5	5
流程复杂程度	简单	简单	简单	复杂	一般	一般
操作弹性	最大	小	大	大	大	大
操作难易度	容易	容易	容易	稍难	一般	一般
化学药剂消耗	大	大	大	最小	较小	较小
公用工程消耗	小	一般	小	大	最大	小
吨油成本	1	1	1	0.67	0.67~1	0.68
投资	1	1.1	0.9	1.8	2	1.7
适用工况	大气量低含硫	大气量低含硫	大气量低含硫	大气量高含硫	大气量高含硫	大气量高含硫
业绩	超过 60 套	约 15 套	约 23 套	约 10 套	1	1

注："当量操作费用"指加工吨油相对值;"投资"指相对投资。

选择催化裂化烟气脱硫技术的基本原则:

(1) 满足国家和地区污染物排放标准要求。二氧化硫的排放控制日益严格,因此脱硫效率低于90%的干法及半干法烟气脱硫技术的应用受到了一定的限值。

(2) 符合循环经济和清洁生产的原则。脱硫副产品的可利用性是工艺选择的另一关键,另外,也要考虑吸收剂的易获得性和实用性。

(3) 具有较好的技术经济指标。烟气脱硫装置的投资及运行费用必须符合企业实际情况,企业能够建得起,用得上。采用可回收法时,则根据脱硫副产品的销售情况来确定。

(4) 满足企业的使用条件。企业采用的脱硫技术必须充分考虑工艺和设备的成熟程度,特别是在防止腐蚀、结垢、堵塞等方面。要求烟气净化系统具有较高的可靠性,对装置的影响最小,在事故工况下的适应能力强,能够与装置同步运行,烟气净化系统的连续运行周期应与催化裂化装置一致。此外,还要考虑占地的大小以及对装置运行状况的影响。

　　湿法烟气脱硫技术的脱除效率最高，同时实现除尘的目的。因此中国石化和中国石油在催化裂化建设初期，较多地采用了国际应用业绩较多比较成熟可靠的EDV®技术。

　　表8-10、表8-11分别列出了A、B两套催化裂化再生烟气净化装置的设计和标定数据，A装置采用EDV技术，B装置采用国内自有技术。标定结果表明，A装置入口SO_2浓度为500mg/Nm³、粉尘浓度为90mg/Nm³时，脱后烟气SO_2浓度为8mg/Nm³、粉尘浓度25mg/Nm³，实测脱硫效率为98.8%、除尘效率为72.2%；B装置入口SO_2浓度为900mg/Nm³、粉尘浓度为563.7mg/Nm³时，脱后烟气SO_2浓度为12mg/Nm³、粉尘浓度小于20mg/Nm³，实测脱硫效率为98.7%、除尘效率为88.5%。

表8-10　除尘脱硫系统入口处的原烟气参数

项　　目	A企业装置正常工况	B企业装置正常工况
烟气量/（Nm³/h湿基）	497070	190000
温度/℃	200	165
最高温度/℃	400	400
烟气压力/kPa（表）	≤4	≤4

表8-11　标定期间装置主要污染物排放指标

项　　目	A企业引进EDV技术		B企业中国湍冲技术	
	标定数据	设计值	标定数据	设计值
脱前烟气烟尘质量浓度/（mg/Nm³）	90	200	563.7	300
脱后烟气烟尘质量浓度/（mg/Nm³）	25	≤30	≤20	≤30
烟尘去除率/%	72.2	85	>95	90
脱前烟气SO_2质量浓度/（mg/Nm³）	412~561	1063.9	900	860
脱后烟气SO_2质量浓度/（mg/Nm³）	8~14	≤~1	12	≤100
SO_2去除率/%	>95	90.6	>95	88.4
排水pH	7.0	6~9	7.22~8.23	6~9
排水COD/（mg/L）	91~113	≤60	14.7~23.8	≤60
排水SS/（mg/L）	14~50	≤60	8~19	≤70

　　表8-12列出了两种技术的公用工程消耗指标对比。

表8-12　20×10⁴Nm³/h烟气量烟气脱硫单元公用工程对比表

公用工程	BELCO技术		国内自主技术		年耗差值	差额/%
	时耗	年耗	时耗	年耗		
电	448.8kW	376.992×10⁴kW·h	373.55kW	313.782×10⁴kW·h	36.21×10⁴kW·h	16.77
工艺用水	29.2m³	24.528×10⁴m³	15m³	12.6×10⁴m³	11.928×10⁴m³	48.60

公用工程	BELCO 技术		国内自主技术		年耗差值	差额/%
	时耗	年耗	时耗	年耗		
生活水	$20m^3$		$20m^3$			
仪表空气	$30Nm^3$	$25.2\times10^4 m^3$	$30Nm^3$	$25.2\times10^4 Nm^3$		

二、工艺流程

（一）总流程

催化裂化装置产生的再生烟气经过高温烟道进入余热锅炉或 CO 锅炉炉膛，依次进入高低温过热器、蒸发段上、脱硝模块、蒸发段下、高温省煤器及低温省煤器等受热面设备，烟气由锅炉出口排出，进入除尘脱硫装置，除尘脱硫塔进行一体化的除尘脱硫处理，净化烟气经塔顶烟囱排入大气，除尘脱硫单元产生的废水经固液分离、氧化处理后达标排放。示意流程见图 8-5。

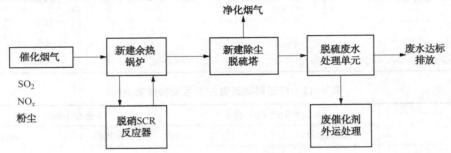

图 8-5　催化裂化再生烟气治理流程示意图

（二）烟气脱硝技术

1. SCR 脱硝技术

某 1.8Mt/a 重油 FCC 烟气脱硝是国内首套，在综合考虑脱硝率、床层高度、事故风险、工程经验、示范作用等因素的基础上，选用"2+1"（使用两层，备用一层）催化剂床层结构，脱硝反应器安装在余热锅炉外侧的布置方式。脱硝烟气经过省煤器进洗涤脱硫装置。

某 3.0Mt/aFCC 烟气脱硝方案，采用"2+0"（使用两层，无备用层）催化剂床层结构，脱硝反应器安装在余热锅炉内部。

具体流程见图 8-6。

FCC 烟气脱硝由氨气制备和烟气脱硝两个部分构成：

（1）氨气制备部分。由厂区来的液氨首先进入液氨蒸发器，经热媒水换热升温汽化，进入氨气缓冲罐待用，也可直接采用氨气。

用压缩空气将氨气缓冲罐出口的氨气稀释至一定浓度，经喷氨格栅喷入烟道，利用混氨格栅实现与烟气的均匀混合。

（2）烟气脱硝部分。脱硝净化烟气中的 NO_x 与 NH_3 在 280~350℃ 以及脱硝催化剂作用下，发生选择性氧化还原反应转化为 N_2 和 H_2O，净化后的烟气返回省煤器继续回收热量。

基本反应方程式如下：

$$4NO+4NH_3+O_2\longrightarrow 4N_2+6H_2O \tag{8-2}$$

$$NO+NO_2+2NH_3\longrightarrow 2N_2+3H_2O \tag{8-3}$$

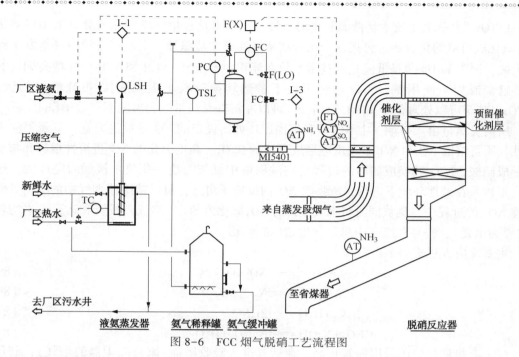

图 8-6 FCC 烟气脱硝工艺流程图

副反应方程式：

$$SO_2 + 1/2O_2 \longrightarrow SO_3 \qquad (8-4)$$

$$SO_3 + NH_3 + H_2O \longrightarrow NH_4HSO_4 \qquad (8-5)$$

2. 臭氧一体化脱硝脱硫技术

（1）EDV®技术与 LoTOx™技术组合形成一体化的除尘脱硫脱硝系统，其工艺流程如图 8-7所示。

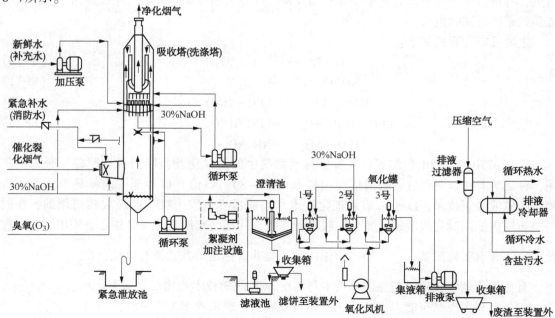

图 8-7 EDV® + LoTOx™组合工艺流程示意

LoTOx™臭氧氧化技术是低温氧化的一种，此技术是在烟气流中注入臭氧把不可溶化的 NO_x 氧化成可溶的化合物，再把这个化合物从湿洗塔中清除掉。臭氧在现场由臭氧发生器直接生成，因为 LoTOx™ 是低温处理技术，故在流程中不需象 SNCR 和 SCR 一样增高烟气的温度。这个流程不使用氨，因此避免了在下游热转换阶段出现硫酸铵/重硫酸铵的沉淀。LoTOx™ 甚至可以处理低于 149℃ 的烟气，可以在湿洗系统里饱和温度下有效操作。

所需臭氧量由入口烟气中 NO_x 量和烟囱出口处所设定的 NO_x 排放量确定，臭氧一注入系统就与不可溶的 NO 和 NO_2 迅速反应形成可溶的 N_2O_5。高度氧化的 NO_x 可溶性很高并与水反应形成硝酸，N_2O_5 转换成硝酸的过程是在洗涤塔中烟气与喷头所喷水接触时完成的。这个反应很快并在碱性环境下进行，所吸收 NO_x 的反应不可逆，可以清除掉烟气中的 NO_x。但在处理 NO_x 的过程中，臭氧同时将烟气中部分 SO_2 氧化为 SO_3，造成其投资和运行成本均较高（主要为电耗），并存在废水中总氮含量超标的问题。

主要反应方程式如下：

$$NO + O_3 \longrightarrow NO_2 + O_2 \tag{8-6}$$
$$2NO_2 + O_3 \Longrightarrow N_2O_5 + O_2 \tag{8-7}$$
$$N_2O_5 + H_2O \longrightarrow 2HNO_3 \tag{8-8}$$
$$HNO_3 + NaOH \Longrightarrow NaNO_3 + H_2O \tag{8-9}$$

（2）有机催化脱硝采用强氧化剂，在烟气进入吸收塔前（来自除尘器的烟气），利用强氧化剂强制氧化烟气中的 NO，使其转化为易溶于水的高价氮氧化物（NO_2 或 N_2O_3），从而溶于水生成硝酸和亚硝酸；然后在吸收塔里，通过含有有机催化剂的混合液循环喷淋对烟气进行洗涤吸收，有机催化剂中的硫氧基团与亚硝酸结合成稳定络合物，有效抑制了不稳定的亚硝酸分解，再次释放污染气体，并促进它们被持续氧化成硝酸，与有机催化剂自动分离，通过加入氨水与硝酸中和，制成有价值副产品——硝酸铵化肥，有机催化剂循环利用。在吸收塔里，有机催化剂对脱硫过程中亚硫酸的处理过程与上述对亚硝酸的处理过程相似，因而脱硫和脱硝可以同时进行。

主要反应方程式如下：

$$O_3 + NO \longrightarrow H_2O + NO_2 \tag{8-10}$$
$$NO_2 + H_2O \longrightarrow HNO_2 \tag{8-11}$$
$$HNO_2 + LPC \longrightarrow LPC \cdot HNO_2 \tag{8-12}$$
$$LPC \cdot HNO_2 + O_2 \longrightarrow LPC + HNO_3 \tag{8-13}$$
$$HNO_3 + NH_3 \longrightarrow NH_4NO_3 \tag{8-14}$$

Lextran 用于治理电厂和石化装置所排放烟气中的氮氧化物，同时具有脱硫、脱汞的作用，称之为有机催化烟气综合清洁利用技术（图 8-8）。目前在世界范围内都是单一完成脱硝、脱硫或脱汞技术，Lextran 有机催化技术是当前世界范围内唯一已经成功商用的，在同一脱硫塔内能同时完成脱硫、脱硝、脱汞的三效合一烟气减排系统。其核心是采用了有机催化剂——含有亚硫酰基（S=O）官能团的一类非常稳定的乳状液有机化合物。

有机催化烟气脱硫脱硝一体化技术与传统 SCR 脱硝技术相比具有如下优点：

（1）具有多效减排能力，脱硫、脱硝效果显著，脱汞效率大于 90%。

（2）对燃料含硫量的波动性有极强的适应能力，确保达标排放的同时，鼓励使用高硫燃料节约生产成本。

（3）无二次污染，工艺过程不产生任何废气、废液和废渣，彻底解决环保问题。

（4）催化剂为液态，无需设计支撑，不用安装，只需在系统运行前注入塔底浆池区即可，安装操作简便，可大幅降低投资，并可循环使用，降低运行成本，符合国家节能政策。

（5）催化剂循环使用，降低运行成本，最终产品为化肥，达到 GB 535—1995 一等品标准，对燃料含硫量无限制，允许并鼓励用户使用高硫燃料以降低生产成本。

（6）有机催化技术对烟气成分适应能力强，不会发生中毒现象。

（7）不会发生氨逃逸现象，因此不会堵塞催化剂和空气预热器，也不会进入电除尘器，改变 ESP 灰飞灰的品质。空塔运行，塔内不设催化剂模块装置，工艺简单，阻力损失低，无需对空气预热器进行改造。

（8）无须采用高温段，无需对锅炉进行其他改造。不需对锅炉长时间停炉，可以将系统改造完成后再与锅炉系统对接，耗时短。

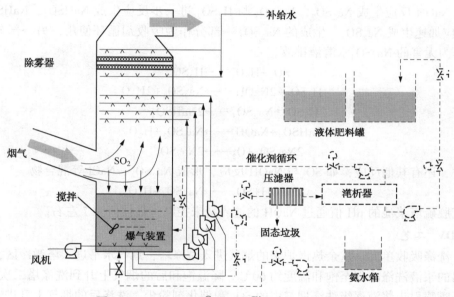

图 8-8　Lextran EDV®+LoTOx™组合工艺流程示意

（三）烟气湿法一体化除尘脱硫技术

1. 除尘和脱硫机理

（1）除尘机理。湿法除尘脱硫技术，主要是在洗涤塔中用循环浆液进行多级喷淋或文丘里洗涤（各家技术因喷淋洗涤方式不同而不同），除去烟气中的颗粒物。

为了达到更高的排放标准，在洗涤塔顶或末端，设置湿式静电除尘器（图 8-9）。

湿式电除尘器（WESP）和干式电除尘器（DESP）的收尘原理相同，靠高压电晕放电使得粉尘荷电，荷电后的粉尘在电场力的作用下到达集尘板/管。

干式电收尘器适合处理含水很低的干气体，湿式电除尘器用于处理含水较高乃至饱和的湿气体。

在对集尘板/管上捕集到的粉尘清除方式上 WESP 与 DESP 有较大区别，后者一般采用机械振打或声波清灰等方式清除电极上的积灰，而前者则采用定期冲洗的方式，使粉尘随着

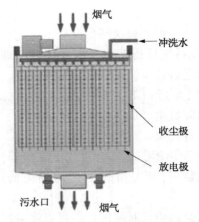

烟气

冲洗水

收尘极

放电极

污水口　烟气

图 8-9　湿法管式静电除尘器示意

冲刷液的流动而清除。

　　湿式除尘器总体上可分为低能和高能两类。低能湿式除尘器的压力损失为 0.2～1.5kPa，如喷雾塔和旋风洗涤器，对 10μm 以上颗粒的净化效率可达到 90%～95%。高能湿式除尘器的压力损失为 2.5～9.0kPa，净化效率可达 99.5% 以上，如文丘里洗涤器等。

　　(2) 脱硫反应机理。一体化湿法除尘脱硫技术，利用湿法除尘过程一定的液气比，在洗涤除尘的过程中加入强碱溶液 NaOH，达到除尘同时脱硫的目的。

　　NaOH 和在烟气洗涤陈除尘过程中，SO_x 溶于水浆液中生成的 H_2SO_3 或 H_2SO_4 进行酸碱中和反应，生成 Na_2SO_3 和 Na_2SO_4。首先，烟气中的 SO_2 与水接触，生成 H_2SO_3，H_2SO_3 与 NaOH 反应生成 Na_2SO_3，Na_2SO_3 与 H_2SO_3 进一步反应生成 $NaHSO_3$，$NaHSO_3$ 又与 NaOH 反应加速生成 Na_2SO_3，生成的 Na_2SO_3 一部分作为吸收剂循环使用，另一部分经氧化后，可作为无害的 Na_2SO_4 水溶液排放。

$$SO_2 + H_2O \longrightarrow H_2SO_3 \tag{8-15}$$

$$H_2SO_3 + 2NaOH \longrightarrow Na_2SO_3 + 2H_2O \tag{8-16}$$

$$H_2SO_3 + Na_2SO_3 \longrightarrow 2NaHSO_3 \tag{8-17}$$

$$NaHSO_3 + NaOH \longrightarrow Na_2SO_3 + H_2O \tag{8-18}$$

$$2Na_2SO_3 + O_2 \longrightarrow 2Na_2SO_4 \tag{8-19}$$

　　此外，还有其他反应，如 SO_3 与 NaOH 反应，形成 Na_2SO_4、NaCl 等混合物。

$$2NaOH + SO_3 \longrightarrow Na_2SO_4 + H_2O \tag{8-20}$$

　　烟气脱硫塔浆池的 pH 值通过 NaOH 的注入量来控制，最佳值为 7 左右。

2. EDV® 工艺

　　(1) 洗涤吸收单元。从余热锅炉来的烟气进入洗涤塔，烟气水平进入塔激冷区，在此被喷嘴喷出的浆液洗涤冷却至饱和温度约 60℃。降温饱和后的烟气上升到洗涤塔二次洗涤段，被多层喷嘴喷射出浆液逐级洗涤烟气中的 SO_x 和催化剂粉尘。洗涤后的烟气上升进入滤清模块区，在此被强制分配通过多个滤清模块，进一步洗涤没有被脱除的细小粉尘颗粒和酸性液滴，使烟气得到进一步净化。净化烟气经水珠分离器除去烟气中携带的液滴，最终通过塔顶烟囱排入大气。

　　NaOH 碱液分别补充在塔底循环浆液槽和滤清模块区集液槽内，通过浆液循环，在洗涤粉尘的同时，用于吸收烟气中的 SO_2 和 SO_3。NaOH 由装置内设置的碱液罐提供，为防止催化剂粉尘的积累，并保证吸收效率和设备安全，须控制洗涤塔内循环浆液中总悬浮固体 (TSS)、Cl^-、总溶解性盐 (TDS 包括 Na_2SO_4、Na_2SO_3、$NaHSO_4$ 等)含量，洗涤塔浆液循环系统需要连续外排部分浆液去脱硫废水处理单元。

　　(2) 除尘脱硫废水处理单元。废水处理单元 (PTU) 包括澄清池、氧化罐、过滤箱等。来自洗涤吸收单元的浆液含有颗粒物和溶解性盐 Na_2SO_4、Na_2SO_3、$NaHSO_4$ 等污染物，首先在澄清池中加入絮凝剂，使颗粒物沉降。浓浆从澄清池底部排出送到过滤箱自然干化处理，澄清池上部清液自流入氧化罐(串联)，在罐内用空气对废液进行氧化处理，将 Na_2

SO_3、$NaHSO_4$氧化成 Na_2SO_4，同时注 NaOH 控制外排废水的 pH 值。经过氧化罐氧化后的处理废水，自流至排液池，用排液泵送出，经过滤器过滤和冷却器冷却后外排至工厂污水处理场。

引进 EDV®技术工艺流程见图 8-10。

中国石化北京燕山分公司 2.0Mt/a 重油催化裂化装置（简称燕山三催化），是国内第一套应用 EDV®技术的装置。根据北京市地方标准《炼油与石油化学工业大气污染物排放标准》（DB 11/447—2007）要求，烟气 SO_2 最高允许排放浓度为 150mg/Nm³，颗粒物为 50mg/Nm³，燕山三催化进行了烟气脱硫改造，增设 1 套烟气脱硫装置。采用同类技术，同期建成的还有中国石油兰州分公司的 3Mt/a 催化裂化烟气除尘脱硫装置。

燕山三催化烟气脱硫装置，正常条件入口烟气中 SO_2 浓度为 650mg/Nm³，粉尘浓度为 140mg/Nm³；出口烟气中 SO_2 浓度可降至 20mg/Nm³ 以下，粉尘降至 40mg/Nm³ 以下。

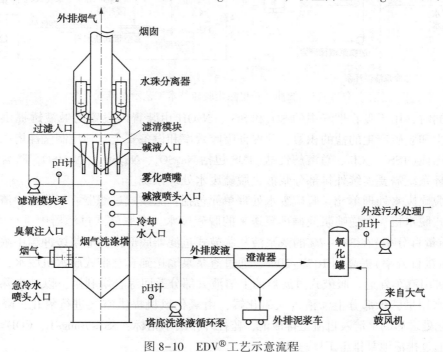

图 8-10　EDV®工艺示意流程

3. 中国石化湍冲文丘里除尘脱硫技术

（1）洗涤吸收单元。洗涤吸收系统核心设备是除尘激冷塔和综合塔，来自余热锅炉的再生烟气送入除尘激冷塔，其中烟气由上到下分别经过激冷区和逆喷区；烟气在此被激冷、降温至饱和状态，气液各个微团发生强烈的碰撞接触，从而有效地洗涤烟气中的烟尘及颗粒物。经除尘激冷塔后的烟气进入综合塔，上升进入消泡器区，消泡器区采用文丘里原理洗涤，在逆喷区没有被脱除的细小粉尘颗粒和酸性水液滴或水滴在消泡器区发生凝聚，然后被喷嘴喷射的浆液洗涤捕捉，使烟气得到进一步净化。洗涤塔上部设置的折流板除雾器、塔顶湿式静电除尘器进一步除去烟气中携带的水滴和粉尘，净化烟气经塔顶烟囱（约 80m 高）外排大气。湍冲文丘里除尘脱硫技术工艺流程见图 8-11。

NaOH 碱液分别补充在综合塔底循环浆液槽和消泡器区集液槽内，通过浆液循环，在洗

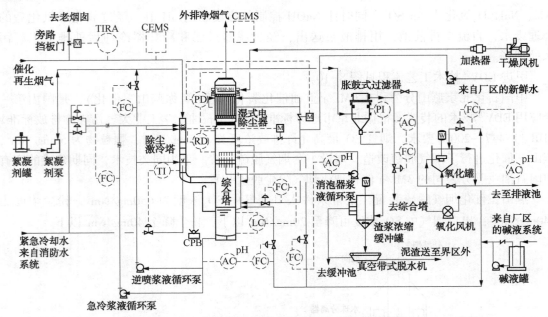

图 8-11　湍冲文丘里除尘脱硫技术工艺示意流程

涤粉尘的同时，用于吸收烟气中的 SO_2 和 SO_3，NaOH 由装置内设置的碱液罐提供。为防止催化剂粉尘和脱硫产生的盐的积累，并保证吸收效率和设备安全，须控制洗涤塔内循环浆液中总悬浮固体（TSS）、Cl^-、总溶解性盐（TDS 包括 Na_2SO_4、Na_2SO_3、$NaHSO_4$ 等）含量，洗涤塔浆液循环系统需要连续外排部分浆液去脱硫废水处理系统。

（2）脱硫废水处理单元。脱硫废水处理单元包括：胀鼓式过滤器、氧化罐、渣浆浓缩罐和真空袋式脱水机。由逆喷浆液循环泵送来的脱硫废水，在胀鼓式过滤器中进行固液分离，含固率（质量百分率）在 3%～7% 的浓浆液从胀鼓式过滤器底部排到渣浆缓冲罐中浓缩，浓浆含固率（质量百分率）提高到 10%～20%，通过渣浆泵输送到真空带式脱水机脱水，含固量约 40% 的泥饼用汽车外运。胀鼓式过滤器的上清液大部分返回综合塔利用，以减少除尘脱硫装置的新鲜水用量，少部分上清液进入氧化罐，由氧化风机提供空气进行氧化，降低清液的 COD，氧化处理后的上清液自流至排液池，监控外排废水指标：SS≤70mg/L、COD≤60mg/L，达标废水通过排液池泵排至工厂总排口。

4. WGS 工艺

中国石油锦西石化分公司催化裂化烟气脱硫系中国首次采用 WGS 技术，其工艺流程如图 8-12 所示。再生烟气 SO_2 浓度由入口 857.2mg/Nm^3 降至 3.4mg/Nm^3，颗粒物浓度由入口 166.6mg/Nm^3 降到 46.2mg/Nm^3。

（四）职业危险、有害因素分析

该系统主要易燃、易爆、有毒、有害物质有：SO_2、SO_3、NO、NO_2、N_2O_5、CO_2、CO、NaOH、H_2SO_4、Na_2SO_3、$NaHSO_3$、Na_2SO_4、HNO_3、$NaNO_3$、NH_3 等，其主要物质特性如下：

1. SO_2

SO_2 为无色气体，具有窒息性特臭，不燃，有毒，具强刺激性。易被湿润的黏膜表面吸收生成亚硫酸、硫酸。对眼及呼吸道黏膜有强烈的刺激作用。大量吸入可引起肺水肿、喉水

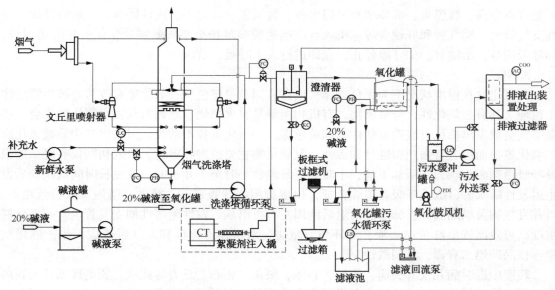

图 8-12 WGS 工艺示意流程

肿、声带痉挛而致窒息。急性中毒：轻度中毒时，发生流泪、畏光、咳嗽、咽、喉灼痛等；严重中毒可在数小时内发生肺水肿；极高浓度吸入可引起反射性声门痉挛而致窒息。皮肤或眼接触发生炎症或灼伤。慢性影响：长期低浓度接触，可有头痛、头昏、乏力等全身症状以及慢性鼻炎、咽喉炎、支气管炎、嗅觉及味觉减退等，少数工人有牙齿酸蚀症。对大气可造成严重污染，皮肤接触者应立即脱去污染的衣着，用大量流动清水冲洗、就医。眼睛接触者应提起眼睑，用流动清水或生理盐水冲洗、就医。吸入中毒者应迅速脱离现场至空气新鲜处。保持呼吸道通畅，如呼吸困难，给输氧，如呼吸停止，立即进行人工呼吸、就医。SO_2 物性见表 8-13。

表 8-13 SO_2 物性

相 对 密 度	1.43（水=1），2.26（空气=1）
相对分子质量	64.06
熔点/℃	-75.5
沸点/℃	-10
饱和蒸气压(21.1℃)/kPa	338.42
闪点/℃	
爆炸极限	
自燃点/℃	
介质的交叉作用	避免与强还原剂、强氧化剂、易燃或可燃物接触

2. SO_3

SO_3 为针状固体或液体，有刺激性气体，不燃，具强腐蚀性和强刺激性，可致人体灼伤。对环境有危害，对大气可造成污染。对皮肤、黏膜等组织有强烈的刺激和腐蚀作用。可引起结膜炎、水肿，角膜混浊，以致失明；引起呼吸道刺激症状，重者发生呼吸困难和肺水肿；高浓度引起喉痉挛或声门水肿而死亡。吸入后引起消化道的烧伤以至溃疡形成，严重者可能有胃穿孔、腹膜炎、喉痉挛和声门水肿、肾损害、休克等。慢性影响有牙齿酸蚀症、慢性支气管炎、肺气肿和肝硬变等。吸入者应迅速脱离现场至空气新鲜处，保持呼吸道通畅，如呼吸困难，给输氧。如呼吸停止，立即进行人工呼吸、就医。

3. NO

一氧化氮在标准状况下为无色气体，液态、固态呈蓝色。一氧化氮有改善心脑血管的作用机理。具有强氧化性，与易燃物、有机物接触易着火燃烧，遇到氢气发生爆炸性化合，接触空气会散发出棕色有酸性氧化性的棕黄色雾。一氧化氮较不活泼，但在空气中易被氧化成二氧化氮，而后者有强烈腐蚀性和毒性。氮氧化物主要损害呼吸道，吸入初期仅有轻微的眼及呼吸道刺激症状，如咽部不适、干咳等。常经数小时至十几小时，或更长时间潜伏期后发生迟发性肺水肿、成人呼吸窘迫综合征，出现胸闷、呼吸窘迫、咳嗽、咯泡沫痰、紫绀等。可并发气胸及纵隔气肿。肺水肿消退后两周左右可出现迟发性阻塞性细支气管炎。一氧化氮浓度高可致高铁血红蛋白血症，对环境有危害，对水体、土壤和大气可造成污染。燃爆危险：该品助燃，有毒，具刺激性。

轻度中毒时病儿仅有头痛、头晕、心悸、眼花、恶心、乏力等症状。脱离现场呼吸新鲜空气后，迅速好转。迅速迁移中毒者脱离中毒环境，尽快吸氧，最好吸入含 $5\% \sim 7\% CO_2$ 的氧气，有条件者对患儿应给高压氧治疗，可有效地纠正缺氧，对急性中毒早期治疗有效率可达 95% 以上。

4. NO₂

NO_2 为黄褐色液体或气体，有刺激性气味，助燃，有毒。氮氧化物主要损害呼吸道。吸入气体初期仅有轻微的眼及上呼吸道刺激症状，如咽部不适、干咳等。常经数小时至十几小时，或更长时间潜伏期后发生迟发性肺水肿、成人呼吸窘迫综合征，出现胸闷、呼吸窘迫、咳嗽、咯泡沫痰、紫绀等。可并发气胸及纵隔气肿，肺水肿消退后两周左右可出现迟发性阻塞性细支气管炎。慢性作用：主要表现为神经衰弱综合征及慢性呼吸道炎症，个别病例出现肺纤维化，可引起牙齿酸蚀症。对环境有危害，对水体、土壤和大气可造成污染。吸入中毒者应迅速脱离现场至空气新鲜处，保持呼吸道通畅，如呼吸困难，给输氧。如呼吸停止，立即进行人工呼吸、就医。NO_2 物性见表8-14。

表8-14　NO_2 物性

相 对 密 度	1.45(水=1)，3.2(空气=1)
相对分子质量	46.01
熔点/℃	-9.3
沸点/℃	22.4
饱和蒸气压(22℃)/kPa	101.32
闪点	
爆炸极限	
自燃点/℃	
介质的交叉作用	避免与易燃或可燃物接触、强还原剂、硫、磷接触

5. NaOH

为白色不透明固体，易潮解。30%NaOH 溶液不燃，具强腐蚀性、强刺激性，可致人体灼伤。粉尘刺激眼和呼吸道，腐蚀鼻中隔；皮肤和眼直接接触可引起灼伤；误服可造成消化道灼伤，黏膜糜烂、出血和休克，对水体可造成污染。皮肤接触者应立即脱去污染的衣着，用大量流动清水冲洗至少15min、就医。眼睛接触者应立即提起眼睑，用大量流动清水或生理盐水彻底冲洗至少15min、就医。吸入中毒者应迅速脱离现场至空气新鲜处，保持呼吸道通畅。如呼吸困难，给输氧。如呼吸停止，立即进行人工呼吸、就医。

6. H_2SO_3

H_2SO_3为无色透明液体，具有二氧化硫的窒息气味，易分解，不燃，具强腐蚀性、强刺激性，可致人体灼伤。对眼睛、皮肤、黏膜和呼吸道有强烈的刺激作用。吸入后可因喉、支气管的痉挛、水肿、炎症，化学性肺炎、肺水肿而致死。中毒表现有烧灼感、咳嗽、喘息、喉炎、气短、头痛、恶心和呕吐。对环境有危害，对水体可造成污染。皮肤接触者应立即脱去污染的衣着，用大量流动清水冲洗至少15min、就医。眼睛接触者应立即提起眼睑，用大量流动清水或生理盐水彻底冲洗至少15min、就医。吸入中毒者应迅速脱离现场至空气新鲜处，保持呼吸道通畅。如呼吸困难，给输氧。如呼吸停止，立即进行人工呼吸、就医。

7. Na_2SO_3

Na_2SO_3为无色、单斜晶体或粉末。不燃，具刺激性。对眼睛、皮肤、黏膜有刺激作用。对环境有危害，对水体可造成污染。

8. $NaHSO_3$

$NaHSO_3$为白色结晶粉末，有二氧化硫的气味。不燃，具腐蚀性，可致人体灼伤。对皮肤、眼、呼吸道有刺激性，可引起过敏反应。可引起角膜损害，导致失明。可引起哮喘；大量口服引起恶心、腹痛、腹泻、循环衰竭、中枢神经抑制。对环境有危害，对水体可造成污染。皮肤接触者应立即脱去污染的衣着，用大量流动清水冲洗、就医。眼睛接触者应立即提起眼睑，用大量流动清水或生理盐水彻底冲洗至少15min、就医。吸入中毒者应迅速脱离现场至空气新鲜处，保持呼吸道通畅。如呼吸困难，给输氧。如呼吸停止，立即进行人工呼吸、就医。

9. Na_2SO_4

Na_2SO_4为白色、无臭、有苦味的结晶或粉末，有吸湿性。不燃，具刺激性。对眼睛和皮肤有刺激作用，基本无毒。对环境有危害，对大气可造成污染。

10. NH_3

NH_3(氨)为无色、有刺激性恶臭气体。在适当压力下可液化成液氨，同时放出大量的热。当压力降低时，则气化逸出，同时吸收周围大量的热。氨有毒，空气中最高允许浓度为$30mg/m^3$。氨易溶于水、乙醇和乙醚，水溶液呈碱性。NH_3物性见表8-15。

表8-15　NH_3物性

相 对 密 度	$0.82/-79℃$(水$=1$)；0.5971(空气$=1$)
相对分子质量	17.03
熔点/℃	-77.7
沸点/℃	-33.5

相 对 密 度	0.82/−79℃(水＝1)；0.5971(空气＝1)
饱和蒸气压(4.7℃)/kPa	506.62
闪点/℃	气体。低于0℃下闪点不确定；有时难以点燃
爆炸极限/%(体积)	爆炸下限：15.7；爆炸上限：27.4
自燃点/℃	651
禁忌物	卤素、酰基氯、酸类、氯仿、强氧化剂。

危险特性：受到猛力撞击使钢瓶损伤时，气体外逸会危及人畜健康与生命。遇水则变为有腐蚀性的氨水。受热后瓶内压力增大。有油类存在时，会增加燃烧危险，气态氨有强烈的刺激气味，低浓度的氨对眼及上呼吸道黏膜有刺激作用，高浓度的氨可引起水肿甚至昏迷。

11. V_2O_5

SCR采用的脱硝催化剂主要化学成分为$TiO_2/V_2O_5/WO_3$。其中，V_2O_5的含量较少。

V_2O_5外观为橙黄色或红棕色结晶粉末，对呼吸系统和皮肤有损害作用。急性中毒：可引起鼻、咽、肺部刺激症状，多数人有咽痒、干咳、胸闷、全身不适、倦怠等表现，部分患者可引起肾炎、肺炎。慢性中毒：长期接触可引起慢性支气管炎、肾损害、视力障碍等。V_2O_5物性见表8-16。

表8-16　V_2O_5物性

相 对 密 度	3.35(水＝1)
相对分子质量	182
熔点/℃	690
沸点/℃	分解
饱和蒸气压/kPa	无资料
凝固点	无
禁忌物	强酸、易燃或可燃物

三、主要设备及材料选择

（一）EDV®工艺吸收塔（洗涤塔）

1. 设备结构

如图8-13所示，沿烟气流动方向，EDV®工艺吸收塔（洗涤塔）由急冷段、吸收段、滤清模块、水珠分离器、烟囱五部分组成。为防止急冷水倒流，自余热锅炉或CO锅炉出口的烟气管道应坡向吸收塔入口，坡度一般要求不小于2%。吸收段内部除了雾化喷头外，几乎就是一个空塔，即使当烟气上游出现故障时大量催化剂被带入吸收塔，也不会出现堵塞问题。吸收塔内设有多层喷头和急冷水喷头，保证吸收塔不超温。独特的喷头设计是该系统的关键，具有不易堵塞、耐磨、耐腐蚀、能处理高浓度液浆等特点。

根据吸收塔入口烟气流量、烟气中SO_2和粉尘浓度以及净化烟气指标，一般选择吸收塔的液气比为5~6，由此决定吸收塔直径和喷头数量，吸收塔空塔线速一般为2.0~3m/s。

吸收塔入口段设置G-400急冷喷头，根据烟气管道直径设置1个（或3个，直径≥3m），烟气经过急冷后温度由160~230℃快速降至绝热饱和温度（约59~61℃），满足吸收过程要求。单个 G-400 急冷喷头的设计流量一般为 160m³/h，为了保证 G-400 急冷喷头工作正常，要求吸收塔循环浆液进急冷喷头前压力不小于 2.2MPa(G)。

G-400 喷头可以形成高密度的锥形水帘，能将吸收塔内整个烟气流通截面覆盖，实现充分的气液接触。激冷段选用 1 个(或多个，直径≥3m) G-400 喷头，使吸收塔入口高温烟气快速降温，达到绝热饱和状态。吸收段安装若干个 G-400 喷头，G-400 喷头一般设 2~4 层，每层 3 个(或 4 个)，烟气中 SO$_x$ 和大部分催化剂颗粒被逐级洗涤脱除。为保证系统对烟气中的粉尘脱除率达到设计要求，滤清模块安装多个文氏管式滤清模块，以环状布置在吸收塔上部，每个滤清模块顶部设置 1 个 F-130 喷头。

2. 设备选材

吸收塔入口温度较高，SO$_2$、NO$_x$ 和催化剂粉尘浓度变化幅度大，催化剂粉尘粒径小、硬度大、浓度高，循环浆液 pH 值波动较大。烟气介质特性决定了湿法烟气脱硫除尘系统环境的磨损和腐蚀

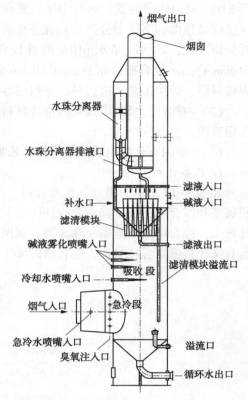

图 8-13　EDV®工艺吸收塔(洗涤塔)示意图

情况十分严重，如果材料选择不当，设备和管道材料会很快被侵蚀掉，因此设备和管道材质要具备耐蚀、耐磨、防结垢等性能，才能满足系统长周期运行需要。DuPont™Belco 公司提供喷嘴、滤清模块和水珠分离器等核心专有设备，吸收塔壳体及其他内件在国内采购制造。设备材质选择原则如下：

(1) 烟道入口。烟气在吸收塔入口急冷段被迅速冷却至饱和温度，在入口段注入臭氧将烟气中 NO$_x$ 氧化为 N$_2$O$_5$，N$_2$O$_5$ 与烟气中水蒸气结合形成 HNO$_3$，该处腐蚀最严重，该段筒体及内件均采用耐腐蚀材料 USN08020(20Cb3 合金)，该材料是具有很多优异性能的耐蚀合金，能耐氧化性和中等还原性腐蚀，具有优异的抗应力腐蚀开裂能力。

(2) 塔体和烟囱。吸收塔塔体和烟囱的操作温度一般不超过 62℃，但介质腐蚀性较强，专利商推荐材料为 304L 或 316L，要求奥氏体不锈钢既充当耐腐蚀材料，又承受内压和风或地震等载荷。

根据《钢制化工容器材料选用规定》(HGJ/T 20581—2011)，化工容器用钢材应在考虑设备的操作条件(如设计压力、设计温度、介质等特性)、材料的焊接性能和冷热加工性能的前提下，考虑经济合理性。当所需不锈钢厚度大于 12mm 时，应尽量采用衬里、复合钢板、堆焊等结构形式。因此，吸收塔塔体和烟囱采用 Q345R+022Cr19Ni10(S30403) 复合钢板即可满足要求，复合钢板的级别应为 B2 级，满足《压力容器用爆炸焊接复合板第 1 部分：不锈钢-钢复合板》(NB/T 47002.1—2009)的相关要求，交货前复层表面应进行酸洗、钝化处理。

吸收塔出口的烟气冷凝水为酸性，烟气中还含有少量的超细催化剂颗粒物，在酸性环境下加剧了对塔体冲蚀和磨蚀，如使用复合板材要特别注意焊接质量。某 3.5Mt/a 催化裂化配

套 EDV®+LoTOx™装置，运行半年后发现吸收塔出口缩颈处(焊缝)有气体冒出，经检查发现吸收塔顶部的腐蚀十分严重并有穿孔现象，严重威胁装置的安全运行。通过对净化烟气采样分析发现，烟气凝结水 pH 值酸性较强(达到 2 左右)。鉴于吸收塔材质为 Q345R+304 (10mm+3mm)复合板，而 Dupont™Belco 公司强调采用全 304 不锈钢，用复合板要特别注意焊接材料、焊接工艺、错边量，不然很容易通过焊接缺陷对塔造成较大的腐蚀。

(3) 内构件。吸收塔其余内构件材料选用 022Cr19Ni10(S30403)，内件连接螺栓、螺母选用哈氏合金(C-276)。

(二) 中国石化除尘脱硫一体化工艺吸收塔(洗涤塔)

1. 设备结构

如图 8-14 所示，沿烟气流动方向，中国石化除尘脱硫一体化工艺吸收塔由急冷预除尘脱硫塔和综合塔组成，其中急冷预除尘脱硫塔主要包括文氏格栅段、逆喷段(吸收段)及连接弯头，综合塔由消泡器、除沫器、烟囱及水珠分离器四部分组成。急冷预除尘脱硫塔内部设有文氏格栅及雾化喷头，综合塔内部主要有消泡器和除沫器，整个吸收塔几乎就是一个空

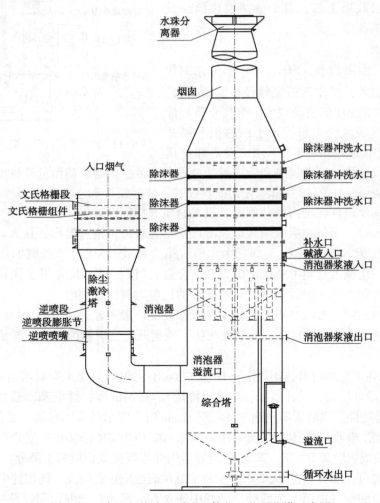

图 8-14　中国石化除尘脱硫一体化工艺吸收塔示意图

塔，即使当烟气上游出现故障时大量催化剂被带入急冷预除尘脱硫塔，也不会出现堵塞问题。除尘激冷塔内设有文氏格栅和急冷水喷头，保证吸收塔不超温。独特的喷头设计是该系统的关键，具有不易堵塞、耐磨、耐腐蚀、能处理高浓度液浆等特点。

根据吸收塔入口烟气流量、烟气中 SO_2 和粉尘浓度以及净化烟气指标，一般选择吸收塔的液气比为 5~6，由此决定吸收塔直径和喷头数量，吸收塔空塔线速一般为 2.0~3m/s。

急冷预除尘脱硫塔入口设置文氏格栅组件（专利产品），文氏格栅组件常用于高温烟气降温。烟气经过文氏格栅喷嘴喷射出来的雾滴急冷后温度由 160~230℃ 快速降至绝热饱和温度（59~65℃），满足吸收过程要求。文氏格栅喷嘴的设计总流量一般根据文丘里液气比（1.5L/m³）来确定，为了保证文氏格栅喷嘴工作正常，要求除尘激冷塔文氏格栅循环浆液进文氏格栅喷头前压力不小于 0.06MPa（表）。

急冷预除尘脱硫塔逆喷段设置 3 个逆喷喷头（专利产品）和 1 个保安喷头（专利产品）。逆喷喷头用于烟气脱硫除尘，保安喷头用于事故状态下超温烟气激冷降温。逆喷喷头的设计总流量一般根据逆喷液气比（4.0~5.0L/m³）来确定，为了保证逆喷喷头工作正常，要求急冷预除尘脱硫塔逆喷循环浆液进逆喷喷头前压力不小于 0.08MPa（表）。保安喷头的设计总流量一般为 150m³/h，当保安喷头流量不足时，用消防水来补充。为了保证保安喷头工作正常，要求急冷预除尘脱硫塔逆喷循环浆液（或消防水），进保安喷头前压力不小于 0.08MPa（表）。

同一塔内采用两级双循环除尘和脱硫。第一级循环采用两段除尘，第一段除尘采用格栅文丘里，对粉尘、SO_2 进行初步收集，减少烟气中粉尘、SO_2 的含量。第二段除尘采用湍冲逆喷技术，利用大口径的非金属喷嘴，在进一步降低烟气的温度至饱和的同时，对大颗粒高浓度粉尘进行洗涤，即使在催化裂化装置跑剂的情况下，也可保证除尘和脱硫效果。第二级循环采用喷淋和消泡的方法，进一步减少超细粉尘和 SO_2 达标排放。

格栅式文丘里组件是一种高效湿式洗涤器，采用文丘里除尘的原理，在收缩管和喉管中气液两相间的相对流速很大，从喷嘴喷射出来的液滴在高速气流冲击下，进一步雾化成为更细的雾滴。同时气体被水所饱和，尘粒表面附着的气膜被冲破，尘粒被水润湿，因此在尘粒与液滴或尘粒之间发生着激烈的碰撞、凝聚。在扩散管中，气流速度的减小和压力的回升，使这种以尘粒为凝结核的凝聚作用发生得更快。凝聚成较大粒径的含尘液滴，便容易被其他型低能洗涤器或除雾器捕集下来。

湍冲洗涤以不雾化的喷头将液相物料湍冲状喷射，与逆向运动的气流进行撞击，在某一设定区域建立能量、质量、热量的动态交换场。由于液相是湍冲状态，并不断切割气相使之也形成湍冲状，达到两相的表面积不断更新，取得最大的比表面积，而充分交换。

由于是不雾化喷头，喷口直径大，吸收原理先进，解决了传统湿法吸收过程中喷头堵塞的问题，还大大地降低了喷头的操作压力。该种喷头单级湍冲处理脱硫效果可达 95% 以上，除尘效率也很高。

消泡器喷头可以形成高密度的锥形水帘，能覆盖吸收塔内整个烟气流通截面，实现充分的气液接触。烟气中 SO_x 和大部分催化剂颗粒被逐级洗涤脱除，为保证系统对烟气中的粉尘脱除率，综合塔设置消泡器及除沫器，消泡器含多个文丘里管，以环状布置在综合塔烟气入口上部，每个文丘里管顶部设置 1 个消泡器喷头。

2. 设备选材

设备材质选择原则如下：

(1) 烟道入口。中国石化除尘脱硫一体化工艺吸收塔采用不同防腐材料，分区域进行防腐。将高温强腐蚀恶劣工况集中在几何形腔较简单、体积较小的圆筒形除尘激冷塔上端部的小区域内，在该区域对烟气进行脱硫处理，故只需要在该小区域内采用适当的重点防腐措施。烟气在急冷预除尘脱硫塔入口文氏格栅段被迅速冷却至饱和温度，该处腐蚀最严重，该段筒体及内件均采用耐腐蚀材料，筒体材料可选用耐高温的聚四氟乙烯或石墨材料，也可以采用 Q345R+Alloy20 材料。

因为经湍冲洗涤后的吸收液与烟气均接近常温状态，针对逆喷段及在下游体积较大的综合塔以至系统其他设备进行防腐就较容易。常温防腐一般采用价格较低的防腐材料和方便的工艺措施，筒体材质采用 Q345R+S30403，可大大降低系统设备的造价。

(2) 塔体和烟囱。吸收塔塔体和烟囱的操作温度一般不超过 62℃，但介质腐蚀性较强。吸收塔塔体和烟囱采用 Q345R+022Cr19Ni10(S30403)复合钢板。

(3) 内构件。吸收塔其余内构件材料选用 022Cr19Ni10(S30403)，内件连接螺栓、螺母选用哈氏合金(C-276)，其余内件选用 304L 材质。

(三) 中国石化湿法除尘工艺(除尘和脱硫分步湿式)

1. 设备结构

来自余热锅炉经脱硝后的烟气，经水封罐送入除尘激冷塔，在其中烟气由上到下分别经过急冷段、溢流堰、逆喷段，其中逆喷段设有 4 个喷嘴(其中 1 个为保安喷嘴)，循环浆液从喷嘴中逆向喷射烟气。气液各个微团发生强烈的碰撞接触，从而有效地洗涤烟气中的烟尘及颗粒物。中国石化除尘洗涤塔见图 8-15 所示。

经除尘激冷塔预洗涤后的烟气进入综合塔，上升进入消泡器，通过消泡器进入二段洗涤段，烟气通过消泡器，更细的粉尘得到浓缩和过滤。细微颗粒物和 SO_3 雾气聚积，无雾气产生，不结垢，且压降低，能自行清洗。经捕沫器、湿式电除尘器除去水雾后的烟气，经综合塔上部烟道进入脱硫单元一级脱硫塔。

循环浆液含有颗粒物，在综合塔底部设置循环泵，将塔底浆液送去换热器换热降温后，一部分送去气提塔，一部分返回作为激冷洗涤水利用。由于在除尘激冷冲洗烟气除尘的同时，吸收了烟气中的部分 SO_2，形成亚硫酸，并脱除了烟气中可能存在的 SO_3，所以该循环浆液的 pH 值(1~2)很低，酸性很强，具有腐蚀性。

消泡器段浆液经消泡器浆液循环泵送入消泡器喷嘴进行循环利用，由于该浆液中也含有颗粒、亚硫酸、硫酸，因此该循环浆液的 pH 值(1~2)也很低，同时酸性很强，具有腐蚀性。

2. 设备选材

设备材质选择原则如下：

(1) 除尘激冷塔。烟气在吸收塔入口急冷段被迅速冷却至饱和温度，该段筒体及内件均采用 F4/CS+石墨材质，溢流堰采用 F4/CS 材质，内筒体采用 ALLOY20 材质，逆喷段采用 F4/CS+石墨材质，逆喷段膨胀节采用 F4/CS 材质，喷嘴段采用 CS/PO 材质，过渡段采用 CS/PO 材质。

(2) 综合塔本体。综合塔塔体的操作温度一般不超过 65℃，但介质腐蚀性较强。综合塔塔体采用碳钢衬 PO，衬里满足 HG/T 20678—2000《衬里钢壳设计技术规定》。

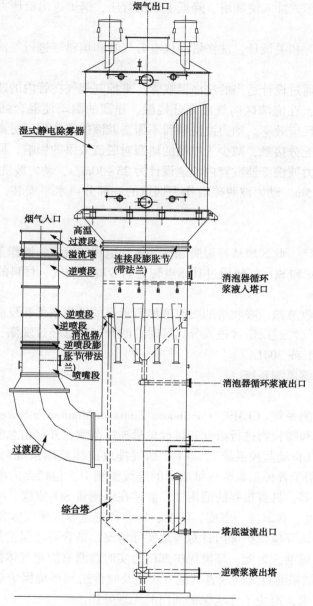

图 8-15　中国石化除尘洗涤塔示意图

烟气出口

湿式静电除雾器

烟气入口

高温过渡段

溢流堰

逆喷段

连接段膨胀节(带法兰)

消泡器循环浆液入塔口

逆喷段

逆喷段

消泡器

逆喷段膨胀节(带法兰)

喷嘴段

消泡器循环浆液出口

过渡段

综合塔

塔底溢流出口

逆喷浆液出塔

综合塔出口的烟气冷凝水为酸性，烟气中还含有少量的超细催化剂颗粒物，在酸性环境下加剧了对塔体冲蚀和磨蚀，在流体冲击力变化较大的区域，涂层厚度宜加厚 1.5~2.0mm。

（3）内构件。除尘激冷塔及综合塔其余内构件材料选用 CS/PO 材质，内件连接螺栓、螺母的材质选用哈氏合金（C-276）。

（4）湿式静电除尘器。综合塔顶湿式静电除尘器为组合件。

（四）WGS

1. 设备结构

WGS 烟气处理技术，采用负压式文丘里管抽吸技术，利于烟机做功。其主要优点：

（1）烟气以负压形式抽入洗涤塔，降低了烟机背压，锅炉进出口压力降低，无需对已有锅炉进行补强。

（2）无滤清模块等相关设计，洗涤塔内仅有升气管和填料层进行气液分离，脱硫除尘效果良好。

动力波脱硫塔是通过设计适当的洗涤器喉管，来控制烟气在管内的速度，使烟气与碱液在喉管内形成泡沫区，在泡沫区内气液充分接触，强烈的湍动使混合强化，并使接触面更新，从而获得极高的反应效率。动力波洗涤器不需要碱液的雾化程度过高，而靠洗涤器内部形成的湍流实现气液充分接触，减少了喷嘴的堵塞对脱硫效果的影响，同时降低了碱液泵的运行功率。烟气在动力波洗涤器喉管内流速设计为 $25\sim30m/s$，动力波洗涤塔长度为 $6\sim8m$，其中湍动区长度为 $2.5m$。动力波脱硫塔作为烟道的一部分可水平安装，也可竖直安装，直径仅为烟道的 1.3 倍。

2. 设备选材

（1）急冷和反应区。此区域从高温腐蚀性气体到饱和酸溶液，操作条件非常恶劣。随着气体温度的降低，SO_2 和 SO_3 气体通过其露点转变为冷凝的酸气，材料的选择必须承受宽范围的条件变化。

（2）洗涤塔的吸收液槽。吸收塔的吸收液槽所承受的操作条件和反应区条件相同，材料选用高合金钢。当尾气经过反应区进入分离区时，酸性气体已经过洗涤，此部分吸收槽可采用低等级合金钢（316L 或 304L）。

四、烟气在线连续监测系统

（一）概述

烟气在线连续监测系统（CEMS，Continuous Emission Monitoring System）是指对大气污染源排放的气态污染物和颗粒物进行浓度和排放总量连续监测，并将信息实时传输到主管部门的装置，被称为"烟气自动监控系统"，亦称"烟气排放连续监测系统"或"烟气在线监测系统"。目前，主要应用于各种工业废气排放源的连续监测中，包括火力电厂、垃圾焚烧发电厂、化工厂、造纸厂等，具有很强的适用性，能够在线测量 SO_2 浓度、NO_x 浓度、CO 浓度、CO_2 浓度、颗粒物浓度、含氧量、温度、湿度、压力和流速等多项气体参数。

为保护环境，各地环境保护部门针对当地实际情况，结合环境保护部的要求，制定出适合各地的污染物排放标准。为此，环境保护部门会实时监测有固定气体排放源企业的气体排放情况。CEMS 测量结果通过无线或者其他方式能及时传送到环境保护监测平台，满足了环境保护部门的监测要求，避免了环境保护部门的无理处罚。

CEMS 测量结果的另外一个重要作用是分析脱硫、脱硝设备的效率。通过实时对脱硫、脱硝设备的入口和出口烟气成分监测比对，可以有效判断出脱硫、脱硝设备的运行情况。同时通过对入口和出口的烟气流量监测，可以准确计算出进入脱硫、脱硝设备的 SO_2 总量及 NO_x 总量，将这一信息及时传送到脱硫、脱硝设备的 DCS，控制注入化学药剂数量，使脱硫、脱硝设备的效率最大化。

在《固定污染源烟气排放连续监测技术规范（试行）》（HJ/T 75—2007）和《固定污染源排放烟气连续监测系统技术要求及检测方法》（HJ/T 76—2007）中，规定了对 CEMS 组成、测量原理等方面的要求，工程中采用 CEMS 产品必须满足该规范的要求，还必须满足项目所在地省市环保部门、电网对信号和接口方式要求。为保证数据的安全性和保密性，进入 CEMS

必须经过安全认证，以避免误操作和确保系统数据的保密性，提供数据备份功能。CEMS由气态污染物监测子系统、流量参数监测子系统、数据采集处理与通讯子系统和氧气监测子系统组成。气态污染物监测子系统主要用于监测气态污染物SO_2、NO_x等污染气体的浓度和排放总量；颗粒物监测子系统主要用来监测烟尘的浓度和排放总量；流量参数监测子系统主要用来测量烟气流速、烟气温度、烟气压力、烟气湿度等，用于排放总量的累积计算和相关浓度的折算；数据采集处理与通讯子系统由数据采集器和计算机系统构成，实时采集各项参数，生成各浓度值对应的干基、湿基及折算浓度，生成日、月、年的累积排放量，完成丢失数据的补偿并将报表实时传输到主管部门。氧气监测子系统用于换算参数折算值，同时可以判断系统密封情况。通常将上述排放监测仪的控制盘和数据采集处理系统安装在分析仪小房内，为小房配备有空调，以适应夏季较高的环境温度。

设计可以将吸收塔出口烟气分析仪与环保排放监测仪合用1套，即环保排放监测仪测得的SO_2、NO_x、颗粒物和O_2等数据除用于环保排放监测外，还通过硬接线输出到FGD装置的控制系统，参与FGD的实时控制。需要注意的是，由于测量烟气存在2个不同工况，即脱硫前原料烟气和脱硫后净化烟气，SO_2分析仪需具备自动量程切换功能（大于或等于1∶10）。

（二）颗粒物CEMS安装位置

（1）颗粒物CEMS应安装在能反映颗粒物状况的有代表性的位置上，优先安装在垂直管段；

（2）位于所有颗粒物控制设备的下游，且监测位置处不漏风；

（3）光学原理的颗粒物CEMS所在测定位置没有水滴和水雾，且不受光线的影响；

（4）便于日常维护，安装位置易于接近，有足够的空间，便于清洁光学镜头，检查和调整光路准值，检测仪器性能和更换部件等；

（5）测定位置应避开烟道弯头和断面急剧变化的部位，设置在距弯头、阀门、变径管下游方向不小于4倍直径，和距上述部件上游方向不小于2倍直径处，当安装位置不能满足要求时，应尽可能选择气流稳定的断面，但安装位置前直管段的长度必须大于安装位置后管段的长度。

（三）气态污染物CEMS安装位置

（1）位于气态污染物混合均匀的位置，该处测得的气态污染物的浓度和排放率能代表固定污染源的排放；

（2）便于日常维护，安装位置易于接近，有足够的空间，便于清洁光学镜头、检查和调整光路准值、检测仪器性能和更换部件等；

（3）安装位置应设置在距最近的控制装置，产生污染物和污染物的浓度或排放率可能发生变化部位下游不小于2倍烟道或管道直径；

（4）离烟气排口或控制装置上游不小于半倍烟道或管道直径。

（四）流速连续测量系统的安装位置

（1）安装位置不得影响颗粒物和气态污染物CEMS的测定；

（2）便于日常维护，安装位置易于接近，有足够的空间，便于检测仪器性能和更换部件等；

（3）测定位置应避开烟道弯头和断面急剧变化的部位，设置在距弯头、阀门、变径管下游方向不小于4倍直径，和距上述部件上游方向不小于2倍直径处，当安装位置不能满足要求时，应尽可能选择气流稳定的断面，但安装位置前直管段的长度必须大于安装位置后管段的长度。

五、主要控制逻辑及控制指标

（一）SCR 脱硝技术（以抚研院技术为例）

1. 主要控制逻辑

（1）液氨蒸发器上水浴温度调节。液氨蒸发器上的水浴温度由调节阀进行调节，当温度≥55℃时，关小调节阀，当温度≤50℃时，恢复正常；当温度≤40℃时，开大调节阀，当温度≥50℃时，恢复正常。

（2）氨气缓冲罐出口管线上流量调节。氨气缓冲罐出口管线流量根据烟气中 NO_x 的总量进行调节。

氨气计量采用 DCS 自动控制，由调节阀调节，相关控制参数是烟气流量、NO_x 浓度和影响因子。

氨气缓冲罐出口氨气的计量由进出口 NO_x 浓度、烟气流量控制。设氨气流量为 $Q_{氨气}$，则 DCS 的氨气流量公式如下：

$$Q_{氨气} = K \times (C - 100) \times Q_{烟气} \times 10^{-6} / \rho \tag{8-21}$$

式中　$Q_{氨气}$——氨气流量，Nm^3/h；

　　　　K——调控参数，约为 0.389，由操作人员调试确定；

　　　　C——NO_x 浓度，mg/Nm^3；

　　　　$Q_{烟气}$——烟气流量，Nm^3/h（正常工况）；

　　　　ρ——氨气密度，kg/Nm^3。

（3）氨气缓冲罐上压力联锁。氨气缓冲罐上的压力由开关阀进行联锁，当压力≥0.65MPa 时，开关阀自动关闭。

（4）氨泄漏喷淋联锁。氨泄漏检测装置由开关阀进行联锁，当泄漏检测出氨气浓度≥36mg/m³时，开关阀自动打开进行喷淋。

（5）氨泄漏关断联锁。氨泄漏检测装置由开关阀进行联锁，当泄漏检测出氨气浓度≥36mg/m³时，开关阀自动关闭。

（6）液氨蒸发器出口管线上温度联锁。液氨蒸发器出口管线温度≤8℃时，自动关闭开关阀。

（7）脱硝反应器入口温度联锁。催化剂床层入口温度<300℃，切断氨气管线开关阀，停止供氨。

（8）疏水管线上温度联锁。疏水管线上温度≥300℃时自动关闭开关阀。

（9）液氨储罐温度、压力联锁。液氨储罐温度≥39℃时，开关阀自动打开进行喷淋。液氨储罐压力≥1.56MPa 时，开关阀自动打开进行喷淋。

（10）稀释风机流量联锁。稀释风机出口管道上的稀释风流量小于 1000Nm³/h 时，切断氨气管线开关阀，停止供氨。

（11）液氨蒸发器出口管线上温度报警。液氨蒸发器出口管线上温度值≤20℃时，报警。

（12）SCR 反应器氨气进口处温度报警。SCR 反应器氨气进口处温度测点值≥400℃时，高报警；低于 320℃低报警。

（13）SCR 反应器出口氨气浓度报警。SCR 反应器出口氨气浓度测量值≥1mg/Nm³时，高报警。

（14）液氨储罐温度、压力报警。液氨储罐温度≥35℃时，高报警。液氨储罐压力≥

1.25MPa 时，高报警。

（15）稀释风机流量报警。稀释风机出口管道上的稀释风流量小于（1200Nm³/h）时，低报警。

2. 主要控制指标

（1）SCR 反应器温度区间。脱硝一般在 300～420℃ 范围内进行，催化剂在此温度范围内才具有活性，所以 SCR 反应器布置在锅炉 300～420℃ 的换热段之间。温度低于 300℃ 时，易生成硫酸氢铵（NH_4HSO_4），覆盖在催化剂表面及省煤器表面，影响催化剂性能及省煤器传热效率，导致省煤器压降升高；反应温度高于 420℃ 时，会影响催化剂寿命，长期高于 420℃ 时，会导致催化剂烧结。

（2）SCR 反应器出口氨气浓度。氨的过量和逃逸取决于 NH_3/NO_x 摩尔比、工况条件和催化剂的活性用量。氨过量会造成氨逃逸量增加和氨的浪费，氨逃逸率通常控制在 1mg/m³ 以内。避免逃逸氨过高，生成硫酸氢铵覆盖在省煤器表面，影响省煤器传热效率，导致省煤器段烟气压降升高。

（3）出口 NO_x 控制。出口 NO_x 与烟气量、入口 NO_x、反应温度、催化剂装填量、氨气量及稀释风量有关，其中，烟气量、入口 NO_x、催化剂装填量均已确定，影响因素只有：反应温度、稀释风量和氨气量。其中稀释风量达不到设计值，会影响喷氨格栅喷氨及氨气与烟气的混合效果；反应温度可通过对脱硝反应器前换热段的换热效果进行适当调整而获得。

（4）液氨储罐温度、压力。液氨储罐温度不大于 35℃。液氨储罐压力不大于 1.25MPa。

（二）除尘脱硫技术（以 EDV 技术为例）

1. 主要控制逻辑

（1）吸收塔排液。在正常运行过程中应控制循环浆液（洗涤液）中悬浮物 SS 含量、氯离子（Cl^-）含量、总含盐量（Total Dissolved Salts，TDS），一般控制循环浆液（洗涤液）系统中 SS 小于 0.5% 或颗粒物浓度小于 5g/L，Cl^- 浓度小于 750mg/L 或 TDS 小于 5%。当上述指标超标时，循环浆液系统需要排放部分吸收液，保证脱硫系统的正常运行，排放的循环浆液需经过废水处理系统，进一步处理后外排。

（2）循环浆液（洗涤液）pH 值。吸收塔碱液注入量是根据循环浆液（洗涤液）pH 值进行调节控制的，一般在吸收塔塔底抽出管线设置 2 台（互为备用）pH 在线分析仪，pH 在线分析仪安装位置应从管线顶部垂直插入（至管中心位置）。为保证 pH 在线分析仪测量的数据准确，其正确安装方式要严格根据供货商提供的安装技术要求进行，一般 pH 在线分析仪的玻璃电极不能水平安装或向下安装，水平安装角度应大于 15°。同时还需要 pH 在线分析仪定期维护（校准）和定期对测量元件（探头）进行清洁。

（3）澄清器排渣。澄清器底流阀通过时间程序控制间歇操作，一般初始值设置为 1h 开启 1 次，每次持续时间为 5～10s；在实际操作中，需根据具体情况调整到最佳操作状态。澄清器底流控制阀宜采用管夹阀，阀前后设置反冲洗管线，冲洗水可用新鲜水或其他含悬浮物较少的回用水。

（4）烟气脱硫含盐污水与处理。澄清池上清液送至氧化罐进一步处理，通过氧化风机鼓入空气对脱硫废水中的亚硫酸盐进行氧化以降低假性 COD。烟气脱硫废水在氧化罐中经过氧化处理后 pH 值发生变化，用 pH 在线分析仪监测氧化罐出水 pH 值，通过碱液流量调节阀控制加注碱液量，维持氧化罐出水 pH 值在 6～9 范围内。

（5）烟气脱硫系统水平衡。根据烟气脱硫系统的水平衡状态，烟气急冷过程需要加入相当数量的补充水。补充水一般采用新鲜水，加入方式为连续加入，加入点为滤清模块集液箱，补充水设置流量调节阀，根据滤清模块集液箱液位控制补充水的流量。需要特别注意的是，当新鲜水中氯离子超过 200mg/L 时，宜采用除盐水。

添加补充水以补偿 PTU 单元排液以及急冷区域水的汽化。完整的水平衡应包括添加碱液和化学反应水。冷却吸收塔的排液量用来维持洗涤液中亚硫酸盐/硫酸盐、氯离子和悬浮固体浓度低于设计工况下的规定值。在异常工况下，会产生催化剂颗粒超量携带，PTU 单元的排液量应大幅增加以降低悬浮固体颗粒的浓度。

（6）吸收塔超温保护。为确保安全操作和避免吸收塔超温，急冷后的烟气进入吸收塔应设 3 个温度检测点，用于监控急冷后的烟气温度，该温度与紧急水控制阀组成联锁回路，联锁温度选择 3 取 2 方式。

紧急冷却水来自装置(或系统)的新鲜水管网(压力约 0.4MPa)，为防止吸收塔超温，在吸收塔入口处设置烟气紧急冷却系统，吸收塔壁上在烟气入口处设 3 个温度测点(3 取 2)，当温度大于 85℃，应急急冷水系统启动，大量的水通过控制阀(ZIO-1001A/B)被引入到入口急冷区的喷嘴总管内。5min 后自动打开旁路烟道阀，确认旁路烟道阀完全打开后，再手动关闭进口阀门。故障排除后，恢复原状态。当烟气中的粉尘浓度很大时(催化剂携带过多)，以手动方式启动急冷水系统。向 EDV® 系统中加入急冷水后，会稀释过多的催化剂，使其从系统中排出，保证循环浆液中尘的浓度不超过 5g/L。

2. 主要控制指标

主要操作原则为：

（1）控制好吸收塔的液位、温度和循环浆液的 pH 值及浆液密度。

（2）控制好废液处理单元各项指标合格，保证外排污水达标排放。

表 8-17 列出了某 3.5Mt/a 催化裂化配套 EDV® 装置主要技术指标。

表 8-17　EDV® 装置主要技术指标

序号	指标 项目	单 位	运行值	设计值	评价
1	SO₂ 原料硫含量	%		2.08	
	入口浓度	mg/Nm³	625	1064	
	出口浓度	mg/Nm³	29	<98	双达标[注]
	排放总量	t/a	130	448	双达标
	脱硫效率	%	95.4	90.6	双达标
2	NOₓ 入口浓度	mg/Nm³	215	300	双达标
	出口浓度	mg/Nm³	29	<100	双达标
	排放总量	t/a	660	795	双达标
	脱硝效率	%	86.5	67	双达标
3	颗粒物 入口浓度	mg/Nm³	90	200	
	出口浓度	mg/Nm³	25	<30	双达标
	排放总量	t/a	114	137	双达标
	除尘效率	%	72.2	85	达标

续表

序号	指标		单 位	数 值		
	项 目			运行值	设计值	评价
4	废水排放量		t/h	28	17	超标
5	废渣排放量		/a	290	640	
6	环境影响	气溶胶	mg/Nm³	无		良好
		腐蚀		有		有局部腐蚀现象
		堵塞		无		良好

注：达标为仅达到国家及地方的标准与要求或设计值；双达标为达到国家及地方的标准（要求）和设计值。

六、开工准备

（一）开工前检查

为确保系统试车正常进行，在试车前工程建设单位应按照设计图纸（资料），完成工艺设备、工艺管道、自动控制和安全连锁系统、电力供给系统、循环水系统、新鲜水供给和排水系统、化学药剂供给系统的工程建设任务。

工程建设单位在工程建设结束、移交生产管理部门接管前，应组织工程监理、工程设计单位、施工单位以及企业内容的职能管理部门等组成联合检查小组，对工程建设进行"三查四定"。

烟气脱硫脱硝系统开工前检查一般包括：

（1）所有设备（容器、机械设备、特殊阀门）和土建工程等现场施工与安装完毕，确认是否具备试车条件。

（2）烟道、管道、阀门及关键支承结构等现场施工与安装完毕，确认是否具备试车条件。

（3）公用工程（蒸汽、循环水、新鲜水、压缩空气）系统、排水系统、化学药剂供给系统等现场施工与安装完毕，确认是否具备试车条件。

（4）电源线路（包括工艺设备和仪表供电、场地照明等）现场施工与安装完毕，确认是否具备试车条件。

（5）自动控制系统和联锁报警等现场施工与安装完毕，确认是否具备试车条件。

（6）消防及安全设施等现场施工与安装完毕，确认是否具备试车条件。

（7）关键设备（反应器、催化剂、喷嘴等专利商直供设备）等现场施工与安装完毕，确认是否满足专利商的技术要求和是否具备试车条件。

对开工前检查发现的工程质量问题以及影响试车和系统调试问题，应做好纪录和分类，根据问题性质和责任主体，要求工程设计单位、设备供货商（制造商）、施工单位对检查发现的问题逐条进行答复并限时整改，直至满足试车条件要求。需要专利商现场确认的技术问题，也应在工程建设过程的适当时机（合同约定）或工程施工结束前完成现场确认工作，并以会议纪要的形式明确确认意见或整改意见。

（二）系统调试

启动系统调试，对烟气脱硫脱硝系统的各种设备和管道安装完成后的试验性运行，以考核所有设备的性能指标是否符合要求，各项预定的功能是否能够实现，各种设备和系统是否能够协调工作，从而保证整套装置的性能指标满足要求。

系统调试阶段可划分为单机试车、联动试车和投料试车。

1. 主要工作

（1）单机试车。通用机泵、搅拌机械、驱动装置及与其相关的电气、仪表、计算机等检测、控制、联锁、报警系统，安装结束均要进行试运转的过程，称为单机试车，主要检验设备制造、安装质量和设备性能是否符合规范和设计要求。

（2）联动试车。联动试车的目的是检验装置设备、管道、阀门、电气、仪表、计算机等性能和质量是否符合设计与规范的要求。

联动试车包括大机组等关键设备负荷试车、烘炉（器）、煮炉，系统的气密、干燥、置换、三剂装填、水运、气运、油运等。一般先从单系统开始，后扩大到几个系统或全装置的联运。

（3）现场调试。现场调试工作包括在系统运转之前，为确保所有系统组成部分按照设计要求运转、子系统和回路可正常工作而必需的检查与程序（工艺性能标准有限），只有在单机试车完成且系统具备联动试车条件，方可进行联动试车。催化裂化烟气脱硫脱硝系统试车的主要介质水，除烟气之外，只有在所有公用工程系统准备就绪时执行联动试车。

联动试车完成后，确认是否具备现场试车条件，温度、压力、流量控制调节正常，在线分析仪表正常、联锁报警系统正常，做好开工调试准备工作，引入上游物料（原料烟气）进入脱硫脱硝系统，系统开始试运行。系统试运行初期，应逐步调节并增加烟气流量，关注催化裂化装置烟机、余热锅炉等以及烟气脱硫脱硝系统各点温度和压力变化，避免出现烟气流量调节幅度过大导致操作出现异常。原料烟气并进入脱硫脱硝系统后，应按照正常的生产管理要求，对温度、压力、流量、pH 值以及净化烟气质量等数据进行纪录。

2. 操作分析（以 EDV 为例）

（1）SO_2 脱除效率。影响烟气中 SO_2 吸收效果的主要因素是循环浆液（吸收液）pH 值，pH 值越高，吸收效果越好。在循环浆液（吸收液）pH 值为 6.8 条件下，烟气中 SO_2 脱除率可达到 99.9%。

吸收塔设备材质主要为 304L，当循环浆液（吸收液）酸性过强时，如果在氯离子（Cl^-）高浓度的同时作用下会对设备产生应力腐蚀。当循环液（吸收液）碱性过强时，循环液（吸收液）还会吸收烟气中 CO_2 等弱酸性组分，使碱液消耗量和污水含盐量增加，运行成本提高。一般循环浆液（吸收液）pH 值控制指标上限为 7.5，实际操作中循环浆液（吸收液）pH 值控制在 6.5~7.0。

（2）吸收塔腐蚀。国内大部分催化裂化装置再生烟气中的催化剂粉尘含量是国外同类装置的 2~3 倍，吸收塔循环浆液中的催化剂粉尘粒径小、硬度大、浓度高，含有大量对不锈钢腐蚀非常敏感的氯离子（Cl^-），对设备磨损严重，且对不锈钢的临界腐蚀浓度随介质温度升高，或 pH 值下降而降低。

G 装置烟气脱硫采用 EDV 技术，专利商对吸收塔循环浆液的固含量和 pH 值在工艺包中提出明确要求，但实际生产过程中兼顾考虑腐蚀和磨损问题，降低了吸收塔操作条件的苛刻度，导致外排含盐污水数量增加。表 8-18 列出了该装置吸收塔循环浆液中有害物质浓度和 pH 值分析数据。

表 8-18　某催化裂化装置运行数据

采 样 时 间	控制指标	05. 11	05. 22	06. 04	06. 13	09. 10	10. 10
固含量/(mg/L)	≥5000	2962	2284	1858	3236	2378	3104
Cl^- 浓度/(mg/L)	≥750	260	187	110	215	250	365
pH 值	6.5~7.5	6.6	7.0	6.3	7.2	7.3	6.7

（3）急冷吸收循环泵磨损。离心机泵叶片的磨损强度主要与设备材质和输送物料特性有关，随着急冷吸收循环浆液中粉尘浓度增加和粒径的增大会显著提高。为延长机泵和喷嘴的使用寿命，通过调整外排水量控制浆液中固含量。

急冷吸收循环泵出现磨损后的主要现象是泵出口压力和电机电流下降，根据磨损程度需要定期更换离心泵叶片和密封口环。烟气中粒径大于 $3\mu m$ 催化剂粉尘几乎全部在洗涤段被脱除，吸收塔循环浆液中固含量浓度高、粒径大，对设备磨损强度也大。下游滤清模块区循环浆液中催化剂粉尘粒径小于 $3\mu m$，加上工艺补充水的不断稀释，其固含量较低，对设备磨损强度相对较小。

（4）急冷喷嘴磨损。吸收塔的急冷段和洗涤段采用 G400 喷嘴，其孔径大，不易堵塞。循环浆液中的催化剂粉尘对接触界面的长期磨损会导致 G400 喷嘴厚度减薄，喷嘴流量逐渐增大，主要现象为循环泵出口压力下降且电机电流增大。滤清模块区配置有数量较多的 F130 喷嘴，长期使用后，浆液会对喷嘴的喉部及其整个圆周产生磨损，磨损严重时出现穿孔，需要对同批次使用的所有 G400、F130 喷嘴进行更新。为确保 G400 和 F130 喷嘴使用期能与催化裂化装置同步长周期运行，需要控制浆液中固含量在工艺卡片的指标范围内，防止喷嘴超压、超负荷运行。

（5）硫酸雾腐蚀。在催化裂化烧焦过程中部分 SO_2 被氧化而生成 SO_3，SO_3 在吸收塔下部遇水后会迅速生成硫酸雾，以气溶胶状态存在难以被脱除，增加净化烟气的腐蚀性。采用 EDV 技术的吸收塔操作弹性受到限制，当实际烟气量低于设计值且越小时，滤清模块段的压降就越小，相应其对 SO_3（硫酸雾）的脱除率也会下降。对 G 装置烟气脱硫净化烟气进行检测，含硫酸雾 $2.13g/m^3$。排放烟气携带的小液滴中的亚硫酸及其盐在烟囱内极易被氧化为硫酸及硫酸盐，硫酸雾和小液滴在烟囱内壁与蒸汽凝结水形成一层 pH 值仅有 4~5 的稀酸液，该环境下若有氯离子（Cl^-）在烟囱内壁的凹槽内聚集容易对不锈钢产生腐蚀。由于烟囱内壁附着含有氯离子（Cl^-）的酸性腐蚀介质，G 装置采用耐蚀性更强的不锈钢 316L 代替不锈钢复合板作为外部烟囱材质。

（6）循环浆液中氯离子（Cl^-）。循环浆液中的氯离子（Cl^-）来源有补充水、再生烟气和 NaOH 吸收剂，其中补充水是氯离子（Cl^-）的主要来源。表 8-19 列出了 G 装置新鲜水氯离子（Cl^-）变化，受咸潮影响很大。由于约一半的补充水在塔底受热汽化，所以循环浆液中的氯离子（Cl^-）浓度是补充水的 2 倍以上。若浆液中的氯离子（Cl^-）浓度超标会导致不锈钢腐蚀，因此工艺用水尽量要采用设计中的水质。

表 8-19　G 装置新鲜水中氯离子（Cl⁻）浓度

采样时间	02.02	02.08	03.08	04.21	05.31	06.07	09.19
氯离子（Cl⁻）浓度/（mg/L）	106	158	186	73	42	29	43

（7）水处理单元酸性气影响。废液处理单元（PTU）的主要任务是降低外排水的悬浮物浓度和 COD，并调节 pH 值，实现净化水达标排放。外排浆液首先在胀鼓式过滤器通过膜分离脱除催化剂粉尘，清液自流依次经过 3 台氧化罐，在罐内采用曝气的方式将不稳定的亚硫酸氧化成硫酸盐，以降低 COD。通过向每个罐内注碱，控制出口浆液的 pH 值。

为防止系统结垢和烟气中的其他无害组分被吸收，循环浆液的 pH 值控制在弱酸性或中性，因此洗涤浆液中含有大量的 HSO_3^-，氧化罐内发生氧化及中和反应。A 氧化罐与胀鼓式过滤器相接，A 罐内因 SO_3^{2-} 和 HSO_3^- 浓度最大而反应最强烈，大量 H^+ 生成使 pH 值下降而加剧罐内搅拌器等设备的腐蚀，同时副反应的发生导致含有 SO_2 的酸性气产生。对 G 装置 PTU 单元进行优化，将腐蚀严重的搅拌器升级为不锈钢，同时将 A 罐的注碱点前移到过滤器入口，通过提高 pH 值，使外排浆液中的 HSO_3^- 预先转化成 SO_3^{2-}，阻止氧化罐内的副反应发生。

七、化验分析

（一）采样

为满足环境保护和职业卫生要求，原则上：

（1）气相采样应采用密闭采样器采样。

（2）液相采样宜采用针型采样阀。

（二）生产控制分析

（1）分析项目及分析频率。推荐正常生产时的分析项目及分析次数，见表 8-20。

表 8-20　分析化验项目一览表

序号	分析数/次＼分析项目＼样品	氮氧化物	密度	二氧化硫	三氧化硫	颗粒物	pH 值	总悬浮颗粒物	总溶解盐	氯离子	化学需氧量	臭氧	氨/氨氮/总氮	采样点
1	原料烟气	√		√	√	√								
2	净化烟气	√		√	√	√								吸收塔顶部
3	SCR 脱硝反应器（入口）	√												
4	SCR 脱硝反应器（出口）	√											√	
5	洗涤液		1/8				1/8	1/8	1/24	1/24	√			洗涤液循环泵入口
6	滤清模块循环液		√					√	1/8		√			滤清模块循环泵入口
7	含盐废水		√				1/24	1/24	√		1/24		√	澄清器、氧化罐
8	外排水		√				1/8	1/8	1/24		1/24		√	排液罐

注：①"√"表示不定期，分数的分母表示每次采样间隔的小时数，分子表示采用次数。②在装置开工过程中，洗涤液 TSS 每 4h 分析 1 次，外排水每 4h 分析 1 次，净化烟气每 4h 分析 1 次。

（2）分析方法。推荐的分析化验方法及分析，见表 8-21。验收监测分析方法，见表 8-22。

表8-21　分析化验方法一览表

样品名称	分析项目	分析方法
原料烟气		
净化烟气	SO_2 SO_3 NO_x 颗粒物 臭氧	HJ/T 48—1999；JJG680—2007 EPA HJ/T 48—1999；JJG680—2007 HJ/T 48—1999；JJG680—2007 HJ/T 504—2009
SCR脱硝反应器（入口）	SO_2 SO_3 NO_x 颗粒物	HJ/T 48—1999；JJG680—2007 EPA HJ/T 48—1999；JJG680—2007 HJ/T 48—1999；JJG680—200
SCR脱硝反应器（出口）	NO_x氨	HJ/T 48—1999；JJG680—2007
洗涤液	密度 pH值 总悬浮物（TSS） 总溶解盐（TDS） 氯离子	比重计法 GB/T 6920 GB/T 11901 重量法（2540C；D1888） GB/T 15453
滤清模块循环液	密度 pH值 总悬浮物（TSS）	比重计法 GB/T 6920 GB/T 11901
含盐废水	密度 pH值 总悬浮物（TSS） 总溶解盐（TDS） 化学耗氧量（COD）	比重计法 GB/T 6920 GB/T 11901 重量法（2540C；D1888） GB/T 11914
外排水	密度 pH值 总悬浮物（TSS） 总溶解盐（TDS） 化学耗氧量（COD） 氨氮 总氮	比重计法 GB/T 6920 GB/T 11901 重量法（2540C；D1888） GB/T11914

表8-22　验收监测分析方法

序号	项目名称	标准名称及代号	检出下限
1	pH值	玻璃电极法（GB/T 6920）	0.01pH单位
2	悬浮物	重量法（GB/T 11901）	4mg/L
3	化学需氧量	重铬酸钾法（GB/T 11914）	5mg/L
4	石油类	红外分光光度法（HJ 637）	0.04mg/L
5	硫化物	亚甲基蓝分光光度法（GB/T 16489）	0.005mg/L
6	SO_2	固定污染源排气中二氧化硫的测定　定电位电解法（HJ/T 57—2000）	$3mg/m^3$
7	NO_x	固定污染源氮氧化物的测定　定电位电解法《空气和废气监测分析方法》（第四版增补版）5.4.2	$3mg/m^3$
8	烟尘	锅炉烟尘测试方法 GB 5468	$0.1mg/m^3$
9	氨气	环境空气和废气氨的测定　纳氏试剂分光光度法（HJ 533）	$0.03mg/m^3$
10	厂界噪声	工业企业厂界环境噪声排放标准（GB 12348）	

（3）在线分析。推荐的连续在线检测系统（CEMS）设置，见表 8-23。

表 8-23 在线分析仪一览表

序号	分析仪名称	测量元素	介质温度/℃	介质压力	安装位置	被测介质
1	原料烟气在线分析仪（CEMS）	温度、压力、流量、湿度、氧含量以及污染物浓度（包括颗粒物、CO、SO_2、NO_x 等）	~59	常压	吸收塔塔顶	烟气
2	净化烟气在线分析仪（CEMS）					
3	SCR 脱硝反应器（入口）					
4	SCR 脱硝反应器（出口）					
5	pH 在线分析仪	pH 值	~59	常压	洗涤水泵入口管线、氧化罐出口管线	洗涤水、含盐废水

八、存在问题及讨论

表 8-4 所列国家标准和部分地方标准中的大气污染物排放限值，都没有对 SO_3 和硫酸雾的排放限值作出具体规定，这是环境保护标准体系本身存在的缺陷，同时也反映出人们对 SO_3 和硫酸雾认识严重不足，致使有人错误地认为既然标准中没有规定就可以不去治理，但是 SO_3 和硫酸雾对环境和公众健康的影响不容忽视。

《建设项目竣工环境保护验收技术规范　石油炼制》（HJ/T 405—2007）中，石油炼制业建设项目主要验收监测因子对催化裂化装置催化剂再生烟气排气筒的要求只有烟尘、二氧化硫、氮氧化物、烟气参数。《环境空气质量标准》（GB 3095—2012）中，环境空气污染物基本项目浓度限值仅包括 SO_2、NO_2、CO、臭氧（O_3）、颗粒物（粒径小于等于 $10\mu m$，PM_{10}）、颗粒物（粒径小于等于 $2.5\mu m$，$PM_{2.5}$）共 6 项，其他项目浓度限值包括总悬浮颗粒物（TSP）、NO_x、铅（Pb）、苯并[a]芘（BaP）共四项。《环境空气质量指数（AQI）技术规定（试行）》（HJ 633—2012）与《环境空气质量标准》（GB 3095—2012）同步实施，空气质量分指数及对应的污染物项目浓度限值也仅包括 SO_2、NO_2、PM_{10}、CO、O_3、$PM_{2.5}$ 共 6 项。《环境空气质量评价技术规范（试行）》（HJ 663—2013）与《环境空气质量标准》（GB 3095—2012）的要求基本一致，基本评价项目包括 SO_2、NO_2、CO、O_3、PM_{10}、$PM_{2.5}$ 共六项，其他评价项目包括 TSP、NO_x、Pb 和 BaP 共四项。

《硫酸工业污染物排放标准》（GB 26132—2010）对硫酸雾是有排放限值规定的，自 2011 年 3 月 1 日起新建企业和自 2013 年 10 月 1 日起现有企业都要求执行硫酸雾排放限值为小于 $30mg/Nm^3$，但环境空气质量标准的浓度限值、环境空气质量评价技术规范的评价项目以及可参照的相关标准（锅炉大气污染物排放标准、火电厂大气污染物排放标准）的大气污染物排放限值都不包括 SO_3，SO_3 对人体健康和环境危害是显而易见的，目前关于 SO_3 的排放限值要求的环境保护标准体系还不健全。

复杂烟气中 SO_3 浓度的定量测量一直是一个难题，我国还缺少统一规范的烟气中 SO_3 检测分析方法。

催化裂化烟气 SCR 脱硝设计方法大多参照执行《火电厂烟气脱硝工程技术规范选择性催化还原法》(HJ 562—2010)，总体要求中规定 SCR 系统应装设符合《固定污染源排放烟气连续监测系统技术要求及检测方法(试行)》(HJ/T 76—2007)要求的烟气排放连续监测系统，并按照该要求进行连续监测，但该标准中 CEMS 监测烟气检测项目仅包括颗粒物、SO_2、NO_x 等，并不包括 SO_3，也没有具体提出 SO_3 检测分析方法。工艺设计中规定 SCR 系统 SO_2/SO_3 转化率应不大于 1%，SCR 脱硝系统性能试验包括功能试验、技术性能试验、设备试验和材料试验，其中技术性能试验包括脱硝效率、氨逃逸质量浓度、烟气系统压力降、烟气系统温降、耗电量、SO_2/SO_3 转化率、系统漏风率等，对 SCR 系统运行仅要求对还原剂区各设备的压力、温度、氨的泄漏值，烟气参数、催化剂层间压降、NO_x 浓度、催化剂参数等记录，但对烟气中 SO_3 没有检测和记录要求。

图 8-16 为典型火电厂烟气 SCR 脱硝系统流程示意图，其加氨量是根据 SCR 脱硝反应器入口 NO_x 数值和规定的 NO_x 排放值进行比较后用反馈信号来修正喷氨量。由于现场很难精确测定 NH_3 逃逸量，就无法用 NH_3 逃逸量作为反馈信号来控制喷氨量。SCR 脱硝系统运行过程中对 SO_3 基本上没有可调节的控制手段，而 SO_3 生成量又与 SCR 催化剂、操作温度等关系密切，可见精确的分析方法十分关键和重要。

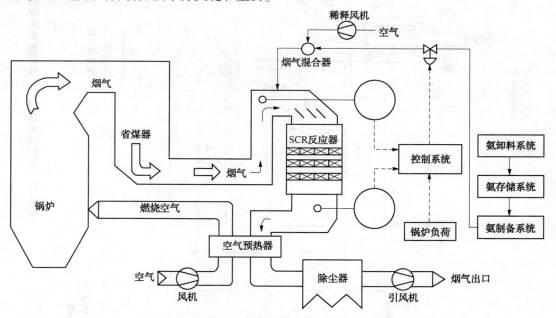

图 8-16　典型火电厂烟气 SCR 脱硝系统流程示意图

SO_3 分析方法可以参考《石灰石-石膏湿法烟气脱硫装置性能验收试验规范》(DL/T 998—2006)中附录 A(烟气中 SO_3 的测定)提供了 SO_3 测定方法，测定范围为 $0.3 \sim 500 mg/Nm^3$。硫酸雾分析方法可以参考《固定污染源废气硫酸雾的测定离子色谱法(暂行)》(HJ 544—2009)，适用于固定污染源废气中硫酸雾的测定。

烟气脱硫脱硝及相关工艺典型流程如图 8-17 ~ 图 8-20 所示。

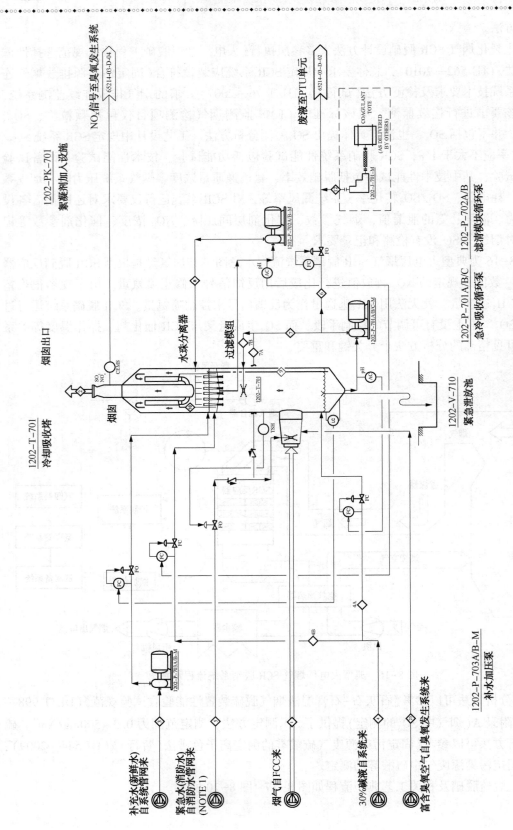

图8-17　烟气脱硫脱硝工艺典型流程示意图

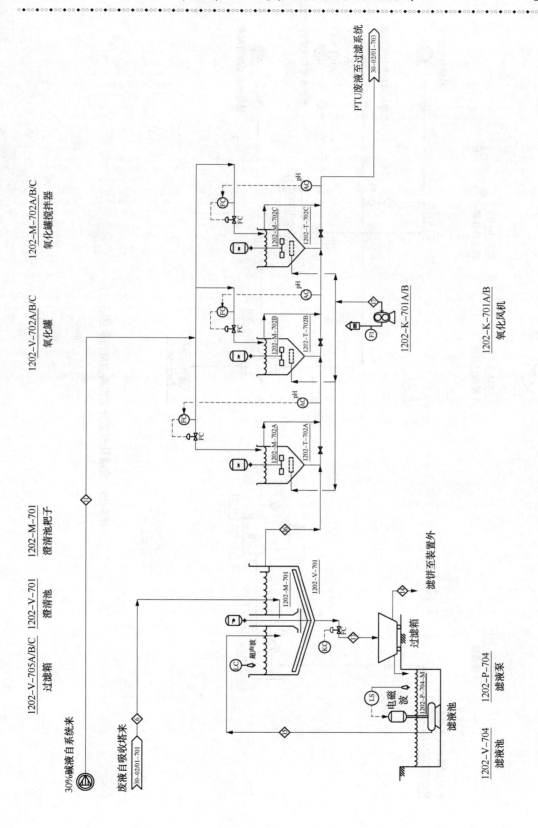

图8-18　废液处理部分工艺典型流程示意图(一)

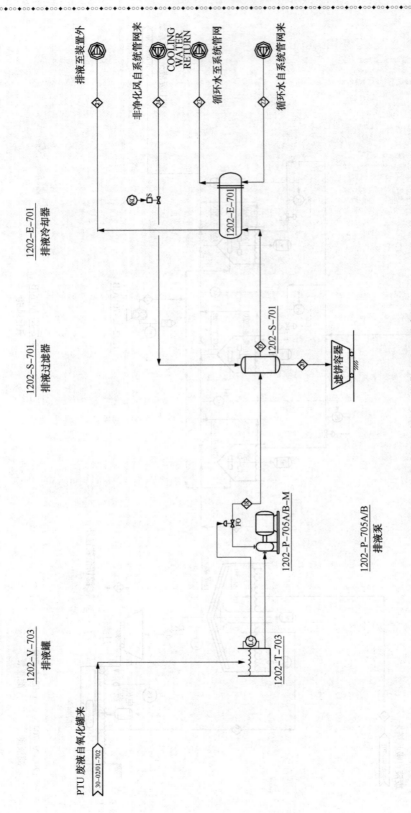

图8-19 废液处理部分工艺典型流程示意图(二)

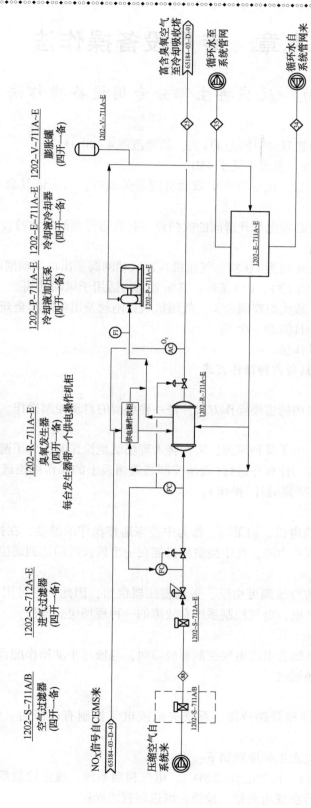

图8-20　臭氧发生系统工艺典型流程示意图

第九章　专用设备操作法

第一节　反应再生部分专用设备操作法

一、双动滑阀操作法

（1）有烟气轮机的装置双动滑阀是 FO 阀，信号范围 4~20mA。

（2）动力油压为 9MPa，要求不低于 4MPa。

（3）有烟气轮机的装置，正常生产中双动滑阀是关闭的，为保证其启动灵活性和可靠性，每天活动一次。

（4）在催化剂流化前必须先打开滑阀的吹扫点，且在运行期间经常检查，不得关闭。

二、气动蝶阀操作法

（1）富气放火炬气动蝶阀为 FO 阀，气压机入口风动闸阀、出口风动闸阀为 FC 阀。

（2）双动滑阀操作中除（3）、（4）条外，其余各条均适用于风动闸阀。

（3）在正常生产中，放火炬蝶阀全关，气压机入口闸阀及出口闸阀全开。为保证其启动灵活性和可靠性，每隔十日活动一次。

三、电液执行机构操作法

（一）电液执行机构具备六种操作方式

1. 中控室遥控操作

这是整个控制执行机构的主要操作方式，是一种典型的自动控制操作。

2. 就地遥控操作

主要用作现场调试。由于某种原因，需在转入现场就地操作时，为了避免对滑阀/蝶阀/塞阀有较大冲击，必须按工作程序进行（现场控制装置面板上的操作部位选择开关只能按步顺时针操作，严禁"跨步""逆时针"操作）。

3. 备用蓄压器操作

装置实行"自保"更换电机、油泵时，作为中控室遥控操作的继续，在排除故障的同时，可用备用蓄压器作为液压动力源，在中控室内仍能在一个较长时间达到遥控操作目的。

4. 液压手动操作

这种操作方式所需的液压源可由泵、备用蓄压器供给，因此，它可用于更换电液伺服阀、油泵、电机或系统失电，电气控制系统有故障的一种现场应急操作。

5. 手摇泵操作

在更换电机、油泵系统失电或电气控制有故障时，与液压手动操作配合使用的一种现场应急操作，也可用于现场调试。

6. 机械手轮操作

在排除所有液压元件和管路故障、系统失电或电气控制有故障时，使用的一种应急操作。

以上六种操作方式优先选择原则如下：

（1）系统电源（380V），仪表电源（220V），电气控制系统，液压控制系统工作正常，应选用中控室遥控操作。若在现场调整、检修，则选用就地操作。

（2）仪表电源（220V），电气控制系统，液压控制系统工作正常，应优先选"备用蓄压器点操作"，以实现中控室遥控或在现场选用液压手操。

（3）只有在系统电源（380V），仪表电源（220V），电气控制系统，液压控制系统工作均不正常时，应优先用手遥泵操作方式，万不得已时才考虑使用机械手轮操作。

以上除了中控室遥控操作方式外的五种操作方式，待故障排除后，应将各操作手柄恢复到中控室遥控操作方式。

（二）电液滑阀（或塞阀、蝶阀）具备四种其他功能

1. 显示功能

具有两个数字显示器 A、B。

A——专门显示设定阀位和实际阀位的偏差。

B——显示阀门开度 0~100%。

2. 报警功能

当系统工作不正常时，以下指示红灯亮：

（1）油箱液面低限报警。

（2）油箱温度超高报警。

（3）精滤器压降超高报警。

（4）备用蓄压器压力低报警。

（5）油泵压力低报警。

3. 自锁功能

当系统电机三相电源失电，控制信号、反馈信号消失，跟踪失调时，执行机构按当时所处控制状况实行就地锁定，以维持系统工作。

4. 自保功能

当电网停电或生产工艺要求，执行机构可对被控制对象实行保护，此时"自锁功能"让位于"自保功能"，将控制阀全开或全关（处于安全位置）。

四、再生器辅助燃烧室操作法

（一）点火前的检查和准备工作

（1）联系仪表工检查炉膛和分布管下热电偶是否安装良好。

（2）联系电工检查电打火器安装情况，并进行点火试验。

（3）检查燃料气火嘴、油火嘴安装是否合格，管线有无泄漏，压力表是否安好，有关阀门是否灵活好用。

（4）待设备检查合作后，将燃料油、燃料气、蒸汽、压缩空气引入炉前，进行排凝放空，燃料气取样分析，氧含量控制在 2%以下。

（5）调整再生器压力为 0.03~0.04MPa。

（6）点火前调好一、二次风比例（一次风开 2%~4%，二次风开 60%~65%），百叶窗开全程的 1/3。

（7）准备好消防工具。

（二）点火操作

（1）点火前，先向燃料气火嘴内通入压缩风，吹扫炉膛 3~5min，然后关闭压缩风。

（2）点火时一人操作电打火器按钮，观看是否有蓝白色弧光火花，另一人先少量打开压

缩风阀，待电打火器打火后，打开燃料气阀门。火点着后立即关闭压缩风阀，并调节燃料气阀门开度，以防炉膛温度上升过快。

（3）如火未点着，应立即关闭电打火器和燃料气阀门，用压缩风吹扫 3~5min，再重复上述点火操作，直至点燃为止。

（4）电打火器启用时间每次不能超过 10s，使用过程中经常检查，如有异常现象，立即请电工检查处理。

（5）按规定升温速度均匀升温，调节一次风量，保证有适量过剩空气，使之完全燃烧，但应注意一次风过大易将火焰吹灭，百叶窗开度可调至 70%或全开。

（三）换火嘴

（1）当燃料气火嘴阀门全开、炉膛温度不再上升时，可准备换燃料油嘴。

（2）点火前燃料油火嘴所用蒸汽及燃料油要再次排凝。

（3）先将少量蒸汽通入油火嘴吹扫，注意不要吹灭燃料气火，慢慢开燃料油阀门，待燃料气火将燃料油点燃后，调节好雾化蒸汽，保持蒸汽压力比燃料油压力高 0.15~0.2MPa。

（4）若燃料火嘴点不着时，应立即关闭燃料油阀门，检查原因，排除故障，方能重新点火。

（5）升温过程中，适当开大一次风，关小二次风，或调节主风量，控制炉膛温度不大于 950℃，分布管下温度不超过 550℃。开大一次风或增加主风量时，注意不要吹灭火焰。

（6）若升温时突然熄火，应立即关闭油火嘴进行排凝，并向火道中通入蒸汽吹扫 5min，查明熄火原因，消除故障后，重新点火。如油、燃料气全熄灭时，应先点燃料气火，再点油火，禁止直接喷油点火。

（四）停炉

（1）当再生器使用燃烧油控制催化剂升温速度时，可将辅助燃烧室逐渐减火，准备熄火。

（2）按照降温速度，逐渐关小燃料油及燃料气阀门，并相应关小雾化蒸汽，直到油、燃料气阀门全关，然后用蒸汽及空气分别扫净管线存油及火嘴存油和燃料气。

五、烟机操作法

（一）开机前准备工作

1. 润滑油系统

（1）选用 30#透平油，油箱装油液位在玻璃管液面计 4/5 处。

（2）检查管路联接是否正确，润滑油加热、冷却、过滤（过滤网为 80~100 目）等是否好用。

（3）启动主油泵（汽轮油泵）进行油路循环，检查压力表、温度计及各支路油压及回油情况。

（4）检查管线、阀门、冷却器、过滤器、联接法兰是否有泄漏。

（5）调整操作，检查油箱液位、滤油器前后压差、高位油箱液位、油压小降、油压大降等情况下，闪光报警，联锁启动及停车装置是否好用。

2. 烟机控制系统冷态调校

（1）关闭烟机入口蝶阀，在冷状态下调试烟机入口高温闸阀，要求在动力风压 0.4~0.5MPa 条件下，电磁阀带电时阀门全关，动作时间不大于 20s。

（2）关闭烟机入口高温闸阀，在冷态下调试烟机入口蝶阀，要求在动力风压 0.4~

0.5MPa 条件下，风压信号 0.1MPa 时阀门全关，长行程机构转角为 0°。当风压信号为 0.04MPa 时，阀门全开，长行程机构转角为 70°，空载行程时间不大于 15s，灵敏度为 1/200，非线性误差<±1%，变差<±1%，关开灵活，无振荡现象。

（3）关闭高温蝶阀气缸的上下动力阀，打开短路阀，在动力风风压为 0.4~0.5MPa 时，使电磁阀带电动作，有风量通过排空即为合格。

（4）现场在线调试高温调节蝶阀，在动力风压 0.4~0.5MPa（表）条件下，风压信号 0.045MPa（表）时阀门全关，风压信号 0.02MPa（表）时阀门全开。做此试验时，必须联系反应岗位配合。

（5）检查试验手动旁路阀开关是否灵活。

（6）烟机座冷却水保持水压不小于 0.15MPa（表）。

（7）烟机轮盘冷却蒸汽、密封蒸汽、密封压缩空气切净冷凝水备用。

（8）高温闸阀、入口蝶阀、旁路阀、出入口管线膨胀节的冷却蒸汽切净冷凝水备用。

（9）检查烟机各测振仪、轴位移测定仪、转速表、压力表、温度测试仪表等安装正确，并校验合格。

（10）自保联锁冷态调试动作灵敏可靠。

（11）烟机安装正确，手动盘车正常。

3. 主风机系统准备

（1）检查主风机安装情况，旋转方向，润滑油进出口方向，压力表、温度计、真空表安装是否正确齐全。

（2）冷态下仪表显示及联锁自保动作灵敏可靠。

（3）主风机入口蝶阀调校灵敏可靠并加限位。

（4）主风机出口电动阀灵活好用，定好上下限位装置，出口放空阀关开灵活。

（5）主风机出入口阀门开机准备状态为：

① 入口蝶阀开 17°~20°；

② 出口电动阀全关；

③ 出口放空阀全开。

4. 其他准备工作

（1）烟气经取样化验分析合格（烟气中催化剂浓度≯200mg/Nm³，催化剂细粉中 10μm 以上颗粒≯3%）。

（2）反应再生系统操作平稳、正常。

（3）所有声光报警仪表投用。

（4）高温闸阀和高温蝶阀全关，防喘振阀开关灵活，消防及其他安全措施齐全，现场清理符合试车条件。

（二）启动烟机-主风机

1. 暖机

（1）启动润滑油泵，调好各润滑点油压正常供油。

（2）打开高温闸阀前放空阀，排除烟气入口管道灰尘，排尘后继续排空 1h，暖烟机入口线。暖线时，有关人员要观察记录管线膨胀情况，待烟机蒸汽暖机改为烟气暖机时再关此阀。

（3）打开机底排凝阀，缓慢打开前轮盘冷却蒸汽阀进行蒸汽暖机，投用机座冷却水并测量机体位移和热膨胀情况，机底排凝阀见汽后关小，蒸汽暖机不少于 20min。

（4）建立烟机气封，密封蒸汽压力 0.25MPa（表），密封空气压力 0.4MPa（表），烟机出口水封罐放水，小水封加水。

（5）蒸汽暖机后，对烟机进行人工盘车，无异常声音，再缓慢开启烟机入口旁路阀，用烟气暖机，用烟气暖机时有可能冲动转子，转子冲动后立即关旁路阀，监听机内有无异常声响，一切正常时再徐徐开大旁路阀，关闭排凝阀，进行正常暖机。

（6）控制升温速度不大于 100℃/h，每 10min 盘车 1 次（盘车方向与转子转向相反），并检查各部位状态，当发现盘车困难及有异常声响时应停止升温，查明原因后再进行升温。

（7）当烟机出口温度达到 350℃时保持 30min，并检查测量烟机及入口管线阀门膨胀变形受力情况。

（8）投用闸阀和蝶阀冷却蒸汽、冷却水及吹扫蒸汽。

（9）随时调整，使烟机入口温度不大于 660℃。

（10）自保系统试验。在做自保系统热态试验前，应将烟机自保系统与主风机低流量自保相连的电磁阀断开，旁路蝶阀和超速自保阀进出气阀断开，烟机入口蝶阀与双动滑阀的切换电磁阀断开，以免在试自保时造成装置停工。在试自保时用秒表记录包括信号动作时间在内的各阀门动作时间。

2. 冲动转子，机组升速

（1）再一次检查仪表系统、润滑油系统和联轴节等，准备工作就绪，轮盘冷却蒸汽压力调至 0.25MPa（表）±0.02MPa（表）。

（2）主风机入口蝶阀开启 17°，出口蝶阀关闭，放空阀全开，联系反应岗位注意观察，准备冲动转子。阀门状态见表 9-1、表 9-2。

表 9-1　阀门状态表（有烟机）

阀门类型		双动滑阀	烟机入口蝶阀	烟机入口闸阀	烟气旁路阀	防超速旁路阀	开工旁路阀
开机前准备状态		调节	全关	全关	全关	全关	关
投用状态	冲转暖机	调节	关→微开	全开	全关	全关	关→开
	低烟气量	全关	调节	全开	全关	全关	全关
	高烟气量	全关或遥控调至安全开度	全开	全开	分程控制	全关	全关
停机状态	自保联动	手动遥控→自动调节控制	全关	全关	全开	全开	
	人工紧急停机	同上	全关	全关	全开	全开	
	正常停机	全关→定开度自动调节	开→关	开→关	全关	全关	全关
控制方式		①自动调节②手动遥控	①自动调节②手动遥控③手操	按钮控制阀开与阀关	①自动调节②手动遥控③手操	联锁控制开阀手动复位	手动
自保动作内容		①烟机前后部径向轴承振动过大；②润滑油压力大降；③烟机超速；④烟机轴位移过大					

表9-2 阀门状态(无烟机)

阀门类型		双动滑阀	主风机入口蝶阀	主风机出口手动放空阀	主风机防喘振阀	主风机出口单向阀
	开机前准备状态	调节	最小开度20%	全开	全关	关
投用状态	冲转暖机	调节	最小开度20%	全开	全关	关
	低烟气量	全关	手动遥控	全关	全关	开
	高烟气量	全关或遥控调至安全开度	手动遥控	全关	全关	开
停机状态	自保联动	手动遥控→自动调节控制			关→开	开→关
	人工紧急停机	同上			关→开	开→关
	正常停机	全关→定开度自动调节		关→开	关→开	开→关
控制方式		①自动调节②手动遥控	①手动遥控②自动控制	手动	自动调节	机械式
自保动作内容		⑤主风机轴振动大;⑥主风机喘振;⑦主风机轴位移过大;⑧停电、停汽、停水				

(3)逐渐开大启动旁路阀冲动转子,维持转速在300~500r/min,运行30min,若冲动时起始速度高,应立即降到规定数值,检查各部位振动、温升和声响情况。

(4)继续开大旁路阀将转速升至800~1000r/min,运转30min,若全开仍达不到转数时应切换高温入口蝶阀进行手动控制,切换时先关闭烟机入口蝶阀,全开烟机入口高温闸阀,然后逐渐关闭旁路闸阀同时手动开启烟机入口蝶阀。

(5)联系仪表投用烟机入口蝶阀及旁路放空阀分程控制系统,逐渐关闭双动滑阀,使烟气量适应烟机运行需要。

(6)转速升至1200~1500r/min运行20~30min,并随时调整轮盘冷却蒸汽压力和流量,使轮盘温度不大于325℃,检查高温闸阀、蝶阀、烟机轴封振动及润滑油温油压变化情况。

(7)手动开启烟机入口蝶阀,使烟机转速升至2700~3000r/min,运行30min,注意快速越过振动敏感区。

(8)提高转速至3500r/min,运行40~60min。

(9)提高转速至4500r/min,运行30min。再次检查机组润滑油温变化,机组振动轴位移、声响等,发现问题及时处理,自保系统除主风机低流量自保外全部投用。

(10)转速升至5000~5100r/min,此时转速已达额定转速的90%,严密监视,分兵把口,严防飞车,运行20min并做好振动、轴位移轴承温升等记录。

(11)按烟机-主风机空试程序(暖机、冲动转子、升速),升速到5200r/min,运行10min后启动电机。

(12)启动电机后,对机组进行全面检查,做好电机系统仪表指示记录,调整烟气流量,保证电机电流和功率输出在允许范围内。一切正常后,机组运行1~2h后准备切换机组。

3. 停机

(1)正常停机:

① 联系反应岗位准备停机。

② 停主电动机。

③ 逐渐关高温蝶阀(同时手动加大双动滑阀开度,保持再生器压力稳定),维持低转数运行,当机壳温度降至350℃,关高温闸阀。

④ 关闭高温蝶阀,打开旁路阀,加大轮盘冷却蒸汽量,维持低速运转。

⑤ 逐渐关小旁路阀,当机壳温度降至250℃时,关闭旁路。减少轮盘冷却蒸汽量至机停止转动30min后,关闭冷却蒸汽,打开排凝阀。

⑥ 烟机停车后每30min人工盘车1次,直至轴承温度降至正常。

⑦ 机壳温度低于60℃时,停止盘车,关闭机座冷却水,关闭排凝阀。

⑧ 当轴承温度降低到40℃,可停油泵。

(2) 紧急停机。机组在运行中如发生下列情况时应做紧急停机处理:

① 机组发生明显机械故障,如强烈振动、轴承损坏和设备内部发生异常声音等无法处理时。

② 烟气量突然减少,电机超负荷,在短时间内无法恢复时。

③ 主电机或电路发生故障时。

④ 机组润滑油自保系统失控或油系统管路大量漏油,油压剧降无法恢复时。

⑤ 高温闸阀后烟气系统高温管线突然泄漏,无法处理时。

⑥ 轮盘冷却蒸汽系统突然发生故障无法及时处理时。

紧急停机步骤:

① 与班长、反应联系后停电动机。

② 按紧急停机按钮,投自保。

③ 开大轮盘冷却蒸汽,直至烟机壳体温度降到200℃。

④ 润滑油系统正常时,轴承温度降到40℃停油泵。

4. 机组维护

(1) 严格控制机组各项操作指标,防止超温超压、超转速和烟气量过大,如超出指标应查找原因及时处理。

(2) 为保证转子的安全运行,控制轮盘中心温度在250~300℃。

(3) 保证润滑油压力在0.12~0.15MPa。

(4) 经常检查轴承温度,通过调节冷却水流量和压力来调节油温。

(5) 确保机座冷却水畅通,以保证冷却效果。

5. 机组切换

(1) 机组运转2h,经各专业人员检查确认机组运转正常,经批准方可进行机组切换。

(2) 主风机岗位接到换机指令后,与反应岗位联系,将主风流量控制权由中控室改到主风机室控制,要求反应岗位注意主风流量、压力的变化。

(3) 逐渐关闭待运主风机出口放空阀,使其出口压力略高于待撤主风机出口压力0.01~0.015MPa。

(4) 缓慢打开待运主风机出口电动阀,与此同时逐渐关小待运机出口放空阀和逐渐打开待撤机出口放空阀,在切换过程中要及时联系,使主风进再生器流量、烟气轮机入口烟气量及电动机电流趋于平稳状态,直至待撤风机出口放空阀全开后,将待撤风机出口电动闸阀全关。

（5）待运机放空阀全关，入口蝶阀开度调至满足再生用风量。

（6）进行上述操作时要注意：

① 关待撤主风机出口电动阀时注意该机出口压力，避免喘振。

② 开待运风机入口蝶阀时要缓慢进行，避免影响反应操作。

（7）待运主风机并入再生系统后，投用主风低流量自保，旁路蝶阀投用分程控制。

（8）为了确保装置安全运行，待运机并入系统后，待撤风机维持最低量放空做紧急备用，待运风机运行24h后，待撤风机方可停机。

六、三级旋风分离器操作法

三级旋风分离器是催化裂化装置烟气能量回收系统的关键设备，它的性能好坏，直接关系到烟机的使用寿命及装置的经济效益。

在三旋入口含尘浓度小于$2g/Nm^3$时，除尘效率不小于88%~95%，大于10~12μm的粉尘全除净，压降9~14kPa，三旋出口含尘浓度小于$200mg/Nm^3$。

1. 三旋投运操作要求

（1）三旋投运前应详细检查内部构件，合格后封人孔，烘干后投运。

（2）打通烟气经三旋去烟囱流程。烟气轮机前高温蝶阀和高温闸阀关闭，预热放空阀稍开，烟气轮机水封罐加水。余热锅炉前水封罐加水，旁路烟道蝶阀打开，然后打开双动滑阀。再生烟气经三旋排向烟囱。

（3）2个催化剂罐所有阀门关。

（4）烟气通入后投用各膨胀节吹扫蒸汽、三旋锥体松动风、引压点反吹风、采样反吹蒸汽等。

（5）按规程操作投用余热锅炉和烟气轮机。

2. 正常维护

（1）每班必须按时检查三旋系统是否运转正常。

（2）每两天检查1次2个催化剂储罐，检查时切断通入罐内所有入气点阀门，罐内泄至常压。

（3）<20μm催化剂，用槽车运出装置。

3. 不正常操作

（1）三旋出口温度超过正常温度指标(尾燃时)，启用降温设施降温直到正常。但注意喷入蒸汽要缓慢，以防损坏设备。

（2）三旋出口管道要特别注意检查，以防磨损。

七、典型气控式外取热器操作法

1. 全面检查

（1）检查内容：工艺流程、止回阀、切断阀以及盲板、法兰、玻璃板液位计、压力表等按设计要求正确安装；

（2）汽包、管线水冲洗完成，扫线、试压合格，煮炉完成；

（3）汽包安全阀前切断阀打开，相关仪表投用。

2. 外取热器投用

（1）汽包引水：将除氧水引至汽包。打开连续排污，化验水质，根据情况开定期排污。

（2）启用外取热：

① 当再生器温度高于预定值(如 690℃)时,可启用外取热器;

② 缓慢打开流化风,使外取热器内催化剂流化,各松动点给上松动风,并确保畅通;

③ 缓慢打开提升风,密切注意再生器压力及藏量变化;

④ 用提升风量调节取热负荷,控制再生器温度;

⑤ 蒸汽放空,密切注意汽包液面、压力;

⑥ 外取热器运行正常、蒸汽质量合格后,关闭放空阀,蒸汽并网。

3. 正常操作

(1)外取热汽包液面。影响因素:

① 汽包进水量变化。进水量增加,液面上升;

② 提升风量变化。提升风量增加液位下降;

③ 汽包压力变化。压力降低,液面先上升,然后下降;

④ 取热套管破裂,液面下降。

调节方法:控制进水量稳定,保持液面 50% 左右;控制稳提升风、流化风、汽包压力等。

(2)汽包排污。连续排污排出水中的盐分,定期排污排走汽包中的水渣,排污时注意不可操作过猛。

4. 事故处理

(1)供水中断。

① 给水泵故障,及时切换备用泵;

② 仪表失灵,改手动或副线控制汽包液位,联系仪表工处理;

③ 水处理系统故障。联系生产管理部门立即恢复供水,否则停用外取热。

(2)取热套管泄漏

① 现象:再生床温大幅度下降,双动滑阀开度增加,再生器压力上升,烟囱跑催化剂,烟气中蒸汽含量增加。

② 处理:关闭松动风、提升风、流化风,停用外取热。切断蒸汽并网阀,打开汽包放空阀。

(3)汽包干锅。

① 原因:供水中断或排污量过大。

② 处理:若供水中断立即关闭调节阀上游阀、副线阀,防止突然来水引起爆炸。关闭松动风、提升风、流化风,停用外取热。打开蒸汽放空阀。当汽包冷却后方可恢复供水,重新启用外取热。

(4)停用外取热后的措施。反应再生岗位应加大油浆外甩量,降低油浆回炼比,减少掺炼渣油量等操作,仍不能控制再生温度则按紧急停工处理。

八、典型下流式外取热器操作法

(一)外取热器启用条件

(1)外取热器所有系统、设备已贯通,吹扫试压合格,仪表已调验好,各限流孔板准确无误;

(2)辅助燃烧室点火前,启动循环水泵建立循环,并用低压蒸汽加热炉水,以免外取热投用时管壁温差太大;

(3) 当外取热器温度达 300℃时，投用斜管松动蒸汽及滑阀吹扫蒸汽；

(4) 给外取热器流化风，打开烟气返回阀；

(5) 两器装催化剂，关闭上下滑阀；

(6) 再生器(二密相)藏量大于正常值；

(7) 再生器温度 670~690℃。

(二) 外取热器启用

(1) 随着掺渣量增加，当再生器(二密相)温度高于690℃时，缓慢打开上下滑阀，建立催化剂循环，并控制一定料位。

(2) 根据再生器(二密相)温度，调节外取热器取热量。

调节方法：用下滑阀控制催化剂循环量，改变取热负荷。用上滑阀控制外取热器料位，同时调整流化风量(调整到合适值恒流量操作)。

(3) 调节和使用时注意：外取热器催化剂循环量调节应缓慢，避免忽大忽小影响再生器操作及温度变化大而损坏取热管。

(三) 外取热器正常操作

(1) 外取热器藏量控制。外取热器藏量是否稳定，直接影响再生器(二密相)流化和外取热器取热量。藏量过高，密度过大，流化质量变差出现局部死床，中下温差变大，产汽量降低；上部沉降空间减小，烟气催化剂浓度增加，容易堵塞返回管。调节外取热器藏量还可起到调节外取热器内催化剂温度的作用，在低负荷时，高藏量温度低，低藏量温度高。

(2) 流化风量调节。流化风是改善流化状态和传热效果的手段。当循环量一定时，调节流化风量可改变床层线速和传热效果。随床层线速增加，取热量增加。当床层线速过高时，取热量又下降。一般控制床层表观线速 0.2~0.5m/s。

(四) 外取热器停用

(1) 再生器(二密相)温度维持在 680~710℃，逐渐减少掺渣量，同时逐渐关闭上滑阀，停止催化剂进入。过程中外取热器温度变化应缓慢。

(2) 藏量、密度回零后，吹扫干净，关闭下滑阀，将外取热器与再生器切断。

(3) 两器卸完催化剂后再停流化风(用增压风时按规程停增压机)。

(4) 温度降到 200℃以下时，关闭仪表和松动风、吹扫蒸汽等。

(5) 温度降到 150℃以下时，停掉循环水泵。温度降到 100℃以下时，放掉存水。

(6) 关闭烟气返回线阀门。

(五) 外取热器事故处理

1. 下料不畅

(1) 现象：外取热器藏量大幅度变化，入口斜管压降、密度变化大。

(2) 原因：

① 再生器(二密相)藏量偏低，流化质量不好，推动力不够；

② 烟气返回管堵塞，造成烟气从入口斜管倒流至再生器；

③ 下斜管松动不好，或下料过大造成抢量；

④ 外取热器床层流化不好。

(3) 处理：

① 增加再生器(二密相)藏量，提高静压，改善流化质量；

② 开大烟气返回管反吹风，处理堵塞问题。开大烟气返回管阀，适当降低外取热器料位；

③ 调节斜管松动风，控制适宜滑阀开度；

④ 调整合适的外取热器流化风量。

2. 外取热器爆管泄漏

（1）现象：

① 外取热器及再生器温度急剧下降；

② 再生器压力迅速升高；

③ 旋风分离器压降大幅度增加；

④ 给水量增大，大于蒸汽产量；

⑤ 汽包水位下降，严重时无法维持；

⑥ 蒸汽量下降，蒸汽压力下降。

（2）原因：

① 设备制造、安装质量差；

② 外取热器下料不均，取热管受热不均而损坏；

③ 管内有杂质堵塞，水循环不好导致损坏；

④ 水质不合格，排污操作不当，取热管结垢导致损坏；

⑤ 水循环倍率不足导致损坏。

（3）处理：

① 降低外取热器负荷，根据再生器温度、压力情况作适当调整；

② 迅速检查取热管束，查明泄漏点立即切除受损取热管；

③ 检查方法：观察入口上水压力，发现低于正常压力时，关闭该管束入口、出口阀门，管内压力下降证明此管泄漏，应切除此管。若管内压力上升证明此管不泄漏，应立即打开入口、出口阀门，防止憋压损坏取热管。

3. 循环热水中断

（1）现象：

① 外取热器取热负荷下降；

② 外取热器入口水流量回零；

③ 循环热水泵出口压力降低，电流回零。

（2）原因：

① 循环热水泵故障；

② 瞬间停电，自启泵不能自启动。

（3）处理：

① 循环热水泵故障，及时启动备用泵；

② 瞬间停电，不能自启动。按规程启动；

③ 如果长时间不能启动循环热水泵，应关小上下滑阀，减少取热负荷，并打开自然循环阀。反应岗位调整操作减少生焦，维持再生器温度。

4. 汽包干锅，造成断水

（1）现象：

① 外取热器及再生器温度急剧上升；

② 汽包液位指示回零;

③ 外取热器给水回零。

(2) 原因:

① 给水泵故障,造成长时间断水;

② 动力供水中断;

③ 水位计指示不正确。

(3) 处理:

① 立即与有关岗位联系,并关闭上下滑阀,切断热源;

② 反应岗位调整操作,二密相料位用循环管滑阀控制;

③ 查明原因,重新建立外取热器水管外循环,并给水加热;

④ 外取热器温度降到150℃以内,再向取热管内进水,进水量由小到大。严禁在高温下进水造成爆管;

⑤ 热水循环正常后,再缓慢引热催化剂。

九、典型串联式外取热器操作法

(一) 开工准备

(1) 水、汽、风系统仪表完好。

(2) 用非净化风对外取热器所有管件吹扫试通、试漏、试压,各松动点试通。

(3) 引除氧水进入汽包,控制汽包液位40%~50%,保证循环正常。

(4) 打开汽包放空,将蒸汽排入大气;系统第一次升压或检修后升压的速度应按饱和蒸汽温度≯50℃/h控制。调节外取热器流化风量,严格控制温度。

(5) 引压缩风至外取热器,打开各松动点阀门,然后打开流化风阀门引压缩风进入外取热器,开始用风量为额定量的50%;待外取热器流化正常后,再根据工艺条件缓慢调整。

(6) 蒸汽合格后,联系有关岗位将蒸汽并入管网。

(7) 并汽时要缓慢进行,防止把水带入管网。

(8) 检查排污是否正常。

(二) 正常操作

(1) 打开流化风阀门,根据实际取热负荷及工艺条件调整流化风量(正常操作导流管循环风量基本不变)。

(2) 若取热负荷小于30%,关闭导流管循环风,用取热器底部流化风调节即可;若取热负荷大于30%,开启导流管循环风,仍用取热器底部流化风调节取热负荷。

(3) 运行中应确保汽包液位在正常水位线的±50mm范围内。

(4) 正常运行要定期做水质分析,保证水质合格;保证蒸汽品质合格。

(5) 正常增减负荷应控制在每分钟不大于设计负荷的4%。

(6) 定期排污每班1次,1次只能有1个排污点排污,每次排污阀全开时间不大于30s。

(三) 操作注意事项

1. 注意事项

(1) 取热器在任何工况下都不能干烧。对于已出现漏水的取热管,长时间切除干烧后,在大检修时应当更换。

(2) 汽包升压和降压应平稳操作,升压时应控制汽包内饱和水升温速度不大于50℃/h,

降压时控制汽包内饱和水降温速度不大于 70℃/h。

（3）汽包水位应维持在正常水位线上下 50mm（一般水位指示为 42%～58%）范围内，不得以放水或排污量来维持水位。每班应核对远传水位指示和就地水位进行 1～2 次，并且对就地水位计进行一次冲洗操作。

（4）紧急放水阀是为处理事故满水而设置的，不得用此阀来调节水位。事故满水处理完毕应尽快关闭该阀，否则将有大量饱和蒸汽被放掉，而且将发生蒸汽过热管烧坏事故。

2. 排污和加药

（1）汽包应排污和加药（磷酸三钠）以维持汽包水水质要求和蒸汽品质要求。汽包表面连续排污量一般为 1%～1.5%，具体排污量应根据热化学试验确定。

（2）定期排污每班 1 次，排污时不得有两个及以上排污点同时排污。排污时应特别注意汽包水位的变化，有异常变化立即停止排污。定期排污阀从全关→全开→全关，应在 1min 内完成，而且全开时间不大于 30s。

3. 汽水化验分析项目及指标

汽水化验分析项目及指标见表 9-3 和表 9-4。

表 9-3　除氧水分析项目（每天 1 次）

项　　目	除氧水	项　　目	除氧水
悬浮物/（mg/L）		含油量/（mg/L）	≤1
总硬度/（mmol/L）	≤0.003	含铁量/（μg/L）	≤50
溶解氧/（mg/L）	≤0.015	含铜量/（μg/L）	0
pH 值（25℃）	8.5～9.2 最低≮7	二氧化硅/（mg/L）	≤0.1

表 9-4　汽包水分析项目（每班 2 次）

项　　目	中压汽包	项　　目	中压汽包
总碱度/（mmol/L）		PO_4^{-3}/（mg/L）	5～15
pH 值（25℃）	9～11	钠/（mg/L）	≤100
溶解固形物/（mg/L）		相对碱度（游离 NaOH）（溶解固形物）/%	
SO_4^{-3}/（mg/L）			

饱和蒸汽每班化验 2 次，含盐量<300μg/L；碱度<10mmol/L。

（四）事故处理

1. 取热管漏水

（1）现象：

在其他参数未变化的情况下：

① 再生器密相上部密度下降，旋风分离器压降增大；

② 再生器密相以上各温度下降；

③ 催化剂藏量下降较快，加剂量明显增大；

④ 汽包给水流量不正常（大于蒸汽产量），严重时汽包水位难以维持。

（2）原因：

① 取热管焊接有缺陷；

② 取热管被干烧过；

③ 取热管母材有缺陷；

④ 取热管使用超过寿命（使用寿命一般为 3 年），管壁磨损减薄。

（3）处理方法：

① 马上检查漏水管，并切除漏水管；

② 若漏水管数量较多，关闭外取热器流化风和循环风，停用外取热器；

③ 视漏水程度，轻者继续取热并观察水位变化，重者切断取热；

④ 漏水管切除后反应部分视情况调整。

2. 取热管爆破

（1）现象：再生器压力急剧上升，再生器温度急剧下降。

（2）处理方法：反应再生系统紧急停车。

3. 汽包干锅

（1）现象：

① 外取热器及再生器密相、稀相温度急剧上升；

② 汽包水位指示回零；

③ 给水流量回零；

④ 给水流量不正常地小于蒸汽产量；

⑤ 汽包水位低报警。

（2）原因：

① 给水泵故障，造成给水中断；

② 给水泵回流水量过大或给水管路漏水严重；

③ 定期排污阀忘关或操作工其他误操作。

（3）处理方法：

① 立即减小流化风和提升风量，降低取热负荷直至停止取热。

② 反应部分立即降低进料量和重油掺入量，防止超温。

③ 查明干锅原因后做好重新启动准备。当外取热器温度降至 150℃ 以下才能给汽包上水，以免取热管爆裂，或产汽系统发生爆炸。

4. 汽包满水

（1）现象：

① 汽包水位高报警；

② 汽包水位指示超过最高限；

③ 饱和蒸汽管道发生振动或水击；

④ 过热蒸汽温度大幅度下降；

⑤ 给水流量明显大于蒸汽产量。

（2）原因：

① 给水调节阀故障；

② 产汽压力过低或取热负荷过小，给水调节阀全关后漏量远大于蒸发量；

③ 汽包水位调节或指示有误；

④ 误操作。

(3) 处理方法：

① 打开汽包紧急放水阀。当水位降至正常水位线以上 40~50mm 时，关闭紧急放水阀；

② 检查给水调节阀；

③ 检查水位调节回路；

④ 冲洗汽包就地水位计，校对水位指示。

(五) 停用外取热器

1. 反应部分故障暂时停用外取热器

(1) 按 50~100℃/h 速度降温。

(2) 切断上水，注意巡检，防止满水。

(3) 如需投用时，按正常程序启用。

2. 装置停车时停用外取热器

(1) 将循环风关闭后，缓慢降温，按 50~100℃/h 速度降温。

(2) 当汽包液位正常，上水量接近零时，外取热器蒸汽放空。

(3) 外取热器长期停运时，流化风和循环风及其备用的压缩空气都关闭，汽包加满除氧水，防止空气进入汽包造成腐蚀(湿法保护)。

(4) 外取热器在冬季长期停运时，用外取热器底部的流化风维持取热器有少量的取热，维持汽包顶部的放气口有极少量的饱和蒸汽冒出(汽包压力 0.10~0.2MPa)，汽包给水采用手动间断上水。以此保证汽水系统不发生冻结和取热器底部不发生结露冻结或结块。

(5) 根据系统卸催化剂的需要增减或停外取热器流化风。

十、内取热操作法

1. 启用步骤

(1) 全面检查取热系统的设备，包括管线阀门、仪表、安全阀、压力表、液位计和各排污点，检查出的问题应立即处理。关闭取热系统所有阀门及其相连接的阀门，根据需要逐步打开。

(2) 改好除氧水进汽包的管线流程，打开连续排污、定期排污、玻璃管液面计手阀。联系锅炉送除氧水进汽包。待水澄清后关闭定期排污阀，启用液位调节阀，控制汽包液位在 40%~60%，并投用相关仪表。

(3) 打开过热管出口放空阀、汽包放空阀及各组盘管出口放空阀。

(4) 联系化验确认供水水质是否合格。

(5) 在两器升温至 200℃时，建立内取热套管的水自然循环。

步骤如下：

① 打开饱和蒸汽过热管各出入口手阀，控制汽包液位在 50% 左右，打开系统手阀，同时注意系统压力和流量的变化。

② 盘管系统升温升压并网：盘管系统升压由出口阀控制，其升压值和升压速度按表 9-5 进行。

表 9-5　升压速度表(中压蒸汽)

汽包压力/MPa	冒汽~0.3	0.3~1.0	1.0~2.0	2.5~3.5
升压速度/(MPa/h)	0.6	0.7	2.0	3.0
升压时间/min	25~40	55~70	25~30	25~40

汽包定压：汽包升压后，对汽包安全阀进行定压。定压后维持压力 3.5MPa 左右。

③ 在饱和管水自然循环的同时，打开过热管安全阀手阀，用出口放空总阀控制盘管压力，待压力升至 3.5MPa，温度升至 435℃并稳定后，并入过热蒸汽管网。

2. 正常操作和维护

(1) 按锅炉标准，控制给水和炉水水质合格，根据需要打开汽包加药线手阀加药，分析水质，反应岗位操作人员通过连排和定排调节水质。水质控制指标见表 9-3 和表 9-4。

(2) 汽包液位控制在 40%~60%，不允许汽包液位大幅度波动。巡回检查时，以玻璃管液面计为准，检查对照自动控制和水位报警是否准确好用。

(3) 本系统不设压力控制，其压力由系统管网统一控制。操作中要密切注意压力远传表和现场压力指示变化。

(4) 不管什么原因引起盘管进水中断，重新启用盘管时，再生床层温度不能高于 450℃。

3. 正常停用

(1) 装置正常停工。当再生床层温度降到 500℃时，通知锅炉将过热蒸汽切出管网，同时打开过热管出口放空阀，缓缓降温降压。逐渐关过热管出口放空阀，维持压力≮0.5MPa。

(2) 当床层温度降到 200℃时，开始逐组停用盘管，关闭过热管入口阀。

(3) 当水温降到 100℃时，关闭除氧水进装置阀，打开所有排污、排凝阀，将管线和汽包内的存水排净。

十一、小型自动加料器操作法

1. 简介

小型自动加料器是催化剂小型加料的专用设备。

自动加料器主要由流化罐、气动秤、控制箱、气动秤控制箱、电磁阀组及加料器框、支持架、管件及橡胶软管等组成。

自动加料器可以分批、定时、定量地加料。自动加料器材质为碳钢，典型加料器的主要技术参数如下：

(1) 输送量：正常 52.5kg/h，最大 210kg/h，最小 15kg/h；

(2) 流化输送风和仪表风压力/温度：0.45MPa(表)/40℃；

(3) 流化输送风和仪表风耗量：2~4Nm³/min；

(4) 流化罐有效容积：0.13m³；

(5) 周期时间：0~60min 可调；

(6) 出料管直径：DN50；

(7) 加料管直线：DN100；

(8) 设备总高：1921mm。

2. 自动加料器操作

(1) 投用的具体操作顺序(A)：

① 检查催化剂罐是否在大气压力状态，如罐内有压力，则需撤压，并打开放空手阀。

② 打开出料管线和入口净化风管线上的两个手动截止阀。

③ 打开吹扫管线和流化管线上的两上手动球阀。

④ 打开通往继电器箱的吹扫风手阀，保证箱内处于微正压状态。

按下控制箱上的电源按钮(红色键)，接通电源，自动加料器开始自动地加料、流化、出料和吹扫，周而复始地循环工作。

(2) 停用(B)：停用时的操作顺序与 A 项相反。

(3) 修改每批的加料重量或周期时间。修改每批的加料量，必须在停用状态进行，其具体操作如下：

① 自动加料器在正常工作时，应按 B 项停加料器。

② 按下述公式调整 PS-4 压力开关的工作压力：PS-4 压力>(重量表零点位置压力+要求的每批重量 kg)，此时 PS-4 压力开关的常开触点闭合。

③ 当 PS-4 压力<(重量表零点位置压力+要求每批重量)-5 时，PS-4 的常开触点断开。修改周期时间，必须在关闭电源开关状态下调节时间断电器。

(4) 事故处理。事故处理必须在停用状态下进行，自动加料器可能出现的事故及原因和处理措施如下：

① 不加料。

事故原因：

(a) 保险丝烧断，电源开关接触不良。

(b) PS-0 压力开关闭合压力>3.5kPa。

(c) 加料阀气缸工作压力<0.3MPa，加料阀的电磁阀损坏。

(d) 下料管线不畅。

事故处理：

(a) 更换保险丝，检修电源开关。

(b) 调整 PS-0 闭合压力<3.5MPa。

(c) 提高气缸工作压力>0.4MPa，更换加料阀的电磁阀。

(d) 疏通下料管线。

② 不流化。

事故原因：

(a) 流化阀损坏或有故障。

(b) PS-4 压力开关工作失常。

(c) 加料阀的行程开关工作失常。

(d) 控制时间继电器故障。

(e) 流化罐内流化膜片损坏或堵塞。

(f) 流化膜片的坚固件松动。

事故处理：

(a) 更换流化阀或排除故障。

(b) 排除 PS-4 压力开关故障。

(c) 排除行程开关故障。

(d) 排除继电器故障。

（e）更换流化膜片。

（f）拧紧流化膜片的紧固件。

③ 不出料。

事故原因：

（a）出料阀气缸工作压力低。

（b）PS-2 压力开关工作失常。

（c）加料阀、放空阀泄漏。

事故处理：

（a）提高气源压力。

（b）排除 PS-2 的故障。

（c）排除加料阀、放空阀故障。

④ 不吹扫。

事故原因：

（a）吹扫阀电磁阀故障。

（b）流化阀和出料阀工作失常；

（c）PS-1 压力开关工作失常。

事故处理：

（a）排除吹扫阀故障；

（b）排除流化阀和出料阀故障；

（c）检查排除 PS-1 故障。

⑤ 输送催化剂速度降低。

事故原因：

（a）流化膜片堵塞或损失；

（b）流化膜片的紧固件松动。

事故处理：

（a）更换流化膜片；

（b）拧紧紧固件。

十二、钝化剂系统操作法

液体钝化剂桶装运进装置，用钝化剂泵装入钝化剂储罐。反应进料后，启用钝化剂计量泵，将钝化剂注入到原料油进喷嘴前的管线中。反应切料前将钝化剂切出停用。

1. 钝化剂加入量的影响因素

（1）原料中重金属（Ni+V）含量；

（2）原料预热温度；

（3）钝化剂质量；

（4）钝化剂泵故障；

（5）催化剂中毒情况。

2. 调节方法

（1）正常时，通过调节计量泵流量调节器改变钝化剂加注量。

（2）原料中重金属含量改变，相应改变钝化剂加入量。

（3）原料预热温度过高会导致钝化剂分解，可降低原料预热温度。

（4）钝化剂中锑锡含量不足，更换钝化剂。

（5）泵故障时联系钳工处理，并采取措施保证路线畅通。

十三、终止剂系统的操作

开车前，检查工艺流程，关闭终止剂进料阀，打开终止剂喷嘴保护蒸汽。当分馏粗汽油泵正常后，将终止剂引至喷嘴前脱水，然后将终止剂切入喷嘴，并调整好流量。

十四、待生套筒及待生催化剂分配器操作

待生套筒及待生催化剂分配器是单段逆流再生的关键设备。套筒内催化剂流化状况直接影响待生催化剂的循环输送。应密切关注套筒流化风量的变化。待生套筒用增压风流化，调节该流化风量，控制待生套筒内的催化剂密度为 $250 \sim 400 kg/m^3$。

第二节　分馏吸收稳定部分专用设备操作法

一、原料油开工加热器

重油催化裂化装置不设加热炉，为帮助开车，专门设置原料油开工加热器。开工加热器是一台或两台浮头式换热器或 U 形管换热器，用中压蒸汽加热原料油，在开工或事故状态下预热原料油。

1. 开工启用

（1）准备工作：

① 吹扫，试压完毕。

② 现场一次表、安全阀、调节阀检查完好，备用。

③ 关闭原料油开工加热器、凝结水罐、蒸汽扩容器相关阀门。

④ 热介质中压蒸汽引至调节阀前脱水。

⑤ 改好后部流程，关闭与系统管网相连手阀。

（2）启用：

① 分馏系统收油，原料油走副线，建立循环。

② 缓慢打开壳程入口手阀引原料油，打开壳程出口阀前排凝阀，赶净空气。然后关排凝阀，打开壳程出口手阀，逐渐关闭副线手阀。原料油循环正常。

③ 缓慢引中压蒸汽至换热器管程，凝结水引至凝结水罐，打开罐顶放空手阀，见汽后关手阀。启用液控阀引凝结水至扩容器，控制凝结水罐液位 40%～60%。

④ 凝结水引至扩容器。打开器顶放空阀，见汽后关小放空阀，控制扩容器压力。启用液控阀引凝结水至余热锅炉。控制液位 40%～60%。压力平稳在 1.0MPa 时，打开并网手阀、关闭放空手阀，将 1.0MPa 饱和蒸汽并入管网。

⑤ 根据原料油预热温度要求，调节蒸汽量，控制压力、液位正常。

2. 正常操作检查

操作变化时，注意检查浮头、大盖、法兰是否泄漏，检查冷热流体换热后温度变化。检查压力、液位、温度是否正常，系统管线是否水击等。

3. 停用

（1）逐渐关小调节阀，直至全关，蒸汽切出系统。

（2）降低凝结水罐、蒸汽扩容器液位。蒸汽切出系统后，打开凝结水罐、蒸汽扩容器放空阀，关闭扩容器顶并网阀，关闭凝结水至余热锅炉手阀。

（3）打开凝结水罐、蒸汽扩容器底排凝阀，排净存水，自然冷却降温。

（4）若原料油切出换热器，管程热介质停用完毕后，逐渐打开原料油副线阀，直至全开，然后关闭原料油进出口手阀。原料油出口手阀前给汽吹扫至重污油线，吹扫完毕后停汽、关重污油手阀，打开换热器排凝阀卸压降温。

二、蒸汽发生器操作法

1. 准备工作

（1）全面检查所属的管线、阀门、法兰、安全阀及自产蒸汽系统及有关流程。

（2）联系仪表启动汽包液位计及压力控制系统，做到灵活可靠。

（3）玻璃液位计清晰、无漏，压力表好用。

2. 试压

（1）上水系统用除氧水试压。

（2）蒸汽系统用蒸汽试压，试压压力达到蒸汽的最大压力。

① 将蒸汽通入壳程，先经放空阀、排凝阀放空，检查是否畅通。

② 缓慢关闭放空阀憋压至蒸汽最大压力。

③ 压力达到后，全面检查设备、管线等泄漏情况，并整改。

④ 试压时避免装置的蒸汽压力大幅度波动。

3. 启用

（1）改好上水流程，联系锅炉送除氧水冲洗，直至排污放水清洁。

（2）控制好汽包液面，并启用液位计、除氧水流量记录表、压力控制表等仪表。

（3）先将蒸汽改至排空。

（4）引热油进换热器管程，先开出口阀，后开进口阀，逐渐关小副线阀。

（5）当操作平稳时，逐渐关蒸汽排空阀，待压力正常后并入蒸汽管网。

4. 运行操作

（1）控制稳蒸汽压力，防止超压，安全阀起跳。

（2）经常检查汽包液位，严格控制液位在 40%~60%，防止干锅或蒸汽带水。

（3）定期排污，每 4h 排污 1 次，每次不超过 30s，连续排污处于良好工作状态。

（4）每班采样 2 次，根据分析结果调节连续排污阀门开度，碱度为 4~6mmol/L 合格。

5. 停用

（1）打开蒸汽放空阀，切断与蒸汽管网联通阀。

（2）切断热源，打开换热器副线阀，关闭进口阀。

（3）油浆系统用轻柴油顶干净后关闭轻柴油线阀，再关闭油浆出口阀。若检修，需要用蒸汽扫线。

（4）排净管线及换热器内存水，关闭所有阀门。

三、冷换设备操作法

1. 管壳式换热器

（1）管程或壳程扫线时，另一程需要放空，或两程同时扫线。

（2）投换热器时，先开出口阀，后开入口阀；先投冷介质，后投热介质。

（3）切除换热器时，先关入口阀，后关出口阀；先切除热介质，后切除冷介质。

（4）切换热器时不要过快，设备缓慢升温。

（5）注意检查换热器有无泄漏（包括浮头漏及内漏），若有泄漏则及时处理。

2. 冷却器

（1）停冷却器时，要将循环水停掉，排凝打开，以免水冷器内有水受热汽化憋坏设备，或关循环水上水阀，循环水走副线。

（2）投水冷器时，先开循环水回水阀，后开上水阀，待循环水正常后，将需冷却的介质投上。

3. 空冷器

（1）出入口阀要保证足够开度，以免憋压。

（2）根据被冷却介质的压力和温度情况，调节空冷风机运行和空冷喷水量。

四、原料油加热炉操作法

1. 点火前的准备与检查

（1）清除炉膛内杂物和炉区周围易燃物。

（2）检查炉体附属设备，如弯头、防爆门、人孔、烟道、火嘴、风门、热电偶等是否安装良好，调节好烟道挡板开度。

（3）关闭火嘴前燃料油及燃料气阀门。

（4）检查全部消防蒸汽是否畅通，准备好消防用具。

（5）联系仪表工检查炉区全部温度、流量、压力等控制指示仪表是否正常好用。

（6）点火前必须完成炉管试压和建立冷油循环。

（7）将燃料气引到炉前：

① 与分馏、稳定岗位联系，关闭分馏塔顶油气分离器、气压机出口油气分离器、稳定塔顶回流罐、再吸收塔干气线与不凝气互相连接的阀门。

② 关好辅助燃烧室燃料气火嘴和排空阀，关好加热炉前燃料气分液罐排凝阀门。

③ 打开加热炉燃料气放空线，引系统燃料气赶空气，20min 后分析氧含量不大于 2%。

（8）如系统没有燃料气，必须使用燃料油，开工时将系统燃料油引到炉前，脱净水分，保持 80℃ 和 0.6~0.8MPa 的压力。

（9）准备好点火所用的轻柴油、火柴、点火棒。

（10）打开所有火嘴雾化蒸汽，向炉膛吹扫，至烟囱见汽为止。

2. 点火及熄火操作

（1）为使炉膛均匀受热，点火时选择对称火嘴。

（2）点燃料气火时：

① 点火前关闭一次风门，适当打开二次风门。

② 熄火前也应先关闭一次风门和雾化蒸汽，再关燃料气，避免回火。

（3）点油火时：

① 点火前将一次风门开 1/3，二次风门开 1/2。

② 点火时应先少开蒸汽，后开燃料油，使之充分雾化。

（4）将点燃的火把从点火孔放在火嘴上，操作员应处于火嘴底部安全位置，以防点火时回火伤人。

（5）当确认火嘴点燃后，取出火把。如一次点燃没有成功，关闭火嘴阀，取出火把，用雾化蒸汽吹扫5min，再进行第二次点火，以防燃料气和油气积聚爆炸。

（6）当加热炉已正常使用时，可邻近火焰点火。如炉膛温度低于400℃不得隔火嘴引火。

（7）没通燃料油的火嘴都应通入少量蒸汽，以防烧坏火嘴。

（8）火嘴燃烧没达到正常以前，司炉员还得远离加热炉，以防回火使炉内积聚大量爆炸气体。

3. 正常操作与控制

（1）严格按指标控制炉出口温度在±5℃波动，根据负荷需要，增减火嘴开度和数量，但炉膛温度不能超过800℃，炉膛温差不能大于50℃。

（2）调节雾化蒸汽或一、二次风门，以保证油和燃料气的正常燃烧。

① 燃料气火焰无力，摆来摆去，颜色暗红，需适当调大雾化蒸汽和一次风门，如火焰过长可适当调大二次风门。

② 点油火冒黑烟，火焰无力，调大雾化蒸汽，火焰忽燃忽灭可开大油阀或减少雾化蒸汽。

（3）保持各路流量均衡，两组辐射室出口温差不大于5℃。如温差过大，应立即调节流量使之均衡，否则流量低的一组炉管易结焦以至烧穿。

（4）经常进行燃料气分液罐排凝，检查炉管和弯头箱是否漏油、变形，如发现弯头箱漏油或冒烟，及时灭火开蒸汽。

4. 情况判断

（1）正常情况下，炉膛是清晰透明的，如有未完全燃烧，炉膛发暗发黑，火苗变红，烟囱冒烟。

（2）炉膛的砖墙、管架、管钩的颜色都应一致，如局部外发红，是局部过热的表现。

（3）正常情况下炉管表面呈黑灰色，如局部出现樱红色或出现白热鳞斑，表示局部过热，严重时炉管局部变粗，甚至出现网状纹路，表示炉管很快就有烧穿的可能。

（4）炉入口压力不断增加，是炉管结焦的表现，两组温度流量相同，一组压力大，一组压力小，表示压力大的一组结焦。

5. 非正常情况处理

（1）燃料气带油或带液态烃：

① 燃料气分液罐迅速排凝。

② 联系稳定岗位立即消除柴油及液态烃的来源。

③ 炉温改为手控制，防止回火，适当减少火嘴数，防止炉温上升太高。

④ 如炉底发生火灾，关闭燃料气，火灾排除后重新点火。

（2）燃料气管网压力下降：

① 立即联系有关单位，提高管网压力。

② 如管网压力短期不能提高，甚至越来越低，应及时点燃料油火嘴。

（3）火嘴回火：

① 燃料气压力过低或一次风门过大，易造成回火并发生爆炸声，应立即提高燃料气压力，关小一次风门。

② 炉负荷过大或烟道挡板开度小，炉内形成正压，应调节炉负荷或开大烟道挡板。

燃料油及燃料气压力流量不稳定应及时调节。

6. 事故处理

（1）回弯头漏油。由于焊口质量不好或因检修不当及长期腐蚀造成漏油。

处理：

① 打开弯头箱灭火蒸汽，适当降低炉温。如弯头结焦，漏油会逐步减少，可逐渐恢复正常操作。

② 漏油严重不能继续使用，按正常停炉或紧急停炉处理。

（2）炉管结焦。由于操作不稳、火焰过长、局部过热、原料油泵抽空、各路流量不均、炉膛和炉出口温度过高、油品质量变坏等原因，都可造成炉管结焦，其表现为：

① 入炉压力上升。

② 炉膛温度上升。

③ 炉出口温度下降。

④ 各组出口温差变大。

⑤ 仪表温度指示滞后。

⑥ 炉管胀大、炉皮出现纹路，严重时变为粉红色并有亮光。

处理：

① 加强平稳操作，做到多嘴短焰。

② 降温降量，严格控制各组进料，维护操作，不能维持时按正常停炉处理。

（3）炉管破裂。由于炉管结焦和长期局部过热造成。

处理：

① 破裂不严重时，炉管表面出现火焰，按正常停炉处理。如轻微破裂可降量、降压，维持一段时间再停炉。

② 破裂严重时，炉膛和炉出口温度突然升高，烟囱冒烟或着火，此时按紧急停炉处理。

7. 停炉操作

（1）正常停炉：

① 根据停工要求先降温后降量，降温速度控制 60℃/h，逐步关小火嘴直至全关。

② 炉膛温度在 400℃ 前，适当吹入少量蒸汽。

③ 停炉后关闭燃料气总阀，将管线内所存燃料气及燃料油用蒸汽吹扫干净排凝。

④ 与分馏岗位联系，将管线内存油扫入分馏塔内。

（2）紧急停炉：

① 立即熄灭全部火嘴，炉膛内吹入蒸汽。

② 立即切断进炉原料并扫线（蒸汽压力必须大于炉管内压力才能进行）。

③ 其余按正常停炉操作。

五、低温热系统操作法

催化裂化装置采用热媒水循环方式回收装置过剩低温热。

热媒水进装置温度一般为 50～70℃，由低温热用户（如气体分馏或低温发电等）返回。热媒水出装置温度 105～120℃，送到用户进行利用。

（一）低温热系统应在装置开工前运行正常

（1）换热器试压合格。

（2）全面检查低温热系统管线、阀门、仪表、压力表、温度计等，要求安装齐全，符合规定。

（3）关闭所有换热器热媒水进出口阀门，打开副线阀。

（4）联系低温热回收站送热媒水，先走换热器副线，冲洗管路。

（5）水质干净后，先打开换热器热媒水入口阀，同时打开出口放空阀，排净管程内空气，然后关闭出口放空阀，缓慢打开热媒水出口阀。

（6）缓慢关闭换热器热媒水副线阀，检查泄漏情况，发现问题及时联系有关人员处理。

（二）投用及正常操作

（1）换热器热媒水循环正常，无泄漏，达到投用要求。

（2）稍开换热器热路入口阀和出口排凝阀，排净换热器内空气及存液后，关闭热路出口排凝阀，打开换热器热路出口阀。慢慢将热路出入口阀开到位，关闭热路副线阀。

（3）在冷热流量正常后，由于温度和压力的变化，可能会出现滴、漏等问题。需再次进行全面检查，尤其检查换热器浮头大盖及法兰是否渗漏，没问题才算投用正常，并要定时进行巡回检查。

（4）低温热系统正常运行中，由调节阀调节各路热媒水流量，调节时要缓慢、适当，防止引起操作波动。热媒水出装置温度由温度调节阀控制。

（5）低温热系统运行中的注意事项：

① 换热器热路不能憋压。

② 水路流量不能过小，防止热媒水在换热器中汽化，产生汽阻损坏换热器，影响正常生产。

③ 在操作条件变化后，应注意换热器本身的变化，检查浮头、大盖、法兰有无渗漏。

④ 仪表失灵时，及时改"手动"或副线操作，并联系仪表工处理。

（三）低温热系统停运

低温热系统在装置停工后停运。

（1）计划停工，反应岗位切断进料，热媒水正常循环。

（2）蒸汽吹扫低温热系统换热器前，除分馏塔顶换热器外，关闭热媒水进出换热器手阀、打开副线阀及出入口排凝阀，放净换热器中存水后再进行蒸汽吹扫。根据蒸汽吹扫情况，切除分馏塔顶换热器热媒水，然后联系气体分馏（或其他用户）停止向装置供水。

（四）事故处理

1. 热媒水中断

处理方法：

（1）迅速联系反应岗位降低处理量；并控制好反应压力、分馏塔顶压力及分馏塔顶油气冷后温度。

（2）迅速组织人员将换热器热路出入口阀关闭，改走副线。

（3）增加分馏二中及循环油浆取热量，尽量降低一中、循环油返塔温度，用冷回流控制住分馏塔顶温度，严防塔顶超温。

（4）粗汽油、轻柴油改走轻污油线，通知气压机岗位注意操作。

（5）迅速联系热媒水用户恢复供水并对水路流程进行检查。

（6）热媒水中断后短时间能够恢复，则重新投用低温热系统换热器，并恢复正常操作；

（7）热媒水中断后长时间不能够恢复，反应岗位切断进料按停工处理。

2. 换热器内漏

判断方法：

（1）定期检查水质有无颜色变化或水中是否带油，判断换热器内漏；

（2）在反应岗位、分馏岗位用蒸汽量平稳的情况下，通过检查分馏塔顶油气分离器脱水量及酸性水出装置量是否增加，判断分馏塔顶换热器是否内漏；

（3）用手触摸或测温仪检查分馏塔顶换热器热路出口线，哪组温度低一般就是该组漏，或从壳程出口排凝阀采样对比哪组油样中水分多，可初步判断出内漏的换热器；

（4）除分馏塔顶换热器外，其他换热器从管程出口采样对比，哪组水样中含油多可初步判断出内漏的换热器；

（5）初步判断出内漏的换热器后将其热路逐台切除，放尽存油，再进一步判断。如果确实内漏，则切除并联系有关人员处理。在处理内漏换热器过程中应逐台进行，同时控制好其他几组换热器的热源流量和冷后温度，防止汽阻或影响操作。

3. 换热器气阻

（1）现象：

① 热媒水流量下降，流量调节阀开度增加；

② 换热效果变差，热介质冷后温度升高；

③ 热媒水出入口管线温度升高，尤其是入口最为明显；

④ 打开热媒水出口排凝阀有大量蒸汽喷出。

（2）原因：

① 热负荷远远超出设计值；

② 热媒水量突减或中断或分配不好。

（3）处理方法：

① 控制好各段温度，联系反应岗位注意操作，视情况降低处理量。

② 组织人员处理：打开热媒水出口排凝阀排汽，同时开气阻换热器热路副线阀，关闭出入口阀，适当打开其他未气阻换热器热路副线阀，防止热负荷突增引起未气阻换热器发生汽阻。管程出口汽排放干净见水后，关闭排凝阀，让水正常循环几分钟，再缓慢投热路，同时合理分配各组换热器热负荷。

六、气压机干气密封操作法

以某气压机干气密封为例，介绍如下。

1. 密封形式

典型 TM02A 型双端面干气密封。

2. 密封规格

（1）工作条件见表 9-6。

表 9-6　工作条件

项　目	工作条件	项　目	工作条件
轴转速（工作转速）	8846r/min	压力（进口/出口）	0.14MPa/1.5MPa
温度（进口/出口）	40℃	转向	从驱动端看顺时针

（2）密封数据见表 9-7。

表 9-7 密封数据

密封型号	TM02A 双端面干气密封
密封尺寸/轴尺寸	140mm/114.17mm
设计压力	1MPa（G）
设计温度	−40～150℃
允许轴向位移	±2.5mm 包括安装间隙
允许径向位移	±0.5mm（迷宫密封除外）
密封转子平衡度	ISO1940G2.5（$N=9288r/min$）
试验规范	鼎名公司标准/API617 第六版
功率损耗	每一密封单元小于 1.5kW

（3）密封单元泄漏量见表 9-8。

表 9-8 密封单元泄漏量表

转速/（r/min）	密封进气压力/MPa（表）	预期泄漏量/（Nm³/h）	保证泄漏量/（Nm³/h）
0	0.5	0.1	
8846	0.5	0.8	≤2

3. 干气密封控制系统流程说明

（1）高、低压端主密封气、前置缓冲气流程控制说明。主密封气主要保证密封端面随着压缩机的高速旋转形成有效气膜，并阻止机内工艺气体向外泄漏。该气体一部分经前置缓冲密封腔进入机内，另一部分与后置隔离气经后置迷宫梳齿通过轴承润滑油放空口放空。

前置缓冲气的作用是阻止机内工艺气体污染密封端面。

（2）高、低压端后置隔离气流程控制说明。仪表风经过滤后，经限流孔板进入高、低压端后置隔离密封腔。

后置密封气主要是保证密封端面不受轴承润滑油的污染。该气体经后置密封梳齿迷宫与从主密封端面泄漏的少部分密封气通过轴承润滑油放空口放空。

4. 干气密封控制系统操作说明

系统安装后首先吹扫工艺管道，从靠近压缩机的接口处断开吹扫，吹扫干净后关闭所有阀门，处于待命状态。

（1）打开所有取压阀，投用现场压力表。

（2）油运开始前 10min 依次打开相应阀，投用高、低压端后置隔离气，以阻止润滑油进入密封端面。同样当油运停止 10min 后方可切断后置隔离气。

（3）打开相应阀投入高、低压端主密封气，并投入高、低压端前置缓冲气；此时压力表指示值应在 0.6MPa 左右，差压变送器指示值应≥0.3MPa。

5. 注意事项

（1）油运开始前 10min 投入后置隔离气，油运停止后 10min 方能切断后置隔离气。油运开始后，后置隔离气就不能停止，否则会损坏设备。

（2）投用过滤器时应缓慢打开过滤器上游球阀，再缓慢打开下游球阀；以防过滤器上下游球阀打开过快，对过滤器滤芯造成瞬间压力冲击，损坏滤芯。

（3）更换过滤器滤芯时，应先缓慢打开旁路过滤器上下游球阀，投用旁路过滤器。然后再关闭需更换滤芯过滤器的上下游球阀，更换滤芯。

（4）投入流量计时，应先打开对应旁路阀，然后再打开流量计上下游阀门，最后再缓慢关闭流量计旁路阀。

（5）每天至少对密封控制系统进行 2 次巡回检查，重点检查主密封气、后置隔离气气源压力是否稳定，过滤器是否出现堵塞，转子流量计指示值是否波动，差压值是否偏低等。

6. 故障判断及处理

（1）当 PDT-102≤0.1MPa 时，中控室 DCS 发出低限报警信号，当 PDT-102≤0.05MPa 时，SIS 联锁停车。检查主密封气源压力是否偏低，并检查密封是否损坏。

（2）当流量计指示值持续出现高限报警（中控室 DCS 报警），建议停车，检查相应端密封。

（3）当过滤器表头指针处在红色区域或当差压变送器输出值≥60kPa（中控室 DCS 报警）时，表明过滤器滤芯出现堵塞，需要更换滤芯，更换滤芯方法见注意事项第三条。

第十章 仪表与自动控制系统

第一节 概　述

从自动控制的角度看，催化裂化装置具有控制系统复杂、控制回路多、检测仪表种类多、特殊仪表多、自动化操作要求高、操作难度大等特点。为了提高生产连续化、自动化操作水平，本章从操作人员的角度，对催化裂化装置当前主要的检测仪表以及控制系统的相关内容予以阐述。

第二节　常用测量仪表

一、反应再生系统的温度测量仪表

（一）耐磨热电偶

流化床内催化剂对测温热电偶的磨损较严重，其磨损速度与流化床催化剂的密度、线速、热电偶保护管的结构形式、材质及安装部位有关。为了保证不因个别热电偶保护管被磨穿而影响生产，反应–再生系统的温度测量一般采用图 10-1 所示耐磨热电偶的结构。

（1）保护管端部长度为 200mm，采用 1Cr18Ni9Ti 棒料，其外表面加工至 8 级光洁度以上，光洁度越高，耐磨性能越好。

（2）外部配有强有力切断旋塞阀，当生产中热电偶保护管端部磨穿时，用以剪断热电偶芯，停用该支热电偶。此外还应配有防水式接线盒及 Y 形密封管件。

（3）连接法兰为 $DN50$、$PN16$ 光滑式密封面。

（4）插入深度 L=外套管长度（L_0）+（100~150mm）。

（5）在反应器等高速稀相气流中的耐磨热电偶保护套管（替身管）表面还应喷焊 Ni+WC35 硬质合金。

（二）非耐磨热电偶

当只能用弯曲伸入的办法，热电偶才能达到两器内部某些部位测量其温度时，就采用 6mm 的铠装热电偶而非标准热电偶。此时保护管随两器设备制造，铠装热电偶则插到设备的保护管内。并在外部配置有强力切断旋塞阀。

注意对设备内保护管进行试压，以确保其严密性。

切断旋塞阀附近的热偶铠装层一定要剥离，并换上一般绝缘的瓷管，以便热电偶保护套管磨穿时能够顺利切断偶丝。

（三）耐磨热电偶的安装及特殊处理

（1）耐磨热电偶的插入深度越大，安装所需的外部空间也越大，安装形式一般下斜45°。

（2）对于类似于提升管反应器等部位的耐磨热电偶都必须采用下述保护措施：

① 在耐磨热电偶前设置防冲蚀挡板或延长外套管，使其稍超过热电偶端部，并采用可更换的外套管结构。

② 标准耐磨热电偶端部喷焊 Ni+WC35 硬质合金，被喷焊部分的长度大于 150mm，喷焊厚度大于 1mm，表面光滑无裂纹。

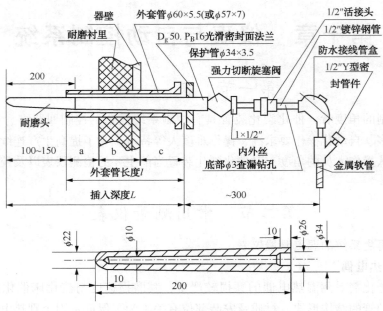

图 10-1　耐磨热电偶结构示意图

（四）辅助燃烧室的热电偶

（1）辅助燃烧室内虽然正常情况下没有催化剂，但由于开工时短期内最高操作温度可能超过 1000℃，损坏往往也很严重。辅助燃烧室的测温热电偶也宜采用耐磨热电偶，热电偶端距炉膛耐火砖表面 5~10mm。

（2）采用双式耐磨热电偶，其中一个测量元件接至控制室，另一个测量元件供开工时现场指示用。

（3）为了保护主风分布管在开工时不因超温损坏，在辅助燃烧炉出口主风管上设置双式热电偶，其中一个测量元件是供开工时接到现场指示器上用的。

（五）热电偶常见故障的判断方法

1. 测温系统的故障判断

对测温系统而言，应注意两个特点：一是普遍采用 DCS，二是温度滞后较大。

（1）温度指示突然变的最大或最小，一般为 DCS 卡件的原因。因为温度测量滞后较大，不可能"突变"。其中以热电偶引线短路、放大器失灵居多。

（2）温度指示快速震荡，一般系对 DCS 进行操作的原因。如 PID 参数整定不当等。

（3）趋势记录曲线大幅度波动，如当时工况有大变化，一般为工艺原因；如当时工况无大变化，一般为操作原因。此时可将 PID 调节器切到手动，若波动大大减小，则为调节器参数设置不当；否则为现场故障。

（4）若操作人员怀疑温度值有误差，通知仪表维护人员检查时，可先将 PID 调节器切到手动，对照有关示值协助判断。

（5）如 DCS 的 AO 输出电流回不到零点或有较大反偏差时，输出反而增大，为 DCS 卡件的问题。

2. 温度指示不正常

以热电偶为例，温度指示不正常，偏高或偏低，或变化缓慢甚至不变化等。图 10-2 为温度检测故障判断流程图。

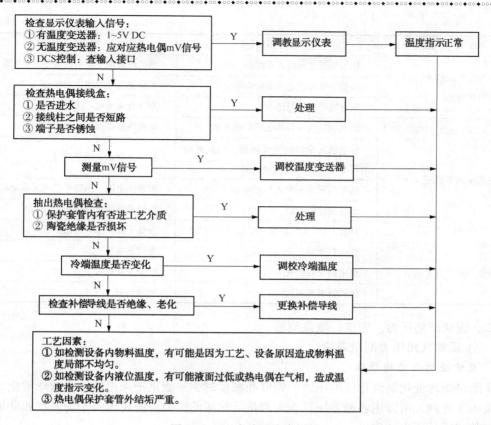

图 10-2 温度检测故障判断

3. 热电偶常见的故障原因及处理方法

表 10-1 列出了热电偶常见的故障原因及处理方法。

表 10-1 热电偶常见原因及处理方法

故障现象	可能原因	处理方法
热电势比实际值小(显示仪表指示值偏低)	热电极短路	找出短路原因,如因潮湿所致,则需进行干燥;如因绝缘子损坏所致,则需更换绝缘子
	热电偶的接线柱出积灰,造成短路	清扫积灰
	补偿导线线间短路	找出短路点,加强绝缘或更换补偿导线
	热电偶热电极变质	在长度允许的情况下,剪去变质段重新焊接,或更换新热电偶
	补偿导线与热电偶极性接反	重新接正确
	补偿导线与热电偶不配套	更换配套的补偿导线
	热电偶安装位置不当或插入深度不符合要求	重新按规定安装
	热电偶冷端温度补偿不符合要求	调整冷端补偿器
	热电偶与显示仪表不配套	更换热电偶或显示仪表使之配套

故障现象	可能原因	处理方法
热电势比实际值大(显示仪表指示值偏高)	热电偶与显示仪表不配套	更换热电偶或显示仪表使之相配套
	补偿导线与热电偶不配套	更换补偿导线使之相配套
	有直流干扰信号进入	排除直流干扰
热电势输出不稳定	热电偶接线柱与热电极接触不良	将接线柱螺丝拧紧
	热电偶测量线路绝缘破损,引起断续短路或接地	找出故障点,修复绝缘
	热电偶安装不牢或外部振动	紧固热电偶,消除振动或采取减振措施
	热电极将断未断	修复或更换热电偶
	外界干扰(交流漏电,电磁场感应等)	查处干扰,采取屏蔽措施
热电偶热电势误差大	热电极变质	更换热电极
	热电偶安装位置不当	改变安装位置
	保护管表面积灰	清除积灰

二、流化床的压力、密度、藏量测量

(一) 反吹气法压力测量系统

1. 反吹法测压力的原理

在测量微球催化剂流化床的压力、密度和藏量时,一般是把床内的流化微球催化剂当作一般流体来处理,可以用各种差压仪表来测量流化床的压力。流化床的平均密度和藏量的测量计算其实质是压力的测量。

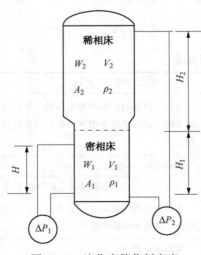

图 10-3　流化床催化剂密度
和藏量测量示意图

(1) 平均密度的测量。流化床平均密度用不同高度的两测压点之间的静压差来量度。参见图 10-3,并按式(10-1)计算。

$$\rho = 1000\Delta P_1/gH \qquad (10-1)$$

式中　ρ——床层的平均密度,kg/m^3;

ΔP_1——仪表测量的静差压,kPa;

H——两测压点之间的垂直距离,m;

g——重力加速度,m/s^2。

(2) 催化剂藏量测量。催化剂藏量是指流化床内上、下两侧压点之间的催化剂持有量(以 kg 或 t 计)。再生器催化剂藏量的测量方法是测量其底部和顶部之间的总差压(包括密相床和稀相床)ΔP_2,并按式(10-2)计算。

$$W \approx 1000\Delta P_2 \times \frac{A_1}{g} \qquad (10-2)$$

式中　W——流化床催化剂总藏量,kg;

ΔP_2——流化床总静压,kPa;

A_1——密相床有效面积,m^2。

2. 反吹工质

防止流化床测压点被催化剂粉堵塞的基本措施是设置反吹系统，如图 10-4 所示。再生器系统的反吹气采用净化压缩空气（仪表风）；反应器系统的反吹气一般也采用净化压缩空气，有条件时宜采用惰性气体，如 N_2。

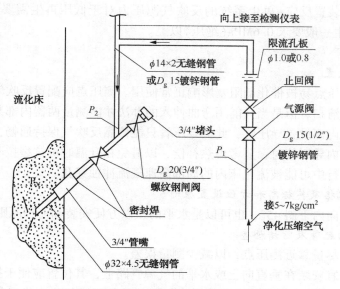

图 10-4　流化床测压点典型示意图

3. 压降和线速

在有反吹气流存在的条件下，设被测压力 P_x（如图 10-4），压力测量引线始端压力位 P_2（＝限流孔板后的反吹压力＝仪表显示压力），反吹气流管段压力降为 ΔP_x，则有：

$$P_x = P_2 - \Delta P_x \quad 或 \quad P_2 = P_x + \Delta P_x \tag{10-3}$$

式（10-3）表明，仪表显示压力 P_2 较被测的实际压力 P_x 高 ΔP_x，如果反吹气量很小（只需满足测压点及管段不堵塞），而反吹气量变化也很小，则 ΔP_x 不仅很小，而且是一个常数，在工业测量上，测量压力时 ΔP_x 可以忽略不计，$P_x \approx P_2$，测量差压时 ΔP_x 还可以彼此抵消。

《埃索研究工程公司工业设计准则》规定反吹气流在流化床内测压管中的线速度为 0.61m/s，美国石油学会《炼油厂仪表和控制系统安装手册（API. RP-550-174）》推荐 0.23～0.93m/s，我国一般采用 0.5～1m/s。

4. 反吹气源压力的确定

采用限流孔板来控制反吹气量是一种简单易行、效果好的办法。这是一种利用临界压缩比节流原理来恒流的一种方法。气体在临界压缩比 $(P_2/P_1)_{KP}$ 条件下流经节流锐孔板的流速有最大值，其流速极限值低于孔板前介质在 P_1、ρ_1 状态下的音速，各种气体的临界压缩比大多在 0.5 左右，其值决定于气体的绝热指数 K。

$$(P_2/P_1)_{KP} = \left(\frac{2}{K+1}\right)^{\frac{K}{K-1}} \tag{10-4}$$

对一般双原子气体（如空气）$K=1.4$，相应的 $(P_2/P_1)_{KP}=0.528$。当限流孔板后的压力

（被测压力）$P_2 \leq 0.528P_1$ 或 $\Delta P \geq 0.472P_1$ 时，流经限流孔板的空气量只取决于孔板前的气源压力 P_1，而与限流孔板后的压力 P_2 无关。因此，反吹气源压力应满足 $P_1 \geq 1.894P_2$。

根据上述原理，可以确定限流孔板前的反吹气源压力应为被测压力 2 倍以上，即：

$$P_1 \geq 2P_x$$

流化催化裂化装置反应-再生系统的反吹气源压力对于低压再生需要 0.4~0.6MPa（绝压），对于高压再生一般要求 0.6MPa（绝压）以上。

（二）测压点

1. 测压点的设置

流化床内的测压点易被催化剂阻塞影响正常使用。测压点应配置反吹气系统和便于用机械方式进行不停工清扫。但是当只能用弯曲伸入的办法才能测量两器内部某指定地点的压力时，还必须在两器内部设置导压管，此类导压管只能依靠反吹气保持通畅，不能用机械方式进行清扫。设置器内导压管时，要考虑热补偿，以避免在升温时被拉裂拉断。器内导压管的另一个缺点是在运行中可能被流化床内的局部高速气流冲蚀穿孔。

2. 测压管口规格及其标高和方位设置原则

测压点可以是向内下斜45°，也可以是水平的，以方便安装和清扫原则。

3. 反吹系统的配管及防堵检查

（1）反吹点应尽量靠近测压点，以减少测量误差。

（2）限流孔板宜安装在垂直向上或水平的气源管路上，其位置应便于拆装。

（3）反应-再生框架内应设置独立的反吹气源总管并与一般仪表供风管分开。反吹气源管路应采用镀锌钢管并用螺纹连接，不宜采用焊接。总管管径一般用 $DN50 \sim DN40$，支管一般用 $DN15$。

（4）反吹气源总管宜设置过滤器，以防止限流孔板堵塞，特别是在开工初期，反吹限流孔板易被堵塞。

（5）反吹气源总管及支管上应设置止回阀。

（6）密相床的反吹限流孔板锐孔直径宜用 $\phi 1.0mm \sim \phi 1.2mm$；稀相床的反吹限流孔板锐孔直径宜用 $\phi 0.8mm \sim \phi 1.0mm$，也可都采用 $\phi 1.0mm$。

（三）常见故障判断

常见故障及其判断列于表 10-2。

表 10-2　压力变送器测量常见故障判断

故障现象	故障原因
输出变化缓慢，不变，输出零点以下	仪表引压管堵塞
输出不上升	差压变送器高低压导管接反
变送器只有固定输出而无信号输出	信号没有接入中控室，膜盒故障，电缆电路有问题

（四）反应-再生系统的密度、藏量和差压主要检测项目及用途

流化催化裂化装置反应-再生系统的密度、藏量和差压测量是系统压力平衡和监视流化状况的基本手段。所需检测项目的数量和规格随装置类型、两器结构和操作条件不同而异。表 10-3 所列项目是大多数高低并列式及同轴式提升管流化催化裂化装置常有的主要检测项目的概貌，对于不同装置应根据具体条件增减。

表 10-3　反应–再生系统密度、藏量、差压主要测量项目及用途一览表

序号	检测项目	测压点位置或间距	参考值	用途及备注
1	反应压力	沉降器稀相	80~160kPa(表)	①上、下限报警
2	再生压力	再生器稀相	80~250kPa(表)	①上、下限报警
3	两器差压	两器稀相再(+)反(-)	-20~80kPa	①上、下限报警或低压软保护 PdCA
4	主风分布管(板)压降		5~15kPa	
5	反应布管(板)降		5~15kPa	
6	再生器旋风分离器压降	一旋入口再生器出口	5~15kPa	①,②监视催化剂动态损失
7	烟气三旋压降	三旋进出口管	10~20kPa	
8	再生滑(塞)阀压降		10~45kPa	①下限报警,防止倒流
9	待生滑(塞)阀压降		10~60kPa	①下限报警,防止倒流
10	沉降器旋分压降	一旋入口沉降器出口	5~15kPa	①,②总压降
11	沉降器藏量(含汽提段)	密相及稀相		①
12	再生器藏量(含稀相)	再生器顶、底		①
13	再生器二密相藏量	二密相及稀相		①
14	烧焦罐藏量(含密度)	烧焦罐顶、底		①
15	溢流管藏量(含密度)	有器内引压管		溢流管密度 100~200kg/m³
16	待生立管密度(同轴)	有器内引压管	-600~800kg/m³	
17	再生器密相密度	三测压点切换,密相1~2m	250~500kg/m³	①④开工装置催化剂辅助显示
18	再生器稀相密度	稀相,2m 以上	10~30kg/m³	
19	再生器旋风入口密度	稀相,旋分入口以下1m	2~10kg/m³	①③
20	再生器一、二级旋分料腿密度(含藏量)	1~2m,有器内导压管	250~450kg/m³	
21	再生斜管(塞)的密度(推动力)	密相	400~600kg/m³	
22	待生立(斜)管密度(推动力)	有器内导压管	400~600kg/m³	
23	汽提段密度	1~2m	150~350kg/m³	
24	沉降器稀相密度	稀相,2m 以上	10~30kg/m³	
25	沉降器旋分入口密度	稀相,旋分入口以下1m	2~4 最大 10kg/m³	①③
26	沉降器一、二旋分料腿密度(含藏量)	有器内引压管	250~450kg/m³	
27	管反平均密度		30~60kg/m³	①
28	提升管预提升段密度		200~450kg/m³	

① 系指重要检测或控制变量。

② 旋分压降是监视催化剂损耗的动态判断参考变量。

③ 旋分入口密度是监视催化剂损耗动态的判断参考变量,也是监视碳堆积的预兆。

④ 再生器密相密度一般有三个测压点,开工时用中、下两点,便于在装剂时监视装剂动态。

三、特殊的流量测量仪表

在催化裂化装置的流量测量中，油浆的流量测量经常采用偏心孔板或楔式节流装置。

（一）油浆流量测量

1. 偏心孔板节流装置

（1）测量原理：

节流装置体积流量计算公式：

$$q_v = \frac{C}{\sqrt{1-\beta^4}} \varepsilon \frac{\pi}{4} d^2 \sqrt{\frac{2\Delta P}{\rho}} \tag{10-5}$$

节流装置质量流量公式：

$$q_m = q_v * \rho = \frac{C}{\sqrt{1-\beta^4}} \varepsilon \frac{\pi}{4} d^2 \sqrt{2\Delta P \rho} \tag{10-6}$$

式中　q_v——体积流量，m^3/s；

　　　q_m——质量流量，kg/s；

　　　C——流出系数；

　　　β——直径比，$\beta = d/D$；

　　　ε——可膨胀性系数；

　　　d——工作条件下节流件的孔径，m；

　　　D——工作条件下上游管道内径，m；

　　　ρ——上游流体密度，kg/m^3；

　　　ΔP——差压，Pa。

这种孔板的孔是偏心的，它与管道同心的圆相切，这个圆的直径是管道直径的98%。安装这种孔板必须保证孔不会被法兰或者垫片挡住。其结构如图10-5所示。采用角接取压。

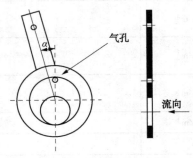

气孔

流向

图 10-5　偏心孔板结构图

（2）故障判断。

差压式流量计在实际工作中常会出现一些不正常的现象，如流量偏高显示值来回跳动等情况，出现这些情况可能与流量计本身的质量有关，也可能与流量计的外部工作环境有关。为消除各种情况对流量计的干扰和影响，应选用高质量的流量计，并对其采取相应的保护措施。生产过程中差压式流量计常出现的故障主要有以下两种情况：

一种是流量计显示流量偏高，流量的显示值明显高于实际值，导致这种故障发生的原因可能有：

① 差压变送器负压导压管被油浆所堵，造成压力传递不畅，使差压高于正常值，因而使测量流量偏高。

② 节流孔板被油浆催化剂堵，造成孔径变小，此时的差压值明显高于正常值，从而测量值偏高。

③ 仪表线性变差造成计量偏高。针对这种情况可采用更换相应仪表的办法来排除故障。

另一种是流量计显示流量偏低，主要表现为流量值明显低于实际值。导致这种故障发生的可能原因有：

　　① 差压变送器正压导压管被油浆所堵，造成压力传递不畅，使差压低于正常值，因而使测量流量偏低。

　　② 节流孔板的倒角被固体颗粒和其他杂质严重划伤，造成孔径变大，其此时的差压值低于正常值，从而使测量值偏低。

　　③ 仪表线性变差造成计量偏低针对这种情况可采用更换相应的仪表来排除故障。

　　④ 其他故障可以参照均速管流量计故障判断方法。

　　2. 多芯孔板节流装置

　　(1) 测量原理。多芯孔板也是一种差压式流量仪表，其工作原理与其他差压式流量计一样，都是基于密封管道中的能量转换原理。在理想流体的情况下，管道中的流量与差压的平方根成正比；用测出差压值根据伯努利方程即可计算出管道中的流量。多芯孔板流量传感器是一个多孔的圆盘节流整流器，安装在管道的截面上。当流体穿过圆盘的整流孔时，流体将被平衡整流，涡流被最小化，形成近似理想流体，通过取压装置，可获得稳定的差压信号，根据伯努利方程计算出体积流量、质量流量。其结构如图10-6所示。

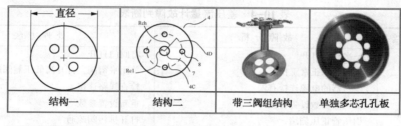

图 10-6　多芯孔板结构示意图

　　(2) 故障判断。故障判断与偏心孔板相同。

　　3. 楔式流量计

　　(1) 测量原理。楔式流量计基本原理与其他节流装置相同，通过楔形块的节流产生差压 ΔP，经过差压变送器将转换后的标准信号送至 DCS，得到对应流量值。

　　楔形孔板结构如图10-7所示。其检测件为 V 形。设计合适时节流件下游处于无滞流区，不会使管道堵塞。V 形检测件顶端为圆弧形，有较好的耐磨性。

　　(2) 故障判断。故障判断与偏心孔板相同。

　　(二) 主风流量测量

　　主风流量测量主要采用均速管流量计。

　　(1) 测量原理。均速管流量计传感器，是一根沿直径插入管道中的中空金属杆，在迎向流体流动的方向上有成对的测压孔，一般来说是两对，当然也有多对的，其外形似笛。迎流面的多点测压孔测量的是总压，与全压管相连通，引出平均全压 P_1，背流面的中心处一般

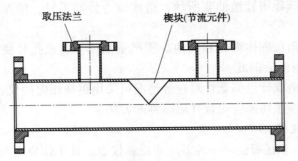

图 10-7　楔形孔板结构图

开有一只孔，与静压管相通，引出静压 P_2。均速管流量计是利用测量流体的全压与静压之差来测量流量，均速管输出差压 $P_1 - P_2 = \Delta P$。根据伯努利方程就可求出流速，流速乘以管道截面积就得出流量。

（2）故障判断。表 10-4 列出了差压流量计一般故障判断。

表 10-4　差压流量计故障判断表

序号	故障现象	故 障 分 析	处 理 方 法
1	无流量	一次阀未打开	将阀门打开
		三阀组未正常工作	关闭平衡阀，打开高低压侧阀门
		变送器的电源连接有误	检查线路连接
		变送器参数设置有误	重新设置参数
		引压管正压侧堵	打开排污阀疏通
		变送器零点负偏移较大	重新校正变送器零点
		变送器正负压室接反	确定流体正确流向
		实际流量偏小被切除	取消小流量切除功能使小流量能正常显示
2	流量偏大或偏小	引压管负压侧泄漏导致流量偏大	用肥皂泡沫检查处理
		引压管正压侧泄漏导致流量偏小	用肥皂泡沫检查处理
		实际流量比原设计流量偏大	通知厂家按新的流量重新计算差压值
		变送器量程设置不正确	按计算书重新设置
		管道尺寸与探头上标注的尺寸不一致(ID 偏小流量偏大)	变更安装位置或更换抬头使之一致
		管道尺寸与探头上标注的尺寸不一致(ID 偏大流量偏小)	变更安装位置或更换探头使之一致
		差压值是否两次开方导致流量偏大	确认只开方一次
		差压值未开方导致流量偏小	确认是否开方
		上位机流量量程设置不正确	按计算书进行流量设置需与差压值对应
		被测介质是气体时，引压管中积存冷凝液	检查并排放积液
		被测介质是液体或蒸汽时，引压管中存有气体	检查排放积气
		温压补偿计算方法有误	检查并修改
		实际参数与设计不符	确认探头计算书中的各种数据，如有参数与实际工况不符，应该重新计算
		差压低于正常值较多	检查引压管高压侧是否有泄漏，也可能是高压引压孔或高压引压管堵塞
		差压高于正常值较多	考虑引压管低压侧是否有泄漏，也可能是低压引压孔或低压引压管堵塞

续表

序号	故障现象	故障分析	处理方法
3	流量波动大	直管段太短或脉动流体	当流量显示波动时，可以通过增加变送器的阻尼时间或DCS系统滤波时间解决，一般在2~20s选择
4	安装错误引起的测量问题	测量蒸汽时，将水平管道水平插入的探头安装在垂直管道上，使原本处于水平位置的高、低压输出端变成上、下位置，导致高、低压冷凝液柱产生高度差，当被测量蒸汽由上向下流动时，流量偏大，反之流量偏小	重新按要求将探头安装在合适的水平管道上（注意，垂直管道的探头改在水平管道上安装也会产生类似的故障现象）
		测量气体时，将水平管道顶部插入的探头从管道底部向上插入安装，可能使气体中析出的凝结水积于引压管底部，会引起流量大幅度波动及测量精度下降	重新按水平管道顶部插入的要求安装探头。对因管道顶部无安装空间只能底部插入安装的情况，应在引压管最低位置加装积液管和排污阀
		测量液体时，将水平管道底部插入的探头从管道顶部向下插入安装，可能使液体中析出气体集于引压管顶部，会引起流量大幅度波动及测量精度下降	重新按水平管道底部插入的要求安装探头。对因管道底部无安装空间只能顶部插入安装的情况，应在引压管最高位置加装集气管和排气阀

四、再生烟气在线分析

目前常见于催化裂化装置的氧气分析仪表主要有激光氧气、激光粒度分析仪。

激光气体分析仪表主要用于再生烟气的氧含量测量分析，激光粒度分析仪表主要用于三旋出入口催化剂颗粒浓度检测。激光分析仪原理见图10-8所示。

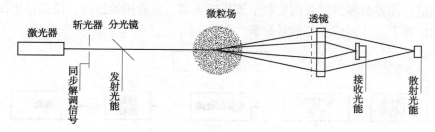

图 10-8　激光分析仪原理图

工作原理：当光束照在被认为是球体的颗粒上，会产生光的散射以及吸收现象。若不存在多次的散射，则散射光和粒度的大小及浓度有关。因此，利用这种原理，当一束平行光打在一个颗粒上，一部分光被散射，一部分光被吸收。因此颗粒与两个测量截面即吸收截面和散射截面有关，每一个理论上的截面将从原光束中分出一部分光。如果计算散射光和吸收光的比例作为与两个截面有关的信号，就能估算出粒度的体积和平均直径，那么相应的浓度就可以被确定。

激光粒度分析仪表有单测点、双测点、三测点，可根据测量要求选择相应的型号。根据监测仪的使用要求，需引至监测点的仪表净化风管线直径为 $1\frac{1}{2}''$，每检测点引一条风管，并装上阀门，并将其用阀门关死，以便投入监测使用。

五、特殊控制阀

催化裂化装置的烟气能量回收系统，必须综合考虑再生器压力控制、两器差压控制、烟气能量回收的控制以及自动保护系统。再生器压力只能恒压操作，烟机的烟气流通能力的允许操作弹性很小，其上限决定于正常工况下烟机入口蝶阀的压力降与烟机系统的总压降的比值，下限决定于烟机的能量回收。

无论是部分回收、全量回收或是均量回收，再生器压力控制系统都应该包括烟机旁路双动滑阀或烟气旁路蝶阀和烟机入口节流两种手段，才能应付不同处理量、不同操作条件变化和异常情况的需要。

（一）双动滑阀

双动滑阀应采用气关式全闭型双动滑阀，此类阀门在小开度下仍有很好的线性调节性能。不论按何种情况操作，双动滑阀总是长期处于临界压降下小开度或零开度状态下操作，因此其阀板等内部构件应该有优良的耐磨性。

双动滑阀控制系统是由电气控制系统、电液伺服阀、伺服油缸、液压油源和位移传感器等组成的一个典型的电液位置伺服控制系统。其中电控制系统是将输入信号与反馈信号进行比较，比较后偏差信号加以放大和运算，输出一个与偏差信号成一定函数关系的控制电流。输入电液伺服阀的力矩马达线圈中驱动伺服阀，电液伺服阀是电液转换、液压放大的流量控制元件，伺服油缸是执行元件，滑阀是可能告知对象，位移传感器是反馈测量元件，液压油源是系统的动力部分。

电液执行机构工作原理（图 10-9）：当电气控制系统的输入端接受 4~20mA 输入信号经规格化处理转换成 0~10V 电压信号，并同时接受位移传感器检测到的实际阀位信号经处理后也转换成 0~10V 电压信号，二者在伺服放大器中进行比较，其差值放大后作为电液伺服阀的指令信号，驱动伺服阀，控制伺服油缸按指定方向运动，从而带动阀板运动；直到输入信号与反馈信号偏差为零，伺服阀控制电流接近于零，无液压油输出，使其停止在与输入信号相对应的位置上，达到位移与信号平衡。

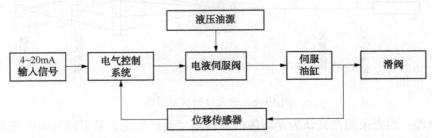

图 10-9　执行机构系统控制方框图

（二）烟机入口高温烟气蝶形调节阀

烟机入口高温烟气蝶阀在正常操作条件下的压力降一般只占烟气系统总压降的 5%~10%，通常都可选用与烟机入口管径相同口径的蝶阀。除非选择的蝶阀和其他执行机构在供货方面遇到困难时，才按精确计算选择口径稍小的蝶阀。

高温烟气蝶形调节阀控制系统是由电气控制系统、电液伺服阀、伺服油缸、曲柄机构、液压油源和角位移传感器等组成的一个电液位置伺服控制系统（图 10-10）。其中电气控制系统是将输入信号与反馈信号进行比较，比较后偏差信号加以放大和运算，输出一个与偏差信号成一定函数关系的控制电流，输入电液伺服阀的力矩马达线圈中驱动伺服阀；电液伺服阀是电液转换、液压放大的流量控制元件；伺服油缸是执行机构；蝶阀是控制对象；角位移传感器是反馈测量信号，液压油源是系统的动力部分。

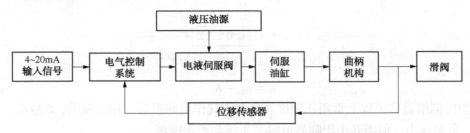

图 10-10　高温烟气蝶阀电液执行机构系统控制方框图

当电气控制系统的输入端接受 4~20mA 输入信号经规格化处理转换成 0~10V 电压信号，并同时接受角位移传感器检测到的实际阀位信号经处理后也转换成 0~10V 电压信号，二者在伺服放大器中进行比较，其差值经放大后作为电液伺服阀的指令信号，驱动伺服阀，控制伺服油缸按指定方向运动，从而带动阀板转动，直到伺服信号与反馈信号偏差为零，伺服阀控制电流接近零，无液压油输出，使其停止在输入信号相对应的位置上，达到位移与信号平衡。

第三节　自动控制系统

一、概述

炼油厂的操作控制大体可分为三类：物料平衡控制和能量平衡控制、产品质量或成分控制、限制条件或软限保护控制。作为物料平衡控制的工艺变量常常是流量、液位和压力，它们可以直接被检测出来作为被控变量；而作为产品质量控制的成分往往找不到合适的、可靠的在线分析仪表，因而常用温度或温差来进行代替控制。

二、单回路控制系统的组成

单回路控制系统是最基本、应用最广泛的控制系统，其特点是结构简单，易于实现，适应性强。单回路控制系统主要由下列基本单元组成：

（1）被控对象。是指被控制的生产设备或装置，被控对象需要被控制的变量称为被控变量。

（2）检测变送器。用于测量被控变量，并将其转换为标准信号输出，作为测量值（PV）。

（3）控制器。它将被控变量的设定值（SP）与测量值（PV）进行比较，得出偏差（DV），并按一定规律给出控制信号（MV）。

（4）执行器。执行器接收控制器输出的信号，直接改变操纵变量来克服扰动对被控变量的影响。控制阀是最常用的执行器。简单控制系统方框图见图 10-11。

三、单回路控制器的整定和系统投运

控制器是控制系统的心脏，它的作用是将测量值与设定值相比较，产生偏差信号，并按一定的运算规律产生输出信号。

常规控制器主要有三种：比例（P）、比例积分（PI）、比例积分微分（PID）。

（一）比例控制器（P）

比例控制器根据"偏差的大小"来控制，其输出与输入的偏差成比例：

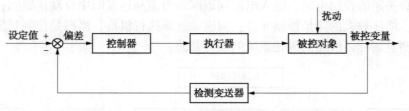

图 10-11　简单控制系统方框图

$$u = u_0 + K_c e \qquad (10-7)$$

K_c 为比例增益，工程上常用比例度 δ 来表示其作用的强弱，用%表示，δ 越小，控制作用越强，余差越小，但当 δ 小于临界值时，系统会产生振荡。

$$\delta = \frac{1}{K_c} \times 100\% \qquad (10-8)$$

比例控制器的优点是结构简单，调整方便；缺点是会产生余差。比例控制器多用于对控制要求不严，允许有余差存在的场合，如大多数液位控制系统。

（二）比例积分控制器(PI)

比例积分控制器的输出信号不仅与输入偏差保持比例关系，还与输入偏差对时间的积分成正比，使用比例积分控制器能消除被控变量的余差。

$$u = u_0 + K_c \left(e + \frac{1}{T_i} \int e \, dt \right) \qquad (10-9)$$

积分时间用 T_i 表示，T_i 越小，积分作用越强，T_i 无穷大时，无积分作用。

比例积分控制器的特点是能消除余差，在反馈控制系统中，流量和快速压力系统，几乎总是采用 PI 控制。

（三）比例积分微分控制器(PID)

比例积分控制器消除了余差，但控制器存在相位滞后，降低了响应速度。对于温度控制和成分控制等缓慢和多容过程，其响应过程本身就很缓慢，附加 PI 控制器后，将变得更为缓慢，为改善控制品质，应附加微分作用。

$$u = u_0 + K_c \left(e + \frac{1}{T_i} \int e \, dt + T_d \, de/dt \right) \qquad (10-10)$$

微分时间用 T_d 表示，T_d 越大，微分作用越强。

PID 控制性能曲线见图 10-12。

（四）单回路控制器参数整定和系统投运

控制器参数整定就是确定最合适的比例度、积分时间和微分时间，是自动控制系统操作工作中相当重要的一个工作。PID 参数整定有多种方法，工程上常采用经验法进行参数整定。目前也有很多组态软件中带有自整定功能的 PID 控制器。经验法整定参数见表 10-5。

1. 流量系统

流量系统是一个典型的快过程，流量对象时间常数很小，大多数情况下不允许有余差，且往往具有噪声。对这个过程，宜采用 PI 控制器，且比例度要大，积分时间可小。

2. 液位系统

大多数情况下精确的控制液位是没有必要的，只需要将液位控制在一定的范围之内，并

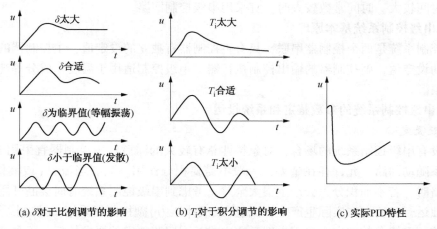

(a) δ对于比例调节的影响   (b) T_i对于积分调节的影响   (c) 实际PID特性

图 10-12 PID 控制性能曲线

允许有余差，所以液位系统宜采用纯比例控制器（P），比例度要大。

3. 压力系统

压力系统和流量系统类似，往往采用 PI 控制器，积分时间比流量系统要大。

4. 温度、成分系统

温度、成分系统是一个多容过程，时间常数大，纯滞后时间大。对于这类系统往往采用 PID 控制器，比例度设置在 20% ~ 60%，积分时间较大，微分时间约取积分时间的四分之一。

表 10-5 经验法整定参数

调节系统	比例度(δ)/%	积分时间(T_i)/min	微分时间(T_d)/min	备 注
流量	40~100	0.1~1		对象时间常数小，并有噪声，δ 应大，T_i 较短，不必用微分
压力	30~70	0.4~3		对象滞后一般不大，δ 略小，T_i 略大，不用微分
液位	20~80			允许有余差，并有噪声，δ 略小，不用积分，不用微分
温度	20~60	3~10	0.5~3	多容特性，滞后较大，δ 小，T_i 大，加微分作用

控制系统的投运就是将工艺生产从手操状态切入自动控制状态，在一些严峻的场合投运控制系统必须做到心细而胆大。应做的工作包括：

（1）详细了解工艺，对投运中可能出现的问题有所估计；

（2）理解控制系统的设计意图；

（3）在现场，通过简单的操作对有关仪表的功能是否可靠、性能是否良好作出判断；

（4）设置好控制器正、反作用和 P、I、D 参数；

（5）按无扰动切换的要求将控制器切入自动。

四、串级控制回路

单回路控制系统解决了装置大部分控制问题，但是只能完成定值控制，功能单一，当系统纯滞后时间较大，时间常数较大时，宜采用串级控制回路。

（一）串级控制系统基本原理

串级控制系统是两个控制器串联，只有主控制器有独立的设定值，主控制器的输出作为副控制器的设定值，副控制器的输出控制执行器。串级控制适用于温度、成分等纯滞后时间较大的对象。

（二）串级控制系统的参数整定和系统投运

1. 参数整定

凡是设有串级控制系统的场合，对象特性总有较大的滞后，主控制器宜采用 PID 控制；而副回路系随动回路，允许存在余差，一般不需要积分作用。只有当流量（或液体压力）系统作副回路时，若不加积分，会产生很大余差，考虑到串级控制系统有时会断开主回路，让副回路单独运行，所以在实际生产上，流量（或液体压力）副控制器采用 PI 控制。

串级控制系统参数整定宜采用先副后主方式。副回路整定的要求较低，可参考单回路的经验法参数表格来设置。整定主控制器的方法与单回路相同。

2. 系统投运

和单回路控制系统投运要求一样，串级控制系统的投运过程也要求无扰动切换。通常采用先副回路后主回路的投运方式。具体步骤：

（1）将主、副控制器切换开关都置于手动位置，副控制器处于外给定（主控制器始终为内给定）。

（2）用副控制器控制调节阀，使生产处于要求工况。这时可调整主控制器设定值，使副控制器的偏差指示为"零"，接着可将副控制器切到自动位置。

（3）若主控制器切换到"自动"之前，主变量偏差已接近"零"，则可稍稍修正主控制器设定值，使偏差为"零"，并将主控制器切换到"自动"，然后逐渐改变设定值使之恢复到规定值。若在主控制器切换到"自动"前，主变量存在较大偏差，一般做法是手动操作主控制器输出，使偏差减小后再进行上述操作。

五、比值控制回路

（一）比值控制系统概述

石油化工生产经常要求两种物料以一定比例混合后参加化学反应，比值控制的目的，就是为了几种物料混合符合一定比例关系，使生产安全正常运行。常见的比值控制系统包括：单闭环比值控制系统、双闭环比值控制系统、串级比值控制系统、带逻辑提降的比值控制系统等。

（二）比值控制系统的参数整定和系统投运

1. 参数整定

比值控制系统中副流量回路是一个随动系统，工艺上要求副流量能迅速的跟随主流量变化，且不宜有余差。由此可知，比值控制系统实际上是要求达到振荡和不振荡的临界过程。一般整定步骤：

（1）根据工艺要求，进行比值系统计算。现场整定时，可根据计算的比值系数投运。投运后，需按实际情况进行适当调整，以满足工艺要求。

（2）采用 PI 控制器。整定时先将积分时间置于最大，由大到小调整比例度，直至系统处于振荡与不振荡的临界过程为止。

（3）在适当放宽比例度的情况下，慢慢将积分时间减小，直到出现振荡和不振荡的临界过程为止。

2. 系统投运

比值控制系统投运前的准备工作及投运步骤与单回路控制系统相同。

3. 比值控制系统的若干问题

（1）主、从被控变量的选择应从安全的角度出发来选择。

（2）关于开方器的选用。当被控变量控制精度要求较高，且负荷变化较大时，操作人员应当提请仪表系统工程师，对流量检测设置开方器测量信号进行必要的滤波处理，以保证系统有较好的控制品质。

六、均匀控制回路

对于一个控制系统，它能充分利用容器的缓冲将一个变化剧烈的流量变换成一个变化缓慢的流量，这种控制系统称为均匀控制（或称均流控制）。均匀控制可采用单回路控制或串级控制。从系统结构上看，均匀控制系统与单回路或串级控制相同，其差异主要体现在控制器参数的整定上。

对于单回路液位控制，以保证被控变量稳定为目的，当液位受到扰动偏离设定值时，就要求通过强有力的控制作用使液位回到设定值，强有力的控制作用体现在控制器参数整定上，要求小的比例度或小的积分时间。均匀控制则以保证操纵变量变化平稳为目的，而被控变量允许在一定范围内波动，所以均匀控制要求控制作用"弱"，即要求大的比例度和大的积分时间。

均匀控制中液位控制器宜采用纯比例控制，尽量不使用积分，不用微分；流量副回路与一般流量回路性质一样，采用 PI 控制，比例度要大，积分时间要小。

七、选择性控制回路

凡是在控制回路中引入选择器的系统都可称为选择性控制系统，其中起设备软保护作用的选择性控制，称为超驰控制。

超驰控制系统在生产过程中起软限保护作用，应用相当广泛。该系统中一个重要的工作就是根据控制阀的气开、气关性质，及控制器的正、反作用来确定使用低值选择器还是高值选择器，其原则就是最终控制调节阀的控制器，应当是对工艺存在安全保护作用的控制器取得控制权。对操作人员来讲只需要了解其所以然就可以了。

八、分程控制回路

分程控制是一台控制器去操作几台阀门，并且是按输出信号的不同区间操作不同的阀门，其作用一是为了扩大调节阀的可调范围，二是满足工艺上操作的特殊要求。

分程控制中，调节阀的开关形式（FO、FC），可分为同向和异向。见图 10-13 所示。

横坐标是变送器的量程范围，纵坐标是调节阀的开度。操作中总会发现组态时，将信号分程关系搞错，在此给出一个推理方法，以便澄清分程方案的正确与否。

首先按照 P&ID 工艺管道仪表流程上的调节阀的气开气关情况，以及参与分程控制的调节阀开度随变送器信号由小到大的变化而变化的情况，参照图 10-13 画出变送器信号与调节阀开度间的变化曲线图。

在平行于 AO 横坐标的正下方画出 PID 的输出信号坐标线，分程点与图 10-13 相对应。

在平行于 PID 的输出信号坐标线（横坐标）的正下方画出 DCS 的模拟输出卡 AO 的输出

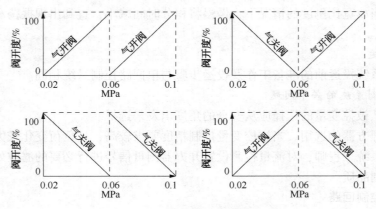

图 10-13　分程控制图

信号线坐标，分程点与图 10-13 相对应。

　　根据调节器正反作用方式的定义，并结合工艺流程来确定分程点两端 PID 输出横坐标线段在分程点两端线段的箭头方向。根据 FO、FC 的定义即无风阀开、无风阀关的定义，来确定 AO 横坐标分程点两端线段的坐标箭头方向。继而根据 AO 横坐标线段和 PID 输出线段的分程对应关系，确定分程定量关系。

九、分散控制系统(DCS)

(一) 分散控制系统的概述

　　分散控制系统(DCS)在石油化工生产过程中得到广泛的应用，DCS 系统内部结构包括操作站、控制站和通信网络系统三大部分。操作站用来采集生产过程操作数据，同时显示和处理这些数据；控制站对生产过程进行各种控制，通信网络系统实现操作站、控制站和其他站的高速数据交换。

　　DCS 系统还包括四个接口部分，包括过程接口、人机接口、工程接口、其他系统接口四个接口部分。基本结构如图 10-14 所示。

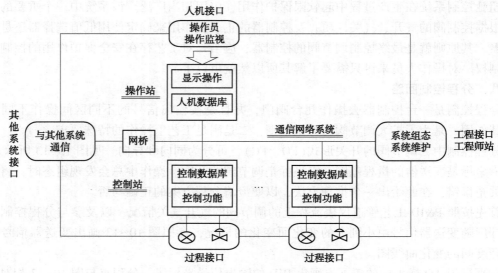

图 10-14　DCS 系统结构图

现以 Supcon JX-300X 为例介绍 DCS 的组成和各种功能。

（二）JX-300X 系统结构

JX-300X 系统的整体结构如图 10-15 所示。

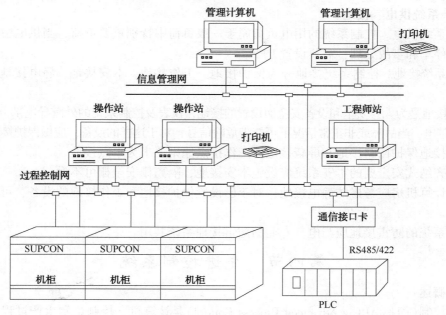

图 10-15　JX-300X 系统结构图

JX-300X 通信网络分三层，第一层网络是信息管理网（用户可选），第二层网络是过程控制网，称为 SCnet Ⅱ，第三层网络是控制站内部的 I/O 控制总线，称为 SBUS。

（1）信息管理网（Ethernet）。信息管理网采用以太网，用于工厂级的信息传送和管理，是实现全厂综合管理的信息通道。

（2）过程控制网（SCnet Ⅱ网）。过程控制网采用双高速冗余工业以太网，连接系统的控制站、操作站、工程师站、通信接口单元等，SCnet Ⅱ网可以与上层的信息管理网或其他厂家设备连接。

（3）SBUS 总线。SBUS 总线是控制站内部 I/O 控制总线，主控卡、数据转发卡、I/O 卡通过 SBUS 进行信息交换。

（三）JX-300X 系统硬件

JX-300X 系统硬件主要包括控制站、操作站、工程师站及各类 I/O 卡件。

（1）控制站。控制站主要由机柜、机笼、供电单元和各类卡件组成，其核心是主控制卡。

所有卡件都具有带点插拔功能，在系统运行过程中可进行卡件的在线维护和更换，而不影响系统的正常运行。

（2）操作站。操作站的硬件基本组成包括：工业 PC 机、显示器、鼠标、键盘、SCnet Ⅱ网卡、专用操作员键盘、操作台、打印机等。

（3）工程师站。工程师站的硬件配置与操作站基本一致，主要区别在于系统软件，工程师站除了安装有操作、监视等基本功能的软件外，还装有相应的系统组态、维护等工程师应用的工具软件。

（四）JX-300X 系统软件

JX-300X 系统软件基于中文 Windows 开发，所有命令都用形象直观的功能图标，只需用鼠标即可完成操作。JX-300X 系统软件主要包括：SCKey 组态软件、Advan Trol 实时监控软件、SCLang 语言编辑软件、SCControl 图形组态软件、SCDraw 流程图制作软件和 SCForm 报表制作软件。

（五）系统供电、接地

（1）系统供电。控制系统的用电负荷属于一级负荷中特别重要负荷，当供电中断时，为确保安全停车和事故处理，需要设置 UPS。

（2）系统接地。控制系统接地分为保护接地、工作接地、本安接地、静电接地、防雷接地等。

保护接地是为人身安全和设备安全而设置的接地，仪表及控制系统的外露导电部分，在正常情况下不带电，当故障或非正常情况下可能带危险信号，对于这样的设备，应做保护接地。

工作接地保护回路接地和屏蔽接地。工作接点原则要求为单点接地。

采用齐纳式安全栅的本安系统应设施本安接地，隔离栅安全栅可不设。

电子计算机房应考虑防静电接地，对于已设置保护接地和工作接地的设备，可不另设防静电接地。

控制系统的防雷接地应与电气专业的防雷接地系统共用。

第四节　先进控制系统

一、概述

先进控制（简称 APC，Advanced Process Control）是计算机、控制论和生产过程相结合的一种控制技术。给定装置条件和目标，计算机在线进行模拟计算，获得相应优化的操作条件并实施控制调节，最大限度地靠近目标。先进控制技术用科学控制方法代替常规控制中的经验操作，能够最大限度发挥装置设备潜力，靠近目标，并使装置安全平稳进行。APC 已经成为企业取得经济效益的重要手段，先进控制技术与计算机硬件、控制设备构成先进控制系统。

先进控制系统特点：从全局考虑、运用现代方法、动态数学模型、科学控制策略对装置进行控制，并能够适应生产过程；由于控制过程复杂，需要 DCS 实现过程控制；解决时变性和耦合性强、非线性、延时滞后等控制问题；能够给用户带来明显的经济效益。

先进控制以 DCS 为基础，以数据库为平台，其核心技术是多变量模型预估控制，可解决各被控参数之间的相互耦合问题，具有卡边操作、卡边控制、提高装置平稳运行程度、改善产品质量和产品分布、滚动优化、节能降耗、提高生产管理水平、挖潜增效、提高装置整体效益等诸多优点。

二、先进控制技术

（一）先进控制技术

APC 系统由多变量模型预估控制器、中间调节回路和工艺计算三部分组成。

多变量模型预估控制技术即利用数学模型预估将来时刻被控对象的参数和误差，作为确定当时控制的依据，具有比常规 PID 更好的控制效果。

模型预估控制技术的特点：

（1）通过模型对被控参数长时段预估，同时进行更好的反馈调整。

（2）滚动优化。预估控制技术是一种最优控制策略，它的目标是使某项性能指标最佳。在每个取样时刻都要根据当前的预估误差重新计算变化量，不断滚动，达到优化的目的。

（3）反馈修正。当被控过程受操作条件变化影响时，预估值与实际过程有偏差，在每个采样时刻预估控制，利用可测过程变量，对模型预估值加以修正，并作为计算最优指标的依据。工艺计算是 APC 的基础，有些控制目标是不能直接测量或难以测量的，则通过建立数学模型计算得到，并进行优化控制。

（二）催化裂化装置先进控制系统

催化裂化装置先进控制系统包括：

（1）系统控制目标(含经济目标)；

（2）所需的工艺计算；

（3）中间控制回路；

（4）多变量模型预估控制器的构成；

（5）多变量预估控制器的建立和现场实施。

1. 控制目标

（1）系统控制目标决定 APC 系统的组成、结构及相应的控制策略。装置控制目标一般有：

① 提高掺渣油量或处理量。

② 提高目的产品产率。

③ 稳定控制产品质量。

④ 稳定操作。

⑤ 节能降耗。

⑥ 提高整体经济效益。可大致分为反再生系统的控制目标和产品分离系统的控制目标两大块。

（2）反应再生系统控制目标：

① 反应再生部分：如控制裂化深度/转化率，优化产品分布等。

② 再生部分：主要是烧焦控制，如控制再生密相温度、稀相温度、烟气氧含量等。

③ 节能降耗，如：雾化蒸汽、汽提蒸汽、预提升蒸汽等。

④ 控制反再压力平衡。

⑤ 进料量或掺渣量最大。

（3）产品分离系统的控制目标：

① 产品质量的控制与优化。

② 分馏塔各段取热的平衡。

③ 分馏塔底系统控制等。

2. 工艺计算

反应再生系统工艺计算内容：催化剂循环量、剂油比、测量的转化率和预估的转化率，干气、液化石油气、汽油、轻柴油和油浆预估产量、外取热器取热量、再生器生焦量、回炼比，沉降器旋分器和再生器旋分器入口流速。

分离系统工艺计算内容主要是产品质量和特性的计算，用以弥补在线分析仪的不足。主要计算内容：粗汽油的90%点、终馏点；轻柴油90%点、倾点、闪点、凝点等；取热负荷和汽油蒸气压等。

3. 多变量模型预估控制器

控制器的输入/输出有三种变量。被控制变量(CV)、操作变量(MV)、干扰变量(DV)。根据控制量的变量表及生产过程特点确定控制器模型，并在 DCS 上实施。反应再生部分包括：反应苛刻度/转化率控制和优化；再生烧焦控制；反应再生与分馏关联的内容，如分馏塔底、回炼油、油浆等控制；反应再生系统操作和设备的约束。分离部分包括：产品质量的控制与优化；分馏塔各段取热量的均衡；分馏塔底系统控制；分离系统操作和设备的约束等。

(1) 被控变量(CV)的选择：根据控制目标、操作设备约束及优化目标选择相应的CV。CV应是操作人员习惯使用的参数；CV应与一个或多个MV有关；CV的响应要好；CV在线分析仪检测时延时要适度。

(2) 操纵变量(MV)的选择：一般是操作人员常用的操作参数；一个MV与其他MV和所有DV之间是独立的；MV变化对CV影响较明显；MV有足够的调整空间，且MV调整时是连续的。

(3) 干扰变量(DV)的选择：DV是独立变量。它对多变量控制器有干扰作用，但不能对其操作。DV对CV的影响较明显；DV值的测量要可靠。

三、催化裂化装置控制策略

(一) 反应再生系统 APC 策略

(1) 反应再生 APC 控制范围和目标：把分馏塔下部纳入反应再生部分，在极端条件下用反应深度调节塔底液位及回炼油液位。反应操作决定装置的产品产率和处理量。有三个约束制约这一目标。高处理量、多产轻烃时——气压机能力(含分馏塔顶冷凝器能力)；高处理量、掺炼重油时——主风机能力(两段再生时包括一、二再主风分配)；高处理量、高反应温度时——油浆取热能力。反应再生控制目标：提高新鲜原料处理量，提高装置轻油收率，提高装置抗干扰能力，降低装置能耗。

(2) 反应再生工艺计算：工艺计算是基础。可提供现场不可预测或难以预测或测量滞后较大的主要工艺参数的当前值，为控制器提供参数。包括：转化率预测计算及实测转化率计算，反应热计算，提升管反应时间及催化剂停留时间计算，提升管底部混合段温度计算，产率计算等。

(3) 反应再生控制策略：对两段再生，一再贫氧操作，并设有外取热器的装置。要提高处理量就要提高一再烧焦比例，同时降低二再温度，有利于提高剂油比；使用提升管出口温度和回炼油量作为主要控制变量，选择合适的转化率控制产品分布；分馏塔最下层板下温度、塔底温度、塔底液位、回炼油罐液位最终受反应深度的影响；高剂油比操作时用终止剂和原料预热温度作为附加手段。将反应再生控制策略分成 5 个子功能块：再生器温度控制，提升管苛刻度控制，分馏塔底控制，压力平衡及阀位控制，收率极限控制(简单经济目标优化)。典型 FCC 装置反应再生系统可设置 25 个控制变量(CV)，14 个操作变量(MV)和 6 个干扰变量(DV)。

(二) 分馏 APC 控制策略

(1) 分馏 APC 控制范围和目标：分馏塔 APC 包括脱过热段以上的中段循环系统、轻柴油抽出和汽提塔、顶循环系统、塔顶冷凝系统和塔顶油气分离器系统等。在设备约束的范围内提高操作平稳程度。控制目标：提高分馏塔的处理量；提高轻油收率，提高轻柴油及粗汽油的分离精度控制轻柴油倾点、闪电及粗汽油的 90%点；为下游工序提供稳定进料。

(2) 工艺计算：粗汽油 90%点，轻柴油 90%点、倾点、闪点等。辅助控制有顶循环热负荷控制，中段循环热负荷控制和分馏塔顶油气分离器控制等。

(3) 分馏塔控制策略：粗汽油的 90%点与塔顶油气温度有对应关系。轻柴油倾点与抽出温度有对应关系。轻柴油闪点与汽提蒸汽量、汽油终馏点有关。分离效果与塔内气液负荷有关。因而用塔顶循环回流取热、中段循环回流取热作为调节分离品质的手段。此外冷回流、塔底油浆循环对上部气液负荷也有影响；反应对分馏也有影响，原料油性质变化，油气组成变化，油气温度变化等对分馏的也有影响。将分馏控制策略分成三个子功能块：粗汽油90%点控制，轻柴油倾点控制，轻柴油闪点控制。典型的分馏系统设置 7 个控制变量(CV)，6 个操作变量(MV)和 8 个干扰变量(DV)。

（三）吸收稳定 APC 策略

（1）控制范围和目标：包括吸收塔、再吸收塔、解吸塔、稳定塔、气压机出口油气分离器、稳定塔顶回流罐。其操作直接关系到干气、LPG、稳定汽油的质量。有 2 个约束：吸收塔中段负荷及稳定汽油温度，影响 C_3^- 吸收率；解析塔进料流量波动大会影响解吸操作。

（2）工艺计算：在线计算干气中 C_3^- 含量，LPG 中 C_{5+} 量及汽油蒸气压。辅助控制有：气压机出口油气分离器液位控制，稳定塔顶回流罐液位控制，解析塔进料温度控制和再吸收塔贫吸收油比率控制。

（3）吸收稳定控制策略：LPG 中的 C_2 组分含量是衡量解析塔效率的指标；LPG 中 C_3 组分含量和汽油蒸气压是衡量稳定塔分离效果的指标。用气压机出口油气分离罐和稳定塔顶回流罐非线性液位控制解吸塔进料和 LPG 流量平稳，减少对下游工序的扰动。再吸收油按比例控制，在满足要求的情况下尽量减少吸收油量。为实现上述控制策略典型吸收稳定控制设置 7 个控制变量(CV)，7 个操作变量(MV)，和 6 个干扰变量(DV)。

四、实施 APC 控制的效益

反应深度的优化使产品产率提高；分馏、吸收稳定控制器实现产品质量卡边控制，使产品收率提高；对高价值产品实现卡边切割，高价值产品收率提高。

第五节　安全仪表(SIS)系统

一、安全仪表系统(Safety Instrumented System–SIS)

当前，安全仪表系统(SIS)作为维护安全生产、保护人身安全、防止重大事故的重要设施，已在石油化工领域得到广泛应用。

催化裂化装置工艺流程复杂，属高温(反应温度 470～530℃，再生温度 690～750℃)、带压[反应压力 0.1～0.3MPa(表)]操作，既有微球催化剂流化过程又有化学反应，物料大部分为甲类危险品(易燃易爆)，生产过程中又会同时产生有毒气体 H_2S，在炼油厂中属事故易发装置。此外，装置通常包含主(备)风机组、增压机组、气压机组等大型机械设备，设备故障率和操作难度较高。近年来随着装置大型化的趋势，安全问题日益凸显。SIS 作为安全保护层中的重要一环，在催化裂化装置中已被普遍采用，发挥着越来越重要的作用。

（一）SIS 系统技术特点

SIS 主要用于监视生产装置的操作，当过程变量(如温度、压力、流量、液位等)超限、机械设备故障或能源中断时，SIS 能够自动(必要时可手动)完成预先设定的动作，使工艺装置处于安全状态。

SIS 由测量元件、逻辑控制器、执行元件等部件组成，比传统的紧急停车系统(Emergency Shutdown，ESD)在功能安全上更为完整，系统的实施贯穿整个安全生命周期，从初期的设计、中期的施工和调试，到末期的试运行、评估、验证和后续的维护，直至安全生命周期到限前的拆除。SIS 发展历史上经历了继电器系统、固态逻辑电路系统和可编程逻辑控制器(PLC)系统三个阶段。当前主流的 SIS 均采用可编程逻辑控制器,通过微处理器和编程软件来执行逻辑,具备灵活方便的编程、自测试和自诊断功能,并配置双重或三重冗余、容错结构的设备和部件。

SIS 在石油化工领域中有较多产品,目前在催化裂化装置上实际应用较多的有:Triconex 公司的 TRICON、HIMA 公司的 PES、Honeywell 公司的 FSC、ICS 公司的 Trusted 等。

鉴于 SIS 的重要性和特殊性,一般应与过程控制系统(Process Control System, PCS)分开独立设置。

1. 系统可靠性和可用性

SIS 的可靠性目前广泛使用的参数是平均无故障时间(MTBF)和平均故障修复时间(MT-TR):MTBF 又称平均故障间隔时间(Mean Time Between Failures),指相邻两次故障之间的平均工作时间,它反映产品在规定时间内保持功能的能力。MTTR(Mean Time to Restoration)源于 IEC61508 中的平均维护时间,是随机变量恢复时间的期望值,它包括获得备件的时间、维修团队的响应时间、投用设备的时间。拥有成熟可靠产品的 SIS 集成商一般都应能提供其产品 MTBF 和 MTTR 的计算、依据和分析数据。

SIS 为故障安全型,系统内发生故障时能够按照故障安全的方式停机。具有完善的硬件、软件故障诊断及自诊断功能,自动记录故障报警并能提示维护人员。诊断测试能在系统运行的全部周期内进行,一旦检测出故障,即开始报警及显示。

2. 冗余原则

SIS 系统具有完备的冗余和容错技术,所有种类的板卡配置能够实现无差错在线热备和更换,各级网络通信设备、部件和总线、功能卡件、电源设备为 1:1 或三重化冗余,可编程逻辑控制器普遍采用由 TÜV 安全认证的三重化或四重化结构。

3. 系统各级负荷要求

SIS 系统控制站 CPU 负荷应不超过 50%。在满负荷工作情况下,系统的电源、软件的负荷应不超过 50%,各级通信负荷应不高于 50%,一般要求各种负载应具有至少 40% 以上的工作裕量。

(二) 安全完整性等级

安全完整性等级(Safety Integrity Level, SIL)用于描述 SIS 的运行安全性能,在一定时间、一定条件下 SIS 能成功地执行其安全功能的概率,其数值代表着 SIS 能够使风险减低的数量级。在欧美等技术发达国家,SIL 评估技术得到广泛应用,成为提高装置安全水平、降低误操作风险及控制联锁系统投资成本的重要手段。中国起步稍晚,自 2004 年以来,SIL 技术已先后在镇海炼化、茂名石化、天津石化、兰州石化等二十余套大型石化装置上得到应用。SIL 分为 1~4 共 4 级,对于石油化工行业最高取 SIL 3 级。

SIL 定量评估过程是通过对受控单元进行危险与后果分析,确定正确的安全功能。选择恰当的目标 SIL,设计满足目标 SIL 的安全联锁功能(Safety Instrumented Function, SIF)。

SIL 评估的依据来自危险与可操作性分析及风险矩阵,识别潜在危险与可操作性问题目前有很多工具和技术,如检查表法(Checklist)、故障模式和影响分析(FMEA)、故障树分析

（FTA）、HAZOP 分析等。其中，HAZOP 分析法因最初就是为化学工业流体介质处理或物料输送而开发的技术，使其非常适合石化行业工艺流程安全性的分析与评估。虽然 HAZOP 分析需要大量详细信息，过程费时费力，但却能更加全面地识别给定系统的危险和设计缺陷，近年来逐步得到行业认可并开始应用。

一个 SIS 由多个 SIF 构成，各安全功能针对的危险情况不同，所执行的动作也不同。经过危险和风险分析，SIS 中每个 SIF 的组成和安全水平得到识别，接下来就是对每个 SIF 进行计算，进而确定合适的 SIL 等级。常见的 SIL 等级计算方法包括：简化方程法、故障树分析、马尔可夫模型分析、可靠性方块图等。当前技术实力比较强的 SIS 系统集成商都掌握有特定的 SIL 等级计算方法，并使用专用的计算软件，但由于不同的国家、地区（如中国和香港地区）对风险矩阵的划分存在差异，使得 SIL 等级的计算结果在一定程度上相对国内偏高。

根据应用经验，催化裂化装置的主要 SIF 及 SIL 等级可参考表 10-6。除表中所含内容外，还包括大型压缩机组本身的联锁保护功能，如润滑油压力低低限（SIL3）、轴位移高高限（SIL2）、烟机转速高高限（SIL3）等。

表 10-6　催化裂化装置主要 SIF 及参考 SIL 等级

序号	SIF	SIL等级	反应进料	回炼油(油浆)	急冷油进料	预提升蒸汽	预提升干气	进料雾化蒸汽	进料事故旁路	待生滑阀	再生滑阀	主风机组	备用主风机组	增压机组
1	反应进料温度低低限	SIL2	切断	切断	切断	打开	切断	打开	打开					
2	反应进料流量低低限	SIL2	切断	切断	切断	打开	切断	打开	打开					
3	两器差压低低限	SIL3	切断	切断	切断	打开	切断	打开	打开	切断	切断			
4	主风流量低低限	SIL3	切断	切断	切断	打开	切断	打开	打开	切断	切断	安保运行	安保运行	停机
5	增压风流量低低限	SIL2												停机

（三）测量仪表与执行元件的设置

SIS 系统的现场测量仪表，其性能和设置均需满足安全完整性等级的要求。对于 SIL2、SIL3 等级，测量仪表推荐与基本过程控制系统分开，并采用冗余设置。由于"2oo2"（二取二）冗余配置只能实现"安全性"和"可用性"二者其一，当系统需要二者兼顾的高可靠性时需采用"2oo3"（三取二）逻辑结构。考虑到开关量仪表在长期不动作的情况下，可能出现触点黏合或接触不良，导致不动作或误动作，故在非特殊情况下应避免采用。

SIS 系统的执行元件指阀门（包括气动、电动、液动执行机构的调节阀和切断阀）和附件（包括定位器、电磁阀、限位开关等）。宜采用气动控制阀，不宜采用电动阀。对于 SIL2、SIL3 等级，需采用冗余控制阀，比如 1 台调节阀和 1 台切断阀，或者采用 2 台切断阀。某些场合会采用单一控制阀配套冗余电磁阀的方式，冗余电磁阀只能有限提高电磁阀组的安全完整性等级，并不能提高控制阀的安全指标。

二、催化裂化装置的安全联锁保护

催化裂化装置的 SIS 系统包括：开停工和生产过程中可能危及生产安全、造成重大设备事故、重大经济损失和人身安全的紧急自动保护，特别是反应再生系统的自动保护和大型压缩机组的自动保护。除此以外，装置还设置了工艺变量越限报警、可燃有毒气体报警、火灾报警和消防等。

1. 反应再生系统自动保护项目及其逻辑关系

反应再生系统各自保阀及逻辑关系见表 10-7 和图 10-16。

表 10-7　反应再生系统各自保阀门状态及逻辑关系

安全联锁子系统 / 安全联锁功能	执行元件或联锁动作												主风机组				备用主风机组		增压机组					气压机组		
	反应进料切断阀	反应进料旁路切断阀	回炼油浆进料调节阀	回炼油进料调节阀	*急冷油进料调节阀	预提升蒸汽调节阀	预提升干气调节阀	原料油雾化蒸汽调节阀	待生单动滑阀	再生单动滑阀	主风事故蒸汽阀	主风总管阻尼单向阀	主风机防喘振阀	主风机出口阻尼单向阀	烟机入口调节阀	烟机入口切断阀	备用主风机防喘振阀	备用主风机出口阻尼单向阀	增压机防喘振阀	增压机出口阻尼单向阀	*待生产管套筒压增压调节阀	*待生产管套筒压增压事故蒸汽调节阀	*外取热器筒流化增压压力调节阀	气压机人口放火炬调节阀	汽轮机关阀	汽轮机速度模块
进料系统　反应进料温度低低限	关	开				开		开																		
进料系统　反应进料流量低低限	关	开				开		开																		
进料系统　硬手动按钮（切断进料）	关	开	关	关	关	开		开																		
两器系统　两器差压低低限	关	开	关	关	关	开		开	关	关																
两器系统　硬手动按钮（切断两器）	关	开	关	关	关	开		开	关	关																
主风系统　主风流量低低限	关	开	关	关	关	开		开	关	关	开	关	开	关	关	关	开	关	开	关			关			
主风系统　硬手动按钮（切断主风）	关	开	关	关	关	开		开	关	关	开	关	开	关	关	关	开	关	开	关			关			

备注：主风机安保运行　　备用主风机安保运行　　停增压机运行

注：(1) 安保运行指压缩机在打开防喘振阀,关闭出口阻尼单向阀的情况下保持运行状态不停机,其目的是节省停机后重新开机所耗费的重新准备、检查等时间,为工艺操作提供灵活性。

(2) 标*号的动作功能在需要时配置。

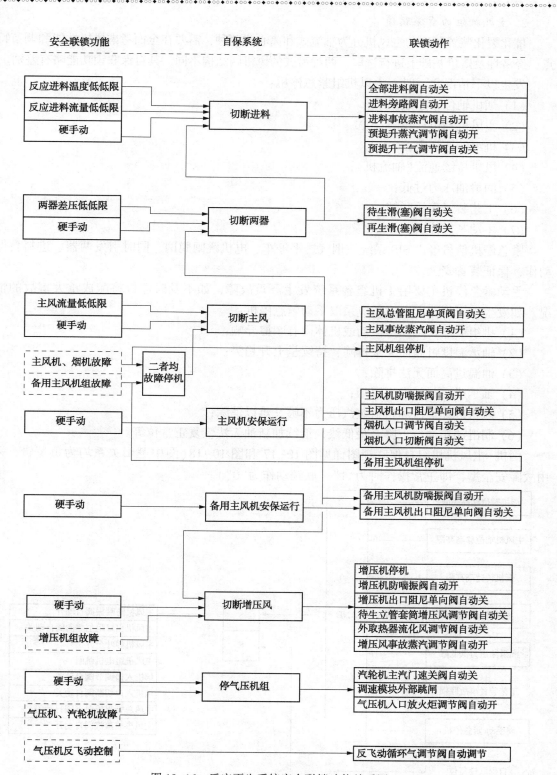

图 10-16 反应再生系统安全联锁功能关系图

2. 主风机组的自保联锁

催化裂化装置所用的主风机分为轴流式和离心式两种，需要在全面考虑风机性能和调节特点、经济性及造价基础上进行选取。两种型式的风机因结构不同，其自保联锁功能略有差别。

发生以下情况之一时，主风机组紧急停机：

(1) 烟机轴位移超限；

(2) 主风机轴位移超限；

(3) 机组转速超限；

(4) 风机持续逆流(轴流机)；

(5) 润滑油压力过低；

(6) 工艺装置事故联锁；

(7) 手动紧急停机。

紧急停机信号经由 SIS 系统使烟气透平停车、电机跳闸脱网，同时引发两器、进料自保动作，保证装置安全。

手动紧急停机主要用于机组各系统发生严重故障，如不及时停机将酿成重大事故的情况。如发生以下情况之一时，应采取手动紧急停机：

(1) 机组突然发生强烈振动或机体内有摩擦异响；

(2) 轴承温度过高而无法排除，持续呈上升趋势；

(3) 油温过高而无法排除；

(4) 轴承或密封处发生冒烟；

(5) 烟机冷却蒸汽和密封蒸汽压力不够又难以消除；

(6) 润滑油箱油位下降至最低线，继续加新油无法恢复正常位等。

烟机-主风机机组自保联锁图详见图 10-17 和图 10-18(图中逻辑关系均为负逻辑，采用故障安全型，即正常操作时为"1"，联锁动作为"0")。

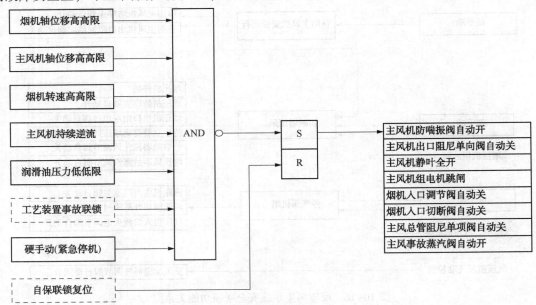

图 10-17　烟机-轴流式主风机机组自保联锁图

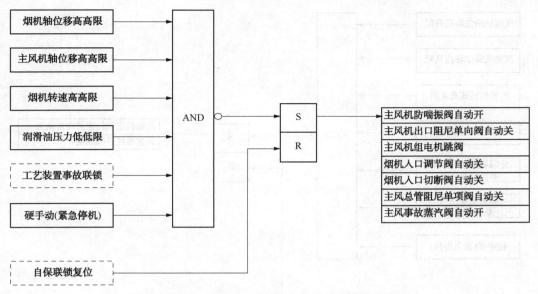

图 10-18 烟机-离心式主风机机组自保联锁图

3. 富气压缩机组的自保联锁

发生以下情况之一时，富气压缩机组紧急停机：

（1）气压机轴位移超限；

（2）汽轮机轴位移超限；

（3）机组转速超限；

（4）润滑油压力过低；

（5）分馏塔顶油气分离器液位超限；

（6）主密封气与前置密封气差压过低（干气密封）；

（7）手动紧急停机。

如发生如下情况，应采取手动紧急停机：

（1）机组剧烈振动，或伴有金属撞击声；

（2）轴承温度过高或冒烟；

（3）轴承及汽封冒火花；

（4）汽轮机发生水击；

（5）油箱液位下降，且无法补油；

（6）严重火灾或重大事故发生；

（7）工艺误操作导致压缩机飞动、短时内无法查清原因并清除。

富气压缩机组自保联锁图详见图 10-19。

4. 自保系统的调校和管理

所有自保系统的仪表和自保阀门在安装前都应经调校并有正式记录。

所有自保阀门的安装方向要正确无误，安装时应有合格人员在场确认。在开工前如果没有人能够确定其安装方向是否正确，应拆开核对后重新安装。

在开工前应逐台核对和给定各自自保阀门的供气压力，并用锁紧螺母固定。

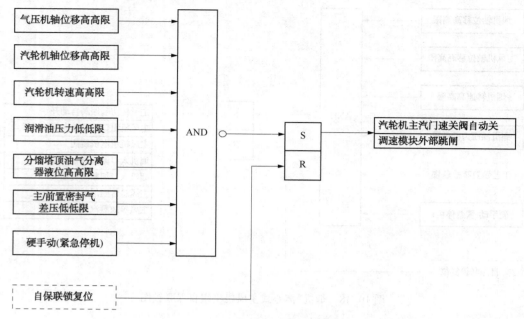

图 10-19　富气压缩机组自保联锁图

在开工前应进行自保系统和自保阀门的联动试验，并经车间指定的合格人员验收后才能交付使用。

开工后，所有"接触开关"应放到自动位置。自动位置在调校维修或局部故障处理时经同意才能暂时放在解除和手动位置，维修或局部故障处理完毕后应恢复到自动位置。

联锁点多、程序复杂的系统，可先分项、分段进行试验，再进行整体检查试验。

自保系统中的各相关仪表和部件的动作设定值，应根据工程设计文件进行整定。

三、反应再生系统联锁保护系统的操作

在装置发生紧急事故无法维持正常生产时，为控制事故的发展和避免事故蔓延发生恶性事故，确保装置安全，并能在事故排除后及时恢复生产，在反应再生系统、主风机系统、气压机系统、余热锅炉系统都设有自动保护联锁系统。

典型单器再生装置反应再生系统设置有进料流量低限、反应温度低限、两器差压超限、主风流量低限和增压风流量低限五套自动保护联锁系统。

（一）自保系统切换开关的使用

（1）在装置正常生产过程中，各自保切换开关处于"自动"、"手动"位置。

（2）自保切换开关在"启用"位置，即是人为启动自保，此时不论测量值是否到达自保值，该系统即处于自保状态。

（二）反应进料自保投用及复位

1. 投用

当反应温度、两器差压、主风流量正常，而反应进料达低限值，操作人员必须立即检查下列内容：

（1）新鲜进料流量、回炼油流量是否下降。

（2）原料预热温度是否波动。

（3）提升管压降是否下降。

（4）反应压力、反应温度是否波动。

（5）再生滑阀开度关小。

如果上述参数没有变化，则反应进料流量仪表失灵。若上述参数发生变化，则说明反应进料确实下降，此时应迅速查明原因，提高进料量。

若反应进料继续下降，难以维持操作时，启用反应进料自保，并迅速检查各自保阀是否动作准确。

按紧急事故规程进行处理。

2. 复位

事故排除后，需恢复生产，必须进行反应进料自保复位，但必须在主风低流量、两器差压、反应温度自保已复位后才能进行。复位步骤如下：

（1）检查进料各喷嘴手阀关闭（包括终止剂喷嘴手阀）。

（2）将进料返回阀副线打开，预热线开 2~3 扣。

（3）将进料自保复位，检查各自保阀是否动作准确。

（4）按正常开工恢复进料。

（三）反应温度自保投用及复位

1. 投用

（1）当反应温度达高限或低限时，应迅速检查再生滑阀开度、原料油预热温度、沉降器压力及藏量等参数，以判断反应温度是否真实超限。

（2）经处理后反应温度继续超限，此时只要反应温度达到低低限，启动反应温度自保并带动进料自保启动。自保启动后，迅速检查各自保阀动作情况。

（3）按紧急事故规程进行处理。

2. 复位

（1）首先将反应温度自保"切除"。

（2）反应进料自保按规程复位。

（3）反应温度恢复正常后，将反应温度自保切换至"自动"位置。

（四）两器差压自保投用及复位

1. 投用

（1）当两器差压达高限或低限时，应迅速检查沉降器及再生器压力、藏量、密相密度、再生滑阀和待生滑阀压降等情况，以判断两器差压是否真实超限。

（2）若经处理后两器差压继续超限，难以维持操作时，启用两器差压自保，两器差压自保启动并带动进料自保启动。迅速检查各自保阀动作情况。

（3）按紧急事故规程处理。

2. 复位

（1）首先将两器差压自保"切除"。

（2）将再生滑阀、待生塞阀改遥控、关死。

（3）将两器差压自保复位，此时再生滑阀、待生阀由遥控控制。

（4）将开工要求恢复两器流化。

（5）反应进料自保按规程复位。

（五）主风低流量自保投用及复位

1. 投用

（1）应迅速检查再生器压力、藏量、密相密度、主风机出口压力等情况，以判断主风是否真实超限。

（2）当主风流量下降至低限时，应迅速检查原因作相应处理；当主风下降至低低限时，主风自保启动，并带动进料自保、两器差压自保、增压风自保、主风机机组自保启动。自保动作后，应迅速检查各自保阀动作情况。

（3）按紧急事故规程处理。

2. 复位

当主风机组运转正常后，准备复位。

（1）首先将主风机低低限自保"切除"。

（2）主风机出口压力正常后，将主风自保复位，阻尼单向阀开。

（3）逐渐引主风。

（4）主风流正常后，进料自保和两器差压自保按规程复位。

（5）将主风自保切换至"自动"位置。

（六）增压风流量自保投用及复位

1. 投用

（1）当增压风流量下降至低限应迅速检查外取热器各部分密度及产汽量，以判断增压风是否真实超限。

（2）经处理无效，难以维持操作，启用增压风自保。

（3）按紧急事故规程处理。

2. 复位

（1）当增压机组运转正常后，准备复位。

（2）首先将增压风自保"切除"。

（3）将外取热流化风、提升风调节阀改遥控关死，事故蒸汽副线阀开。

（4）将增压风自保复位。

（5）逐渐关套筒事故蒸汽，开套筒流化风调节阀。

（6）按规程投用外取热器。

第十一章 装置操作优化

第一节 操作优化的意义

操作优化对于企业具有重要的意义，通过持续地优化操作为企业降低运行成本、提高经济效益，保持企业在同行业中的先进性和竞争力。催化裂化装置在运行过程中不是一成不变，而是面临着多种变化的因素，要求装置必须进行持续不断的优化，适应各种变化的因素，实现装置的优化生产运行。

1. 应对原料的变化

原油供应、上下游装置生产运行情况的变化决定了工艺装置的原料并不是一直稳定的。对于催化裂化来说更是如此，很难保证催化裂化在长周期内保持加工量以及原料性质的稳定，而加工量和原料性质的变化对装置运行参数有较大的影响，如原料重金属含量增加，造成催化剂活性下降；原料残炭增加，催化反应生焦变化带来反应再生热平衡和产品产率变化等。因此，当原料发生变化时，应及时调整优化操作条件，适应此变化，在保持装置平稳生产的同时，实现各项指标的先进性和效益最大化。

2. 应对市场的变化

装置的优化应始终紧跟市场的变化，没有和市场紧密联系的优化是没有任何实际意义的。随着石化工业下游市场的迅猛发展，产品不断趋向细分化，各种细分产品价格市场变化快，时常出现不同产品在不同时期价格倒挂的现象，在这种情况下，原有的生产方案显然不能适应市场需求，造成经济效益流失。如汽油和柴油的吨油利润指标差不断缩小，甚至出现倒挂，在价格变动的过程中，应逐步优化原料和操作参数（催化剂活性、反应温度、回炼比、分馏塔汽柴油切割）等。如丙烯价格上涨，适当增加反应温度，提高平衡催化剂活性；柴油价格上涨，可采取大回炼比，低反应苛刻度的操作模式。此外，催化裂化的产品都是混合物组成，各个产品之间存在组分的重叠交叉，当产品价格发生变化时，在满足产品质量的前提下，应充分优化产品之间的重叠，实现高附加值产品的最大化。如液化气价格下跌，通过提高汽油蒸汽压，少产液化气；一些企业如壳牌采用了重 C_4 调和汽油的方法，多产汽油。

3. 企业内部生产变化

企业的生产运行是一个动态而非静态的过程，加工原油负荷和种类的变化、上下游装置生产状况、产品质量指标等都是时刻变化的，装置工程师和操作员始终面对操作优化的挑战。动态变化的时间跨度存在不确定性，但每一次的优化都会给企业带来不可忽视的增值，累计的效益非常可观。动态变化可以分为两种类型，一种是突变型，另外一种是缓变型。比如催化裂化掺炼加氢裂化尾油，加氢裂化停工检修，催化原料性质发生一段时间的变化就属于突变型。渣油加氢装置随着进入开工后期，催化剂性能变差，加氢处理过的尾油性质也在相对变差，属于缓变型。无论是突变型还是缓变型都对装置提出了如何面对变化而优化装置的问题。

4. 装置自身变化

近年来，国内石化企业对催化裂化运行周期提出了更高的要求，开工周期逐步实现连续运行四年甚至更高的目标。从开工到检修，催化裂化装置的工艺和设备在不断变化。如装置应用新型的催化剂，产品分布、产品质量发生较大变化，对装置操作参数的调优适应催化剂的变化是必要的。设备运行性能的变化也提出了要求，既要保证装置的优化运行，也要确保装置安全长周期的运行。

5. 应对全厂系统优化

催化裂化装置是一个完整炼油厂生产链中的重要一环，装置的最优化必须与全厂的系统优化相结合。仅仅是催化裂化的优化，并不代表全厂实现优化，有些情况下往往是走入了错误的方向和误区。催化裂化的加工负荷、最优化产品分布、产品质量、加工成本都是必须综合考虑的因素，与全厂系统结合，实现全厂效益最大化才是最终的目标。

第二节　操作优化目标和策略

1. 优化目标

催化裂化操作优化的目标主要分为以下几大类：

（1）提高装置加工负荷。催化裂化属于二次加工装置，提高加工负荷有利于提高装置利用率和一次原油的加工总量。催化裂化在国内炼厂二次重油加工装置中占有较大的比例，加工负荷往往影响全厂加工量和重油平衡，在吨油毛利增加的情况下，催化裂化的高负荷有益于提高全厂盈利能力。对于配置多套催化裂化装置的炼油厂，针对催化裂化装置的不同特点和加工能力，优化催化裂化原料的分配和加工负荷也是企业长期优化的目标。

（2）降本增效。降低各种剂耗，如催化剂、化工辅材的消耗；降低各种蒸汽消耗以及损耗，降低水耗；加强设备的监控和维护，减少设备维修成本。优化装置的运行，运用各种新的技术，不断改善催化裂化产品分布，适应市场的需求，优化产品结构，多产高附加值产品，实现效益最大化。

（3）降低能耗。反应再生系统降低生焦，提高烟气能量回收率，以及降低提升管蒸汽和汽提蒸汽消耗是反应再生系统节能优化的重点。降低生焦，增加装置的液体收率，尤其是高附加值产品的产率一直是催化裂化追求效益最大化的目标。新型催化剂、催化裂化工艺技术、高效再生技术、新型原料雾化喷嘴技术的应用，持续帮助催化裂化降低生焦，优化产品分布。烟气膨胀做功回收能量，与烟气系统的系统匹配至关重要，烟气系统不配套，烟机回收能量就大打折扣。

分馏系统加强高温位热量回收，换热系统与吸收稳定、气分装置高度联合，充分利用分馏塔的热量。低温位热量深度回收，用于气分、罐区、发电或厂区周围社区供暖。设计优化的催化裂化装置，吸收稳定系统、气分装置的重沸器基本不再消耗蒸汽，循环水消耗也得到降低。

（4）产品质量。产品质量的控制是提升企业效益的手段之一。催化裂化装置工艺过程的自动控制、在线质量仪表监控提升了质量控制水平，尤其是先进控制系统 APC 的应用，通过多变量预估控制，质量卡边控制，提升效益。但是，普通的表观质量控制并不能完全体现内在质量的提升空间，比如，汽油市场明显强于柴油市场，通过汽油干点卡边控制，多产汽油。表观上看，汽油质量已经卡边，但是从深度看，汽油和柴油馏程重叠度仍较大，需要对分馏塔操作优化，从柴油的馏程前端回收汽油。从成本角度看，质量提升的背后往往是成本的增加，催化裂化的质量优化要和全厂相结合，如果最终产品质量过剩，应当采取相应的对策，降低成本。

（5）消除瓶颈。消除瓶颈是最常见优化目标之一。装置生产是动态过程，在不同阶段可能面临各种各样的瓶颈，包括工艺、设备方面等。瓶颈给装置安全、质量控制、加工负荷等带来很大的影响，往往造成效益的流失。

2. 优化策略

（1）最佳实践。最佳实践（Best Practice）是国外咨询公司和各大石化公司常用的优化策略，与国内行业所用的领先指标比较相似，主要是比对行业领先的技术指标和经验，研究自身装置的差距，不断调整优化操作，或通过技术改造，吸收引进先进的技术，优化装置运行。如催化裂化催化剂汽提蒸汽比例，最佳实践是汽提蒸汽量约为催化剂循环量的 0.3%，若蒸汽比例过高则表明汽提蒸汽消耗存在浪费。操作上应对汽提蒸汽量进行调节、测试，一方面观察再生温度的变化，另一方面通过烟气组成计算焦中氢的变化，依据测试结果不断优化蒸汽使用量。蒸汽比例过高的装置应当进一步研究，寻找确定适合自身的汽提技术。国内编辑的催化裂化操作导则，汇集了国内催化裂化的运行经验，对于指导优化操作非常有效。国外咨询公司包括 UOP、英国 KBC、美国所罗门公司运用多年研究成果和积累的实践经验，建立大量石化公司运行参数的数据库，用来比较和指导工艺过程和节能优化，如所罗门的 EII，KBC 的 BT Technology 等。许多工艺运行参数也建立了最佳实践，如主风管路压降、大油气线压降、分馏塔及塔顶系统压降、烟气能量回收比、分馏塔产品切割重叠度、C_3 和 C_4 回收率等技术指标。

（2）离线流程模拟。催化裂化流程模拟技术集成了炼油工艺、化工工艺理论与计算机复杂计算方法，对工艺过程的模拟计算，可以分为两类：一类是对物理过程的模拟，如分馏塔、气液分离、运转设备（泵、压缩机、汽轮机）、换热设备、管路等，采用的模拟软件包括 ASPEN PLUS、PROII、HYSYS，或青岛化工学院开发的通用模拟平台——工程化学模拟分析系统"ECSS"。另一类是化学变化过程–催化裂化反应再生系统的模拟。反应再生的模型主要有动力学模型和关联模型，国内中石化洛阳工程公司、中国石油大学提出多集总（lumping）方法是机理建模过程中常用的方法，利用物理和化学分析的手段，将大量化合物按其动力学性质归并成若干虚拟的单一组分来处理，然后建立简化了的虚拟组分动力学模型，即集总动力学模型。集总动力学模型既要在原则上不能失真，又便于用合理的数学形式表达和易于进行计算。在国内多套催化裂化模型装置上进行了模拟和比对，取得了较好效果。典型商业化的国外公司催化裂化模拟软件主要有 KBC 公司的 PetroSim、ASPEN 公司 REFSYS FCC 等等。两者的共同点都是基于 HYSYS 平台，在平台上，反应再生模块能够与分馏系统、富气压缩机系统、吸收稳定系统集成，建立装置的全流程模型。与国外比较，国内在商业化软件应用上仍存在较大差距。

KBC PetroSim 模型开发相对较早，收购融合了 Profimatics 模型，使模型更加完善，在 FCC 模拟细分市场上，拥有更多的客户。HYSYS 具有最先进的集成式工程环境，由于使用了面向目标的新一代编程工具，使集成式的工程模拟软件成为现实。在这种集成系统中，流程、单元操作是互相独立的，流程只是各种单元操作这种目标的集合，单元操作之间靠流程中的物流进行联系。这种集成式的工程环境与石化工厂 PFD 具有类似的界面，容易学习和使用。软件中增加了功能强大的优化器，它有五种算法供选择，可解决无约束、有约束、等式约束及不等式约束的问题。其中序列二次型是比较先进的一种方法，可进行多变量的线性、非线性优化，配合使用变量计算表，可将更加复杂的经济计算模型加入优化器中，以得到最大经济效益的操作条件。

利用 HYSYS 的窄点分析技术可对流程中的热网进行分析计算，合理设计热网，使能量的损失最小。PetroSim 进一步拓展了原油数据库功能，数据库兼容主要常见的数据库文件，物性合成与计算更符合与炼油厂的物性分析一致的数据。

其他有关模拟软件如夹点软件：Supertarget（KBC）、Net（ASPEN）、Heat-Int（PIL）、S 与 CO_2 回收：Petro-Treat、PetroMax（TSWEET）；换热器：HTRI、HTFS（ASPEN）。这些过去主要应用在设计院的软件，现在逐渐被工厂的工程技术人员接受，用于催化裂化换热器系统改造，低温热回收，干气和液化气脱硫等方面分析和计算，优化装置运行和指导技术改造。

（3）在线模拟与优化。在线实时模拟是以模拟软件为基础平台，通过上层各种接口的开发、数据处理、优化算法与工厂的 DCS 或实时数据库链接，实现在线模拟与优化。ROMeo 是 Invensys 与壳牌公司联合开发，于 1998 年推出在线优化系统。ROMeo 以物理化学平衡机理模型作为建模基础，采用基于方程的开放式求解算法，集成了离线分析、在线优化、数据调理、在线性能监测等多种功能。采用与 PRO/II 一致的热力学模型，友好的 PROVISION 图形人机交互界面，确保 ROMeo 计算的准确性和可靠性，容易被用户接受。采用基于方程的优化引擎，极大地提高优化求解的性能以及对大型案例的解算能力。在数据筛选与有效性检验方面，判断仪表测量结果的细微漂移，在必要的时候快速校准测量漂移，尽量避免事故（如意外停车）的发生，确保优化器接收的现场数据安全、可靠。

（4）先进控制系统。与其他炼油工艺装置相比，催化裂化的操作变量和约束变量更多，也相对复杂，简单依靠操作人员的经验判断很难同时完成对多个变量调优的任务，难以满足现代化工厂的需求。先进控制系统（APC）通过建立装置的模型，利用多变量预估、协同优化，实现装置最优化的操作目标。APC 在国内外许多催化裂化装置已经广泛应用，已成为催化裂化装置重要的优化系统平台。关于 APC 的详细介绍请参考本书第十章第四节。

第三节　操作优化案例

一、装置总体优化

从功能和流程角度可以把催化裂化装置细分为反应再生单元、分馏单元、富气压缩机单元、吸收稳定单元、烟气能量回收单元等。单独对一个单元的优化是简单、普遍使用的方法。但是，对于复杂的催化裂化并不能代表真正达到系统优化的目标。由于没有反映全局的影响，遗漏的数据信息造成结果较大的偏差，缺乏决策的依据，有时候单元优化的结果会给出错误的方向。利用全流程模型，尤其是集成了催化裂化反应与再生的模型是国内外流程优化发展的方向。

KBC 公司的 PetroSim 提供全流程模拟的环境，在一个平台上建立催化裂化全流程模型，对装置进行系统性的评价和优化。其主要特点：

（1）全流程模型。反应-再生与产品分离、能量回收一体化；

（2）反应-再生系统采用动力学模型和关系模型相结合的方法；

（3）HYSYS 为基础平台，PFD 形式建模，界面简单，容易使用；

（4）能量和工艺集成，系统性分析。

1. 案例一

某重油 FCC 装置，设计加工能力 3.0Mt/a，高低并列，两段常规再生。主要加工低硫蜡油，掺炼部分低硫渣油。

主要操作条件：

新鲜进料 376t/h，原料油预热温度 198.6℃。

提升管出口温度 504℃，平衡剂活性 68%。

原料性质：硫含量 0.45%，残炭 4.9%，密度 903.9kg/m³，实沸点馏程：初馏点；277℃；5%：366℃；10%：384℃；30%：428℃；50%：467℃；70%：542℃。

为了系统优化该装置的运行，建立了反应-再生、分馏、吸收稳定、烟气能量回收系统一体化的模型，详细界面见图 11-1。用模型对该装置反应操作条件、换热网络、烟气能量回收系统、低温热以及吸收稳定系统进行了优化，提出了多项优化方案和技术改造方案。其中，运用多变量优化器对反应操作条件进行优化。

多变量优化器的变量：独立变量 MV，约束变量 CV，目标变量 OV。

MV：独立变量，指装置独立的操作变量，如反应温度、平衡剂活性、原料油预热温度、进料量、再生温度（有催化剂冷却器）、回炼比等。独立变量可以设置上下限进行约束，见表 11-1。

CV：约束变量，指受到工艺、设备等安全或能力限制，生产计划条件约束，产品质量指标约束等变量。工艺或设备约束如主风量、剂油比、催化剂循环量、最大富气流量等；生产计划条件约束如产品的产率最小值或最大值等；产品质量指标如汽油的辛烷值、烯烃含量等，见表 11-2。

OV：目标变量，多变量优化器调优的目标。目标可以为最大值、最小值或指定的目标。本案例中，设定为所有产品的总价值为

$$OV = \sum_{i=1}^{n} F_i P_i - 催化剂成本$$

式中　　F_i——产品量；

P_i——权重，在本案例中权重表示产品的价格。

其中，汽油 6100 元/t；柴油 4400 元/t；取焦炭价格为 400 元/t；催化裂化催化剂 20000 元/t。目标变量计算表见表 11-3。

运行多变量优化器，寻优最大的经济效益。表 11-4 为模型输出的优化操作变量结果。表 11-5 为目标变量寻优结果。

由于汽油、LPG 价格高，权重大，是模型调优的目标方向。计算结果效益 8280 元/h。按照模型预测结果对 3.0Mt 催化裂化实施优化测试，收率整体与模型一致，体现了模型在优化中的重要性。优化测试结果见表 11-6。

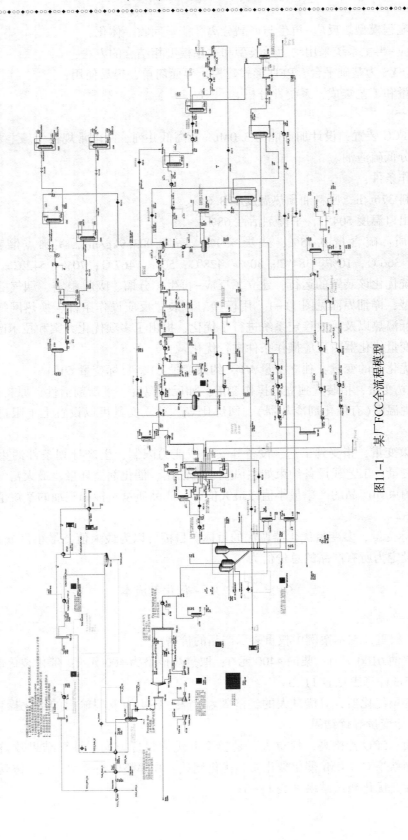

图11-1　某厂FCC全流程模型

表11-1 独立变量约束条件

独立变量 MV	下限	当前值	上限	激活	扰动尺度	步长
提升管出口温度/℃	500	504	510	1	2	2
平衡剂活性/%(质量)	65	68	70	1	1	1
原料油预热温度/℃		198.6		0	1	1
新鲜进料量/(kg/h)		376500		0	1	1

表11-2 约束变量条件

约束变量 CV	下限	当前值	上限	激活
生焦率(Coke)/%(质量)	8.5	9.34	10	1
柴油收率(221℃/343℃)/%(质量)	13	14.04	15	1
油浆收率(343℃+)/%(质量)		15.41		0
汽油收率(C_5/221℃)/%(质量)	47	47.55	50	1
乙烷收率/%(质量)	0.6	0.82	1	0
乙烯收率/%(质量)	0.8	0.96	1.1	0
氢收率/%(质量)		0.08		0
甲烷收率/%(质量)	1	1.11	1.3	0
主风量/(kNm³/h)		312.7	340	1
富气流量/(t/h)		141	150	1

表11-3 目标变量计算表

目标变量 OV	权重	目标当前值	目标贡献/(Cost/s)	激活
干气	2.2 Cost/kg	12.65 t/h	7.75	1
柴油	4.4 Cost/kg	90.96 t/h	111.40	1
油浆	2.2 Cost/kg	23.95 t/h	14.67	1
生焦量	0.4 Cost/t	35.17 t/h	3.91	1
液化气	5.5 Cost/kg	55.89 t/h	85.56	1
汽油产量	6.1 Cost/kg	157.88 t/h	265.89	1
催化剂消耗	-20 Cost/kg	14.45 t/d	-3.35	1

表11-4 优化操作变量

独立变量 MV	下限	当前值	上限	激活
提升管出口温度/℃	500	507.1	510	1
平衡剂活性/%(质量)	65	70	70	1
原料油预热温度/℃		198.6		
新鲜进料量/(kg/h)		376500		

表 11-5　目标变量寻优结果

目标 OV	权重	目标当前值	目标贡献/(Cost/s)	激活
干气	2.2 Cost/kg	13.60t/h	8.33	1
柴油	4.4 Cost/kg	83.78 t/h	102.61	1
油浆产量	2.2 Cost/kg	20.47 t/h	12.53	1
生焦量	0.4 Cost/t	36.96 t/h	4.11	1
LPG 液化气	5.5 Cost/kg	62.12 t/h	95.10	1
汽油产量	6.1 Cost/kg	159.57 t/h	268.73	1
新鲜催化剂消耗	−20 Cost/kg	15.96 t/h	−3.35	1

表 11-6　优化测试结果　　　　　　　　　　t/h

目标 OV	初始	优化
干气	12.65	13.60
柴油	90.96	83.78
油浆产量	23.95	20.47
生焦量	35.17	36.96
LPG 液化气	55.89	62.12
汽油产量	157.88	159.57
新鲜催化剂消耗	14.45	15.96

2. 案例二

国内某催化装置加工量 140t/h，主要原料来自常压蜡油、焦化蜡油、常重油、冷蜡以及部分加氢裂化油。采用 MIP 工艺，反应温度 528℃，反应压力 172.5kPa（表），再生温度 694℃，再生压力 194kPa（表），原料预热温度 268℃（含回炼油），汽提段设有多段汽提。为多产汽油，目前反应苛刻度较高，采取了高反应温度的操作模式。催化分馏塔回炼油进新鲜原料油喷嘴流量约为 40t/h，急冷油可以采用催化汽油、常压二线和催化柴油，当前由于柴油价格低，为多产汽油模式，采用催化柴油作为急冷油，约为 4.4 t/h；两台主风机并联供风，风量分别为 1261Nm³/min 和 413Nm³/min。装置操作条件见表 11-7。

表 11-7　装置操作条件

项目	下限	当前值	上限	激活(是/否)
提升管出口温度/℃	505	510	515	是
预热温度/℃	210	253	255	是
急冷油温度/℃		70		否
催化剂活性/%（质量）	58	64	66	是
汽提蒸汽量/(t/h)		4.49		否
反应压力/kPa（表）		1.73		否
再生压力/kPa（表）		1.94		否
急冷油量/(t/h)		5		否
柴油切割点/℃		198		否
回炼油切割点/℃		350		否
油浆切割点/℃		540		否

注："激活"选择是否作为优化运行的独立变量。

约束变量 *CV*：主要约束变量如图 11-2 和表 11-8 所示。对约束变量的运行范围进行约束，使模型收敛更快，运行更加合理。激活（Active）选项允许用户选择合理必要的约束变量，运行多变量优化器。

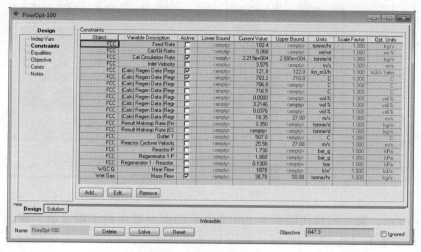

图 11-2　主要约束变量

表 11-8　主要约束变量

项　　目	下限	当前值	上限	是/否
进料量/(t/h)		146		否
剂油质量比(含回炼油)		5.22		否
催化剂循环量/(t/h)		953.7	1200	是
主风量/(kNm³/h)		120.3	122	是
密相温度/℃		693.9	710	是
稀相温度/℃		699		
烟气温度/℃		708.6		
烟气组成/%(体积)				否
催化剂补充速率/(t/d)		3		否
富气流量/(t/h)		34.98	50	是

目标（Objective）：所有产品的综合价值最高作为目标。产品的价格列于表 11-9。产品价值见图 11-3。

表 11-9　产品价格

项　　目	当前值	价格/(元/t)	是/否
干气/(t/h)	2.372	1765	是
液化气/(t/h)	21.59	3058	是
汽油/(t/h)	71.55	3805	是
柴油/(t/h)	34.24	3047	是
油浆/(t/h)	5.958	2099	是

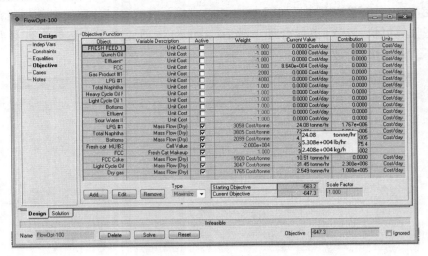

图 11-3　产品价值

图 11-4 所示，第三列迭代结果为 122.0 表示约束变量达到了限定值，深色突出的迭代结果代表运行结果不可行。

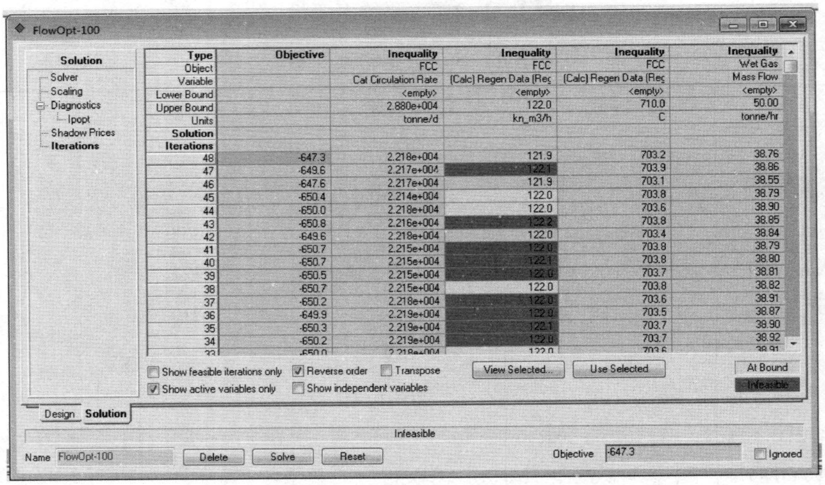

图 11-4

独立变量和约束变量优化前后的对比情况见表 11-10。

表 11-10　独立变量和约束变量优化前后对比

项　　目	优化前	优化后	描述
提升管出口温度/℃	510	512.7	独立变量
预热温度/℃	253	253.9	独立变量
催化剂活性/%(质量)	64	65.94	独立变量
催化剂循环量/(t/h)	953.7	924.2	约束变量
主风量/(kNm³/h)	120.3	122	约束变量
密相温度/℃	693.9	703.2	约束变量
富气流量/(t/h)	34.98	38.76	约束变量

优化前后产品收率对比情况见表 11-11。

表 11-11　优化前后产品收率对比

项　　目	优化前	优化后	价格(元/t)
干气/(t/h)	2.372	2.549	1765
液化气/(t/h)	21.59	24.08	3058
汽油/(t/h)	71.55	72.97	3805
柴油/(t/h)	34.24	31.45	3047
油浆/(t/h)	5.958	4.448	2099

从表 11-11 看出，优化后干气、液化气、汽油产量增加，柴油和油浆产量降低，产品分布更趋向于收益最大化方向。

经济效益：

效益计算：1659.3×8400=1393.8(万元)

3. 案例三　吸收稳定系统优化

英国某公司 1.4Mt 重油催化裂化装置，吸收稳定系统采用"五塔"流程(图 11-5)：吸收塔、再吸收塔、汽提塔、脱丁烷塔和石脑油分离塔(Re-Run)。石脑油分离塔的作用是将脱丁烷塔底油进一步切割成轻汽油 LCCS、重汽油 HCCS 和塔底重组分(IBP：160℃，EBP：290℃)。装置操作存在的主要问题是 C_3 回收率偏低，催化干气中的 C_3 含量平均高达 6%(体积)。主要操作条件如下：

吸收塔：16 层塔盘，没有中段冷却循环。塔顶压力 1.28MPa(表)。采用 ReRun 塔底重组分作为吸收塔的补充吸收剂，流量 $10m^3/h$，温度 20℃，进吸收塔顶部塔盘。粗汽油温度 30℃，进入吸收塔上部的第三层塔盘。

解吸塔：富吸收油温度 51℃，15 层塔盘，进料位置最顶部塔盘。

再吸收塔：采用催化主分馏塔 LCO 作为吸收油，温度 19℃。

脱丁烷塔：30 层塔盘，16 层进料。塔顶压力 1.2MPa(表)，回流量比 1.9。

石脑油分离塔：23 层塔盘，17 层进料，塔顶压力 0.055MPa(表)。7 层塔盘抽出 HCCS。塔底温度 210℃，重沸器使用中压蒸汽加热。

主要瓶颈：负荷高时，稳定塔下部液泛。测量分馏塔上段和下段的压降，液泛时，塔下段压降上升。其次，解吸塔塔底热负荷受限。

(1) 分析。受脱丁烷塔瓶颈影响，吸收剂/干气比无法提高，造成了 C_3 回收率偏低。

分馏塔严格执行<NH_4Cl 结晶点温度，控制塔顶腐蚀(根据组成计算该点温度，作为塔顶温度控制指标)。由于塔顶温度高，部分柴油组分进入吸收稳定系统，依靠石脑油分离塔重新分离柴油，消耗了大量的中压蒸汽。

补充吸收剂和粗汽油温度相对较低，有利于吸收。

解吸塔塔只设冷进料，产生解吸塔和吸收塔操作矛盾的问题。降低高压分离器温度，有利于吸收操作，但解吸塔塔底热负荷受到限制。

消除稳定塔瓶颈是通过操作优化提高 C_3 回收率的关键。

(2) 操作优化方案。建立了吸收稳定系统的模型，对稳定塔逐板模拟，可以看出上段操作弹性空间较大，底部的塔盘接近最大液泛线。从第 26 层塔盘开始，实际操作已经超越最

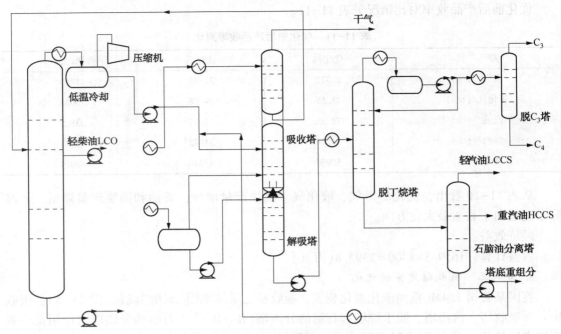

图 11-5　吸收稳定流程

大液泛线，说明模型结果与实际情况是一致的。降低塔操作压力有助于轻组分的汽化，消除底部塔盘的瓶颈。图 11-6 展示了塔压力从 1.2MPa(表)降低到 1.05MPa(表)液泛线的变化，稳定塔通过降压操作，获得了一定操作弹性空间。

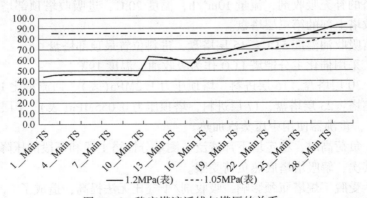

图 11-6　稳定塔液泛线与塔压的关系

稳定塔降压后，补充吸收剂流量从 10m³/h 提高到 20m³/h，干气中的丙烯体积含量从 4.6%降低到了 2.85%，C₄ 的回收率也有少量的提升。优化结果见图 11-7。

（3）优化改造方案：

① 优化原则：

a. C₃ 回收率目标。C₃ 回收率目标确定为 96%，略高于国外最佳实践值 95%的水平。对于该 FCC 装置的吸收稳定系统，96%的回收率相当于干气中丙烯含量 1.5%~1.6%。过高的 C₃ 回收率虽然能够通过回收 C₃ 增加效益，但是相应地原始设备投资和运行成本增加抵消了这部分效益。见表 11-12。

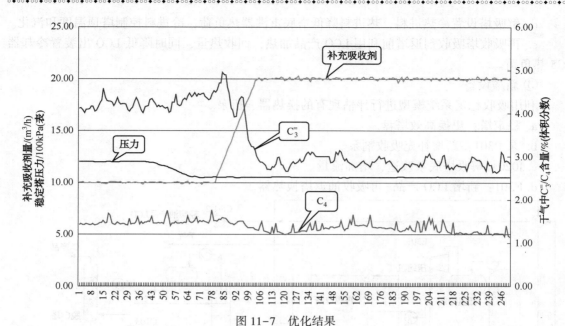

图 11-7　优化结果

表 11-12　组分回收率

项　　目	回收率/%(质量)
丙烯	95.8
丙烷	96.7
C_3	96.0

b. 最小化投资。尽量利用现有的设备，所有的塔本体不更换，稳定塔通过更换内件消除瓶颈，实现最小化投资。

c. 降低能耗。稳定塔、解吸塔完全利用分馏塔中段循环的热量，不消耗蒸汽。

利用脱丁烷塔底油作为补充吸收剂，降低 ReRun 塔底热负荷和蒸汽消耗。

解吸塔设立双进料，冷进料控制塔顶温度，热进料降低解吸塔底热负荷。

d. 关键优化参数。降低气压机出口油气分离器(高压分离器)温度，低温压缩富气会显著改善吸收塔的操作。富吸收油温度降低后，通过回收其他物料的热量提高解吸塔进料温度。

② 改造方案。图 11-8 中细实线和设备代表现有的设备，粗实线代表新增设备和改造后的方案。

a. 利用脱丁烷塔底全馏分汽油作为补充吸收剂，代替 RRB(ReRun bottom)，提高吸收效果。补充吸收剂首先加热 C103，替代 C103 塔底重沸器蒸汽，然后通过 E14/1 加热解吸塔热进料，再经过循环水冷却器 C201 降低温度。

b. 原有的流程是解吸塔顶解吸气直接进入吸收塔底部，造成吸收塔负荷增加。改造解吸气进入高压分离器前的冷却器，回收部分重组分，同时降低气相温度。

c. RRB 不作补充吸收剂后，塔底流量降低，C13 和 E14 热负荷降低。E14/1 作为解吸塔热进料换热器使用。

d. 解吸塔设置冷热进料，热进料降低塔底重沸器热负荷，冷进料控制塔顶温度和汽化。

e. 再吸收塔吸收剂返塔前利用 LCO 产品加热，回收热量，同时降低 LCO 出装置冷却器 C5 热负荷。

③ 新增设备

利用吸收稳定系统模型进行评估现有的换热器、机泵。

a. 稳定塔：更换高效塔盘。

b. 泵 P301：新增补充吸收剂泵。

c. J020：解吸塔底泵改造，增加流量。

d. E301：新增 LCO 产品–再吸收油返塔换热器。

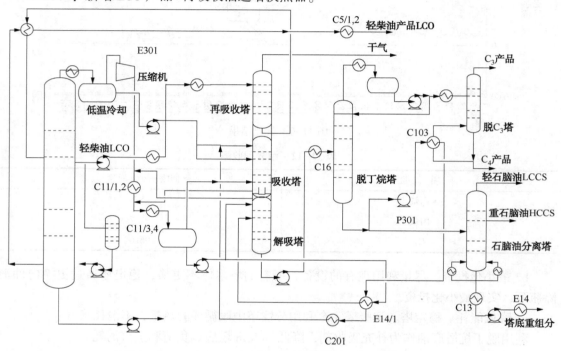

图 11-8　改造流程

4. 案例四　吸收剂选择优化

欧洲某催化裂化装置的吸收塔中有四种潜在可用的吸收剂：全馏分汽油（CCS，Catalytic Cracking Spirit）、重汽油（HCCS）、中汽油（MCCS）和轻汽油（LCCS）。在改造阶段对吸收塔吸收剂的选择进行了优化。

吸收稳定系统：吸收塔、再吸收塔、解吸塔、脱丁烷塔、脱丙烷塔和汽油切割塔。

四种吸收剂主要性质列于表 11-13。

表 11-13　吸收剂主要性质

项　　目	LCCS	MCCS	HCCS	CCS
相对密度	0.7058	0.7887	0.8286	0.7845
馏程（ASTM D86）/℃				
初馏点	22.59	68.29	151.46	34.27

续表

项　目	LCCS	MCCS	HCCS	CCS
5%	26.34	93.34	160.00	44.07
10%	27.67	107.21	164.37	59.39
30%	44.99	123.89	175.18	112.30
50%	54.69	132.36	184.19	149.09
70%	69.63	139.32	194.29	171.45
90%	91.98	148.62	208.30	196.92
95%	101.00	155.00	215.03	205.74
终馏点	131.95	177.04	226.24	224.19

参数假设：

（1）高压分离器温度、解吸塔、脱丙烷塔、脱丁烷塔和汽油切割塔的进料温度固定。

（2）所有塔的压力不变，脱丙烷塔、脱丁烷塔和汽油切割塔的产品质量控制指标一致。

（3）解吸塔用塔底 C_2 含量为控制指标，避免脱丁烷塔顶排放不凝气。

（4）补充吸收剂的流量和温度一致。

（5）再吸收塔的吸收剂流量、温度保持不变。

优化结果：运行吸收稳定模型对四种吸收剂进行评价分析，表 11-14 列出了四种吸收剂对 C_3 和 C_4^+ 的回收率比较。

表 11-14　吸收剂比较　　　　　　　　　　%（质量）

项　目	CCS	HCCS	MCCS	LCCS
丙烯回收率	94.93	93.28	94.75	96.58
丙烷回收率	93.40	92.55	93.23	95.78
C_4^+ 回收率	97.33	98.42	99.01	93.20

从表 11-14 中可以看出，LCCS 对 C_3 的吸收能力最强。对 C_3 的吸收能力强弱的顺序为：LCCS>CCS>MCCS>HCCS，MCCS 和 CCS 非常接近。对 C_4^+ 吸收能力最强的是 MCCS，吸收能力由强到弱的顺序为：MCCS>HCCS>CCS>LCCS，前三者对 C_4^+ 的回收率比较接近。大部分的 C_3 和 C_4 在吸收塔被回收，通过再吸收塔，C_4^+ 得到进一步的回收。

总的来说，MCCS 对 C_3^+ 具有最强的吸收能力。表 11-15 中数据表明，当使用 MCCS 作为补充吸收剂时，干气流量最小，干气收率最低。尽管 LCCS 对 C_3 的吸收能力很强，当 LCCS 作为补充吸收剂时，由于其对 C_4^+ 的吸收能力较差，干气的流量最高。

表 11-15　产品收率比较　　　　　　　　　　t/d

项　目	CCS	HCCS	MCCS	LCCS
H_2S	22.2	22.2	22.2	22.2
干气	191.1	191.0	180.8	221.8
C_3	283.3	275.3	282.9	290.3
C_4	402.3	406.5	406.5	390.1

注：干气含有惰性气体。

重沸器热负荷比较列于表 11-16。使用 CCS 作为补充吸收剂所消耗的能量最小，MCCS 能耗最高。考虑能耗的影响，CCS 是作为吸收塔补充吸收剂的最佳选择。

表 11-16　重沸器热负荷比较　　　　　　　　　　　　　　　　　kW

重沸器负荷	CCS	HCCS	MCCS	LCCS
解吸塔重沸器负荷	4905.2	4846.2	5024.7	4955.7
脱丁烷塔重沸器负荷	13620.5	14272.8	13964.1	12654.0
脱丙烷塔重沸器负荷	3943.2	3853.3	3944.9	4007.5
CCS 分离器重沸器负荷	6772.8	8320.4	9763.5	8370.3

5. 案例五　烟气能量回收优化

某公司催化裂化装置有两台主风机供风，小主风机为离心式，出口压力高，少部分作为增压风供外取热，大部分与大主风机出口主风混合去烧焦罐和再生器；大主风机为轴流式，出口压力相对偏低。烟气系统及主风机组流程见图 11-9。

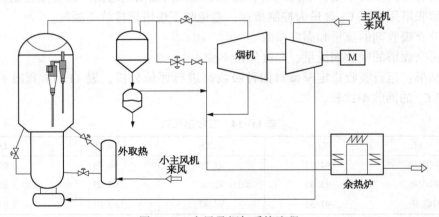

图 11-9　主风及烟气系统流程

烟机、大主风机和烟机为三机组配置。烟机、余热锅炉形成整个烟气能量消耗和回收系统，系统设备运行效率高低，以及烟机与系统是否匹配直接影响到烟气能量回收。

建立烟气系统模型，包括主风机、烟机、以及余热锅炉，机组各单机参数和计算结果列于表 11-17。大主风机风量 1261Nm³/min，小主风机出口流量 413Nm³/min，总风量为 1674Nm³/min，烟风比为 1.06，烟气总量 1773Nm³/min。

表 11-17　机组参数

主风机	风量/ (Nm³/min)	压力/kPa(G)		温度/℃		效率/%	有效功/kW
		入口	出口	入口	出口		
主风机	1261	0	234.2	22.2	168	84	4050
小主风机	413	0	310	22.2	235	74.3	1987
烟机(设计)	1850	145	8	670	541	81	6359
烟机(运行)	1418.7	130	8.1	665	535	85	4872

从表 11-17 可以看出，大主风机(轴流机)效率明显高于小主风机(离心机)。

烟机的动力回收率只有 80.7%，远低于设计值。分析主要原因是烟机静叶流道设计偏大，造成烟机入口蝶阀开度小，压降大，膨胀做功小；双动滑阀开度过大，烟机入口流量只有总烟气流量的 77%，剩余 23% 的烟气量从双动滑阀和三旋泄气过程中损失，造成烟机回收功率偏低。三机组系统存在较大的能量回收优化空间。

(1) 优化方案：

① 降低双动滑阀烟气旁路量增加烟机做功。关闭双动滑阀，提高进烟机烟气流量，增加烟机发功。双动滑阀采用双阀板操作模式，开度为 4.8% 和 3.7%，经过双动滑阀的烟气量约为总烟气量的 17%。采取单阀板自动控制再生压力是提高烟气做功的手段之一。

采用单阀板操作，估算烟机入口烟气流量由 1418Nm³/min 提高至 1551Nm³/min，提高了 133Nm³/min，烟机做功由 4872kW 提高到 5327kW，增加 455kW。三机组增加发电 419.3kW。

② 降低再生器压力。目前烟机入口高温蝶阀开度在 31% 左右，高温蝶阀的压差较高，根据烟气管线压力测量显示，蝶阀管路压降和蝶阀总压降高达 50kPa(主要是蝶阀压降)。主风机出口压缩风经烧焦后，产生的高温烟气的压力能一部分损失在高温蝶阀，而未膨胀做功。进一步开大蝶阀有助于降低压头能量损失。从再生器、沉降器、再滑阀和待滑阀压降参数看，两器压力平衡允许进一步开大蝶阀。保持双动滑阀开度不变，开大蝶阀，再生器压力降低。

再生滑阀平均压降为 47kPa，距离指标(<15kPa)仍有 32kPa。在两器压力保持平衡、安全的情况下，再生压力可以进一步降低。烟气流程示意图如图 11-10 所示。

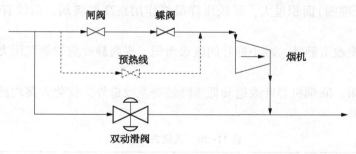

图 11-10　烟气流程示意

开大蝶阀，再生压力降低 20kPa 后，烟机入口压力基本不变，主风机出口压机降低 20kPa。主风机耗功减少 247.7kW，按照电机 95% 效率以及轴传动效率 97% 计算，增加发电量约为 228.25kW；小主风机出口压力降低，节电 89.87kW。再生滑阀操作优化参数见表 11-18。

表 11-18　再生滑阀操作优化参数

项　目	优化前	优化后	控制指标
再生滑阀压降/kPa	47	27	<15

③ 主风机最大化供风降低电耗。要降低机组的总用电量，应最大化增大大主风机的流量，而减少小主风机供风量。

将主风机风量从 1261Nm³/min 提到 1374Nm³/min，主风机增加供风 113Nm³/min，相应小主风机供风量减少 113Nm³/min。大主风机的耗电量由 4050kW 增加到 4398kW，小主风机的耗电量从 1987kW 减少到 1416kW。两台主风机组总的电耗减少 223kW。

④ 采用低压降辅助燃烧室。传统的辅助燃烧室在开工期间，作为空气加热炉使用，在正常操作时仅仅作为主风的通道。正常运行期间，辅助燃烧室的压降在 6. 5kPa 左右，造成主风机长期运行的能量损失，增加了装置的主风功耗。

采用低压降辅助燃烧室，在正常工况下，其压降仅为传统辅助燃烧室压降的 10%左右，由于主风机出口压力降低，主风机耗功减少。两种辅助燃烧室的比较见表 11-19。

表 11-19　不同类型辅助燃烧室主风机耗功比较

项　目	常规燃烧室	低压降辅助燃烧室	差值
主风机出口压力/kPa(表)	234	228	6
主风机功率/kW	4050	4124. 3	74. 3

⑤ 降低排烟温度。余热锅炉产 3. 5MPa 过热蒸汽，设置高温过热段、蒸发段和省煤器，在蒸发段喷氨控制烟气的 NO_x 浓度。由于锅炉翅片管结垢，排烟温度大约 260℃，结垢严重时，余热锅炉压降增加，被迫开余热锅炉旁路，烟气能量损失更大。

排烟温度降到 185℃时，余热锅炉的产汽量可增加 4. 4t/h。因此，省煤段的改造十分必要。

⑥ 烟机改造。烟机相当于一个限流孔板，其入口状态流量必然与设计条件下的状态流量相一致。若烟机流道设计偏大，则烟机入口蝶阀开度一定减少，烟机入口压力降低，使烟机体积增大到设计条件下的流量。其结果造成烟机膨胀比下降，动力回收率降低。本实例烟机入口静叶(定子喷嘴)面积过大，系统压降最终作用在高温蝶阀，而没有将压力能充分作用于烟机做功。

因此，有必要改造静叶，减小静叶的流通面积，提高静叶前的烟气压力，提高烟机动力回收率。

(2) 实施效果。除烟机静叶改造和低压降燃烧室改造外，优化方案均已实施，并达到表 11-20 所示的效果。

表 11-20　优化方案汇总

编号	主 要 内 容	节能/(kgEO/t)	节能效益/(万元/年)	备注
1	降低双动滑阀烟气量增加烟机做功	0. 674	245. 5	
2	降低再生器压力	0. 512	187. 1	操作优化
3	最大化主风机做功	0. 214	78. 18	操作优化
4	采用低压降燃烧室	0. 12	43. 7	改造优化
5	降低烟气排烟温度	2. 71	558. 1	改造优化
6	改造烟机入口静叶	1. 4	511. 6	改造优化
合计		5. 63	1624. 18	

附　　录

附录一　催化裂化装置总体试车方案

总体试车方案是开工工作的总体安排，是开工准备的基础性文件。

1. **工程概况**(略)

2. **试车原则、指导思想和目标**

(1) 试车原则：

① 精心组织、统一指挥、职责分明；

② 单机试运要早，联动试车要全，投料试车要稳，标准要高，效益要好；

③ 走上步、看下步，步骤分明、正点到达。

④ 步步确认，即满足必须的前提条件才能启动本步骤。

(2) 指导思想：

安全第一，锻炼队伍，考验设备，开出水平，力争无缺陷一次投产成功。

(3) 目标：

① 一次投料贯通全流程；

② 开工后一次达到设计指标；

③ 不着火、不爆炸，不发生重大设备、操作、人身事故；

④ 三废排放和处理符合环保要求。

3. **工程投料试车的特点**

(1) 装置特点(与其他装置的不同之处)；

(2) 地区环境的影响(如严寒地区防冻防凝等)；

(3) 技术难点(新技术、新设备情况)；

(4) 人员情况，如人员新，既要试车又要锻炼队伍。

4. **投料试车的必要条件**

(1) 工程交接完毕：

① 工程质量合格，施工严格按设计规范进行；

② 三查四定问题整改完毕，尾项工程处理完；

③ 影响投料试车的设计变更项目施工完毕；

④ 工程已办完中间交接手续；

⑤ 现场施工用的临时设施全部拆除；

⑥ 设备位号和管道介质名称、流向标注清楚；

⑦ 现场清洁，无杂物，无障碍。

(2) 联动试车合格。

(3) 人员培训工作完成。

各岗位人员经技术、安全考核，取得合格证后方能上岗。

(4) 各项生产管理制度都已落实。

① 成立二级试车领导小组(有组长、副组长、成员)；

② 编制完成岗位责任制、巡回检查制、交接班制等生产管理制度。

（5）投料试车方案编制完成，并贯彻落实。

① 工艺操作规程、安全技术规程及各种试运方案开工管理人员及操作人员人手一份；

② 每一试车步骤都有书面方案，从指挥到操作人员都要掌握；

③ 试车方案挂在墙上，组织认真学习；

④ 编制事故预想方案，组织讨论。

（6）保运队伍落实：

① 四落实：组织落实，领导落实，人员落实，工具落实；

② 开工过程中物资供应到现场，24h 值班。

（7）水、电、汽、风、氮气、燃料气、燃料油等公用工程介质按开工进度要求引入装置，储运系统已投用并与装置接通。原料油、辅助材料准备就绪，规格数量符合要求。

（8）分析化验项目已建岗，仪器、试验方法、分析频率符合试运要求。

（9）检修、供电、仪表、四修人员到位，备品备件齐全。

（10）安全、消防设施齐备，消防器材、防护器具齐备，并做到人人会用；安全阀定压、铅封完毕；锅炉等压力容器已向当地锅检所取证；装置盲板管理设有盲板司令和盲板图并由装置统一指挥。

（11）环保设施达到三同时要求。

（12）生活后勤服务，宣传报道到现场。

（13）专家、技术顾问组、试车指导队到现场。

① 灵、准、快的指挥系统；

② 技术精、作风硬的职工队伍；

③ 工种全，素质高的保运队伍；

④ 设备完好，不跑、冒、滴、漏；

⑤ 仪表完好，自动联锁保护系统灵敏可靠。

5. 投料试车进度安排

（1）原则：工程中间交接验收及投料试车安排要求。

（2）试车进度安排：

① 主要控制点为"一机、二运、三把火"。即计划开主风机试运转；水联运，冷油运；烘两器衬里，两器升温，再生器喷燃烧油、两器流化、投料；

② 开工后操作条件靠拢设计值，装置初步考核；

③ 计划装置试运行时间及第一次检修时间。

（3）编制试运进度统筹表。

6. 试运准备工作

（1）试运加工方案和原料及辅助材料的准备。

① 加工方案：用蜡油开工，操作平稳后再逐步掺入渣油；

② 原料油：根据设计要求准备原料油并做分析；

③ 辅助材料：根据设计要求准备辅助材料并做分析。

（2）储运工程准备。安排装置各产品去向，储运系统准备好储罐。

（3）公用工程准备。①水：新鲜水用量，来源，供水能力；循环水用量，来源，供水能力；除盐水（除氧水）用量，来源，供水能力；

②蒸汽：试运期间蒸汽用量，来源，供给能力；开工后蒸汽用量，来源，供给能力；

③压缩空气：试运期间压缩空气用量，来源，供给能力；

④氮气：试运期间氮气用量，来源，供给能力；

⑤开工用油品：开工燃料油、液化石油气、汽油、轻柴油用量，罐区筹备情况；

⑥电：开工用电负荷，电站及电网供给情况。

（4）装置管理体系及人员配备。装置管理体系的组建、技术干部、管理干部、操作人员的知识水平、培训学习情况等。

（5）生产操作人员的技术培训。生产岗位人员的技术培训内容：理论及新技术新设备学习、实际操作、事故处理、开停工等，采取措施保证质量如签师徒合同并认真执行。

7. 试运方案准备

（1）试运总体方案；

（2）试运安全措施；

（3）试运环保措施；

（4）设备验收规则；

（5）原料规格及标准；

（6）产品质量指标；

（7）生产控制及产品分析项目；

（8）工艺管道、设备吹扫贯通方案；

（9）工艺管道、设备试压试漏方案；

（10）两器气密试验方案；

（11）两器烘干方案；

（12）加热炉烘干方案；

（13）水冲洗水联运方案；

（14）两器流化试运方案；

（15）冷油运方案；

（16）余热锅炉水冲洗、烘炉、煮炉方案；

（17）主风机、增压机、气压机试运方案；

（18）中压蒸汽系统吹扫方案；

（19）负荷试运方案；

（20）事故预想方案及停工方案。

8. 编制正常运行的操作规程

9. 物料平衡

计算开工试运及第一生产周期的原料油量及各产品量，做好各种安排。

10. 环境保护

废水、废气、废渣的去向及处理措施。

11. 安全技术及工业卫生

（1）建立健全安全生产管理体系和试运中的安全制度；

（2）全体生产管理和操作人员必须经过严格的安全教育和消防、防毒及急救用具的实际演习，并认真学习安全技术规程和岗位安全操作法，考试合格后方能上岗；

（3）试运时把安全放在首位，严禁违章作业；

（4）严把工程质量关，严肃工程交接，不留事故隐患；

（5）防爆、防雷、防静电设施检测并符合要求；

（6）消防通道畅通、消防设备、器材符合设计规定；

（7）安全阀定压合格，盲板拆装符合规定，所有管线设备标牌位号、介质流向、危险区域标志明显；

（8）有毒岗位防护用品急救器材完备；

（9）严格动火审批手续，严禁违章动火；

（10）无关人员严禁进入现场。

12. 试车难点、关键点及对策

（1）试车难点：类似装置操作中出现的问题，掌握新工艺、新技术、新设备的操作窍门；

（2）对策：学习类似问题的解决办法。掌握新工艺、新技术、新设备的关键和操作要领。

13. 投产试运的经济效益测算

14. 试车存在的问题

附录二　同轴式单段逆流再生装置开工操作要点

一、总则

（一）安全

装置开工基本安全要求：

（1）装置开工应将安全放在第一位。

（2）确认所有安全阀出入口闸阀处于打开状态，所有安全阀都经过严格定压调试。

（3）确认消防设施齐全，处于良好状态。

（4）确认双动滑阀的安全余隙符合要求。

（5）确认完成停电等事故预案。

（6）确认装置自动联锁保护经过严格测试，正常运行。

（7）确认火炬系统畅通，点火系统正常。

（8）确认酸性水排放系统正常，避免 H_2S 挥发污染环境。

（9）确认铅封阀、盲板有专人管理。

（10）确认所有静电接地设施完成。

（11）确认可燃气体报警仪、H_2S 报警仪安装完毕，调校合格。

（12）所有操作人员都经过严格训练，并持证上岗。

（二）装置开工总则

（1）装置开工试运按六个步骤进行，即工程质量检查、单机试运及两器衬里干燥、水联运、冷油运、流化试运、负荷试运。

（2）流化试运过程使用平衡催化剂。负荷试运过程也使用平衡催化剂（视催化剂活性、筛分组成情况可掺入部分新鲜催化剂）。开工前按要求准备好平衡催化剂和新鲜催化剂，并分析各种催化剂物化性质、筛分组成。

（3）装置开工一般用蜡油，试运阶段原则上少排油浆，不出重柴油，试运负荷一般按70%考虑。喷油后调整操作，再逐渐掺炼渣油。

（4）开工试运过程中根据需要调节主风量。暂不投用烟气轮机，待装置平稳后根据具体情况再决定投用烟气轮机的时机。

（5）两器流化试运期间分馏系统按塔外循环流程运行。待两器流化试运完毕后再拆除分馏塔入口大盲板，将塔外循环改为塔内循环。

鉴于单段再生装置属于成熟技术，在质量大检查时确认两器设备无问题，可以适当简化工作程序，即可先拆大盲板，然后装催化剂。两器流化正常即可喷油。

（6）外取热器煮炉安排在两器衬里干燥时完成，流化试运过程中外取热器不投用，但要通入少量流化风并装水保护取热管。

（7）提升管进油前4h向再生器加入CO助燃剂，加入量按系统催化剂含铂1.0μg/g计算，使CO在再生器中完全燃烧。

（8）负荷试运。当装置有开工加热炉时，用加热炉加热原料进行原料油、回炼油、循环油浆三路循环升温脱水、热紧。当装置没有加热炉时，可用外来热蜡油提供热量，并由上游装置根据需要控制蜡油温度，进行系统升温脱水和热紧，经油浆冷却水箱及油浆紧急排放系统排出装置。也可由油浆蒸汽发生器倒引蒸汽加热原料，完成上述过程。

（9）提升管喷油，开气压机。

（10）提处理量到70%负荷，视两器热平衡情况调节外取热器及掺炼渣油量。

（11）提高处理量达到设计能力，调整操作稳定生产。

二、装催化剂、转催化剂过程及操作要点

（一）向再生器装入催化剂操作要点

（1）装催化剂前操作条件。

① 再生器控制微正压，控制沉降器压力比再生器高0.01~0.02MPa；

② 再生器温度600~650℃；

③ 降低主风量，控制较低的稀相线速。

（2）关闭再生、待生阀。启动大型加料，快速向再生器加平衡催化剂。注意密相温度≮300℃，辅助燃烧室出口温度可提高到650℃，炉膛温度≯900℃。当催化剂封住旋分器料腿后适当放慢加料速度，使再生器密相床升温。当温度达380℃后启用燃烧油。可适当提高加料速度，加到预期藏量。将再生器温度升到600~650℃。

（二）向提升管转剂操作要点

（1）降低沉降器压力，控制比再生器压力低0.02~0.03MPa。

（2）缓慢开启再生阀向提升管反应器转剂，根据情况启用大型加料或小型加料向再生器补催化剂，保持合适的再生器藏量。再生器床层温度不低于550~600℃。

（3）在转剂过程中，逐步开大再生阀，如转剂速度较慢，可降低反应器压力。当汽提段见藏量后，缓慢开启待生塞阀，使催化剂循环流动加热，当汽提段藏量达到设计值的60%时，逐步将待生阀开到15%~20%使催化剂循环。

（4）汽提段藏量达到设计值后开大待生塞阀建立两器正常循环，待生塞阀投自动。

（三）注意事项

（1）装剂前各松动风畅通，立管及斜管改为压缩风松动。待生催化剂分布器通入流化输送风。

（2）向提升管转剂前需将提升管、汽提段和再生斜管存水放净，防止催化剂和泥。

（3）开塞阀前先记录初始行程，每开一次记录行程数据，以判断塞阀开度。

（4）装剂和转剂时再生器风量应按指标控制，否则将会影响催化剂跑损量。

（5）单器流化阶段辅助燃烧室出口温度600℃，两器建立循环以后辅助燃烧室才能逐步减小负荷，直至全部停燃烧油和燃料气。

（6）在转剂升温过程中应定时活动待生塞阀，以防卡涩或顶坏阀头。

三、流化试运方案

（一）试运目的

（1）考察两器流化、催化剂输送及调节性能；

（2）考察两器操作性能和操作弹性；

（3）考察反应再生系统仪表性能并熟悉操作；

（4）考验和掌握特殊阀门操作性能；

（5）技术练兵。

（二）流化试运准备工作及要求

（1）绘制两器测压点及测温点示意图，并注明实际标高和仪表控制方案。

（2）准备校验后的标准压力表10块，并配相应的压力表接头。

标准压力表量程　　　0~400kPa　　　5块

　　　　　　　　　　0~250kPa　　　5块

（3）反应系统所有测压点、测温点标号挂牌。

（4）所有测压点、松动点吹通。管线吹扫时将限流孔板拆下，装剂前再装好以免堵塞，并检查孔板的孔径符合设计要求。

（5）各松动点处应按设计要求装好限流孔板下游的压力表。

（6）两器干燥阶段升温降温时测量待生立管不同温度下的膨胀量，并核对塞阀实际开度。

（三）试验项目及试验步骤和方法

1. 试验项目

（1）考察催化剂器跑损情况。

（2）考察催化剂流化、输送情况。

（3）两器差压试验，找出两器合理差压范围及差压极限值，并测定催化剂最大循环量。

2. 试验条件及步骤

（1）两器流化试验，考察催化剂跑损情况。

① 按两器流化操作条件调整操作，稳定操作8~16h，不补充催化剂，观察催化剂跑损情况。

② 记录两器流化阶段的密度、藏量、流量、阀压降等数据。

（2）两器差压试验。

① 固定再生器压力0.2MPa。待生塞阀投自动。再生滑（塞）阀开度20%~30%。

② 用沉降器放空调节阀控制反应器压力（MPa）0.1、0.11、0.12、0.14、0.16、0.18、0.19、0.2。

每调 1 次沉降器压力，记录 1 次待生塞阀开度、压降及各部位藏量、密度、温度、主风量、蒸汽量等。

估算催化剂最大循环量。

③ 差压极限的判断方法：

两器差压提高，待生塞阀压降下降，降到 0.01MPa 时，两器差压视为最大值。

两器差压下降，再生阀压降下降，降到 0.01MPa 时，两器差压视为最小值。

上述两器差压的上下限作为两器操作弹性的参考值。两器差压的自保值也可以参照流化试运数据给定。

实际操作中由于工艺条件、工艺介质的差别，两器差压的上下限与试验值可能略有差别。

四、拆大盲板

1. 条件

（1）两器流化正常，催化剂跑损不大，设备没有故障。

（2）分馏、吸收稳定部分运转正常。

（3）原料油、回炼油及油浆三路循环正常，机泵运转良好，并已升温热紧。

2. 拆大盲板

（1）将沉降器内催化剂全部转入再生器。关闭待生、再生阀，降低再生器压力，降低主风量，保持低线速流化。用辅助燃烧室保持床层温度不低于 400℃，进行单容器流化。

（2）关闭沉降器顶放空，打开大盲板前放空阀，提升管给汽，将油气管道吹扫 10~30min，然后减少提升管反应器蒸汽量，保持沉降器内微正压。打开大盲板前排凝阀。

（3）分馏塔蒸汽吹扫赶空气后，减少或停掉蒸汽，保持微正压。

（4）拆除大盲板。

（5）关闭大盲板前放空、排凝及分馏塔顶放空阀。恢复提升管、分馏塔各处用蒸汽量。沉降器和分馏塔一起赶空气。先将空气从分馏塔顶放空（至少 2h），投用分馏塔顶冷凝冷却器，关闭放空阀，用分馏塔顶油气管道上的蝶阀控制沉降器压力。

五、提升管反应器喷油

1. 准备

（1）拆除大盲板后，将分馏系统塔外循环改为塔内循环，将分馏塔底温度升到 250℃，油浆泵运转正常。

（2）按转剂条件提高再生器压力。重新向反应器转催化剂，建立催化剂循环。

（3）提前 4h 向再生器加 CO 助燃剂。

（4）用燃烧油控制再生器温度，开大再生阀，将提升管出口温度提高到 500℃，准备向提升管反应器喷油。

2. 提升管反应器喷油

（1）先打开油浆喷嘴，再对称开启原料油喷嘴闸阀，进料量为正常量的 1/3，同时关闭预热线和事故返回线。观察再生温度和反应温度的变化情况。然后分两次提进料量到 70% 设计负荷。此时沉降器压力由放火炬阀控制。

（2）开气压机，喷油正常后即可启动气压机。

（3）再生压力由双动滑阀控制。开气压机后沉降器压力由反喘振阀调节气压机入口压力间接控制（沉降器压力仅作指示），但操作中应注意两器压力平衡情况。

3. 负荷试运操作要点

（1）两器压力平衡的调整原则。参考流化试运两器压力平衡试验结果调整两器差压。调整两器差压使再生、待生阀压降控制在 0.02~0.05MPa，防止催化剂倒流。

（2）防止二次燃烧措施。喷油前 4h 向再生器加入 CO 助燃剂，保持系统平衡催化剂 Pt 含量，根据催化剂损失及烟气中 CO 含量，每天补充 CO 助燃剂。

（3）防止再生器及提升管反应器超温。

① 再生器超温可用外取热器直接控制。

② 提升管超温时根据工艺要求可减小再生阀开度，控制无效时可启用降温汽油。当提升管出口温度低到 470℃时发出报警，当低到 440℃时自保切断进料，以防催化剂带油。

（4）外取热器、内取热器保护措施。开工初期反应器进蜡油，不开外取热器，关闭外取热器松动风及底部流化空气。稍开返回管底部提升风，使催化剂小量循环，防止催化剂"和泥"。

内取热器在两器干燥、装剂、流化试运及负荷试运时，再生器温度>400℃需通入蒸汽进行保护以防烧坏。注意：该保护蒸汽需用专线从装置总管引入。

附录三　串流烧焦罐高效再生装置开工操作要点

一、总则

（1）装置开工试运按六个步骤进行，即工程质量检查、单机试运及两器衬里干燥、水联运、冷油运、流化试运、负荷试运。

（2）流化试运使用平衡催化剂。负荷试运也使用平衡催化剂。开工前按要求准备好平衡催化剂和新鲜催化剂。并分析各种催化剂物化性质、筛分组成。

（3）流化试运工作视装置具体情况确定，在各项工作落实可靠的情况下可简化流化试运工作程序。

（4）待两器流化试运完毕后再拆除分馏塔入口大盲板，以减少分馏塔底含催化剂蜡油的排放量。

（5）烟气能量回收机组的试车安排在气密试验至再生器装催化剂之前这段时间进行。

（6）外取热器煮炉安排在两器衬里干燥时完成，流化试运过程中外取热器充水但不投用（要通入流化风）。

（7）气压机试车时可用工厂燃料气管网燃料气进行（也可用氮气或空气进行）。当用燃料气试车时，如无特殊情况试验完毕可不停机，等待提升管进油。这对缩短开工时间有利。

（8）余热锅炉试运安排在两器流化试运阶段进行，如试运中发现问题，可在喷油前解决。

（9）提升管进油前 4h 向再生器加入 CO 助燃剂。

（10）装置开工用蜡油，待烟气轮机启动正常后再逐步掺入渣油。

（11）负荷试运分三步进行：

第一步：提升管喷油，开气压机。

第二步：提处理量到 70% 负荷，稳定操作开烟气轮机。

第三步：继续提高处理量达到设计值，调整操作、稳定生产。

二、装催化剂、转催化剂

1. 向再生器装催化剂操作要点

（1）两器升温结束后，切除烟气轮机，关闭待生阀、再生阀、外取热器阀（通入增压风）。再生器压力用双动滑阀控制，沉降器压力用顶部放空阀控制。提升管通入雾化蒸汽和预提升蒸汽。

（2）控制再生器压力 0.1～0.2MPa，控制沉降器压力比再生器高 0.01～0.02MPa。降低主风量，维持烧焦罐较低流速。

（3）启动大型加料，向烧焦罐加催化剂。控制再生器催化剂温度不低于 300℃，辅助燃烧室出口温度可短时提高到 700℃（炉膛温度 ≯900℃）。再生器温度降低后可放慢加料速度，使再生器催化剂升温。当温度达 380℃ 以上后可启用燃烧油。使再生器温度升到 500～600℃。

（4）此时反应器按装剂条件恒温，并控制其压力高于再生器 0.01～0.02MPa。

2. 向二密相转剂操作要点

当烧焦罐催化剂量达预计值后，再提高主风量向二密相转剂，快速封住旋风分离器料腿。密切注意二密相流化及催化剂跑损情况。

当二密相藏量达到 50% 时，打开循环管滑阀（开度～20%），进行热催化剂循环。

视二密相和烧焦罐藏量情况，继续启用大型加料向烧焦罐加入催化剂。

有的烧焦罐装置将催化剂加入烧焦罐，烧焦罐采用大风量操作（接近正常值），将催化剂直接输送到二密相封料腿。

串流烧焦罐装置二密相流速较高，催化剂密度小，封住料腿时间较长，催化剂跑损量较大。因此串流烧焦罐再生器旋风分离器料腿宜安装翼阀。

三、流化试运

1. 试运目的

（1）考察两器流化性能及催化剂输送特性。

（2）提高操作人员对非正常流化状态和催化剂输送状态的判断和处理能力。

（3）摸索两器适宜操作条件。

（4）考察催化剂跑损情况、考验反应再生系统仪表、特殊阀门及电液执行机构操作性能。

2. 准备工作及要求

（1）绘制两器测压点及测温点示意图，并注明实际标高和仪表控制方案。

（2）准备校验后的标准压力表 20 块，并配相应压力表接头。

标准压力表量程　　　　0～490kPa　　　12 块

　　　　　　　　　　　0～250kPa　　　8 块

（3）反应再生系统所有测压点、测温点标号挂牌。

（4）所有测压点、松动点吹通。管线吹扫时将限流孔板拆下（或将带限流孔阀全开），装剂前再装好（带限流孔阀关闭）以免堵塞，并检查孔板的孔径符合设计要求。

（5）各松动点处应按设计要求装好限流孔板两测压力表。

（6）在装剂和开主风机前试验主风机出口阻尼单向阀、蝶阀及出口放空阀的自动联锁保护系统。记录各阀门的开关时间。

（7）沉降器顶放空管压力控制调节阀调好待用。

3. 再生器单器流化试运

（1）试验项目：

① 考察不同操作气体流速下的流体特性。

② 考察一密流化质量，测定轴向、径向温度和密度分布情况。

③ 考察二密流化质量，床层高度与密度的分布规律。

④ 调节循环管滑阀开度，验证对烧焦罐密度的调节范围。

⑤ 进行大孔分布板的稳定性试验。

（2）试验条件及方法：

① DCS画面上显示再生器各部温度、密度分布，实时计算烧焦罐线速。待操作稳定后，打印、记录各项操作数据。

② 调节循环管滑阀开度，观察记录烧焦罐密度的变化情况。

（3）注意事项：

① 单器流化试运靠改变再生器压力完成，应保证烧焦罐温度稳定。

② 调节再生器压力要缓慢、平稳、准确。

③ 以烧焦罐平均线速作为主要依据，用在线计算的平均线速调节、修正再生器压力。

④ 进行烧焦罐低流速试验时，密切观察二密相密度及藏量情况，当发生大幅度波动时，立即打印、记录有关操作数据，并停止试验。

⑤ 进度要求与安排：

a. 两器及烟道烘干完毕，余热锅炉烘炉结束，检查合格。分馏吸收稳定部分冷油试运结束。

b. 在装剂前两器升温过程中，进行余热锅炉煮炉。

c. 两器升温前分馏部分进蜡油循环。

d. 外取热器管内通入蒸汽保护。

e. 流化试运需1~2天。

4. 两器综合流化试验

（1）准备工作：

① 再生器单器流化试运完成。

② 视再生器藏量情况决定是否向再生器补充催化剂。

③ 降低沉降器压力，缓慢打开再生阀（开度10%），向提升管转剂，观察提升管出口温度，有上升时说明有催化剂转入。当汽提段料位达20%时，稍开待生阀，将催化剂返回再生器。将料位提高到80%，开大待生阀建立两器间催化剂循环。

④ 待生阀投自动，再生阀用手操，改变再生阀开度，观察是否灵敏，循环量是否有变化。

⑤ 汽提段料位由待生阀控制，适当调整待生催化剂管松动点、位置和吹气量，使待生管具有适宜催化剂密度。

⑥ 调整再生器压力使再生、待生阀压降均衡。

（2）试验项目：

① 改变两器差压，考察不同差压下两器压力平衡状态，找出合理操作范围。

② 验证再生阀不同开度、压降与催化剂循环量关系。

③ 改变待生管的松动点和吹气量，考察对待生阀压降及压力平衡影响。

④ 进行事故演习和自保试验。

⑤ 测定三级旋风分离器效率。

⑥ 测定两器壁温和各膨胀节状况。

（3）试验条件及方法：

① 改变再生阀开度，考察开度、压降与催化剂循环量的关系。

a. 待生阀投自动，再生阀用手操，改变再生阀开度 10%、20%、30%、40%、50%、60%，当再生阀压降等于零时，停止试验。

b. 进行提升管出口高低温报警，再生阀压降低限报警等试验。

② 改变两器差压，考察两器压力平衡状态，找出合理的两器差压操作范围及催化剂发生倒流的极限值。

a. 沉降器压力由顶部放空调节阀控制，并投入自控。再生器压力由双动滑阀控制，并投自控。两器差压改为指示，切除低选。

b. 保持主风量不变，汽提段料位自动控制待生阀开度，切除压降低选。再生阀改手操，开度固定 30%，切除压降低选。

c. 进行两器差压试验。

d. 再生阀开度固定 50%，重复上述试验。

③ 试验内容及数据处理：

a. 计算烧焦罐流速及催化剂循环量。

b. 测定各部位温度、密度变化、分布情况，整理压力平衡数据。

c. 测定三级旋风分离器效率。

d. 进行两器差压高低限报警试验。

④ 汽提段料位对压力平衡的影响：

a. 再生阀改手操，开度固定 30%，待生阀投自动，切除压降低选。

b. 汽提段料位给定 80%、70%、60%、50%、40%、30%、20%、10% 测定不同料位的压力平衡变化。

c. 试验与待生阀有关的汽提段料位低限报警、待生阀压降低限报警。

d. 当待生阀压降小于 0.01MPa 时停止试验。

（4）注意事项：

① 燃烧油系统及喷嘴完好，启用燃烧油条件是，烧焦罐温度大于 380℃，密度大于 100kg/m^3。试喷 30s，未见温度上升立即停止，升温 15℃ 再试喷 30s，至燃烧正常，维持烧焦罐温度 600℃。

② 提升管出口温度不大于 550℃，避免损坏设备。

③ 再生阀、待生阀压降小于 0.01MPa 时，记录数据，立即停止试验，并恢复正常操作。

④ 发现提升管出口温度、汽提段料位发生大幅度波动，立即记录数据，停止试验，并恢复正常操作。

⑤ 每次变换试验条件，都计算烧焦罐流速并记录。

⑥ 辅助燃烧室不熄火。综合流化试运需要 1~3 天。

（5）判断。流化试运完成后是否将催化剂卸出，视下列情况判断：

① 流化试运过程中，两器流化正常，设备无故障，催化剂跑损不大。

② 冷油试运完成后，分馏、吸收稳定部分正常，无修改项目。

③ 原料油、回炼油、循环油浆系统循环正常，机泵运转良好。无需反再系统长时间等待。

四、拆大盲板

（1）两器流化试运完成后，将沉降器内全部催化剂转入再生器中，关闭再生阀、待生阀。再生器和沉降器降压，准备拆除大盲板。

（2）拆大盲板前，关闭沉降器顶放空，打开盲板前的放空阀，油气管道吹扫 10~30min。减少提升管雾化蒸汽量和预提升蒸汽量，沉降器维持微正压，打开盲板前的排凝阀（有少量蒸汽流出为宜），并降低分馏塔吹蒸汽量维持微正压。

（3）拆除大盲板。

（4）提升管、分馏塔恢复各蒸汽量，反应器和分馏塔一起赶空气。

（5）放净分馏塔冷凝水后关闭排凝阀，将塔外循环改为塔内循环，建立正常油浆循环。

（6）沉降器顶压力由分馏塔顶油气线上的蝶阀控制。

五、提升管反应器喷油

（1）向沉降器转催化剂、建立两器循环。

① 提升管、沉降器按转剂条件调整操作，按转剂步骤进行转剂，建立两器循环。

② 转剂过程中应注意再生、待生阀压降变化，控制压降不小于 0.02MPa。

③ 提前 4h 向再生器加入 CO 助燃剂。

④ 气压机试运正常。

（2）提升管喷油。

① 用再生阀控制提升管出口温度不大于 510℃。

② 对称开启油浆喷嘴闸阀，关闭油浆外甩阀。再对称开启原料油喷嘴，关闭预热线阀，按 2~3 次将处理量提到设计值的 70%。

③ 根据催化剂活性确定反应温度。

④ 提升管进油后注意调节富气放火炬量，控制沉降器压力平稳。

⑤ 再生压力由双动滑阀控制。沉降器压力由富气放火炬阀控制。开气压机后，改由反喘振阀调节气压机入口压力（沉降器压力仅作指示）。但操作中应注意两器压力平衡情况。

⑥ 根据系统藏量情况，启动小型加料补充催化剂及 CO 助燃剂。

六、中间稳定操作

（1）在处理量达 70% 时进行中间稳定操作，为开烟气轮机和进一步提高循环量、掺炼渣油作准备。

（2）等装置各部位运转平衡后，测定三级旋风分离器效率，当三旋出口烟气催化剂浓度小于 0.2g/Nm³ 后，可启动烟气轮机。

（3）启动烟气轮机后，可提高处理量及渣油掺炼量，根据再生温度及时调整外取热器，并防止二次燃烧和炭堆积发生。

（4）轻柴油汽提塔见液位后无论合格与否，先建立再吸收塔循环。

附录四　重叠式两器再生装置开工操作要点

一、总则

（1）装置开工试运按六个步骤进行，即工程质量检查、单机试运及三器衬里干燥、水联运、冷油运、流化试运、负荷试运。

（2）在装催化剂前烟气轮机进行热运转试车。

（3）流化试运过程使用平衡催化剂。负荷试运过程也使用平衡催化剂。开工前按要求准备好平衡催化剂和新鲜催化剂。分析各种催化剂物化性质、筛分组成。

（4）余热锅炉在流化试运阶段进行试运。

（5）待三器流化正常后再拆除分馏塔入口大盲板。

（6）流化试运进行 16~24h，流化试运完毕后将沉降器及汽提段的催化剂转入一再，再拆除油气管道大盲板。

（7）装置开工一般用蜡油。当条件具备后向提升管喷油，操作平稳后再根据热平衡情况逐步掺炼渣油。开工负荷按 70% 设计负荷考虑。

（8）开工试运过程中启用 1# 和 2# 主风机，分别向一再和二再供风，暂不投用烟气轮机，待装置平稳后根据具体情况再启用烟气轮机。

（9）负荷试运。

① 提升管喷油，开气压机。

② 提处理量至 70% 设计负荷，视两器热平衡情况掺炼部分渣油，平稳操作后再开烟气轮机。

③ 提高处理量达到设计能力，调整操作稳定生产。

二、装、转催化剂过程及操作要点

1. 向一再装催化剂操作要点及注意事项

（1）装催化剂前操作条件：一再控制微正压，再生器温度 600~650℃，降低一再主风量，控制较低的稀相线速。

（2）关闭待生滑阀及半再生塞阀，启动大型加料，快速向一再加平衡催化剂，注意密相温度≮200℃，辅助燃烧室出口温度可短时提高到 700℃（炉膛温度≯900℃）。当催化剂床层封住旋分器料腿后放慢加料速度，使再生器密相床层升温。

（3）一再加剂时，二再及沉降器用 2# 辅助燃烧室加热恒温，并控制压力高于一再 0.01~0.02MPa。

（4）当一再床层温度达 380℃后启用燃烧油，可适当提高加料速度，加到预期藏量，并使再生器温度升到 600~650℃。准备向二再转剂。

（5）注意事项：

① 装剂前先将大型加料线贯通，催化剂罐充压到 0.36~0.4MPa。

② 注意塞阀电液执行机构运行情况，防止塞阀卡涩，吹扫点要畅通。

③ 三器各松动吹扫点要畅通，装剂前按要求调整好稳压阀，装好各松动点压力表。

④ 再生、待生斜管上的松动点在三器流化时采用压缩空气松动，进油前再改为蒸汽。

2. 向二再转剂操作要点及注意事项

（1）转催化剂前操作条件：

① 二再操作温度 600℃，一再温度 650℃。

② 降低二再操作压力（比一再低 0.04MPa）。沉降器压力高于二再 0.01MPa。

③ 降低二再主风量，控制较低的稀相线速。

（2）关闭再生滑阀。开大提升管预提升蒸汽和雾化蒸汽。

（3）固定半再生提升风量，开大塞阀向二再转剂。要求 2~4min 封住外旋料腿，根据料腿高度计算藏量。

（4）当封住外旋料腿后，关小塞阀开度降低转剂速度，同时启用大型加料再次向一再加剂。启用一再、二再燃料油，保持床层温度 550~600℃。

（5）当一再、二再达到最大料位时，停止大型加料，改为小型加料。保持床层料位，准备向提升管转剂。

（6）注意事项：

① 向二再转剂前，一再停止喷燃烧油。

② 向二再转剂时密切注意一再料位变化，防止一再封不住料腿大量跑催化剂。

③ 当转剂速度较慢时可提高提升风量，或进一步降低二再压力。

3. 向提升管转剂操作要点及注意事项

（1）适当降低沉降器压力。汽提段、提升管底部脱水，预提升蒸汽、雾化蒸汽畅通并参考设计值控制流量。

（2）缓慢开启再生滑阀向提升管反应器转剂，提升管出口温度上升，调整再生滑阀开度控制转剂速度。用半再生塞阀控制二再催化剂料位不低于 20%，防止封不住料腿。当藏量不足时启用大型加料向一再加催化剂。用燃烧油控制床层温度不低于 400℃。

（3）当汽提段见藏量后，缓慢开启待生滑阀 10%~15%，使催化剂循环流动加热，同时加快转剂速度，当藏量达 50%~60% 时开大待生滑阀，建立三器循环。

（4）注意事项：

① 向提升管转催化剂时如沉降器顶油气管道放空口催化剂跑损量大，可适当降低雾化蒸汽。

② 汽提段密度大于 600kg/m³，可适当加大汽提蒸汽量和流化蒸汽量。

③ 如外溢流管流化不正常，再生立管密度小，可调节外溢流管锥体及再生立管上的松动点。

④ 要防止汽提段存水使催化剂和泥。

三、流化试运方案

1. 试运目的

（1）考察三器流化及催化剂输送调节性能；

（2）考察催化剂跑损情况；

（3）考验反应再生系统仪表的性能并熟悉操作；

（4）考验和掌握特殊阀门及电液执行机构的操作性能；

（5）技术练兵。

2. 流化试运的准备工作及要求

（1）绘制三器测压点及测温点示意图，并注明实际标高和仪表控制方案。

（2）准备校验后的标准压力表20块，并配相应的压力表接头。

标准压力表量程　　0~490kPa　　12块

　　　　　　　　　0~250kPa　　8块

（3）反应再生系统所有测压点、测温点标号挂牌。

（4）所有测压点、松动点吹通。管线吹扫时将限流孔板拆下（或将带限流孔阀全开），装剂前再装好（再将带限流孔阀关闭）以免堵塞，并检查孔板的孔径符合设计要求。

（5）各松动点处应按设计要求装好限流孔板两测的压力表。

（6）在装剂和开主风机前试验主风机出口阻尼单向阀、蝶阀及出口放空阀的自动联锁保护系统。记录各阀门的开关时间。

3. 试验项目

（1）观察催化剂跑损情况。

（2）调整三器压力平衡、再生立管松动点和吹风量、外溢流管及再生立管密度。

4. 流化试运步骤

（1）观察催化剂跑损情况。

① 按试验条件调整操作，稳定操作16~24h不补催化剂，考察催化剂跑损情况。

② 调整各松动点吹风或吹汽量使催化剂输送系统稳定。

③ 记录三器流化期间各项密度、藏量、流量数据。

（2）调整压力平衡，使待生和再生滑阀及塞阀压降在30~40kPa范围内。

（3）改变再生立管松动点吹风量，测定再生立管和外溢流管密度变化情况以及对再生滑阀开度和压降的影响。

四、拆除大盲板

（1）流化试运完毕后是否拆除大盲板视下列情况确定：

① 三器流化正常，设备无故障，催化剂跑损较小。

② 原料油、油浆系统循环正常，并已升温热紧，机泵运转良好。

（2）将沉降器内的催化剂全部转入再生器，关闭待生、再生滑阀及半再生塞阀，降低一再和二再压力，降低主风量，保持低线速流化。用辅助燃烧室保持床层温度不低于400℃。进行单容器流化。

（3）关闭沉降器顶放空，打开盲板前的放空阀，将油气管道吹扫10~30min。然后降低提升管反应器蒸汽量，保持沉降器内微正压。打开大盲板前排凝阀。

（4）分馏塔用蒸汽吹扫赶空气后，降低或停掉蒸汽，保持微正压。

（5）拆除大盲板。

（6）恢复提升管、分馏塔各蒸汽量，沉降器和分馏塔一起赶空气，关闭大盲板前及分馏塔顶放空阀。用分馏塔顶油气管道上的蝶阀控制沉降器压力。

（7）根据流化试运后催化剂分析结果，确定卸出部分平衡催化剂，加入新鲜催化剂。

（8）按转剂条件提一再、二再压力。重新向提升管转催化剂，建立三器循环。

五、向提升管反应器喷油操作要点及注意事项

（1）反应再生系统操作平稳，三器流化正常。原料油、回炼油、油浆循环系统循环正

常，并已进行了热紧。

（2）进油时，在中控室遥控开启一组调节阀（控制流量10%），观察提升管出口温度。再遥控开启另一组调节阀（控制流量10%），观察提升管出口温度（不低于470℃），交替遥控调节阀到预计进料量（70%设计负荷）。

（3）向提升管喷油后，及时注意分馏塔操作，建立各段循环回流取热。

（4）根据提升管进料情况，启动气压机低速运转，并逐步升速至正常运行状态。

（5）注意事项：

① 向提升管喷油前，一再温度不宜太高，控制570~580℃，防止床温高发生二次燃烧。随着进料量增加，生焦量也增加，再生温度上升，应密切注意一再过剩氧含量。当进料调整完毕后控制一再过剩氧含量低于0.5%。

② 向提升管进料前，二再温度控制在600~650℃，再生剂温度高便于加速向提升管喷油，进油时注意提升管出口温度不低于470℃。

③ 进料时如不启用余热锅炉，应注意一再和二再混合烟气温度不得大于540~550℃，防止烟气在烟囱发生尾燃烧坏烟囱。启用烟气喷水降温时，避免出现大量冷凝水。

④ 装置运转后，主风机机组自保投入自动。

⑤ 为防止在主风机故障时，或启用二再主风低流量自保时，催化剂倒入二再主风系统，空气提升管事故蒸汽应与主风低流量自保联锁同时启用。

⑥ 为防止一再或二再超温，应控制一再和二再烧焦比例，二再床层温度不要超过720~730℃，防止催化剂失活。

附录五　催化裂化装置环境保护要点

一、环境保护指导思想和工艺路线

（1）指导思想。环境保护设计与主体工程同时考虑、同时实施。

本着全面规划预防为主的方针，首先从工艺方案和流程上采用先进技术，尽量不产生或少产生污染。在不可避免出现污染物时，首先考虑综合利用，化废为宝。针对各种污染物，采取措施加以处理，使之符合环保有关规定。

（2）工艺路线。再生器尽量采用加CO助燃剂完全再生工艺，或设置CO焚烧炉、CO锅炉，将过程产生的CO在装置内彻底烧掉回收其热量，避免对大气产生污染。再生器设置两级高效旋风分离器，再设置第三级旋风分离器，余热锅炉部分设烟气脱硫脱硝设施，使排放烟气符合排放标准要求。

分馏塔顶油气线上采用注氨措施，防止设备腐蚀，减少碱渣排放量。

（3）对关键设备采取密封措施：

① 富气压缩机采取氮气密封。

② 机泵采用端面密封。

（4）选用低毒、无毒钝化剂。

二、主要污染及其治理

（一）废气

再生烟气中含有CO_2和少量SO_x、CO、NO_x以及催化剂粉尘。正常生产时，再生烟气经余热锅炉回收余热后温度降到200℃以下，进入烟气脱硫塔除尘脱硫，使烟气排放符合环保标准，然后由烟囱排至大气。

装置塔器设备上设有安全阀。当设备超压安全阀启跳时，油气经专门放空管线送至工厂火炬系统。

开工期间或气压机工作不正常时，富气排放到工厂火炬系统。运行控制：

（1）采用CO完全再生的装置，控制烟气CO浓度在0.02%（体积）以内，否则需加入CO助燃剂及调整再生器操作。

（2）反应岗位保证旋风分离器及三旋平稳运行，废催化剂储罐按规程及时排料。

（二）废液

1. 污水

（1）含油污水。含油污水来源于机泵端面冷却排水、油品采样器冷却水排水、水封罐排水、厂房内外地面冲洗和围堰内初期雨水。以上污水一律经水封井送至工厂污水处理场。

（2）生活污水：生活污水经化粪池后，由工厂统一处理。

（3）含盐污水：余热锅炉和产汽系统的排污水，排至工厂污水处理场。

（4）含硫污水：分馏塔顶、气压机出口油水分离器排出含硫污水，全部送到污水汽提装置统一处理。

（5）运行控制：

① 机泵冷却水循环利用，以回水温度35~40℃为准控制用量，停掉备用泵冷却水。

② 机泵废润滑油全部回收，严禁随地排放。

③ 地面多清扫少用水冲洗。

④ 控制防冻防凝伴热排凝阀。

⑤ 严禁向地漏、地沟排放各类油料。

⑥ 将采样排油排至地下污油罐。

⑦ 机泵、设备检修时将轻油排至地下污油罐，重油也做相应处理。

⑧ 禁止装置内常流水。

⑨ 适当采用干气预提升，控制适宜的雾化蒸汽、汽提蒸汽、搅拌蒸汽及轻柴油汽提蒸汽量，尽量减少酸性水量。控制好酸性水液位，避免酸性水带油或排入含油污水系统。

2. 污油

（1）不合格油。装置在开工阶段或生产不正常时产生的不合格油，通过不合格线送至工厂不合格油罐。

（2）轻污油。装置轻油设备（如换热器、机泵等）故障检修时排放的轻污油，或停工时系统内部存油，日常采样等排放的轻污油通过轻污油系统排放到地下轻污油罐，统一送出装置。

（3）重污油。装置内重质油设备（如换热器、机泵等）切换操作、故障检修过程及停工扫线排放的重污油，经冷却降温后通过油浆紧急放空线送到工厂燃料油罐。

（4）运行控制：

① 停工、检修时设备内的存油经轻重污油系统排出装置，严禁随地排放。

② 正常生产保证紧急放空、轻污油、重污油系统畅通。

③ 机泵废润滑油全部回收。

3. 废渣

装置卸出的废催化剂含有重金属 Ni 和 V 等，国外做过滤水试验，证明属无毒性废渣。可用汽车槽车送出厂外，由工厂落实合适地点埋地，目前已有将废催化剂用于制取建筑材料的经验。运行控制：

（1）反应再生岗位控制再生温度不大于 710℃，避免蒸汽带水，防止催化剂热崩，保证再生器旋分器工作良好。

（2）保证再生器烧焦状况良好，控制适量钝化剂，降低重金属污染程度，减少卸剂量。

4. 噪声

（1）噪声治理原则。从工艺着手，减少噪声源；选用先进、低噪声设备。

对于不可避免的噪声，针对设备特点，采取加消声器、吸声材料和屏蔽等措施。

（2）噪声源。装置内噪声源有：主风机、气压机和相应驱动机，调节阀、机泵、空冷器和各放空设备。

（3）噪声防治措施。主风机、气压机等压缩机组噪声的防治与制造厂共同研究，采取相应的措施，如进出口加消声器，机壳加消声罩等。

机泵和空冷器，在选型时把低噪声作为主要因素来考虑，选用低噪声 YB 系列防爆电机。单、双动滑阀采用电液执行机构，大幅度降低运行噪声。

装置内凡产生噪声的放空点均设消声器。

为了有效地降低噪声，机组厂房考虑声学减震处理，噪声高的主风机，另设仪表操作间。

经处理后岗位噪声不大于 75~85dBA，装置边界线以外噪声不大于 65dBA。

附录六　催化裂化装置消防要点

一、工艺条件选择

（1）采用先进可靠的技术方案，提供安全生产基础。

（2）按有关规范要求，将所有放空油气通过管道密闭排往工厂火炬系统。

（3）为防止设备超压造成事故，塔、容器、压缩机出口均设有安全阀。

（4）在易燃、易爆危险区域，均设有可燃气体报警仪。

（5）装置关键部位均设有事故报警或安全联锁保护系统，如反再系统、主风机组、气压机组自保等。

二、装置平面布置及配管

（1）装置设备、建筑物及构筑物按照防爆区和非防爆区分开设置，有利于设备选型和安全生产。

（2）装置办公室、变配电室、中心控制室布置在装置的一侧，并位于非爆炸危险区。

（3）管线器材及管线安装：

凡与反应再生系统高温设备直接相连的管道、阀门均采用不锈钢材质。

所有水及压缩空气管道上阀门均采用铸钢阀门，防止冬季冻裂。

液化石油气管道法兰、管件、阀门的压力等级均不低于 PN2.5MPa。

三、电工部分

（1）爆炸危险场所划分。装置区、气压机厂房划分为 2 区爆炸危险场所。高低压变配电间、装置办公室、主风机厂房、余热锅炉、中心控制室属非防爆场所。

（2）爆炸危险场所主要电力设备选型。电动机用隔爆型或增安型，照明配电选用隔爆型或增安型，控制开关选用隔爆型，灯具选用隔爆型或增安型。

（3）其他。高烟囱装设障碍灯，气压机厂房、主风机厂房设避雷设施。

（4）电信部分。装置设有火灾自动报警区域控制器，其探头分布在装置主要地点。

四、机械部分

1. 主风机组

（1）该区属非防爆区，机组主电机、辅助系统电机及有关电气、仪表均按非危险区选型。

（2）该区属丙类防火，按要求设置消防水和消防器材。

（3）主风机出口设有止回阀，防止高温介质倒流发生事故。

2. 气压机组

（1）属 2 区防爆，辅助系统电机及有关电气仪表均按等于或高于 ⅡB 级 T3 组选取。

（2）气压机由蒸汽轮机驱动，能有效防爆。

（3）属甲 A 类防火区域。

① 按要求设置蒸汽灭火设施、消防和消防器材。

② 气压机出口设止回阀。

③ 气压机入口设置放火炬线。

④ 安全阀放空排至火炬系统。

⑤ 厂房内设置可燃气体报警器。

五、自动控制部分

（1）设置中心控制室，采用集散控制系统（DCS），增强装置的整体性，实现集中监测与控制，提高装置抗事故能力。

（2）集散控制系统保护生产过程平稳操作、安全生产，具有很高的可靠性。

（3）安全措施：

① 主控室位于非防爆区，并背对装置。

② 主控室地面高出室外 0.6m。

（4）仪表选型：2 区爆炸危险场所内所有仪表选用本质安全型，或隔爆型的电动仪表，或部分选用气动仪表。

（5）在 2 区爆炸危险场所设置可燃气体检测报警仪，用于测量空气中各种可燃性气体浓度。当达到或超过报警设定点时，发出闪光和声响报警，及早采取措施，避免爆炸或火灾事故发生。

六、热工部分

（1）装置所有汽包都设置安全阀，并设有超压报警。

（2）为确保安全，汽包及除氧器都设有液位自动调节和高低报警。

七、建筑部分

（1）主要建筑指主控制室、主风机厂房、气压机组厂房、变配电室等。

（2）建筑耐火等级均不小于二级，中心控制室吊顶材料选用非燃烧体。

（3）建筑物防火间距符合国家防火规范。

（4）在有防爆要求的厂房采取以下措施：

① 厂房结构采用钢筋混凝土骨架敞开式厂房。

② 防爆泄压面积在 5%～22%，符合规范要求。

③ 在甲类建筑中，采用不发火花地面。

（5）主要建筑及厂房，设置两个安全出口。

（6）生产辅助建筑：主要指装置办公室及生活间。

建筑采取措施：自然通风，按职工人数设计更衣室、水冲式厕所及交接班室。

八、装置消防

（1）装置四周设有消火栓，装置内设有消防炮。

（2）室外设置箱式消火栓。

（3）含油污水出装置一律设水封井。

（4）装置各部分设置蒸汽灭火设施。

灭火蒸汽管从主管上方引出，确保正常供应。防止易燃、可燃液体串入灭火蒸汽系统。

塔、容器每层平台都设有 DN20 的半固定蒸汽消防接头，独立平台每层设一个半固定式蒸汽接头，冷换框架每层设半固定蒸汽接头。

在管廊下设置软管站，供管廊和邻近设备灭火使用。

在操作温度高于介质自燃点的设备附近，设有半固定式接头。

以上所有半固定式蒸汽接头，安置在安全通道进、出口附近明显而又易于操作的位置。

（5）灭火器设置。装置内配备足够的推车式及手提式灭火器。

附录七　催化裂化装置安全卫生要点

一、催化裂化装置安全卫生要点

1. 关于职业病

据炼油厂统计，催化裂化装置未发现国家规定的几种职业病，也未发现有其他职业病或特殊病症，但应定期对操作人员进行体检，发现患病及时治疗。

2. 生活污水和生产污水

生产装置内生活污水极少，经化粪池处理后，由工厂统一处理。生产中所排废水，其中含硫污水送至酸性水汽提装置处理，含油污水直接送至污水处理场。

3. 化学药剂

所用钝化剂等助剂，均为密闭系统操作，无需和助剂直接接触。一旦出现需与助剂接触情况时，应遵守以下几点：

（1）戴化学防护镜，避免与眼睛接触。

（2）穿戴防护衣物，如橡皮手套、橡皮围腰和橡皮靴子等，以免皮肤与之接触。

（3）避免呼吸含有这种化合物的气体。

（4）操作完成后，用肥皂洗净接触部位。

（5）万一眼睛与之接触，应立即用大量水冲洗，并立即进行医疗护理。

（6）万一皮肤与之接触，要用肥皂彻底清洗。与这种物质接触过的衬衫或其他用品应在洗涤之后才能重新使用。

经验证明所用钝化剂，没有需要特殊防止的职业健康问题。建议在焊接这种已经与钝化剂接触过的材料时，提供相应的通风设备，并用钢丝刷刷掉焊接处松散的粉末和结垢物。

催化剂输送及循环均在钢管中密闭进行。

4. 防止中毒

（1）硫化氢：催化裂化反应过程中会产生少量硫化氢，生产中含硫化氢介质限制在密闭系统中。但由于硫化氢是一种剧毒气体，装置内需配备硫化氢有毒气体报警器，并配备防毒面具，避免操作及检修时发生硫化氢中毒事故。

（2）CO：装置应采用加CO助燃剂完全再生将CO转化为CO_2，或采用CO焚烧炉、CO锅炉将CO排放量降到安全程度，再采用高烟囱排放。采用上述措施后不存在CO中毒问题。

（3）其他气体中毒：烟气中还含有少量的CO_2、SO_x、NO_x等，经过烟气脱硫脱硝后由烟囱排放大气，符合国家有关排放标准。

（4）在进入任何容器之前，必须做一次试验，只有当氧气含量高于19%时，才可进入。

5. 采样

（1）为防止操作人员与所采样品接触，要求穿保护服。

（2）高温轻油和重油采样，应设置专门采样器，将油品降到安全温度以下再采样。

（3）酸性气采样应使用密闭采样器。

（4）催化剂温度很高，采样时要特别小心，要求对面部、手、臂采取保护措施，戴皮革手套、护目镜等。

（5）再生器烟气采样用烟气采样器。催化剂粒度采样用专用工具。

（6）液化石油气和凝缩油一类易挥发烃类的采样，采用钢瓶密闭采样器。

一般对各种烃类物质的采样，均要求戴橡皮手套和护目镜，在对可能含有H_2S等一类有毒气体采样时，更要小心，必要时使用防毒面具。

6. 人员配备

装置应设有一名专职安全员。各生产班组应设置不脱产安全员，做到安全生产和安全教育常抓不懈。

二、装置安全生产要点

（一）总则

（1）确保在岗操作员数不低于定员人数。

（2）辅助燃烧室在开工过程中，从点火到熄灭的整个阶段，都要设专人在现场操作。

（3）在现场和中控室分别设辅助燃烧室炉膛温度和炉出口温度仪表。

（4）定期试验单动滑阀、双动滑阀、塞阀、放火炬阀、各类声光报警和燃料气报警。

（5）定期检查、监测高温部位热点。

（6）取热盘管各分支水流量，中控室要有记录仪表，给水泵运行与否要有指示。

（7）定期吹扫油浆紧急放空线，保证后路畅通。

（8）气压机、液化气、燃料气系统脱水排凝要有人监护，不得将液化气、燃料气、凝缩油排入地漏。

（9）仪表工在处理自保阀时，须经装置同意，并制定方案在现场实施。

（10）仪表工在处理一、二次仪表之前，须与操作员联系，操作员采取措施后方可执行。

（11）在检修热油泵和液化气泵时装置要有专人在场。

（12）定期检验消防器材、防毒面具等安全急救设施。

（13）进入塔器、容器、地下油井、地下阀井，应先进行含毒、含氧分析，并有专人在现场监护。

（14）装置要建立"事故隐患通知单"，对设备、仪表和生产过程中存在的问题应及时填写，上报职能部门。

（二）生产安全有关规定

生产操作人员务必牢固树立"安全第一"的思想，经常保持高度的主人翁责任感。在日常操作中，时时处处要想到安全生产，严防事故发生，针对本装置的具体情况，应遵守以下规定。

1. 装置生产和检修安全规定

（1）设备、管道内部和装置室内、外地面的油、气和其他可燃物，必须排空清除并降温、降压，经蒸汽吹扫，由安全员负责组织有关人员全面检查。

（2）打开设备人孔，应先开最上一层，然后从上向下顺次进行，防止窝存燃料气发生爆炸。

（3）人进入设备前或设备动火前，应先在设备内上下分别采气样，分析烃类可燃物应不大于0.4%，设备内清扫腐蚀生成的硫化铁应埋于地下，防止着火。

（4）装置内污水井和地漏用蒸汽汽封，再用石棉布或黄泥封严井口，以防接触明火爆炸。

（5）吸收稳定区气压机室内的动火工程项目，检修负责人必须事先亲自参加，并与看火人一起到现场研究好防火措施，然后方能开用火票证。

（6）停工、扫线完毕，应将出入装置的燃料气线及放空线，所有产品线，反应区的各条蒸汽线、喷汽油线和反应油气线等按检修计划规定装上盲板。

（7）含硫、含氰污水处理系统停工处理完毕后，及早打开塔容器、罐的人孔自然通风，待分析合格后，方可进入检查、检修，以防中毒发生。

2. 防火、防爆、防毒规定

（1）生产中用火规定：

① 凡是在装置内用火（各种焊接和明火）必须先由装置专职安全员（或者装置生产负责人）开用火证。吸收稳定区一般不准用火，特定用火必须经装置负责人组织有关人员充分研究，采取可靠防火、防爆措施后，方准用火。

② 设备或管线上用火，应尽可能拆卸到固定用火区用火，用火后待冷却至常温再运回安装。

③ 必须在现场用火时，一般采取以下措施：把动火设备或管线与生产设备可靠地隔断，其中油、气放空扫净，附近地漏、下水井堵严，指定专人看火，对周围环境用蒸汽带掩护。火星落处随时用水或汽带扑灭，特殊部位尚应根据具体情况采取特殊防火措施。

④ 用火前，注意检查周围的凹坑内有无燃料气，可用蒸汽吹扫，防止落火爆炸。

（2）一般防火规定：

① 装置内绝对禁止私自用明火和做可能产生明火的工作，也不许铁器互相敲打，必须用专用工具（如铜搬手等）进行操作、检维修等，防止产生火花。机动车辆若无安全设施，不准开进装置。

② 应及时清除装置内地面及设备平台上的油污、油布垃圾等易燃物。

③ 管线和设备保温不使用易燃材料如草绳、毛毡等。

④ 泵房、机室内若漏出燃料气，应立即开窗通风排除。

⑤ 高温设备上禁止放易燃物、食品等及烘烤衣物。

⑥ 在可能有燃料气扩散的区域不准安设非防爆开关。

⑦ 不准穿带钉子鞋进入装置。

⑧ 消防设施、器材要经常检查，保持良好备用。

（3）防爆、防毒规定：

① 装置内电气设备照明必须符合防爆要求。

② 受压容器的安全附件必须灵活好用，防爆门、泄压孔必须完好。建立严格的使用、维修和管理制度。

③ 严格遵守操作规程，设备不准超压、超温运行。

④ 装置内严禁燃料气放空。

⑤ 各下水井内未采取措施严禁下井工作。

3. 操作设备安全规定

（1）管壳式换热器、冷却器在用蒸汽吹扫时，另一程必须放空排液，防止液体汽化，憋坏设备。

（2）油品出装置温度必须高于凝点10℃以上，进罐的重油温度必须低于100℃，防止油罐突沸。

（3）按照岗位责任制度的规定，按时试验和检查关键设备。

（4）每台安全阀的上下游手阀处于全开状态。

（5）管线引入蒸汽扫线前，应先将冷凝水脱尽，再引汽。引汽要缓慢进行，防止水击而振坏设备。

（6）燃料气线、高温管线、油品线用氮气扫线，不准用压缩空气扫线。

（7）装置内凡有泄漏处，要及时设法修好。暂时无法处理的，要采取适当的防护措施，避免发生事故。

（8）阀门特别是铁阀门在关闭时不要用力过大，打开阀门时一般不要开到头，而应回松，防止损坏阀门，进而造成事故。

（9）女性操作员不准露辫子靠近设备(特别是运转机泵)操作，工作时必须带女工帽把辫子藏在里边。

（10）现场工作时穿高腰皮鞋，带橡皮手套，司炉员看火带护目镜。

（11）工具、蒸汽带和消防器材，必须正确使用和妥善保管，以保证人身和设备的安全。

（12）人进入设备内部检修或检查时，必须在设备外留一人监护。

4. 冬季防冻规定

（1）临冻之前，要做好以下各项工作：

① 工艺及仪表所有伴热线全部通汽，漏处及时修好。

② 试通全部暖汽，疏水器调整正常，一切泄漏处理好。

③ 不用的设备、管线和冷却器内存水必须排净，应经常开关不用设备底部放空阀排凝防冻。

④ 停用的蒸汽往复泵进汽阀关严，汽缸放水。长期停用时，应将汽缸盖螺栓回松拆开，防止冻裂。

⑤ 露天设备的基础存水应清除，防止冬季冻结，冻坏基础。

（2）冬季操作中应经常进行防冻检查：

① 各水线上的铸铁排凝阀，应维持少量常流水，防止冻坏阀门及管线。

② 各冷却器水线的反扫线，都应开二扣，保证有少量水流过，防止冻坏阀门。若发现设备或阀门已经冻结，应用热水或少许蒸汽暖化防止急热破裂。

③ 经常检查伴热线、疏水阀、排凝线、冷却水反扫线的温度，防止堵塞冻结。

④ 随时清除各处漏水、漏汽结成的冰溜子，防止掉下伤人和砸坏设备及仪表风线。

⑤ 各设备上的玻璃板液面计保温伴热要正常，防止冻凝、冻裂影响生产，甚至造成跑油或火灾事故。

⑥ 雪后及时清扫通道平台、梯子、脚手架等下的积雪，并注意防滑伤人。

⑦ 室内门窗要经常关闭，玻璃齐全无损，防止冷风进入，冻坏机泵及附属设备。

（3）解冻之前检查：

① 解冻之前，要进行一次全面检查和处理。

② 管线和设备的死角有无冻裂，冻裂处设法修好，防止解冻后发生跑油和其他事故。

③ 防冻时打开的排空阀和拆开处等应详细检查，适时关闭或装好，防止化冻后跑损事故发生。

④ 有冰溜子的地方要彻底打掉清除，防止解冻自落伤人。

⑤ 检查时，防止用高压照明灯，应采取安全电压照明。

⑥ 在轻质油泵房、气压机厂房应使用防爆电筒，防止出现异常。部分油品及气体的爆炸、燃烧性质见下表。

部分油品及气体的爆炸、燃烧性质

名　称	爆炸界限		闪点	自燃点
	下限/%	上限/%	℃	℃
原油	1.1	5.4	−20~100	380~520
汽油	1.0	7.0	−50~30	415~530
煤油	1.4	7.5	28	380~425
轻柴油	1.4	6.0	55	350~380
丙酮	2.0	13.0	17	570
石油醚	1.4	5.5	−50	
苯	1.5	9.5	10~15	580~659
甲苯	1.4	5.4	6~30	522
甲烷	5.0	15.0		650~750
乙烷	3.2	12.0		510~522
丙烷	2.4	9.5		466
丁烷	1.9	8.4		
乙烯	2.8	28.6		543

名 称	爆炸界限		闪点	自燃点
	下限/%	上限/%	℃	℃
乙炔	2.6	80.0		480
丙烯	2.0	11.0		
丁烯	1.2	9.0		
硫化氢	4.3	45.5		345~380
一氧化碳	12.5	74.2		651
氨气	15.0	27.0		
氢气	4.1	80.0		
甲醇	6.72	36.5		
乙醇	3.3	19.0		
添加剂	1.9	50.0	-30	120
渣油			200~250	230~270

附录八 催化裂化装置节能要点

一、基本原则

（1）采用先进合理工艺技术及流程，降低工艺总能耗。

（2）采用热联合，合理确定余热产汽参数，能量逐级利用。

（3）回收并利用好低温热，节省冷却水用量。

（4）采用新型高效节能产品。

（5）做好保温及管道规划，减少热量损失及压力降。

二、能耗影响因素分析

催化裂化装置能耗由装置规模、原料油性质、产品分布、机组配置、工艺技术方案、设计及操作水平等因素决定。特别是焦炭产率的高低及烟气能量回收率，是决定重油催化裂化装置能耗的关键因素。能耗主要影响因素分析如下：

（1）焦炭：重油催化裂化装置生焦率高，两器系统过剩热量较多，一般装置烧焦能耗是装置总能耗的1.4倍。所以最大限度降低焦炭产率是降低重油催化装置能耗的关键。

（2）电耗：电动机耗能占装置总能耗的比例较大。为降低电动机耗能，多数装置设置了烟气能量回收机组，回收烟气压力能大幅度降低了用电量，甚至有的机组还能够发电。设置了烟气能量回收机组的大型工业装置，电耗占装置总能耗约5%。

（3）蒸汽：装置消耗蒸汽量较大，余热也较多。高温余热主要有再生器过剩热、再生烟气余热、循环油浆余热等。这些高温余热温度都在280℃以上，应充分利用其发生中压或次高压蒸汽，实现能量逐级利用。

（4）低温热：装置有大量低温热，低温热源主要有分馏塔顶油气、顶循环回流、轻柴油、稳定汽油、中段回流油等。这些低温热温度都在150~200℃以下，应尽量回收利用。一般经热媒水换热回收利用，可降低装置总能耗10kgEO/t。

三、节能措施

(一) 提高能量回收率和转换效率

1. 回收再生烟气压力能

大型装置再生烟气压力为 0.18~0.22MPa(表),再生烟气压力能回收与否,回收效率高低,对装置总能耗影响很大。1.00Mt/a 规模装置,设置烟气轮机回收烟气能量,年平均回收功率达 10330kW,扣除对余热锅炉的影响,装置能耗降低 10kgEO/t。

2. 回收再生烟气显热

烟气轮机排烟气温度仍有 500~550℃。通常采用余热锅炉回收烟气显热,发生中压蒸汽及预热锅炉给水,将烟气温度降到 180℃以下,可降低装置总能耗 10.7kgEO/t。再生烟气含有 CO 情况下,一般采用 CO 锅炉或 CO 焚烧炉+余热锅炉回收再生烟气能量。

3. 采用热联合

减少换热损失及冷却负荷,提高全厂能量利用率。如采用热进料,低温热介质直接去气体分馏等。

4. 采用新型高效节能设备

(1) 重要部位大型气相流量计采用文丘里管,减小压降;

(2) 采用新型高效的机泵,降低装置电耗;

(3) 对流量大、调节范围大的介质采用变频调速机泵,降低装置电耗;

(4) 分馏塔顶采用折流杆型冷凝冷却器,减小压降,降低富气压缩机功率消耗;

(5) 采用低压降、高效原料油雾化喷嘴。降低蒸汽消耗、降低原料油泵功率消耗、降低生焦率。

(二) 合理降低工艺用能

(1) 提升管采用干气预提升钝化重金属;设催化剂预冷器,提高剂油比,降低干气和焦炭产率、减少蒸汽用量;

(2) 采用高效汽提段,降低焦炭中氢含量;

(3) 加强高温设备、管道、阀门保温,再生器采用 125~150mm 厚衬里,降低散热损失;

(4) 按流程顺序布置设备,减少工艺物流输送压力降。特别对大型气体管道,如主风管道、烟气管道、大油气管道、富气管道等。设备布置上尽量缩短管道长度降低系统压降,降低动力消耗。

(5) 合理选择调节阀,避免压降过大,损耗能量。

(三) 合理确定余热产汽参数,能量逐级利用

(1) 用再生烟气、内外取热器、循环油浆、分馏塔二中段油高温余热发生中压蒸汽。

(2) 富气压缩机采用背压式汽轮机驱动,利用装置自产的中压蒸汽驱动,排出 1.0MPa 低压蒸汽供装置及系统使用。

(3) 装置用 1.0MPa 蒸汽作热媒时,排出的凝结水经扩容生产 0.5~0.7MPa 蒸汽再进一步利用。

(四) 优化换热流程,回收低温热,减少冷却负荷

(1) 利用分馏塔顶油气、顶循环回流、轻柴油、重柴油、中段回流油等低温热,将热媒水从 70℃加热到 105℃,供气体分馏等用户使用。

（2）利用稳定汽油的低温热加热锅炉给水，把除盐水从14℃加热到60℃。

（3）稳定塔、解吸塔采用热进料，降低塔底重沸器热负荷。

附录九　催化裂化装置常用缩写简称符号对照表

缩写简称	内　　容
APC	先进控制
ARGG	以常压渣油为原料，多产汽油和液化石油气工艺
ART	渣油预处理工艺
ATB、AR	常压渣油
C/O	剂油比
CGO	焦化蜡油
CPP	热裂解制乙烯工艺
CSC	密相环流预汽提快分
DAO	脱沥青油
DCC	催化裂解，最大量生产轻烯烃工艺
DCC-Ⅱ	催化裂解Ⅱ型——缓和催化裂解，多产轻烯烃
DNCC	吸附转化加工焦化蜡油工艺
FCC	流化催化裂化，也作为一般催化裂化统称
FDFCC	灵活多效催化裂化，多产轻烯烃/汽油降烯烃
FSC	预汽提挡板式粗旋快分
GAS	干气
GSL	稳定汽油
HCC	重油接触制乙烯工艺
HOC	重油催化裂化
KELLOGG	凯洛格（公司）
LCO	轻柴油
LPEC	洛阳石油化工工程公司
LPG	液化石油气
MAT	微反活性
MGD	多产液化石油气和轻柴油工艺
MGG	多产汽油和液化石油气工艺
MIO	多产异构烯烃工艺
MIP	多产异构烷烃/汽油降烯烃
RCC	渣油催化裂化
REHY	稀土氢Y型沸石
REY	稀土Y型沸石
RFCC	渣油流化催化裂化
RIPP	中国石化石油化工科学研究院

缩写简称	内　　容
ROCC-I	后置烧焦罐式两段再生
ROCC-II	高速床两段串流再生
ROCC-III	两段湍流床再生
ROCC-IV	组合式两段再生
ROCC-V	三器连体式两段逆流再生
RVP	汽油雷德蒸汽压
SIS	安全联锁系统
SLRY	油浆
TMP	双提升管最大生产丙烯工艺
TSRFCC	两段提升管工艺，提高轻质油收率
UOP	环球油品公司
USY	超稳 Y 型沸石
VDS	带预汽提快分(UOP 技术)
VGO	减压馏分油
VQS	预汽提旋流式快分
VSS	旋流式快分(UOP 技术)
VTB、VR	减压渣油

附录十　人身安全十大禁令

（1）安全教育和岗位技术考核不合格者，严禁独立顶岗操作。

（2）不按规定着装和班前饮酒者，严禁进入生产岗位和施工现场。

（3）不戴好安全帽，严禁进入生产装置和检修、施工现场。

（4）未办理安全作业票及不系安全带者，严禁高处作业。

（5）未办理安全作业票，严禁进入塔、容器、罐、油舱、反应器、下水井、电缆沟等有毒、有害、缺氧场所工作。

（6）未办理维修工作票，严禁拆卸停用的与系统联通的管道、机泵等设备。

（7）未办理电气作业"三票"，严禁电气施工作业。

（8）未办理施工破土工作票，严禁破土施工。

（9）机动设备或受压容器的安全附件、防护装置不齐全好用，严禁启动使用。

（10）机动设备的转动部件，在运转中严禁擦洗或拆卸。

附录十一　防火防爆十大禁令

（1）严禁在厂内吸烟及携带火种和易燃、易爆、有毒、易腐蚀物品入厂。

（2）严禁未按规定办理用火手续，在厂内进行施工用火或生活用火。

（3）严禁穿易产生静电的服装进入油气区工作。

（4）严禁穿铁钉的鞋进入油气区及易燃、易爆装置。

（5）严禁用汽油、易挥发溶剂擦洗设备、衣物、工具及地面等。

（6）严禁未经批准各种机动车辆进入生产装置、罐区及易燃易爆区。

（7）严禁就地排放易燃、易爆物料及化学危险品。

（8）严禁在油气区用黑色金属或易产生火花的工具敲打、撞击和作业。

（9）严禁堵塞消防通道及随时挪用或损坏消防设施。

（10）严禁损坏厂内各类防爆设施。

附录十二　安全用火管理制度

（1）装置安全用火管理的范围包括明火作业、明火取暖和明火照明以及能产生打火现象的各种施工作业。

（2）因生产需要的用火，必须先制定严格的安全措施并逐项落实后，按规定办理合格火票。经安全监护人对条件认同后方可作业。动火作业必须严格执行《安全用火管理制度》。

（3）安全监护人不得擅自离开动火现场，确因工作需要离开动火现场时，必须与动火人协商后，暂停动火并收回火票，再次动火时必须先确认安全条件。

（4）当周围环境发生变化时，安全监护人有权停止动火。

（5）带油、带压、带有其他可燃介质或有毒介质的容器、设备和管线一般不允许动火，确属生产需要时，应按特殊动火处理。

（6）动火人应严格执行"三不动火"。

附录十三　三查四定

1. 三查

查设计漏项；

查工程质量及隐患；

查未完工程。

2. 四定

定任务；

定人员；

定时间；

定措施。

附录十四　能耗计算

（计算方法按 GB 30251—2013 规定）

进料量：t/h

项　　目	消耗量		能耗折算值		设计能耗	单位能耗	备注
	单位	数量	单位	数量	kg 标准油/h	kg 标准油/t 原料	
电	kW		kg/kW·h	0.228			
燃料							

项　　目	消耗量		能耗折算值		设计能耗	单位能耗	备注
	单位	数量	单位	数量	kg 标准油/h	kg 标准油/t 原料	
燃料油	t/h		kg/t	1000			
燃料气	t/h		kg/t	650			
催化烧焦	t/h		kg/t	950			
工业焦炭	t/h		kg/t	800			
蒸汽							
10.0MPa	t/h		kg/t	92			
3.5MPa	t/h		kg/t	88			
1.0MPa	t/h		kg/t	76			
0.3MPa	t/h		kg/t	66			
<0.3MPa	t/h		kg/t	55			
冷量交换	kW						
水							
生产给水	t/h		kg/t	0.17			
循环水	t/h		kg/t	0.1			
软化水	t/h		kg/t	0.25			
除盐水	t/h		kg/t	2.3			
除氧水	t/h		kg/t	9.2			
凝汽机凝结水	t/h		kg/t	3.65			
加热设备凝结水	t/h		kg/t	7.65			
污水	t/h		kg/t	1.1			
热交换							
热进料	kW		kg/(kW·h)	0.052			
热出料	kW		kg/(kW·h)				
中高温位热量	kW		kg/(kW·h)				
低温余热（热媒水）	kW		kg/(kW·h)	0.052			
气体							
净化压缩空气	Nm³/h		kg/Nm³	0.038			
非净化压缩空气	Nm³/h		kg/Nm³	0.028			
氮气	Nm³/h		kg/Nm³	0.15			
合计							

附录十五　装置标定大纲

1. 标定方法

1.1　组织：成立标定领导小组，分工负责，稳定操作。

1.2　标定时间：在准备就绪后，连续标定72h取得数据，最少24h。

2. 物料平衡

2.1　罐区检尺：原料、液化气、汽油、柴油、油浆等。

2.2　进出装置界区质量流量计：原料和产品。

2.3　仪表计量：干气等。

3. 操作条件

3.1　标定测试的环境条件为：

环境温度　　　　　℃

风速　　　　　　　m/s

空气相对湿度　　　%

大气压　　　　　　kPa(A)

3.2　反应再生系统。操作条件列表，包括反应再生系统操作压力、温度、密度、藏量、加工量、回炼油量、急冷剂流量、汽提蒸汽量、主风量、增压风量、特阀压降、内外取热器产汽压力和流量。

3.3　机组。机组操作条件列表，包括主风机进出口压力、电机电流、烟机入口蝶阀开度、烟机进出口压力。

3.4　分馏系统。操作条件列表，包括分馏塔操作压力，各部温度，各取热段流量、抽出和返塔温度，冷回流量，油浆产汽压力和流量，产品产量；轻柴油汽提塔温度，汽提蒸汽量，再吸收油量。

3.5　吸收稳定系统。操作条件列表，包括4塔操作压力、温度、进出塔各物流流量、冷回流流量、重沸器热负荷、富气流量、压缩机反喘振流量，压缩机进出压力、汽轮机蒸汽消耗。

3.6　产汽系统。列出各产汽、过热蒸汽设备的操作条件，包括产汽压力，产汽流量，过热蒸汽温度。

4. 分析化验

气体组成色谱分析，包括干气、液化气、富气、解吸塔顶气、贫气等；

液体产品物性分析，包括密度、硫氮含量、残炭、馏程、汽油MON&RON，柴油十六烷值、凝点、闪点；油浆灰分。

催化剂分析：定碳、筛分组成、活性、重金属含量。

5. 消耗统计

5.1　水用量(循环水、新鲜水、除盐水或除氧水)。

5.2　电用量。

5.3　蒸汽用量(中压、低压)。

5.4　压缩空气用量。

5.5　燃料用量。

5.6　催化剂用量。

5.7　主风机电机耗电量。

5.8　汽轮机耗汽量。

5.9　污水排放量。

6. 经济数据(若做经济核算，仅对可变成本项目)

6.1　原料和各产品的成本价(包括有关税额)。

6.2　公用工程项目的成本价。

6.3　催化剂、助剂价格。

7. 标定报告

主要包括以下内容：

7.1　装置物料平衡表。

项　　目		加工量/t	收率/%	平均每小时产量/(t/h)	折合年加工量/(10^4t/a)
入方	原料 1				
	原料 2				
	合计				
出方	干气				
	液化气				
	汽油				
	柴油				
	油浆				
	焦炭				
	损失				
	轻质油收率				
	总液体收率				

7.2　装置细物料平衡。按照组分列出装置物料平衡。

7.3　操作条件及工艺核算。主要包括不可检测的操作条件核算：剂油比、各部位线速、烧焦强度、反应热等。

7.4　装置能耗。

7.5　分析化验结果。

7.6　标定结果分析及总结。

参 考 文 献

[1] 陈俊武，许友好. 催化裂化工艺与工程[M]. 3 版. 北京：中国石化出版社，2015.

[2] 石油部第二炼油设计研究院. 催化裂化工艺设计[M]. 北京：石油工业出版社，1983.

[3] 卢春喜，王祝安. 催化裂化流态化技术[M]. 北京：中国石化出版社，2002.

[4] 曹汉昌，郝希仁，张韩. 催化裂化工艺计算与技术分析[M]. 北京：石油工业出版社，2000.

[5] 马伯文. 催化裂化装置技术问答[M]. 2 版. 北京：中国石化出版社，2003.

[6] 陆庆云. 流化催化裂化[M]. 2 版. 北京：中国石化出版社，1993.

[7] 左国庆，明赐东. 自动化仪表故障处理实例[M]. 北京：化学工业出版社，2003.

[8] 朱炳兴，王森. 仪表工试题集：现场仪表分册[M] 2 版. 北京：化学工业出版社，2002.

[9] 陆德民，张振基，黄步余. 石油化工自动控制设计手册[M]. 3 版. 北京：化学工业出版社，2005.

[10] 王树青，工业过程控制工程[M]. 北京：化学工业出版社，2003.

[11] 匡永泰，高维民. 石油化工安全评价技术[M]. 北京：中国石化出版社，2005.

[12] 王常力，罗安. 分布式控制系统(DCS)设计与应用实例[M]. 北京：电子工业出版社，2005.

[13] IEC 61882 Hazard and operability studies (HAZOP studies)——Application guide, IDT. IEC, 2001.

[14] IEC 61508 Functional Safety of Electrical/Electronic/Programmable Electronic Safety‐related System. IEC, 2010.

[15] IEC 61511 Functional Safety - safety Instrumented Systems for the Process Industry Sector. IEC, 2003.

[16] GB/T 50770—2003 石油化工安全仪表系统设计规范[S]. 北京：中国计划出版社，2013.

[17] 何雪华. 探讨合成氨装置安全仪表系统中的 SIL 评估[J]. 石油化工自动化，2014，50(01)：17-19.

[18] 高帅，左信，张惠良. 重油催化装置安全仪表系统可靠性与安全性分析[J]. 石油化工自动化，2012，48(04)：49-52.

[19] 李龙. SIL 技术在炼油装置中的应用[J]. 石油化工自动化，2012，48(04)：30-33.

[20] 周雁鹏. 安全仪表回路改造的可靠性及误动作概率计算[J]. 石油化工自动化，2013，49(05)：1-6.

编 后 记

本书由长期从事催化裂化工程设计、生产管理、设备制造、催化剂研发和生产的工程技术人员编写。各位作者简介：

张韩，1984 年大学毕业，硕士，高级工程师，注册化工工程师。曾在中国石化洛阳工程公司工作，现在上海河图工程股份有限公司工作。设计及改造催化裂化装置数十套。邮箱：zhanghan@ cnhoto. com。

刘英聚，1983 年大学毕业，高级工程师，注册化工工程师。设计及改造催化裂化装置数套。邮箱：yingjuliu@ 126. com。

甘俊，1982 年大学毕业，博士，教授级高级工程师，曾在中国石化长岭催化剂厂工作，现在湖北赛因化工有限公司从事催化剂的研发、生产。邮箱：jungan@ 126. com。

徐平义，1986 年大学毕业，高级工程师，中石化洛阳工程公司从事机械设计工作。邮箱：xupingyi27@ 163. com。

敖建军，1991 年大学毕业，硕士，高级工程师，上海宁松热能环境工程有限公司从事余热锅炉的设计、制造。邮箱：nsnergy@ 163. com。

胡敏，1985 年大学毕业，教授级高级工程师，中石化洛阳工程公司从事技术管理和设计管理，主持催化裂化烟气净化、硫黄回收等工艺与工程技术开发工作。邮箱：lpec. humin @ 139. com。

仝明，1986 年大学毕业，高级工程师，中石化宁波工程公司从事烟气脱硫脱硝技术和管理工作。邮箱：tongm5971@ vip. sina. com。

陈昕，1992 年大学毕业，教授级高级工程师，中石化宁波工程公司从事烟气脱硫脱硝技术和管理工作。邮箱：chenx2. snec@ sinopec. com。

张剑，1987 年大学毕业，高级工程师。曾在中石化洛阳工程公司工作，现在上海河图工程股份有限公司自控专业。邮箱：zhangjian@ cnhoto. com。

焦伟州，1993 年大学毕业，硕士，高级工程师，曾在中国石化洛阳石化分公司从事催化裂化装置生产管理工作。现在北京欧谊德科技有限公司从事全厂优化技术服务。邮箱：jiaowzh@ 163. com。

本书编写过程中参考了大量的书刊和资料，前面参考文献中汇总了部分，不尽全面。在此，谨向所参考书目和期刊的有关编者和作者表示衷心感谢；谨向对本书出版给予大力支持的中国石化出版社表示衷心感谢。

编者

2017 年 2 月